软件系统开发指导教程系列丛书

软件测试

主　编　郑　炜

副主编　汪　芳　蔡　璐　吴潇雪

西北工業大學出版社

【内容简介】 本书系统回顾了软件测试的发展与软件测试的定义，深入讲解了软件测试方法与测试过程，全面介绍了测试管理与主流测试工具。

全书共分3篇13章，其中第一篇基础篇（第1～4章）介绍了软件测试的基本理论、技术和准则；第二篇实用篇（第5～9章）介绍了静态测试、单元测试、功能测试、Web测试、其他测试等测试基础知识和多种应用技术；第三篇提高篇（第10～13章）介绍了自动化测试、基于模型的测试、测试管理、成熟软件测试。

本书可以作为计算机、软件工程、软件测试及相关专业的本科、硕士研究生教材，也可以作为软件测试人员、软件项目经理和需要了解软件测试的各级管理人员的工作参考书。对于希望增强软件测试方面知识的程序员及软件开发团队的其他人员，本书也具有很好的参考价值。

图书在版编目(CIP)数据

软件测试/郑炜主编．—西安：西北工业大学出版社，2011.9
ISBN 978-7-5612-3194-4

Ⅰ.①软… Ⅱ.①郑… Ⅲ.①软件—测试 Ⅳ.①TP311.5

中国版本图书馆CIP数据核字(2011)第182958号

出版发行：西北工业大学出版社
通信地址：西安市友谊西路127号 **邮编**：710072
电　　话：(029)88493844 88491757
网　　址：www.nwpup.com
印 刷 者：陕西向阳印务有限公司
开　　本：787 mm×960 mm 1/16
印　　张：21.25
字　　数：465千字
版　　次：2011年8月第1版 2011年8月第1次印刷
定　　价：39.00元

前　言

软件测试是软件工程学科的一个重要分支。随着软件的发展，软件测试已经成为软件质量保证的关键技术之一，也是软件开发过程中的一个重要环节，它对测试人员的专业知识要求很全、专业技术要求很强、专业能力要求很高。目前企业对测试人员的要求也是要有较丰富的测试经验及较强的测试工具应用能力。

本书是在笔者参阅大量国内外相关文献资料，深入研究软件测试理论，并结合多年从事软件工程、软件测试和软件质量保证工作的实践和教学经验不断总结和充实的基础上，精心编写而成的。同时，本书在编写时注意理论结合实际，书中许多涉及理论的内容都使用例子进行阐述和说明，举一反三、抛砖引玉的内容的设计，能够使学生更有效地巩固所学的软件测试知识，是一本非常实用的软件测试教材。本书的特色在于：

（1）系统地论述了软件测试的理论知识和应用技术，内容完整、全面，包括软件测试的基本理论、技术和准则、静态测试、单元测试、Web测试、面向对象的测试、可使用性测试、易获得性测试以及自动化测试、基于模型的测试、测试管理、成熟软件测试等重要内容，基本上涉及了软件测试的各个测试阶段和各种测试类型，涵盖了业界出现的大部分测试领域内的知识。

（2）既论述了软件测试基本知识以及相关的测试方法和技术，又介绍了典型的软件测试工具如Visual Studio 2010，并突出了软件测试工具在实际测试项目中的运用，理论结合实际，提高学生软件测试的实战能力。

（3）内容全面、条理清晰、结构严谨、实用性强，注重理论结合实际，配合大量的例子进行阐述和说明，有助于学生全面掌握软件评测的方法和技术。对高校软件测试课程的开设、培训机构软件测试的实战培训以及开发人员和测试人员自学是非常有现实意义的。

本书由西北工业大学郑炜主编，汪芳、蔡璐、吴潇雪任副主编，西北工业大学马春燕，西北农林科技大学毛锐，西安武警学院武光明、来爽、杨威、黄鲜鸽、周峰安、邹鹏里、刘再宏、刘田、黄磊等参与编写。但由于软件测试覆盖面太大，涉及领域太多，测试工具种类繁多、应用复杂，加之水平有限，书中疏漏之处在所难免，敬请广大专家和读者多提宝贵意见。

编　者

2011年6月

目 录

第一篇 基 础 篇

第 1 章 软件测试基础 …… 1

1.1 软件缺陷 …… 1
1.2 软件测试的发展历程 …… 6
1.3 软件测试的定义 …… 7
1.4 软件测试原则 …… 9
1.5 软件测试过程 …… 11
1.6 不同类型的软件测试方法 …… 16
1.7 软件测试相关术语 …… 21

第 2 章 软件测试理论 …… 26

2.1 集合论 …… 26
2.2 函数 …… 28
2.3 关系 …… 28
2.4 命题逻辑 …… 29
2.5 图论 …… 31
2.6 概率 …… 34
2.7 有限状态机 …… 35

第 3 章 软件测试技术 …… 38

3.1 测试用例 …… 38
3.2 功能性测试 …… 44
3.3 结构性测试 …… 56
3.4 静态分析 …… 67
3.5 动态分析 …… 69

第 4 章 软件测试准则 …… 77

4.1 需求阶段 …… 77
4.2 测试计划的编制 …… 80
4.3 测试组成员 …… 82
4.4 系统架构 …… 88
4.5 测试设计和测试文档 …… 90
4.6 具体测试相关的方面 …… 92
4.7 管理测试的执行 …… 98

第二篇 实 用 篇

第 5 章 静态测试 …… 101

5.1 静态测试的定义 …… 101
5.2 静态测试解决的问题 …… 103
5.3 静态测试的规范 …… 105

第 6 章 单元测试 …… 118

6.1 单元测试概述 …… 118
6.2 单元测试自动化 …… 121
6.3 单元测试工具 …… 121

第 7 章 功能测试 …… 152

7.1 功能测试概述 …… 152
7.2 功能测试自动化 …… 153
7.3 功能测试工具 …… 153

第 8 章 Web 测试 …… 176

8.1 Web 测试入门 …… 176
8.2 客户端测试 …… 188
8.3 服务器端测试 …… 201
8.4 改善应用性能 …… 207

第 9 章　其他类型测试 …… 208

9.1　面向对象系统的测试 …… 208
9.2　可使用性和易获得性测试 …… 217

第三篇　提　高　篇

第 10 章　自动化测试 …… 231

10.1　自动化测试概述 …… 231
10.2　自动化测试的对象与范围 …… 233
10.3　自动化测试的方法 …… 234
10.4　自动化测试工具与框架 …… 242
10.5　企业引入自动化测试的挑战 …… 247

第 11 章　基于模型的测试 …… 252

11.1　软件测试过程模型 …… 252
11.2　软件测试驱动模型 …… 256
11.3　基于模型测试需要加深研究的方向 …… 272

第 12 章　测试管理 …… 273

12.1　软件测试文档简介 …… 273
12.2　编写测试文档 …… 277
12.3　测试文档举例 …… 285

第 13 章　成熟软件测试 …… 302

13.1　Visual Studio 2010 …… 302
13.2　单元测试 …… 302
13.3　编码的 UI 测试 …… 318
13.4　负载测试 …… 325
13.5　一般测试 …… 330

参考文献 …… 332

第一篇 基 础 篇

第 1 章 软件测试基础

软件系统的复杂是安全的巨大威胁。在信息系统开发中，软件测试已成为一项不可或缺的内容。软件测试在软件生命周期的地位和意义，软件测试的概念（定义、对象、目的、原则），软件测试的方法和分类构成了软件测试的基础。

1.1 软 件 缺 陷

1.1.1 软件缺陷导致的事故

1. 首个 Bug

故事发生在 1945 年 9 月 9 日，一个炎热的下午。当时的机房是一间第一次世界大战时建造的老建筑，没有空调，所有窗户都敞开着。Grace Hopper 正领导着一个研究小组夜以继日地工作，研制一台称为“MARK Ⅱ”的计算机，它使用了大量的继电器（电子机械装置，那时还没有使用晶体管），一台不是纯粹的电子计算机。突然，MARK Ⅱ死机了 ……

技术人员尝试了很多办法，最后定位到 70 号继电器出错。Hopper 观察这个出错的继电器，有一只飞蛾躺在中间，已经被继电器打死。他小心地用摄子将蛾子夹出来，用透明胶布粘到“事件记录本”中，并注明“第一个发现虫子的实例。”

2. Therac 案例

Therac 系列仪器是一种医用高能电子线性加速器，用来杀死病变组织癌细胞，同时使其对周围健康组织影响尽可能降低。Therac20 具有独立的合乎工业标准的硬件控制系统，配置有 PDP11 计算机，但计算机控制属辅助性质，计算机软件控制仅为在某些情况下方便操作而设置。

在实际应用中,该机器致命地超过剂量设定导致在 1985 年 6 月到 1987 年 1 月之间,发生 6 起已知的医疗事故,造成患者死亡或严重辐射灼伤。

经事后的调查发现,在机器的编辑阶段,数据的输入速度是该错误出现的关键因素,也就是说,对于一个熟练的操作人员,在重复同样的操作千百次之后,编辑速度越来越快,最终将使出错时的"Malfunction 54"信息出现,即超剂量辐射事故发生。测量这时的辐射剂量已经达到饱和的 25 000 拉德。对人体而言,辐射剂量达到 1 000 拉德就已经是致命的了。

由于软件错误导致系统失效,酿成重大损失的事例不胜枚举。这些惨痛教训增加了软件业界对软件质量在软件工程中的思考。设计人员和使用人员都希望在将软件系统投入运行之前,能得到系统正确性的保证,或能将系统正确性提高到比较高的程度。

1.1.2 软件缺陷定义

软件在其生命周期的各个阶段都有可能发生问题,其情况和形式各不相同,这就是缺陷,通常称为 Bug。IEEE Standard 729 对软件缺陷的定义是:软件缺陷就是软件产品中所存在的问题,最终表现为用户所需要的功能没有完全实现,不能满足或不能全部满足用户的需求。从产品的内部看,软件缺陷是软件产品开发或者维护过程中所存在的错误、毛病等各种问题;从外部看,软件缺陷是系统所需要实现的某种功能的失效或违背。

软件缺陷的表现形式有多种,具体见表 1-1。

表 1-1 软件缺陷的表现形式

表现形式	描 述
功能	属性没有实现或者只有部分实现
设计	不合理,导致存在潜在缺陷
实际结果	与客户文档的预期不一致
运行	出错,包括安装出错,运行中断,系统不兼容崩溃,界面混乱
数据结果	不正确,不精确
用户	对软件不满意,界面不美观,无法保存,或者运行不流畅,启动速度慢等

一般来说,可以参照以下规则来判别出现的问题是否是缺陷:

(1)软件是否已全部实现需求说明文档要求的功能。

(2)软件是否出现了需求说明文档指明不应该出现的错误。

(3)软件是否多实现了需求说明文档未提到的冗余功能。

(4)软件是否没实现需求说明未提及,但是应该实现的功能和目标。

(5)软件是否使用不便,运行速度缓慢,难以理解,导致客户不满意。

软件缺陷产生模型如图 1.1 所示。

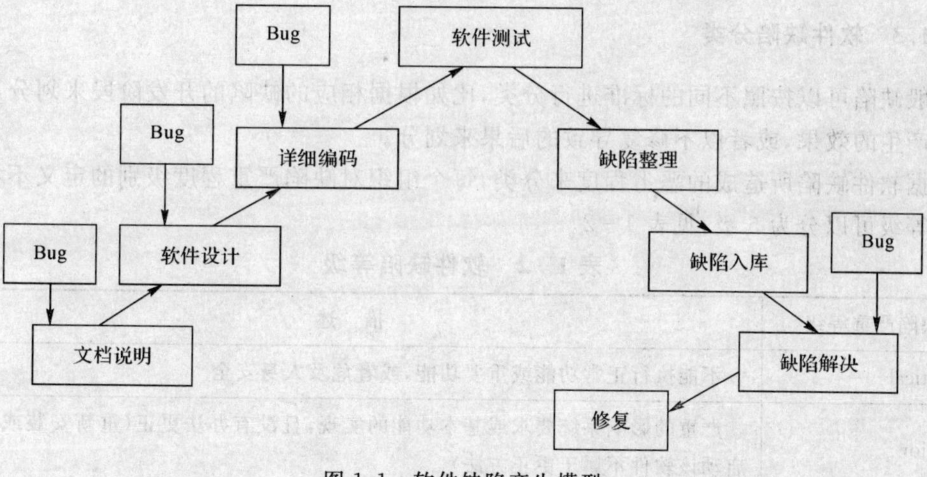

图 1.1　软件缺陷产生模型

在软件的开发阶段，有很多机会引入缺陷，并在开发的其他过程中将这些缺陷传播演变成其他缺陷，新的缺陷也有可能随着旧缺陷的修复而产生。

最有效的缺陷排查应始于项目的最初阶段，远早于程序编码。首先验证需求文档，检查需求在一致性、可测试性、可行性、明确性和可追溯性上存在的错误，往往使得缺陷预防工作在需求阶段的效率最高。其次，编程技术的不足或设计出现逻辑上的错误，比如算法错误、语法错误、计算和精度问题、接口参数传递不匹配等也会为程序带来缺陷。另外的因素包括人为的各种行为、软件本身的因素等。团队中的误解、沟通不畅将导致负责不同阶段的人员对程序涉及的含义有不同的理解。文档错误、时间上不协调或不一致、系统的自我恢复或数据的异地备份、灾难性恢复等问题，都将为后续的工作埋下隐患。软件缺陷产生的原因的统计数据如图 1.2 所示。

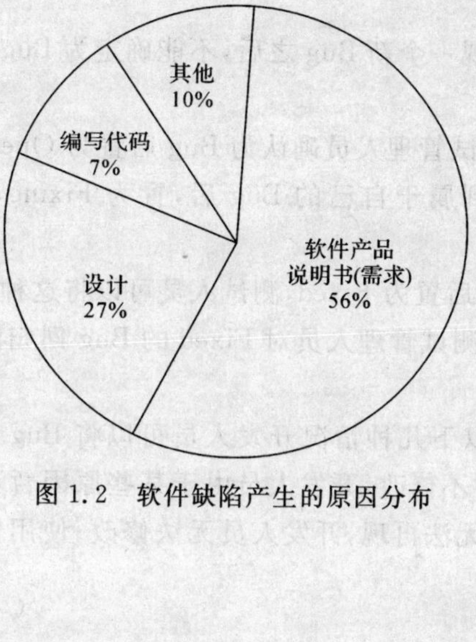

图 1.2　软件缺陷产生的原因分布

1.1.3 软件缺陷分类

一般缺陷可以按照不同的标准进行分类，比如根据相应的缺陷的开发阶段来划分，根据缺陷失效产生的效果，或者以不修复导致的后果来划分。

根据软件缺陷所造成的恶劣程度来分类，每个组织对缺陷严重程度级别的定义不尽相同，具体的等级可以分为5级，见表1-2。

表1-2 软件缺陷等级

缺陷严重等级	描 述
Critical	不能执行正常功能或重要功能，或者危及人身安全
Major	严重的影响系统要求或基本功能的实现，且没有办法更正(重新安装或重新启动该软件不属于更正方法)
Minor	严重地影响系统要求或基本功能的实现，但存在合理的更正方法(重新安装或重新启动该软件不属于更正方法)
Cosmic	使操作不方便或遇到麻烦，但它不影响执行工作功能或重要功能
Other	其他错误

根据软件缺陷产生的技术原因进行分类，一般可以概括为5种类型：输入/输出缺陷，逻辑缺陷，计算缺陷，接口缺陷，数据缺陷等。

1.1.4 软件缺陷生存周期

1. 定义缺陷的状态

缺陷的7种状态：

(1)New：指测试人员发现一个新Bug之后，不能确定为Bug，置为New，等待测试组长或项目经理确认。

(2)Open：测试人员或测试管理人员确认为Bug后置为Open。

(3)Fixing：开发人员看到属于自己的Bug后，置为Fixing，表明自己已经看到，正在修改Bug。

(4)Fixed：开发人员修改后置为Fixed，测试人员可以将这种状态的Bug进行回归测试。

(5)Reopen：测试人员或测试管理人员对Fixed的Bug回归测试后，发现问题仍然没有解决，将Bug置为Reopen。

(6)Rejected：一般出现以下几种情况开发人员可以将Bug置为Rejected，但开发人员必须写明拒绝修改该的原因：暂不修改，开发人员由于某些原因暂不修改，但必须得到项目经理的批准；无法再现，有些问题无法再现，开发人员无法修改；使用错误，开发人员认为是由于测试人员使用不当造成错误，拒绝修改；系统限制，该功能对系统有特殊要求和限制，本身并无缺陷。

(7)Closed：Bug 已经解决，测试人员可将其置为 Closed。

上述 Open，Fixing 和 Fixed 称为缺陷的活动态，Closed 和 Rejected 称为缺陷的终结态。

2. 缺陷管理流程

缺陷跟踪管理是测试工作的一个重要部分，测试的目的是为了尽早发现软件系统中的缺陷，因此，对缺陷进行跟踪管理，确保每个被发现的缺陷都能够及时得到处理是测试工作的一项重要内容。缺陷跟踪管理的目标是：确保每个被发现的缺陷都能够被解决，不一定都被修正，也可能以其他方式解决，总之，对每个被发现的 Bug 的处理方式必须能够在开发组织中达到一致；收集缺陷数据并根据缺陷趋势曲线识别测试过程阶段，决定测试过程是否结束有很多种方式，通过缺陷趋势曲线来确定测试过程是否结束是常用并且较为有效的一种方式；收集缺陷数据并在其上进行数据分析，作为组织的过程财富。

缺陷管理流程如图 1.3 所示，具体实施必须使用开发小组制定的缺陷管理工具，该工具将记录所有缺陷的状态信息，并可以自动产生缺陷管理报告，一切测试工作都应有计划有步骤地进行，尽早进行管理，并尽可能多地发现 Bug，保证测试工作的顺利进行。具体遵循以下流程：

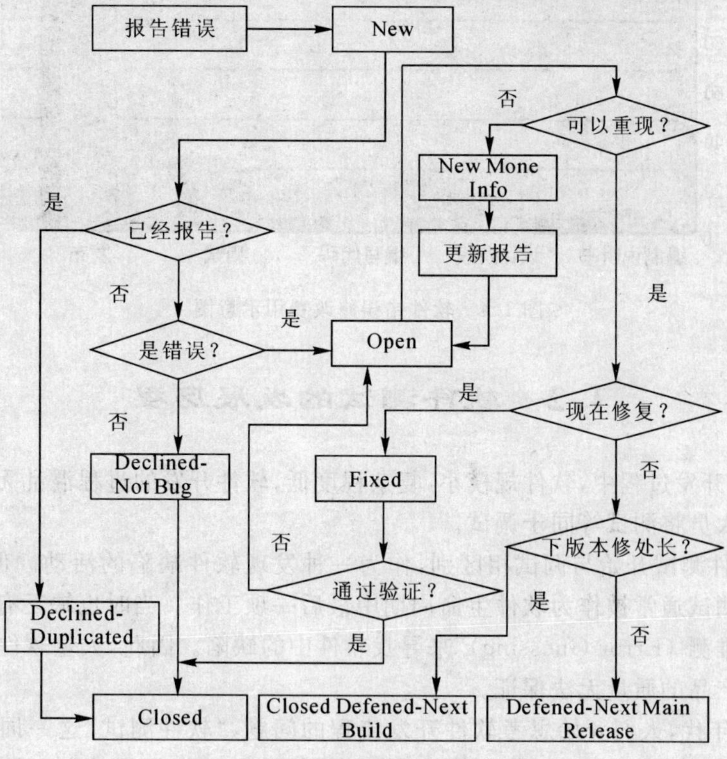

图 1.3　缺陷管理流程图

(1)测试人员提交新的 Bug 入库,错误状态为 New。

(2)高级测试人员验证错误,如果确认是错误,分配给相应的开发人员,设置状态为 Open;如果不是错误,则拒绝,设置为 Declined(拒绝)状态。

(3)开发人员查询状态为 Open 的 Bug,如果不是错误,则置状态为 Declined;如果是 Bug,则修复并置状态为 Fixed。不能解决的 Bug,要留下文字说明及保持 Bug 为 Open 状态。对于不能解决和延期解决的 Bug,不能由开发人员自己决定,一般要经某种会议(评审会)通过才能认可。

(4)测试人员查询状态为 Fixed 的 Bug,然后验证 Bug 是否已解决,如解决置 Bug 的状态为 Closed,如没有解决置状态为 Reopen。

1.1.5 软件缺陷修复代价

软件在从计划、编制、测试,一直到交付用户公开使用的过程中,都有可能产生和发现错误。随着整个开发过程的时间推移,修复软件的费用呈几何级数增长。图 1.4 是软件错误在不同阶段发现时修改的费用示意图。

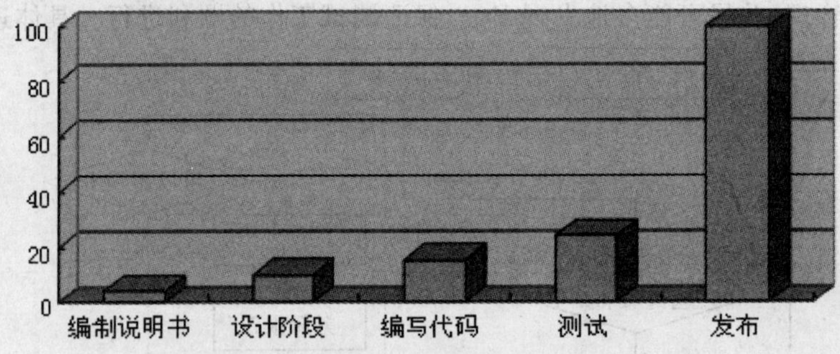

图 1.4 软件错误修改费用示意图

1.2 软件测试的发展历程

早期的软件开发过程中,软件规模小,复杂程度低,软件开发的过程混乱无序,测试的含义比较狭窄,开发人员将测试等同于调试。

1957 年,软件测试开始与调试相区别,作为一种发现软件缺陷的活动。但测试活动始终后于开发活动,测试通常被作为软件生命周期中最后一项工作。当时也缺乏有效的测试方法,主要依靠“错误推测 (Error Guessing)”来寻找软件中的缺陷。因此,大量软件交付后,仍存在很多问题,软件产品的质量无法保证。

20 世纪 70 年代,人们开始思考软件开发流程的问题,“软件测试”这一词条已频繁出现,一些软件测试的探索者们建议在软件生命周期的开始阶段就根据需求制订测试计划,这时涌现出一批软件测试大师。

1983 年 IEEE 提出的软件工程术语中给软件测试下的定义是："使用人工或自动的手段来运行或测定某个软件系统的过程，其目的在于检验它是否满足规定的需求或弄清预期结果与实际结果之间的差别"。这个定义明确指出：软件测试的目的是为了检验软件系统是否满足需求。它不再是一个一次性的，而且只是开发后期的活动，而是与整个开发流程融合成一体。软件测试已成为一个专业，需要运用专门的方法和手段，需要专门人才和专家来承担。

从 20 世纪 80 年代中后期开始，软件生产进入以个体软件过程 PSP(Personal Software Process)、过程成熟度模型 CMM 和群组软件过程 TSP(Team Software Process)为标志，以过程为中心的第二阶段。

1996 年，测试支持度 TSM(Testing Support Model)和测试成熟度 TMM(Testing Maturity Model)的概念相继提出。其中 TMM 被分解为 5 个级别。

1 级(初始级)：测试过程无序，甚至是混乱的，几乎没有妥善定义。测试和调试没有区别，除了支持调试外，测试没有其他目的，测试过程不可重复，且软件发布后没有质量保证。

2 级(定义级)：测试被定义为软件生命周期中的一个阶段，在编码阶段之后。

3 级(集成级)：测试贯穿于软件开发生命周期。不过，尽管处于该阶段的公司认识到评审在质量控制中的重要性，但并没有建立起有效的质量控制标准，以在软件开发生命周期中的各阶段实施有效的评审。

4 级(管理和度量级)：测试活动除了测试被测程序外，还包括软件生命周期中各个阶段的评审、审查和复查，使测试活动涵盖了软件验证和软件确认活动。

5 级(优化级)：具有缺陷预防和质量控制的能力，优化调整和持续改进测试过程。测试过程的管理为持续改进产品质量和过程质量提供指导，并提供必要的基础设施。

软件测试与质量保证体系有机融合，测试方法越来越细化，测试技术不断更新，软件测试正以走向专业化的发展趋势，蓬勃发展。

1.3　软件测试的定义

1.3.1　软件测试狭义定义

软件测试是使用人工的或自动的手段来运行或检测某个系统的过程，其目的在于检验它是否满足约定的需求或是比较预期结果与实际结果之间的差别。随着软件业界对软件工程的不断反思和总结，人们对软件测试有了更深入的理解，重新定义了软件测试：软件测试是在既定的状况条件下，运行一个系统或组件，观察记录结果，并对其某些方面进行评价的过程。

上述是 IEEE 的定义，一般也称为第一类测试。还存在一种被称为第二类测试的 Myers 的定义：软件测试是为了发现错误而运行程序的过程。这一定义明确指出软件测试的目的是"发现错误"。

第一类测试可简单地描述为：在设计规定的环境下运行软件，其功能及性能与用户需求或设计相比较，如果相符，则测试通过；否则，视为缺陷。这一过程的目标是将软件的所有功能在设计规定的环境下全部运行并通过。第一类测试方法以需求和设计为本，因此有利于界定测试工作的范畴，更便于部署测试的侧重点，加强针对性。这一点对于大型软件的测试，尤其是在有限的时间和人力资源情况下显得格外重要。

第二类测试中，测试方法与需求和设计没有必然的联系，更强调测试人员发挥主观能动性，用逆向思维方式不断思考开发人员理解的误区、不良的习惯、程序代码的边界、无效数据的输入以及系统各种弱点，试图破坏系统、摧毁系统，目标就是发现系统中各种各样的问题。这种方法往往能发现系统中存在的更多缺陷。

1.3.2 软件测试广义定义

广义的软件测试是由确认、验证、测试 3 个方面组成的。

(1)确认(Validation)：评估将要开发的软件产品是否正确无误、可行和有价值。确认意味着确保一个待开发软件是正确无误的，是对软件开发构想的检测，确保产品实现的功能满足了用户所有的需求。

(2)验证(Verification)：检测软件开发的每个阶段、每个步骤的结果是否正确无误，是否与软件开发各阶段的要求或期望的结果相一致。验证意味着确保软件会正确无误地与规格说明书保持一致性，开发过程是沿着正确的方向进行的。

(3)测试：与狭义的测试概念统一。

1.3.3 软件测试的对象

软件测试并不等于程序测试，软件测试应该贯穿整个软件定义与开发期间。因此需求分析、概要设计、详细设计以及程序编码等各阶段所得到的文档，包括需求规格说明、概要设计规格说明、详细设计规格说明以及源程序，都应该是软件测试的对象，如图 1.5 所示。

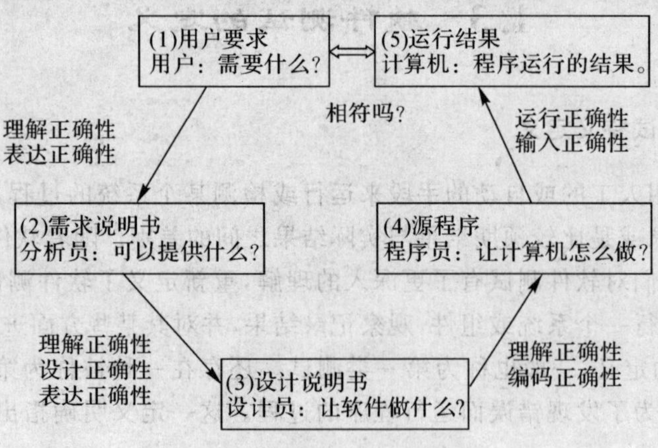

图 1.5 软件测试对象

图 1.5 中，在对需求理解与表达的正确性、设计与表达的正确性、实现的正确性以及运行的正确性的验证中，任何一个环节发生了问题都可能在软件测试中表现出来。

1.4 软件测试原则

Glenford J. Mayers 在其经典著作《The Art of Software Testing》中，提出了软件测试的十大原则，见表 1-3。

表 1-3　软件测试原则

编号	原　则
1	测试用例中一个必需部分是对预期输出或结果进行定义
2	程序员应当避免测试自己编写的程序
3	编写软件的组织不应当测试自己编写的软件
4	应当彻底检查每个测试的执行结果
5	测试用例的编写不仅应当根据有效和遇到的输入情况，而且也应当根据无效或者未遇到的输入情况
6	检查程序是否“未做其应该做的”仅是测试的一半，测试的另一半是检查程序是否“做了其不应该做的”
7	应该避免测试用例用后即弃，除非软件本身就是一个一次性的软件
8	计划测试工作时不应默许假定不会发生错误
9	程序某部分存在更多错误的可能性，与该部分已发生错误的数量成正比
10	软件测试是一项极富创造性、极具智力挑战的工作

下面就其中的几条进行阐述。

测试用例应由测试输入数据和与之对应的预期输出结果这两部分组成。测试以前应当根据测试的要求选择在测试过程中使用的测试用例(Test case)。测试用例主要用来检验程序员编制的程序，因此不但需要测试的输入数据，而且需要针对这些输入数据的预期输出结果。如果对测试输入数据没有给出预期的程序输出结果，那么就缺少了检验实测结果的基准，就有可能把一个似是而非的错误结果当成正确结果。

程序员应避免检查自己的程序，编写软件的组织也不应当测试自己编写的软件，与此同时，计划测试工作时不应默许假定不会发生错误。测试工作需要严格的作风、客观的态度和冷静的情绪。人们常由于各种原因具有一种不愿否定自己工作的心理，认为揭露自己程序中的问题总不是一件愉快的事。这一心理状态就成为测试自己程序的障碍。另外，程序员对软件规格说明理解错误而引入的错误则更难发现。如果由别人来测试程序员编写的程序,可能会更客观、更有效,并更容易取得成功。要注意的是,这点不能与程序的调试(debuging)相混淆。调试由程序员自己来做可能更有效。

应当彻底检查每个测试的执行结果。这是一条最明显的原则,但常常被忽视。有些错误的征兆在输出实测结果时已经明显地出现了,但是如果不仔细、全面地检查测试结果,就会使这些错误被遗漏掉。所以必须对预期的输出结果明确定义,对实测的结果仔细分析检查,抓住征候,暴露错误。

测试用例的编写不仅应当根据有效和遇到的输入情况,而且也应当根据无效或者未遇到的输入情况。合理的输入条件是指能验证程序正确的输入条件,而不合理的输入条件是指异常的、临界的、可能引起问题异变的输入条件。在测试程序时,人们常常倾向于过多地考虑合法的和期望的输入条件,以检查程序是否做了它应该做的事情,而忽视了不合法的和预想不到的输入条件。事实上,软件在投入运行以后,用户的使用往往不遵循事先的约定,使用了一些意外的输入,如用户在键盘上按错了键或打入了非法的命令。如果开发的软件遇到这种情况时不能做出适当的反应,给出相应的信息,那么就容易产生故障,轻则给出错误的结果,重则导致软件失效。因此,软件系统处理非法命令的能力也必须在测试时受到检验。用不合理的输入条件测试程序时,往往比用合理的输入条件进行测试能发现更多的错误。

检查程序是否"未做其应该做的"仅是测试的一半,测试的另一半是检查程序是否"做了其不应该做的"。在项目启动时会定义需求规格说明,坚持对需求的验证,使得程序是可预测的。一方面,验证程序的正确性,根据用户的需要来进行检验,同时也应遵从某个标准进行检验;另一方面,验证程序对需求实现的完整性,用于保证需求中没有遗漏任何的功能需求,避免由于没有人提出恰当的问题或者没有人检查相关的原始文档而引起的需求遗漏;另外,还需考虑每个功能性需求附带的非功能性要求,包括性能、安全性、可使用性、兼容性和可访问性。

应该避免测试用例用后即弃,除非软件本身就是一个一次性的软件。妥善保存测试计划、测试用例、出错统计和最终分析报告,为维护提供方便。

程序某部分存在更多错误的可能性,与该部分已发生错误的数量成正比。经验表明,测试后程序中残存的错误数目与该程序中已发现的错误数目或检错率成正比,这也被称为群集现象。根据这个规律,应当对错误群集的程序段进行重点测试,以提高测试投资的效益。在所测程序段中,若发现错误数目多,则残存错误数目也比较多。这种错误群集性现象,已为许多程序的测试实践所证实。

根据中国软件评测中心的测试理念,提出的测试原则就是要从用户和开发者的角度出发,进行软件产品的测试,通过测试,为用户提供高质量的产品,并对优秀产品进行认证。其测试原则有以下8点:

(1)应当尽早和不断地进行软件测试。

(2)程序员应当避免检查自己的程序,测试工作应该交由独立的专业的软件测试机构来完成。

(3)设计测试用例时应该同时考虑合法和不合法的输入以及各种边界条件,特殊情况下可以制造极端状态和意外状态,比如网络异常中断、电源断电等情况。

(4)一定要注意测试中 Bug 集中发生的现象,这和程序员的编程水平和习惯有很大的关系。

(5)对测试错误结果一定要有一个确认的过程,一般由 A 测试出来的错误,一定要由 B 来确认,严重的错误可以召开评审会进行讨论和分析。

(6)制定严格的测试计划,并把测试时间安排得尽量宽松,不要希望在极短的时间内完成一个高水平的测试。

(7)回归测试的关联性一定要引起充分的注意,修改一个错误而引起更多的错误出现的情况并不少。

(8)妥善保存一切测试过程文档,意义是不言而喻的。

1.5 软件测试过程

1.5.1 软件测试过程概述

具体来讲,软件测试过程是一个不断输入数据,观察和记录软件运行行为和输出结果,并判断其行为和输出结果的正确性,直到能够由这些结果有效地分析该软件的性能的过程。抽象地讲,软件测试就是不断进行测试、排错、修改,然后再进行测试(回归测试)、排错、修改,直到软件达到用户性能要求的一个循环往复过程。

在应用程序开发生命周期的开始阶段,就应该开始测试过程,而不是传统的在编码结束时才开始测试。测试需要与应用程序开发阶段结合起来。软件测试过程如下:

1. 需求分析

在软件开发生命周期的需求阶段,业务需求的定义是比较高级的,并且也是后续阶段及最终实现的基础。因此,在需求阶段对需求进行验证,可以尽早地发现错误。针对需求规格说明文档及其他相关的文档,主要验证需求是否明确无歧义,是否一致,是否易于追溯其来源即可追踪性等。

2. 单元测试

单元测试是测试的基本阶段,也是在软件开发过程中要进行的最低级别的测试活动。在这个过程中,软件的独立单元将在与程序的其他部分隔离的情况下进行测试,针对的是单个的函数模块,需要依据详细设计说明书和源程序清单,了解该模块的输入/输出和逻辑结构,主要采用白盒测试的测试用例,辅之以黑盒测试的测试用例使之对任何合理的输入和不合理的输入,都能鉴别和响应。

3. 集成测试

集成测试是在单元测试的基础上，把程序的基本单元按照软件结构设计的要求，组装成软件系统进行测试。实践表明，一些模块能够单独地工作，并不能保证连接起来也能正常工作，所以此阶段的测试非常重要。一般采用黑盒测试方法，白盒测试方法作为补充，主要对模块功能、模块间接口等进行测试。一般有自底向上和自顶向下两种测试策略。

4. 确认测试

集成测试完成以后，分散开发的模块被连接起来，构成完整的程序。其中各模块之间接口存在的种种问题都已消除。于是测试工作进入下一阶段——确认测试。确认测试应检查软件能否按合同要求进行工作，即是否满足软件需求说明书中的确认标准。

5. 系统测试

软件开发完成以后，最终还要与系统中的其他部分配套运行。系统测试实际上是针对系统中各个组成部分进行的综合性检验。尽管每一个检验有着特定的目标，然而所有的检测工作都要验证系统中每个部分均已得到正确的集成，并能完成指定的功能。依据需求文档进行各项测试，包括功能测试、可靠性测试、性能测试、强度测试等，这些测试项都应在测试计划中有所计划。

6. 验收测试

最后，要进行验收测试。验收测试是以用户为主的测试，用户参与设计测试用例，使用用户界面输入测试数据，并分析测试的输出结果。一般使用实际的操作数据进行测试，在测试过程中，除了测试软件基本的功能和性能外，还应该对软件的兼容性、可维护性等进行确认。验收测试实际上是对整个测试计划的一个审查。

图 1.6 为测试各阶段的描述。软件测试各阶段的输入和输出项见表 1－4。

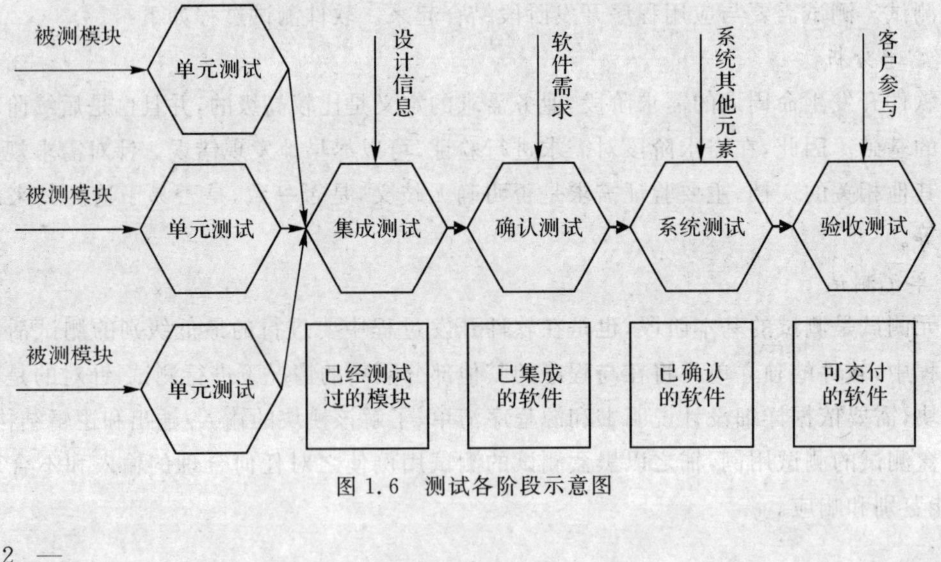

图 1.6 测试各阶段示意图

表 1－4　软件测试各阶段的输入和输出项

阶段	输　入	输　出
需求分析	需求定义，市场分析文档，相关技术文档	市场需求分析会议纪要，功能设计，技术设计
设计审查	市场需求文档,技术设计文档	测试计划,测试用例
功能验证	代码完成文件包,功能详细设计说明书 最终技术文档	完整测试用例,完备的测试计划，缺陷报告 功能验证测试报告
系统测试	代码修改后的文件包 完整测试用例,完备的测试计划	缺陷报告 缺陷状态报告 项目阶段报告
确认测试	代码冻结文件包 确认测试用例	缺陷状态报告 缺陷报告审查 版本审查
版本发布	代码发布文件包 测试计划检查清单	当前版本已知问题的清单 版本发布报告

1.5.2　软件测试过程模型

随着测试技术的发展,测试过程的管理显得尤为重要,过程管理已成为测试成功的重要保证。经过多年的努力,测试专家提出了许多实用的测试模型,其中包括 V 模型、W 模型、H 模型、X 模型等。

1. V 测试过程模型

V 模型最早由 Paul Rook 在 20 世纪 80 年代后期提出,旨在改进软件开发的效率。V 模型的价值在于它非常明确地提出了测试过程中存在的不同级别,并且清楚地描述了这些测试阶段和开发过程期间各阶段的一一对应关系。软件测试过程 V 模型如图 1.7 所示。

在 V 模型中,单元测试是基于软件源代码的测试,最初时一般由开发人员执行,以验证其可执行程序代码的各个部分是否已达到了文档预期需要的功能要求;而集成测试则验证不同单元之间的集成是否正确,并有针对性地对详细设计中所定义的各单元模块之间的接口进行检查;在所有单元测试和集成测试完成后,系统测试开始以客户环境来模拟系统的运行,以验证系统是否已达到了在概要设计中所定义的功能和性能;最后,当技术部门完成了所有测试工作后,由业务专家或用户进行验收测试,以确保产品能符合用户业务上的需要。

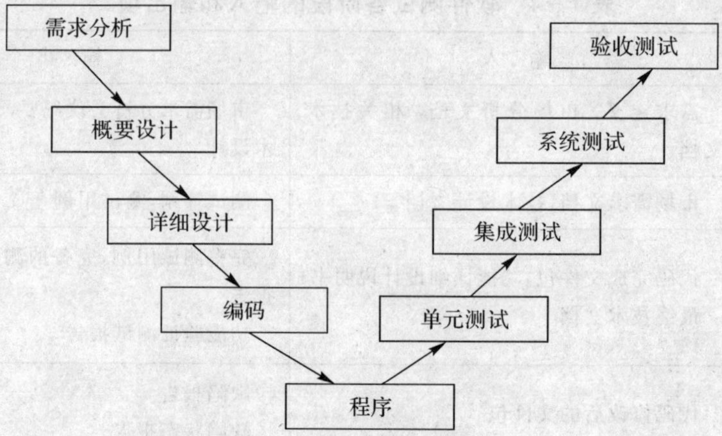

图 1.7　软件测试 V 模型

虽然 V 模型已存在了很长时间，且被广泛应用，但是它也存在一些局限性。比如，它没有明确地说明早期的测试，无法体现“尽早地和不断地进行软件测试”的原则。另外，它忽略了实际测试过程中的一个事实，那就是软件在交接中完成，每次交接都会改变上次交接的行为。还有 V 模型过于依赖文档的存在性、准确性、完整性和实时性。

2. W 测试过程模型

W 模型由 Evoluif 公司提出，相对于 V 模型，W 模型更为符合软件工程的过程。W 模型是 V 模型的发展，强调的是测试过程伴随着整个软件开发周期，而且测试的对象不仅仅是程序，需求、功能和设计同样要测试。测试与开发需要同步进行，从而有利于尽早地发现程序中的问题。W 模型如图 1.8 所示。

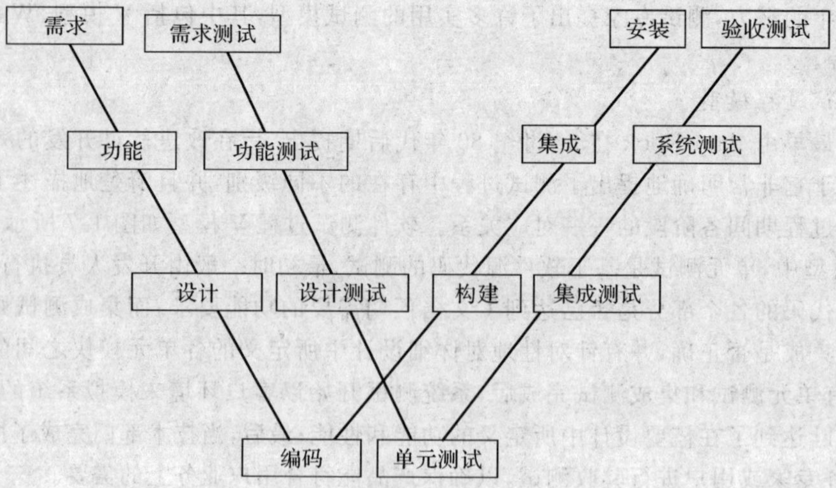

图 1.8　软件测试 W 模型

W 模型是由两个 V 字形模型组成的，分别代表测试和开发过程，可以看出 W 模型绝不是简单对 V 模型的改进，而是反映了一种新的测试观念，即测试应该伴随着整个开发周期，测试的对象不仅仅是程序，对需求、规格和设计同样需要测试，以利于尽早地发现和解决错误，降低软件开发风险和代价。但是，同样地，W 模型也存在局限性，它无法支持迭代的开发模型。对于当前软件开发复杂多变的情况，W 模型并不能解决测试管理面临的难题。

3. H 测试过程模型

H 模型的提出，有效地解决了各层次(单元测试、集成测试、系统测试等)之间反复触发和迭代的问题。H 模型如图 1.9 所示。

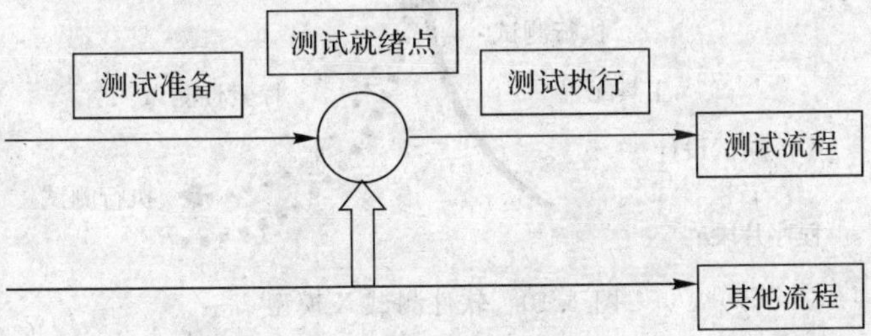

图 1.9　软件测试 H 模型

图 1.9 演示了在整个生产周期中某个层次上的一次测试“微循环”。图中标注的其他流程可以是任意的开发流程，例如设计流程或者编码流程。H 模型将软件测试过程活动完全独立出来，使之贯穿于整个产品的周期，与其他流程并发地进行，一旦某个测试点准备就绪，便从测试准备阶段进行到测试执行阶段，从而达到让软件测试尽早进行的目的。

4. X 测试过程模型

X 模型是为了解决 V 模型的种种问题，由 Robin F. GoldSmith 在 Brian Marick 提出的替代模型基础上产生的，他认为 V 模型和 W 模型最大的问题体现在以下几个方面：

(1)忽略了这样的事实，即软件开发是由一系列的交接所组成的，每一次交接内容都改变了前一次交接的行为。

(2)依赖于开发文档的存在，及文档的精确性、完整性，并且没有对时间进行限制。

(3)认为一种测试的设计是依据某一个单独的文档，而不包括根据其前后阶段的文档的修改而作相应修改。

(4)认定这些依赖于某个单独文档的测试一定要在一起。

X 模型如图 1.10 所示。

X 模型的左边描述的是针对单独程序片段所进行的相互分离的编码和测试，右上半部分显示此后将进行频繁的交接，通过集成最终合成为可执行的程序，这些可执行程序还需要进行测试。已通过集成测试的产品可以进行确认并提交给用户，也可以作为更大规模和范围内集成的一部分。多根并行的曲线表示变更可以在各个部分发生。X 模型还定位了探索性测试。

这是不进行事先计划的特殊类型的测试,诸如“我这么测试一下结果会怎么样?”这一方式往往能帮助有经验的测试人员在测试计划之外发现更多的软件错误。

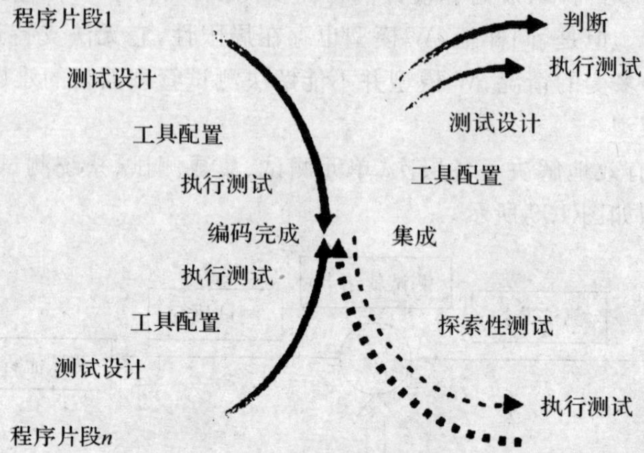

图 1.10 软件测试 X 模型

总的来说,X 模型和 H 模型有很多相同之处,它们都是为了解决 V 模型中理想化的一些东西,比如开发阶段有严格的界限,忽视了需求变化往往导致开发过程变化的情况,认为测试可以依据已经写好的精确的文档来进行,没有明确测试执行前应该进行的测试设计等准备阶段等。

1.6 不同类型的软件测试方法

1.6.1 最普遍的测试策略

1. 黑盒测试

黑盒测试被称为功能测试或数据驱动测试。在测试时,把被测程序视为一个不能打开的黑盒子,在完全不考虑程序内部结构和内部特性的情况下进行。采用黑盒测试的目的如下:

(1)检查程序功能能否按需求规格说明书的规定正常使用,测试各个功能是否有遗漏,检测性能等特性要求是否满足。

(2)检测人机交互是否错误,检测数据结构或外部数据库访问是否错误,程序是否能适当地接收输入数据而产生正确的输出结果,并保持外部信息(如数据库或文件)的完整性。

(3)检测程序初始化和终止方面的错误。

常用的方法包括等价类划分、边界值分析、因果图法、决策表法、错误推测法等。

2. 白盒测试

白盒测试又称为结构测试、逻辑驱动测试或基于程序的测试(Program-based Testing)。

采用这一测试方法，测试者可以看到被测的源程序，它可用于分析程序的内部构造，并且根据其内部构造设计测试用例。这时测试者可以完全不顾程序的功能，通过测试来检测产品内部动作是否按照规格说明书的规定正常进行，按照程序内部的结构测试程序，检验程序中的每条路径是否都能按预定要求正确运行。具体的白盒测试方法有程序控制流分析、数据流分析、逻辑覆盖、域测试、符号测试、路径分析、程序插桩以及程序变异等。其中多数方法比较成熟，也有较高的使用价值，个别的方法仍有些问题没有得到圆满的解决。例如，路径测试的分析方法是很重要的，但在程序分支过多及程序路径过多时，已有的方法将会显示出它们的局限性。

3. 灰盒测试

灰盒测试，介于白盒测试与黑盒测试之间，可以这样理解，灰盒测试关注输出对于输入的正确性，同时也关注内部表现，但这种关注不如白盒测试那样详细、完整，只是通过一些表征性的现象、事件、标志来判断内部的运行状态，有时候输出是正确的，但内部其实已经错误了，这种情况非常多，如果每次都通过白盒测试来操作，效率会很低，因此需要采取这样的一种灰盒测试的方法。

如表 1－5 所示，灰盒测试结合了白盒测试和黑盒测试的要素，它考虑了用户端、特定的系统知识和操作环境。它在系统组件的协同性环境中评价应用软件的设计。灰盒测试由方法和工具组成，这些方法和工具取材于应用程序的内部知识和与之交互的环境，能够用于黑盒测试以增强测试、发现错误和分析错误的效率。

表 1－5　测试方法示例

灰盒测试	
黑盒测试	白盒测试
决策表	符号执行
等价类划分	形式化方法
边界值分析	基本路径
因果图法	组合覆盖
错误推测法	条件覆盖
功能图法	判定覆盖
Ad－hoc 法	语法覆盖
	代码审查

1.6.2　新技术

1. 基于模型的测试

软件模型是对软件行为和软件结构的抽象描述。软件行为可以用系统输入序列、活动、条件、输出逻辑或者数据流进行描述，软件结构则使用组件图、部署图等进行描述。针对测试任务，通过对软件功能和结构进行抽象并用易于理解的方式进行描述，获得的模型就是对被测试软件系统精确的描述，可以用于软件测试，如图 1.11 所示。一般对软件不同行为要用不同模型进行描述。

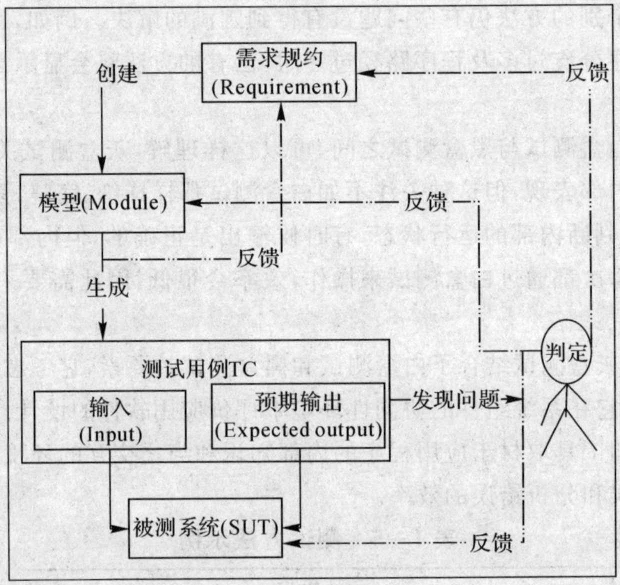

图 1.11　基于模型测试框架简图

基于模型的软件测试技术可以根据测试模型对被测试程序中所有输入及其状态组合进行系统枚举，因此可以使测试实现系统化、集中化以及自动化。基于模型的软件测试技术属于基于规范的软件测试范畴，其特点是：在产生测试用例和进行测试结果评价时，都是根据被测试应用程序的模型及其派生模型进行的。目前，经典的测试模型包括有限状态机模型、UML 模型、马尔可夫链模型等。常见的基于模型的测试工具有 Spec Explorer，如图 1.12 所示。

2. 面向对象的测试

面向对象系统与面向过程系统有着许多类似之处，虽然传统测试的理论与方法有不少可用于面向对象的测试中，但毕竟面向对象的开发技术和运行方式与传统的软件有着较大的区别，因此，必须针对面向对象程序的特点开发出新的测试方法。

传统程序执行的路径是在程序开发时定义好的，程序执行的过程是主动的，其流程可以用一个控制流图从头至尾地表示；而面向对象程序中方法的执行通常不是主动的，程序的执行路径也是运行过程中动态地确定的，因此描述它的行为往往需要动态的模型。与传统的程序相比较，面向对象程序主要具有封装性、继承性、多态性和动态绑定等几大特性。一般来说，面向对象软件的测试类似于传统软件的测试，但又有所不同，可分为 4 个层次——方法测试、类测试、类簇测试和系统测试。

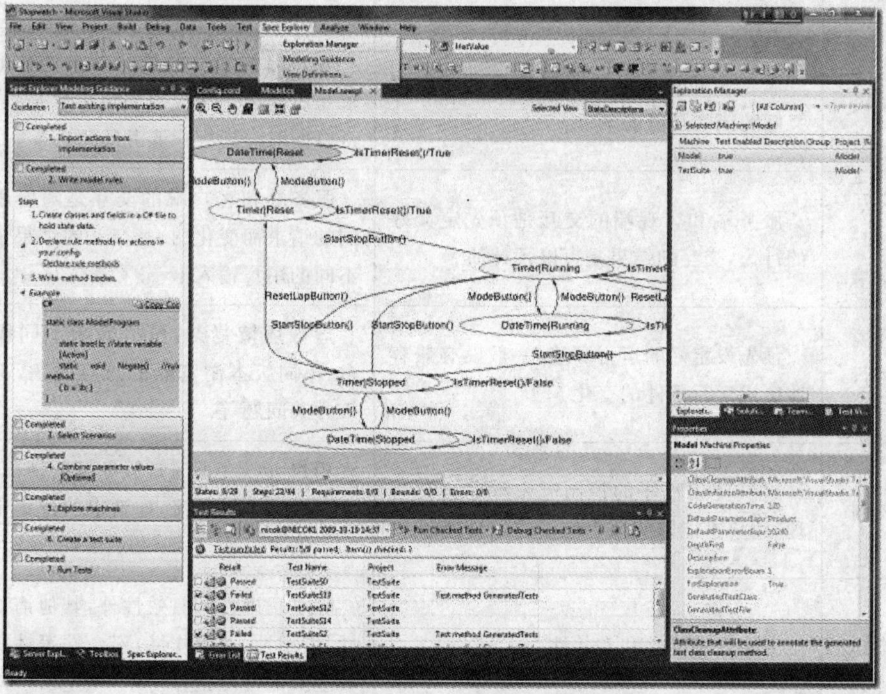

图 1.12　MS Spec Explorer

3. Web 测试

Web 应用程序拥有许多传统软件没有的特点。Web 应用程序通常都是由种类繁多的实体组成的，这些实体大部分是使用多语义的标记符或脚本编写而成的，例如，HTML，Javascript，eol 脚本，ASP 和 JSP 等。它们大多是没有结构化且难以被抽象，这使得 Web 应用程序变得很难“读懂”；另外，Web 应用程序可以被用户以不同类型的客户端浏览器同时访问，且这些客户端可以使用不同类型的操作系统；Web 应用程序还可以根据用户的交互动态生成不同的 Web 页面，而请求/响应时所使用的 HTTP 协议所呈现出的新型控制和数据流结构在传统软件中也是没有的。Web 应用程序是在传统 C/S 模式的应用程序基础之上发展起来的，其与传统 C/S 模式的应用程序的比较见表 1－6。

表 1-6　传统 C/S 模式的应用程序与 Web 应用程序的比较

项目＼程序	传统的 C/S 模式应用程序	Web 应用程序
用户角色	服务端和客户端的用户角色是预先定义好的或者是静态的	客户端的用户角色是动态变化的。需求是不同的。服务端的角色也是变化的。可以同时充当客户服务的角色
用户交互行为和交互结果	服务端和客观端的交互是预先定义好的行为，交互的结果是可以预计的	服务端和客户端的交互是随着用户不同的请求而变化的，其交互的结果依赖于不同的用户输入
运行环境以及运行兼容性	预先设定好的运行环境，一般没有兼容冲突或运行条件的变化	运行环境复杂，包括诸如不同操作平台、不同版本浏览器的兼容问题，不同接入方式问题等
运行控制	这种应用程序的控制流由程序进行管理，用户不能影响整个应用的运行控制	用户可以在不通知服务端的情况下，随意改变这个控制流，如请求的过程中用户终止请求操作
性能指标	主要是正确性和有效性	除了正确性和有效性外，其他诸如兼容性、可用性、互操作性、安全性等性能也是较重要的性能指标
维护需求	静态的，一般是基于原来预定的需求	变化较快。由于用户需求不断变化，需要不断改进以适应用户的需求变化
开发技术	一种或者几种固有的开发技术	多种开发技术的合成，并随着 Web 技术的发展需要不断地更新
版本升级	涉及新版本软件的宣传、销售、重新配置和安装等一系列活动，需要软件供应商和用户共同完成升级；版本更新周期长；用户需要为升级版本支付费用	无须用户参与，服务端直接升级，版本更新周期短，用户无须为版本升级支付任何费用
其他		增加了许多新特性，如 HTTP 协议的无状态性，会话控制，Cookies 管理等

4. 敏捷测试

敏捷方法是 20 世纪 90 年代末，为了应对传统制造业的“敏捷制造”思想，逐渐形成的新的软件开发模式。敏捷方法通常应用时间定量的迭代和进化式开发，使用自适应计划，提倡增量交付并包含其他提倡敏捷性(快速和灵活的响应变更)的价值和实践，为解决以上问题提供了轻量级的项目管理和开发、维护的思路。

目前比较流行的敏捷测试方法有驱动开发测试和相关环境驱动测试等。

5. 模糊测试

模糊测试是一种通过向目标系统提供非预期的输入并监视异常结果来发现软件漏洞的方法。模糊测试过程中，随机产生大量数据对程序进行验证，假如在应对这类数据上失效，开始出现冲突、死锁、消耗大量内存或者产生不可控制，开发者就知道代码的某处出现了 Bug。其中，用于测试的数据包括有效数据和随机数据的联合。

模糊测试的最大优点在于它的成本效率，该项测试通常是自动化的，而且容易配置。模糊测试也是一项用于验证程序中真实错误的重要工具，也是所有意识到安全性问题且致力于程序健壮性的程序员们的工具箱中所必备的工具。

1.7　软件测试相关术语

Acceptance testing(验收测试)：它包括 Alpha 测试和 Beta 测试，系统开发生命周期方法论的一个阶段，由相关的用户和/或独立测试人员根据测试计划和结果对系统进行测试和接收。它让系统用户决定是否接收该系统。它是一项确定产品是否能够满足合同或用户所规定需求的测试。这是管理性和防御性控制。

Ad hoc testing (随机测试)：它主要是根据测试者的经验对软件进行功能和性能抽查，是没有书面测试用例、记录期望结果、检查列表、脚本或指令的测试。随机测试是根据测试说明书执行用例测试的重要补充手段，是保证测试覆盖完整性的有效方式和过程。

Alpha testing(Alpha 测试)：既可以是一个用户在开发环境下进行的测试，也可以是公司内部的用户在模拟实际操作环境下进行的受控测试。Alpha 测试不能由程序员或测试员完成。

Beta testing(Beta 测试)：软件的多个用户在一个或多个用户的实际使用环境下进行的测试。开发者通常不在测试现场，Beta 测试不能由程序员或测试员完成。

Automated testing(自动化测试)：使用自动化测试工具来进行测试，这类测试一般不需要人干预，通常在 GUI、性能等测试中用得较多。

Black box testing(黑盒测试)：指测试人员不关心程序具体如何实现的一种测试方法。根据软件的规格对软件进行各种输入和观察软件的各种输出结果来发现软件的缺陷的测试，这类测试不考虑软件内部的运作原理，因此软件对用户来说就像一个黑盒子。

White box testing(白盒测试)：根据软件内部的工作原理分析来进行测试，是基于代码的测试。测试人员通过阅读程序代码或者通过使用开发工具中的单步调试来判断软件的质量。白盒测试一般由项目经理在程序开发中进行。

Bug(错误)：有时称作 defect(缺陷)或 error(错误)，软件程序中存在的编程错误，可能会带来不必要的副作用，如软件的功能和特性与设计规格说明书或用户需求不一致。软件缺陷表现特征为：软件未达到产品说明书标明的功能；软件出现产品说明书指明不会出现的错误；软件功能超出产品说明书指定的范围；未达到虽然产品说明书未指出但是软件应达到的目标；软件测试人员或用户认为软件难以理解、不易使用、运行速度缓慢等问题。

Bug report（错误报告）：也称为“Bug record（错误记录）”，记录发现的软件错误信息的文档，通常包括错误描述、复现步骤、抓取的错误图像和注释等。

Defect tracking system（缺陷跟踪系统，DTS）：也称为“Bug tracking system，BTS”，管理软件测试缺陷的专用数据库系统，可以高效率地完成软件缺陷的报告、验证、修改、查询、统计、存储等任务，尤其适用于大型多语言软件的测试管理。

Build（工作版本）：软件开发过程中用于内部测试的功能和性能等不完善的软件版本。工作版本既可以是系统的可操作版本，也可以是展示要在最终产品中提供的部分功能的部分系统。

Compatibility testing（兼容性测试）：也称“Configuration testing（配置测试）”，测试软件是否和系统的其他与之交互的元素之间兼容，如：浏览器、操作系统、硬件等。验证测试对象在不同的软件和硬件配置中的运行情况。

Capture/Replay Tool（捕获/回放工具）：一种测试工具，能够捕获在测试过程中传递给软件的输入，并且能够在以后的时间中，重复这个执行的过程。这类工具一般在 GUI 测试中用得较多。

Crash（崩溃）：计算机系统或组件突然并完全地丧失功能，例如软件或系统突然退出或没有任何反应（死机）。

Debug（调试）：开发人员确定引起错误的根本原因和确定可能的修复措施的过程。一般发生在子系统或单元模块编码完成时，或者根据测试错误报告指出错误以后，开发人员需要执行调试过程来解决已存在的错误。

Deployment（部署）：也称为 Shipment（发布），对内部 IT 系统而言，指它的第一个版本通过彻底的测试、形成产品、交付给客户的阶段。

Dynamic testing（动态测试）：通过执行软件的手段来测试软件。

Exception（异常例外）：一个引起正常程序执行挂起的事件。

Functional testing（功能测试）：也称为 Behavioral testing（行为测试），根据产品特征、操作描述和用户方案，测试一个产品的特性和可操作行为以确定它们满足设计需求。本地化软件的功能测试，用于验证应用程序或网站对目标用户能正确工作。使用适当的平台、浏览器和测试脚本，以保证目标用户的体验将足够好，就像应用程序是专门为该市场开发的一样。

Garbage characters（乱码字符）：程序界面中显示的无意义的字符，例如，程序对双字节字符集的字符不支持时，这些字符不能正确显示。

GB 18030 testing（GB 18030 测试）：软件支持 GB 18030 字符集标准能力的测试，包括 GB 18030 字符的输入、输出、显示、存储的支持程度。

Installing testing（安装测试）：确保该软件在正常情况和异常情况的不同条件下都能安

装，例如，进行首次安装、升级、完整的或自定义的安装都能实现。异常情况包括磁盘空间不足、缺少目录创建权限等。核实软件在安装后可立即正常运行。安装测试包括测试安装代码以及安装手册。安装手册提供如何进行安装的说明，安装代码提供安装一些程序能够运行的基础数据。

Integration testing(集成测试)：被测试系统的所有组件都集成在一起，找出被测试系统组件之间关系和接口中的错误。该测试一般在单元测试之后进行。

International testing(国际化测试)：目的是测试软件的国际化支持能力，发现软件的国际化的潜在问题，保证软件在世界不同区域中都能正常运行。国际化测试使用每种可能的国际输入类型，针对任何区域性或区域设置检查产品的功能是否正常。软件国际化测试的重点在于执行国际字符串的输入/输出功能。国际化测试数据必须包含东亚语言、德语、复杂脚本字符和英语(可选)的混合字符。

Localizability testing(本地化能力测试)：本地化能力是指不需要重新设计或修改代码，将程序的用户界面翻译成任何目标语言的能力。为了降低本地化能力测试的成本，提高测试效率，本地化能力测试通常在软件的伪本地化版本上进行。本地化能力测试中发现的典型错误包括：字符的硬编码(即软件中需要本地化的字符写在了代码内部)，对需要本地化的字符长度设置了固定值，在软件运行时以控件位置定位，图标和位图中包含了需要本地化的文本，软件的用户界面与文档术语不一致等。

Load testing(负载测试)：通过测试系统在资源超负荷情况下的表现，以发现设计上的错误或验证系统的负载能力。在这种测试中，将使测试对象承担不同的工作量，以评测和评估测试对象在不同工作量条件下的性能行为，以及持续正常运行的能力。负载测试的目标是确定并确保系统在超出最大预期工作量的情况下仍能正常运行。此外，负载测试还要评估性能特征，例如，响应时间、事务处理速率和其他与时间相关的方面。

Localization testing(本地化测试)：本地化测试的对象是软件的本地化版本。本地化测试的目的是测试特定目标区域设置的软件本地化质量。本地化测试的环境是在本地化的操作系统上安装本地化的软件。从测试方法上可以分为基本功能测试、安装/卸载测试、当地区域的软硬件兼容性测试。测试的内容主要包括软件本地化后的界面布局和软件翻译的语言质量，包含软件、文档和联机帮助等部分。

Performance testing(性能测试)：评价一个产品或组件与性能需求是否符合的测试。包括负载测试、强度测试、数据库容量测试、基准测试等类型。

Pilot testing(引导测试)：软件开发中，验证系统在真实硬件和客户基础上处理典型操作的能力。在软件外包测试中，引导测试通常是客户检查软件测试公司测试能力的一种形式，只有通过了客户特定的引导测试，软件测试公司才能接受客户真实软件项目的软件测试。

Portability testing(可移植性测试)：该项测试目的在于证明软件可以被移植到指定的硬件或软件平台上。

Priority(优先级)：从商业角度出发是指错误的重要性，尤其是从客户和用户的角度出发，是指错误对于系统的可行性和可接受性的影响。与“Severity(严重性)”相对照。

Quality assurance(质量保证,QA):采取所有手段以保证一个开发组织交付的产品满足性能需求和已确立的标准和过程。

Regression testing(回归测试):在错误修改之后,重复先前的测试以保证修改的正确性。理论上,对软件的任何新版本,都需要进行回归测试,验证以前发现和修复的错误不会在新软件版本上再现。

Review(评审):在产品开发过程中,把产品提交给项目成员、用户、管理者或其他相关人员评价或批准的过程。

Sanity testing(健全测试):软件主要功能成分的简单测试以保证它能进行基本的测试。参考“Smoke testing(冒烟测试)”。

Screen shot(抓屏、截图):软件测试中,将软件界面中的错误(窗口、菜单、对话框等)的全部或一部分,使用专用工具存储成图像文件,以便于后续处理。

Severity(严重性):错误对被测系统的影响程度,在终端用户条件下发生的可能性,软件错误妨碍系统使用的程度。与“Priority(优先级)”相对照。

Smoke testing(冒烟测试):冒烟测试的对象是每一个新编译的需要正式测试的软件版本,目的是确认软件基本功能正常,可以进行后续的正式测试工作。冒烟测试的执行者是版本编译人员。参考“Sanity testing(健全测试)”。

Software life cycle(软件生命周期):开始于一个软件产品的构思,结束于该产品不再被使用的这段期间。

Static testing(静态测试):不通过执行来测试一个系统,如代码检查、文档检查和评审等。

Structured query language(结构化查询语言,SQL):在一个关系数据库中查询和处理数据的一种语言。

To be determined(待定,TBD):在测试文档中表示一项进行中的尚未最终确定的工作。

Test case(测试用例):为特定目标而开发的一组测试输入、执行条件和预期结果,其目标可以是测试某个程序路径或核实是否满足某个特定的需求。

Testing coverage(测试覆盖):指测试系统覆盖被测试系统的程度,一项给定测试或一组测试对某个给定系统或构件的所有指定测试用例进行处理所达到的程度。

Testing environment(测试环境):进行测试的环境,包括测试平台、测试基础设施、测试实验室和其他设施。

Testing item(测试项):作为测试对象的工作版本。

Testing plan(测试计划):描述了要进行的测试活动的范围、方法、资源和进度的文档。它确定测试项、被测特性、测试任务、谁执行任务和各种可能的风险。

Testing procedure(测试过程):指设置、执行给定测试用例并对测试结果进行评估的一系列详细步骤。

Testing script(测试脚本):一般指的是一个特定测试的一系列指令,这些指令可以被自动化测试工具执行。

Testing suite(测试包)：一组测试用例的执行框架，一种组织测试用例的方法。在测试包里，测试用例可以组合起来创造出独特的测试条件。

Unit testing(单元测试)：指一段代码的基本测试，其实际大小是未定的，通常是一个函数或子程序，一般由开发者执行。

User interface(用户界面，UI)：广义是指使用户可以和计算机进行交互的硬件或软件，狭义是指软件中的可见外观及其底层与用户交互的部分(菜单、对话框、窗口和其他控件)。软件部分包括用户与计算机信息交换的协议、操作命令等处理软件，硬件部分包括输入装置和输出装置。目前常用的是图形用户界面，它采用多窗口系统，显示直接形象，操作简便，也叫人机界面，简称界面。

User interface testing(用户界面测试)：指测试用户界面的风格是否满足客户要求，文字是否正确，页面是否美观，文字、图片组合是否完美，操作是否友好，等等。测试的目标是确保用户界面为用户提供相应的访问或浏览功能，确保用户界面符合公司或行业的标准。包括用户友好性、人性化、易操作性测试。

第 2 章　软件测试理论

本章将为测试人员提供所需的数学知识，如果读者已经了解本章内容，可直接跳过本章。

2.1 集　合　论

2.1.1　集合和元素

集合可以看做是一些事物，即集合的元素或成员的全体。集合中的元素和集合的关系采用符号“$\in$”来表示，如果事物不是集合成员，则使用符号“$\notin$”表示。

例如：$a \in A$，表示 a 属于 A，或 a 是集合 A 的元素；$a \notin A$，表示 a 不属于 A，或 a 不是集合 A 的元素。

2.1.2　集合的表示

无论使用哪种方式表示一个集合，总是以界定其元素为准，常用的 3 种表示方式为：

(1) 文字描述。例如：

{奇数}

{闭区间[0 1]上的连续函数}

(2) 枚举：把集合的全体成员都在花括号中枚举出来。例如：

{驴，马，牛}

$\{5,6,7,8,9,10,\cdots\}$

(3) 谓词表示：其一般形式为 $\{x \mid P(x)\}$，它表示具有属性 P 的 x 的全体所成之集。$P(\ )$ 是谓词，也叫入集条件，不同于函数。例如：

$\{x \mid x^2 - 4x + 3 = 0\}$

$\{n \mid n$ 是 14 的倍数且不大于 100$\}$

2.1.3　全集与空集

1. 全集

如果一个集合中含有我们所要研究的全部元素，这个集合就叫做全集。例如，在平面几何中，全集是由平面上所有点构成的；而在人口学研究中，全集则包含世界上所有的人。在没有特别说明的情况下，用字母 U 来表示全集。

2. 空集

没有元素的集合称为空集，记作 $\varnothing$。空集是唯一的。

2.1.4　子集

如果集合 A 的每个元素都是集合 B 的元素，则称 A 为 B 的一个子集，也可以称为 A 包含于 B 或 B 包含 A。这个关系记作 $A \subseteq B$ 或 $B \supseteq A$。

如果 A 是 B 的子集，且 A 与 B 不相等，则称 A 是 B 的真子集，记作 $A \subset B$ 或 $B \supset A$。

集合有下述性质：

(1) 对任意集合 A，$\varnothing \subseteq A \subseteq U$。

(2) 对任意集合 A，$A \subseteq A$。

(3) 如果 $A \subseteq B$ 且 $B \subseteq C$，则 $A \subseteq C$。

(4) $A = B$，当且仅当 $A \subseteq B$ 且 $B \subseteq A$。

2.1.5　集合操作

集合论的表示能力主要体现在集合基本操作上：并、交和补。同时还使用其他便利的操作：相对补、对称差和笛卡尔积。

给定集合 A 和 B：

其并是集合 $A \cup B = \{x : x \in A \vee x \in B\}$；

其交是集合 $A \cap B = \{x : x \in A \wedge x \in B\}$；

A 的补是集合 $A' = \{x : x \notin A\}$；

B 针对 A 的相对补是集合 $A - B = \{x : x \in A \wedge x \notin B\}$；

A 和 B 的对称差是集合 $A \oplus B = \{x : x \in A \oplus x \in B\}$；

A 和 B 的笛卡尔积是集合 $A \times B = \{< x, y > \mid x \in A \wedge y \in B\}$。

2.1.6　集合的代数运算

集合的并、交和补运算满足的运算规律见表 2-1。

表 2-1　集合的代数运算规律

名称	表达式	
幂等律	$A \cup A = A$	$A \cap A = A$
同一律	$A \cup \varnothing = A$ $A \cup U = U$	$A \cap U = A$ $A \cap \varnothing = \varnothing$
结合律	$(A \cup B) \cup C = A \cup (B \cup C)$ $(A \cap B) \cap C = A \cap (B \cap C)$	

续 表

名称	表达式
交换律	$A \cup B = B \cup A \qquad A \cap B = B \cap A$
分配率	$A \cup (B \cap C) = (A \cup B) \cap (A \cup C)$ $A \cap (B \cup C) = (A \cap B) \cup (A \cap C)$
求反律	$(A')' = A$
迪·摩根定律	$(A \cup B)' = A' \cap B' \qquad (A \cap B)' = A' \cup B'$

2.2 函 数

2.2.1 函数的定义

设 X 和 Y 是任意两个集合，f 是由 X 到 Y 的关系。若 $\forall x \in X$，存在唯一的 $y \in Y$，使 $(x, y) \in f$，则称 f 是由 X 到 Y 的一个函数，记作 $f: x \to y$。

称 X 为 f 的定义域，Y 为 f 的值域。当 $(x,y) \in f$ 时，记 $y = f(x)$，这个 y 依 x 唯一确定，称 x 为自变量，y 为因变量。

2.2.2 一一的、映射的与可逆的函数

若定义域 X 中的相异元素具有相异的像，则函数 $f: x \to y$ 称为一一的；换言之，若 $f(a) = f(a')$ 蕴含 $a = a'$，则称 f 是一一的。

对于一个函数 $f: x \to y$，如果 Y 的每个元素都是 X 的某个元素的像，则称该函数为从 X 到 Y 的映射。如果 f 的像为整个值域，即 $f(X) = Y$，在这种情况下，称函数 f 是从 X 到 Y 上的，或 f 将 A 映射到 B 上。

定理 函数 $f: x \to y$ 是可逆的当且仅当 f 是一一映射的。

2.3 关 系

2.3.1 定义

给定两个集合 X, Y，关系 R 是笛卡儿积 $X \times Y$ 的一个子集。记作 $R \subseteq X \times Y$。当 $x \in X$，$y \in Y$ 且 $(x, y) \in R$ 时，称 x 与 y 有关系 R，记作 xRy。

2.3.2　单个集合上的关系

$R \subseteq A \times A$ 是定义在 A 上的一个关系，$\langle a,a\rangle$、$\langle a,a\rangle$、$\langle a,b\rangle$、$\langle b,a\rangle$、$\langle b,c\rangle$、$\langle a,c\rangle \in R$，则 R 具有 4 个特殊属性：

自反的，当且仅当所有 $a \in A$，$\langle a,a\rangle \in R$。

对称的，当且仅当 $\langle a,b\rangle \in R \Rightarrow \langle b,a\rangle \in R$。

反对称的，当且仅当 $\langle a,b\rangle \in R$，$\langle b,a\rangle \in R \Rightarrow a=b$。

传递的，当且仅当 $\langle a,b\rangle$，$\langle b,c\rangle \in R \Rightarrow \langle a,c\rangle \in R$。

下面介绍两种重要的数学关系：

排序关系：如果 R 是自反、反对称和传递的，则关系 $R \subseteq A \times A$ 是排序关系。

等价关系：如果 R 是自反、对称和传递的，则关系 $R \subseteq A \times A$ 是等价关系。

2.4　命题逻辑

数学中的许多证明过程和计算机科学中的算法都采用诸如“如果 p 则 q”或者“如果 p_1 且 p_2，则 q_1 或 q_2”等逻辑表达式。因为人们需要的是那些能够作为真值而参考的表述，所以对于表述是真或假的研究非常必要。

2.4.1　命题与复合命题

一个命题（或陈述）是一个说明性语句，它只能是真或是假，不可能两者同时成立。

复合命题是由一些子命题及它们之间的各种联系组成的命题。

2.4.2　基本逻辑运算

3 种基本的逻辑运算是：合取连接、析取连接和否定连接，相应的逻辑操作符是与（$\wedge$）、或（$\vee$）、非（$\neg$）。非是唯一一个一元（一个操作数）逻辑操作符，其他都是二元操作符。

和取、析取和否定运算的规则见表 2-2。

表 2-2　合取、析取和否定运算规则表

p	q	$p \wedge q$	$p \vee q$	$\neg p$
T	T	T	T	F
T	F	F	T	F
F	T	F	T	T
F	F	F	F	T

注：表中 T 代表真，F 代表假。

除了上述3种基本逻辑运算，人们还经常使用两种连接：异或(⊕)和推出(→)。其定义见表2-3。

表2-3　异或、推出连接规则

p	q	$p \oplus q$	$p \rightarrow q$
T	T	F	T
T	F	T	F
F	T	T	T
F	F	F	T

2.4.3　逻辑表达式和真值表

采用逻辑操作符构建逻辑表达式的方式，与使用算术操作符构建代数表达式的方式完全一样。可以定义有括号时操作符的一般顺序，也可以使用优先级顺序（非最先，然后是合取，最后是析取）。

命题P（表示为逻辑表达式）的主要特性是它的真值只与其逻辑变量的真值有关，即一旦每个逻辑变量的真值已知，则命题的真值就确定了。说明这个关系的简洁方法就是真值表。

例：命题$\neg(p \wedge \neg q)$。它的真值表构造见表2-4。

表2-4　$\neg(p \wedge \neg q)$的真值表

p	q	$\neg q$	$p \wedge \neg q$	$\neg(p \wedge \neg q)$
T	T	F	F	T
T	F	T	T	F
F	T	F	F	T
F	F	T	F	T

2.4.4　逻辑等价

两个命题P和Q是等价的（记作$P \Leftrightarrow Q$），当且仅当其真值表相同。

永远为真的命题是重言式（记作命题T），永远为假的命题是矛盾式（记作命题F）。

命题满足的各种定律见表2-5。

表 2-5　命题的代数定律

名称	表达式
幂等律	$p \wedge p \Leftrightarrow p$　　$p \vee p \Leftrightarrow p$
等同律	$p \wedge T \Leftrightarrow T$　　$p \vee F \Leftrightarrow p$
支配律	$p \vee T \Leftrightarrow T$　　$p \wedge F \Leftrightarrow F$
结合律	$p \wedge (q \wedge r) \Leftrightarrow (p \wedge q) \wedge r$ $p \vee (q \vee r) \Leftrightarrow (p \vee q) \vee r$
交换律	$p \wedge q \Leftrightarrow q \wedge p$　　$p \vee q \Leftrightarrow q \vee p$
分配律	$p \wedge (q \vee r) \Leftrightarrow (p \wedge q) \vee (p \wedge r)$ $p \vee (q \wedge r) \Leftrightarrow (p \vee q) \wedge (p \vee r)$
求反律	$\neg(\neg p) \Leftrightarrow p$
迪·摩根定律	$\neg(p \wedge q) \Leftrightarrow \neg p \vee \neg q$　　$\neg(p \vee q) \Leftrightarrow \neg p \wedge \neg q$

2.5　图　论

2.5.1　图

一个图 G 由两个对象构成：

(1) 集合 $V=V(G)$，其元素称为 G 的顶点或点。

(2) 集合 $E=E(G)$，其元素为 G 的不同顶点的无序偶对，称为 G 的边。

当要强调 G 的两个部分时，用 $G(V,E)$ 表示这样的图。

若存在一条边 $e=\{u,v\}$，则称顶点 u 和 v 为相邻的。此时，u 和 v 称为 e 的端点，而称 e 连接 u 和 v，也称边 e 关联于它的端点 u 和 v。

图可以自然地在平面上表示出来。特别地，V 的每个顶点 v 用一个点(或小圆圈)表示，每一条边 $e=\{(v_1,v_2)\}$ 可用一条连接它的端点 v_1 和 v_2 的线来表示。

例如，图 2.1 表示图 $G(V,E)$，其中

(1)V 由顶点 A,B,C,D 构成。

(2)E 由边 $e_1=\{A,B\}$，$e_2=\{B,C\}$，$e_3=\{C,D\}$，$e_4=\{A,C\}$，$e_5=\{B,D\}$ 构成。

1. 顶点的度

图 G 中顶点 v 的度 $\deg(v)$ 等于以该节点 v 作为端点的边的条数。

图 2.1 中的节点的度是：$\deg(A)=2$，$\deg(B)=3$，$\deg(C)=3$，$\deg(D)=2$。

2. 路径、连通图

路径是一系列的边，对于序列中的任何相邻边对偶 e_i, e_j，边都拥有相同的端点。

路径可以描述为一系列边，也可以描述为一系列节点。常见的是节点序列。

例如，图 2.1 中的一些路径见表 2-6。

表 2-6 路径示例

路径	节点序列	边序列
A 和 D 之间	A,B,C,D	e_1, e_2, e_3
	A,B,D	e_1, e_5
	A,C,D	e_4, e_3

图 G 是连通的，如果它的任两点之间都存在一条路径。如图 2.1 就是连通的。但如图 2.2 则不是连通的，因为 D 和 E 之间无路径。

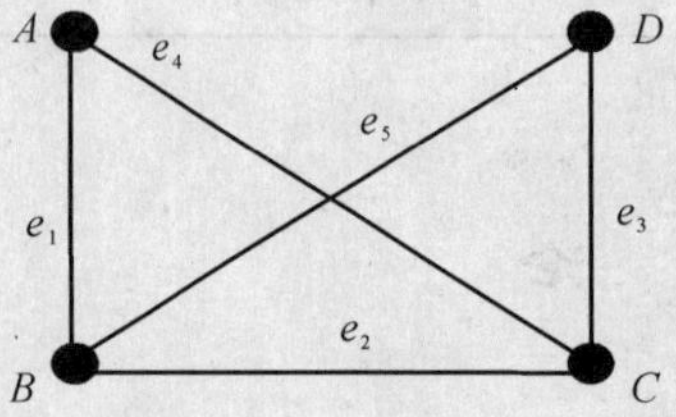

图 2.1

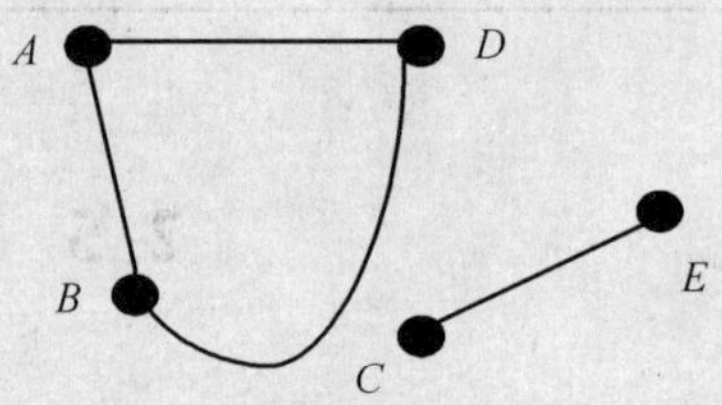

图 2.2

2.5.2 图的表示

1. 关联矩阵

拥有 m 个节点和 n 条边的图 $G=(V,E)$ 的关联矩阵是一个 $m \times n$ 矩阵，其中第 i 行第 j 列的元素是 1，当且仅当节点 i 是边 j 的一个端点，否则该元素为 0。

图 2.1 中的关联矩阵是：

	e_1	e_2	e_3	e_4	e_5
A	1	0	0	1	0
B	1	1	0	0	1
C	0	1	1	1	0
D	0	0	1	0	1

2. 相邻矩阵

相邻矩阵与关联矩阵相比更多的考虑的是连接。

拥有 m 个节点和 n 条边的图 $G=(V,E)$ 的相邻矩阵是一种 $m\times m$ 矩阵，其中第 i 行和第 j 列的元素是 1，当且仅当节点 i 和节点 j 之间存在一条边。否则该元素为 0。

图 2.1 中的图的相邻矩阵是：

	A	B	C	D
A	0	1	1	0
B	1	0	1	1
C	1	1	0	1
D	0	1	1	0

相邻矩阵是对称的(元素 (i,j) 永远等于元素 (j,i))。

2.5.3　有向图

有向图由两个对象构成：

(1) 集合 $V=V(G)$，其元素称为 G 的顶点。

(2) 集合 $E=E(G)$，其元素为 G 的不同顶点的有序对偶，称为 G 的边。

当要强调 G 的两个部分时，用 $G(V,E)$ 表示有向图。

设 $e=\{u,v\}$ 为有向图 G 的有向边，可使用下列术语：

(1) e 起于 u，终于 v。

(2) u 为 e 的始点，v 为 e 的终点。

(3) v 为 u 的后继。

(4) u 邻接到 v，v 从 u 邻接。

有向图在平面上的表示和一般图的表示方法不同之处仅在于边的表示必须用箭头指示出方向。

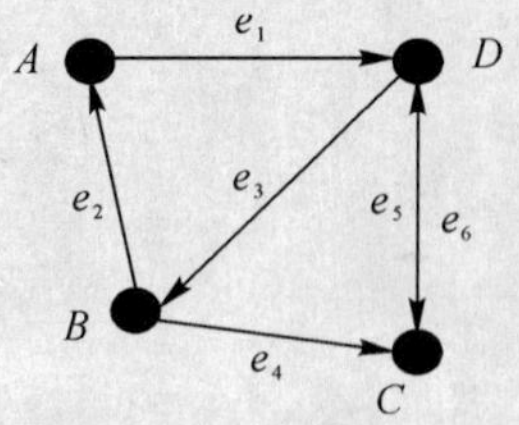

图　2.3

例如，图 2.3 表示有向图 G，它由下面 4 个顶点和 6 条边构成：

$V(G)=\{A,B,C,D\}$

$E(G)=\{e_1,e_2,\cdots,e_6\}=\{(A,D),(B,A),(D,B),(B,C),(D,C),(C,D)\}$

1. 有向图的度

设 G 为有向图。G 的顶点 v 的出度 $\text{outdeg}(v)$ 为起始于 v 的边数，v 的入度 $\text{indeg}(v)$ 为终止于 v 的边数。由于每条边都起于、终于一个点，因此有向图 G 的顶点出度之和等于顶点入度之和，都等于 G 的边数。

入度为 0 的顶点称为源节点，出度为 0 的顶点称为汇节点。

图 2.3 中节点具有以下出度和入度：

Outdeg(A) = 1　　indeg(A) = 1

Outdeg(B) = 1　　indeg(B) = 2

Outdeg(C) = 2　　indeg(C) = 1

Outdeg(D) = 2　　indeg(D) = 2

2. 连接性

有向图中的两个节点 n_i 和 n_j 是：

0 连接，当且仅当 n_i 和 n_j 之间没有路径。

1 连接，当且仅当 n_i 和 n_j 之间有一条半路径，但是没有路径。

2 连接，当且仅当 n_i 和 n_j 之间有一条路径。

3 连接，当且仅当从 n_i 到 n_j 有一条路径，并且从 n_j 到 n_i 有一条路径。

2.5.4 有向图的相邻矩阵

有 m 个节点的有向图 $D=(V,E)$ 的相邻矩阵 $\mathbf{A}$ 是一种 $m\times m$ 矩阵，$\mathbf{A}=[a_{ij}]$，其中 $a_{ij}=1$，当且仅当从节点 i 到节点 j 有一条边，否则该元素为 0。

图 2.3 的相邻矩阵是：

	A	B	C	D
A	0	0	0	1
B	1	0	1	0
C	0	0	0	1
D	0	1	1	0

2.6 概　率

2.6.1 事件的概率

事件概率的定义：结果可能性相等的有限样本空间 S 中的事件 E 的概率为 $P(E)=|E|/|S|$。

2.6.2 概率的性质

定义在有限样本空间 S 所有事件点上的概率函数 P 有如下性质：

(1) 对于每个事件 A，$0\leqslant P(A)\leqslant 1$。

(2)$P(S)=1$。

(3)$P(A')=1-P(A)$。

(4)$P(A\cup B)=P(A)+P(B)-P(A\cap B)$。

(5) 若事件 A,B 相互排斥,则 $P(A\cup B)=P(A)+P(B)$。

(6)$P(A_1A_2\cdots A_n)=P(A_1)P(A_2\mid A_1)P(A_3\mid A_1A_2)\cdots P(A_n\mid A_1A_2\cdots A_{n-1})$。

(7)$P(A\mid B)=\dfrac{P(AB)}{P(B)}$。

(8) 设 Ω 为实验 E 的样本空间,B 为 E 的事件,$A_1,A_2,\cdots,A_n$ 为 Ω 的一个划分,且 $P(A_i)>0$,$P(A_i)>0(i=1,2,\cdots,n)$,则

$$P(B)=P(B\mid A_1)P(A_1)+P(B\mid A_2)P(A_2)+\cdots+P(B\mid A_n)P(A_n)=\sum_{i=1}^{n}P(A_i)P(B\mid A_i)$$

(9) 设 Ω 为实验 E 的样本空间,B 为 E 的事件,$A_1,A_2,\cdots,A_n$ 为 Ω 的一个划分,且 $P(B)>0$,$P(A_i)>0(i=1,2,\cdots,n)$,则

$$P(A_i\mid B)=\frac{P(B\mid A_i)P(A_i)}{\sum_{j=1}^{n}P(B\mid A_j)P(A_j)},\quad i=1,2,\cdots,n$$

2.6.3　离散型随机变量的函数分布

如果 X 是离散型随机变量,其函数 $Y=f(X)$ 也是离散型随机变量。若 X 的分布律为

X	x_1	x_2	$\cdots$	x_k	$\cdots$
p_k	p_1	p_2	$\cdots$	p_k	$\cdots$

则 $Y=f(X)$ 的分布律为

$f(X)$	$f(x_1)$	$f(x_2)$	$\cdots$	$f(x_k)$	$\cdots$
p_k	p_1	p_2	$\cdots$	p_k	$\cdots$

若 $f(x_k)$ 中有值相同的,则应将相应的 p_k 合并。

2.7　有限状态机

2.7.1　定义

有限状态机 M 由 6 个部分组成:

(1) 一个输入符的有限集 A。

(2) 一个内部状态的有限集 S。

(3) 一个输出符的有限集 Z。

(4)S 中的一个初始状态 s_0。

(5) 一个从 $S\times A$ 到 S 的状态转移函数 f。

(6) 一个从 $S\times A$ 到 Z 的输出函数 g。

这样的一个机器 M 被记作 $M=M(A,S,Z,s_0,f,g)$。

例如,下面定义了一个有限状态机 M,有 2 个输入符、3 个内部状态及 3 个输出符。

(1)$A=\{a,b\}$。

(2)$S=\{s_0,s_1,s_2\}$。

(3)$Z=\{x,y,z\}$。

(4) 初始状态 s_0。

(5) 状态转移函数 $f:S\times A\rightarrow S$,定义如下:

$$f(s_0,a)=s_1,\quad f(s_1,a)=s_2,\quad f(s_2,a)=s_0$$

$$f(s_0,b)=s_2,\quad f(s_1,b)=s_1,\quad f(s_2,b)=s_0$$

(6) 输出函数 g: $S\times A\rightarrow S$,定义如下:

$$g(s_0,a)=x,\quad g(s_1,a)=x,\quad g(s_2,a)=z$$

$$g(s_0,b)=y,\quad g(s_1,b)=z,\quad f(s_2,b)=y$$

2.7.2 有限状态机的描述

要以紧凑的形式来描述一个有限状态机的两种方法:一种是表格,称作有限状态机 M 的状态表,另一种是有标记的有向图,称作有限状态机的状态图。

状态表把状态转移函数 f 与输入函数 g 放在同一个表格内,这个表格描述了由 $F(s_i,a_j)=(f(s_i,a_j),g(s_i,a_j))$ 定义的函数 $F:S\times A\rightarrow S\times Z$。

2.7.1 节例子中有限状态机的状态表如表 2-7 所示,从初始状态开始,状态列在表的左方,输入符列在表的上方。表中的元素,是一个偶对(s_k,z_r),其中 $s_k=f(s_i,a_j)$ 是下一状态,$z_r=g(s_i,a_r)$ 是输出符。假设除了出现在表中的输出符之外没有其他的输出符。

有限状态机 $M=M(A,S,Z,s_0,f,g)$ 的状态图 $D=D(M)$ 是一个有标记的有向图,D 的节点是 M 的状态。此外,如果 $F(s_i,a_j)=(s_k,z_r)$,即 $f(s_i,a_j)=s_k$ 且 $g(s_i,a_j)=z_r$,那么,从 s_i 到 s_k 就有一条标着 a_j 和 z_r 的箭头,通常将输入符 a_j 靠近箭头的始端(靠近 s_i),输入符 z_r 靠近箭头的中心,通过另外画一条指向 s_0 的箭头来标记初始状态 s_0。

上述有限状态机 M 的状态图如图 2.4 所示。

表 2-7　状态表示例

F	a	b
s_0	s_1, x	s_2, y
s_1	s_2, x	s_1, z
s_2	s_0, x	s_1, y

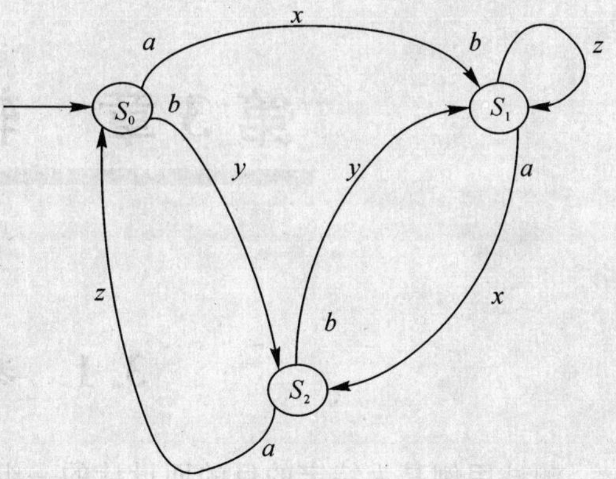

图　2.4

第3章 软件测试技术

3.1 测试用例

测试用例是为特定的目的而设计的一组测试输入、执行条件和预期的结果，是执行的最小实体。简单地说，测试用例就是设计一个场景，使被测程序在这种场景下，必须能够正常运行并且达到程序所设计的执行结果。

3.1.1 测试用例设计原则

测试用例的设计是软件测试人员的工作核心，它的设计必须符合以下原则：

(1)测试用例设计要基于需求：必须按照不同的测试级别的要求，设计测试用例。如单元测试依据详细的设计说明，集成测试依据概要设计说明书，等等。

(2)测试用例设计要基于测试方法：必须指明采用的用例设计方法。为了达到不同的测试覆盖率，要采用相应的测试方法，如等价类划分、边界值分析、正交分析和决策表等具体方法。

(3)测试用例必须具有代表性：能够代表并覆盖各种合理的和不合理的、合法的和非法的、边界的和越界的以及极限的输入数据、操作和环境设置等。

(4)测试用例必须具有可执行性：每个用例必须有详细的执行步骤。

(5)一个用例只能针对一个问题：同时覆盖多个测试点，会导致Bug定位困难。

(6)测试结果必须具有可判定性：即测试执行结果的正确性是可判定的，每一个测试用例都应有相应的期望结果。

(7)测试结果必须具有可再现性：即对同样的测试用例，系统的执行结果应当是相同的。

(8)兼顾测试的充分性和效率：设计测试用例必须权衡分析的覆盖率和时间上的可操作性。

3.1.2 测试用例的描述

ANSI/IEEE 829标准中罗列了测试用例描述所应包含的信息：

(1)标识符。由测试设计过程说明和测试程序说明引用的唯一标识符。

(2)测试项。描述被测试的详细特性、代码模块等，应该比测试设计说明中所列的特性更加具体。如果测试设计说明指出“计算器程序的加法功能”，那么测试用例说明就会详细描述为“加法运算的上溢处理”。

(3)输入说明。该说明列举测试用例的输入内容或条件。如果测试计算器程序，输入说明可能是 1+1。

(4)输出说明。该说明用以描述程序执行结果，例如 1+1=2 吗？

(5)环境要求。用以描述执行测试案例必要的硬件、软件、测试工具、人员等等。

(6)特殊要求。描述执行测试必须做到的特殊要求，如航天航空导航系统的特殊要求。

(7)测试用例之间的依赖。一个测试用例依赖于其他用例，那么它的执行结果会受到其他用例的影响，在此应予以注明。

如果严格按照上述要求编纂文档，那么一个仅有数千个用例的小项目就会形成数千页的文档，编写完文档，项目就已经耽误了。所以应简化文档。虽然描述测试用例的结构和标准会随着软件组织的不同而有区别，但是有一点非常重要，就是测试用例中至少要包括测试输入条件、执行条件和相应的预期结果这 3 项内容。表 3－1 给出了用自然语言描述的测试用例的一个简单示例。

表 3－1　自然语言描述的三角形问题的测试用例之一

测试用例标识	isTriangle_ST_TC001
被测项说明	等边三角形的判断
优先级	高
预置条件	无
测试输入	(6,6,6)
执行步骤	运行 isTriangle. class； 分别在第一条边、第二条边、第三条边的文本框中输入 6,6,6； 单击“判定”按钮
预期结果	系统显示“是等边三角形”
实测结果	
备注(日期，执行人等)	

3.1.3　测试用例的执行

执行测试用例，获取测试结果，并根据判定结果采取相应的措施。

当测试过程正常终止时，对执行结果进行核对，若结果准确无误，则结束该测试用例。

当测试过程异常终止时，对执行结果进行核对，记录相关内容，并决定是否修改和补充测试用例集合。

测试执行主要可以分为两个周期:一个是测试周期,另一个是错误报告周期。

测试周期包括了测试用例执行的几个状态:等待、执行、阻塞、通过、失败和关闭。

等待状态是指测试用例已经设计完成并等待适当的时候进行执行,测试用例未能得到立即执行的原因通常是用例的全部条件没有达到,例如其前置条件没有满足,或者测试环境尚未搭建完成。而引起阻塞的原因通常是执行其他用例时触发的错误,使得当前的用例无法执行,例如一个程序的主界面无法打开,那么在主界面上执行操作的用例就被阻塞了。执行测试之后的结果有3种,一种是通过,一种是错误,一种是无法验证。通过即是运行结果与预期相同,错误则是与预期结果不一致,而无法验证通常是由测试用例设计问题引起的,例如用例中对结果表述不清,结果描述使用一些带有主观色彩的词汇(诸如:正确、美观之类),等等。

总之,测试周期中,测试的执行过程就是安排测试用例、运行测试用例、分析测试用例、修改完善测试用例这几个环节的循环过程。

错误报告周期则包含了寻找错误、触发错误、记录错误、定位错误、修改错误和确认修复成功等环节。设计测试用例的过程其实就是一个寻找错误的过程,而运行测试用例就是一个触发错误的过程,当运行结果与预期不同时,就记录下了一跳错误,随后将定位和修复错误,并作最后的确认工作。

无论是哪一种测试的执行过程,都不是一个单调的顺序过程,都需要迭代和循环。从理论上讲,每修改一个软件中的错误,软件就会回到测试前的状态,这就需要重新对软件进行全面的测试。实际工程中可能没有要求如此严苛,但是也要对修复问题所影响的模块进行彻底的全面测试。而测试工作本身即是一个循环往复的过程,这就是测试充分性在测试理论中有其特殊地位的原因。

选择首先执行哪些测试用例是一个极具策略性的决定,它取决于对软件质量的要求、可供使用的资源、现有的测试文档和风险评估结果的综合分析。执行测试的重点放在高风险特征项目上。

3.1.4 测试用例的组织和跟踪

为了组织和跟踪测试用例的方便,工程中通常使用表格或者数据库来管理测试文档。中小型项目中,使用表格是跟踪测试用例非常流行和奏效的方法。数字表格保存了测试用例的所有细节,这大大减轻了测试人员的文档工作量,同时也使得项目的测试状态一目了然。在大型项目中,则需要使用数据库来协助管理测试文档,以免使测试人员陷入测试文档的汪洋大海之中。表3-2是一个Android播放器的测试用例。表3-3是该测试用例的统计表,由表3-2生成。

表 3-2　Android 播放器实际测试中关于安装、卸载、启动的部分测试用例

		Feature Name:				Status:	Failed	
		Description:				% Completeness	100%	
		Start Conditions:						
		Overall Pass Criteria:						
	Test Information							
		Name of Tester:	kbug			Start Date:	12nd May	
		Build Number:	5.3.1.x			End Date:	21st May	
		Test Data Used:	10			Test Platform:	Android	
		Comments	null					
19		Test Cases	Number of test cases complete by status:	17	1	1	Number of Bugs	1
TCs	TG	Action	Expected Result	Pass	Fail	N/A	Comments	Bug ID
	x	安装、卸载、启动						
1		全新安装成功： 1. 删除 Android 播放器，并清除临时文件 2. 启动 Android 播放器	页面加载、点播、下载、登录、本地播放等主要功能正常	x				
2		新版本覆盖旧版本(所有已经发布旧版本)安装成功： 1. 从 AndroidMarket 全新安装 Android 播放器已发布版本，不启动播放器 2. 启动 Android 播放器	1. 登录账号密码、观影记录、下载任务等记录存在 2. 下载到本地影片可以播放	x				

续表

3		同一新版本覆盖安装成功： 1. 从 AndroidMarket 全新安装 Android 播放器已发布版本 2. 成功登录，生产观影记录，添加下载任务	1. 启动 Android 播放器，登录账号密码、观影记录、下载任务等记录存在 2. 下载到本地影片可以播放	x				
4		覆盖安装本地影片性能： 1. 下载大量影片到本地(2 GB) 2. 用新版本覆盖安装	1. 覆盖安装时间在 2 分钟以内 2. 下载任务管理中任务无丢失，影片可播放、删除、断点续传等 3. 删除播放器速度快，并不留任何残留文件	x				
5		从 AndroidMarket 安装过程中断网导致安装失败	重新连网后再次安装成功	x				
6		安装过程取消	再次安装成功	x				
7		删除 Android 播放器成功	所有文件都删除(包括所有临时文件和下载文件)	x				
8		网络断开环境下启动	弹出提示	x				
9		启动播放器立即锁屏	3 分钟后播放器正常启动		x		发生崩溃	9555
10		启动播放器立即关闭，如此反复 10 次	再次启动播放器成功	x				

续 表

11		任务管理器中还有未下载完成任务时启动	“本地影片”按钮显示任务总数，动态效果提示当前有任务在运行	x				
12		安装后启动播放器	在系统 Settings 中不应该有播放器设置	x				
13		播放器启动界面： 1. 先显示默认启动界面 2. 再显示后台可控界面	显示 loading 动态效果，而后消失	x				
14		网络通畅时启动播放器	loading 启动界面，同时后台加载页面（先主页，后其他页面），loading 界面结束后主页立即显示，本地影片下载任务自动启动	x				
15		网络不通时启动播放器	loading 启动界面 5 秒完成后提示用户网络不通，点击“访问本地影片”进入本地影片管理界面，并显示“connnect_error”图标			x	尚未进行模拟网络不畅环境	
16		网络拥挤时启动播放器	loading 启动界面 5 秒超时后显示主页，并继续加载主页内容	x				

续表

17		当网络状态非常好时	虽然后台2秒内已经完成主页加载，但是最短 loading 启动界面也要显示2秒	x				
18		启动后检查全局配置文件下载是否正确	当网络不通时启动是否生产默认全局配置文件	x				
19		安装大量常用软件(AndroidMarket 热门前8)	播放器主要功能正常使用，完全兼容	x				

表3-3　由表3-2利用工具生成的方便对项目进度进行跟踪的统计表格

Total		Percentage	
Test cases	981	Passed tests	91.9%
Found bugs	4	Failed tests	0.7%
Executed tests	568	N/A tests	7.4%
Passed tests	522	Executed tests	57.9%
Failed tests	4	Non-executed tests	42.1%
N/A tests	42		

3.2　功能性测试

功能性测试又称黑盒测试、数据驱动测试或基于规格说明的测试，是一种从用户观点出发的测试。用这种方法进行测试时，测试人员把被测程序或系统当做一个黑盒，不考虑程序或系统是怎样工作的，只侧重于根据规约去测试程序或系统功能的正确性和可操作性。功能性测试的主要目标是发现以下类型的错误：

(1)不正确或遗漏的功能。

(2)数据结构或外部数据库访问错误。

(3)性能错误。

(4)初始化或终止错误。

功能性测试在设计测试用例时只对输入和输出进行考虑。但由于时间和资源有限，对所有可能的输入进行穷尽测试是不现实的，因此测试人员的目标就是在可用资源下生成测试用例，以能够找到尽可能多的错误。常用的黑盒测试技术包括等价类划分、边界值分析、正交分析法和决策表，下面对这些技术逐一进行介绍。

3.2.1　等价类划分

等价类划分就是将所有可能的输入数据划分成若干个等价类，然后在每一个等价类中选取少数具有代表性的数据作为测试数据。

等价类是指程序输入域的某个互不相交的子集，该子集中的每个输入数据对揭露软件中的错误都是等效的，测试等价类的某个代表值就等价于对这一类其他值的测试。而且所有等价类的并便是整个输入域。

等价类可分为有效等价类和无效等价类。有效等价类是指符合规格说明要求的合理的输入数据集合，主要用来检验程序是否实现了规格说明预先规定的功能和性能。无效等价类是指不符合规格说明要求的不合理的或非法的输入数据集合，主要用来检验程序是否做了不符合规格说明要求的事。

在确定输入数据等价类时，常常还要分析输出数据的等价类，设计完整的测试用例。

1. 等价类划分方法设计测试用例

(1)确定等价类。在遇到实际问题时，可参照下列规则的思想来划分等价类：

1)如果输入条件规定了取值范围或值的个数，则可以确定一个有效等价类和两个无效等价类。

2)如果输入条件规定了输入值的集合(离散型)，而且程序对不同的输入作不同的处理，那么每个允许的值都确定为一个有效等价类，另外还有一个无效等价类。

3)如果输入条件规定了输入值必须遵循的规则，那么可以确定一个有效等价类(符合此规则)和若干个无效等价类(从不同角度违反此规则)。

4)如果输入条件规定输入数据是整型，则可确定 3 个有效等价类(正整数、零、负整数)和一个无效等价类(非整数)。

5)如果输入条件规定处理对象是表格，那么可以确定 1 个有效等价类(表中一项或多项数据)和 1 个无效等价类。

在确立了等价类之后，可按表 3-4 的形式列出所有划分出的等价类表。

表 3-4　等价类表

输入条件	有效等价类	无效等价类

(2)利用等价类来设计测试用例。在设计测试用例时应同时考虑有效等价类和无效等价类测试用例的设计。根据等价类表设计测试用例,具体步骤如下:

1)为每个等价类规定一个唯一的编号。

2)设计一个新的测试用例,尽可能多地覆盖尚未被覆盖的有效等价类,重复这一步,直到测试用例覆盖了所有的有效等价类。

3)设计一个新的测试用例,使其覆盖并且只覆盖一个还没有被覆盖的无效等价类。重复这一步,直至测试用例覆盖了所有的无效等价类。

2. 实例

(1)三角形问题的等价类测试。

例 3.1 三角形问题是软件测试文献中使用最广泛的一个例子。输入 3 个介于 1~100 之间的整数 a,b 和 c 分别作为三角形的 3 条边,通过程序判断由这 3 条边构成的三角形类型是:等边三角形、等腰三角形、一般三角形或非三角形(不能构成一个三角形)。

三角形问题可以更详细地描述为:

输入 3 个整数 a,b 和 c 分别作为三角形的 3 条边,要求 a,b 和 c 必须满足以下条件:

Con1. $1 \leqslant a \leqslant 100$　　Con2. $1 \leqslant b \leqslant 100$

Con3. $1 \leqslant c \leqslant 100$　　Con4. $a < b + c$

Con5. $b < a + c$　　Con6. $c < a + b$

如果 a,b 和 c 满足 Con1,Con2 和 Con3,则输出为以下 4 种情况之一:

1) 如果不满足条件 Con4,Con5 和 Con6 中任一个,则程序输出为“非三角形”。

2) 如果 3 条边相等,则程序输出为“等边三角形”。

3) 如果恰好有两条边相等,则程序输出为“等腰三角形”。

4) 如果 3 条边都不相等,则程序输出为“一般三角形”。

(2)保险公司人寿保险保费计算程序的等价类测试。

例 3.2 某保险公司人寿保险的保费计算方式为

$$保费 = 投保额 \times 保险费率$$

其中,保险费率根据年龄、性别、婚姻状况和抚养人数的不同而有所不同,如不同年龄、性别、婚姻状况和抚养人数;点数设定不同,10 点及 10 点以上保险费率为 0.6%,10 点以下保险费率为 0.1%;而点数又是由投保人的年龄、性别、婚姻状况和抚养人数来决定的。具体规则见表 3-5。

表 3-5 保险购买规则表

年龄			性别		婚姻状况		抚养人数
20~39	40~59	其他	M	F	已婚	未婚	“”或“无”或“1~9”
6 点	4 点	2 点	4 点	3 点	3 点	5 点	规定:1 人扣 1 点,最多扣 3 点

分析程序规格说明中给出和隐含的对输入数据的要求，可以得出：

1)年龄：一位或两位非零整数，取值的有效范围为 1～99。

2)性别：一位英文字符，只能取'M'或'F'值。

3)婚姻：字符，只能取'已婚'或'未婚'。

4)抚养人数：空白或字符'无'或一位非零整数(1～9)。

5)点数：一位或两位非零整数，取值范围为 6～15。

通过对规格说明输入数据的取值分析，可以得出保险公司人寿保险保费计算程序的等价类。

3. 等价类测试存在的问题

(1)规格说明往往没有定义无效测试用例的期望输出。因此，测试人员需要花费大量时间来定义这些测试用例的期望输出。

(2)强类型语言没有必要考虑无效输入。传统等价类测试是诸如 FORTRAN 和 COBOL 这样的语言占统治地位年代的产物，那时这种无效输入的故障很常见。事实上，正是由于经常出现这种错误，才促使人们使用强类型语言。

3.2.2 边界值分析

大量的软件测试实践表明，故障往往出现在定义域或值域的边界上，而不是在其内部。为检测边界附近的处理专门设计测试用例，通常都会取得很好的测试效果。因此边界值分析法是一种很实用的功能性测试的方法，它具有很强的发现软件缺陷的能力。

1. 边界条件

边界条件就是软件计划的操作界限所在的边缘条件。边界条件是一些特殊情况，程序在处理大量中间数值时都正确，但是在边界处可能出现错误。

一些可能与边界有关的数据类型有数值、速度、字符、地址、位置、尺寸、数量等。相应地，边界问题考虑这些数据类型的下述特征：第一个/最后一个，最小值/最大值，开始/完成，超过/在内，空/满，最短/最长，最慢/最快，最早/最迟，最高/最低，相邻/最远等。

其实，边界值和等价类密切相关，输入等价类和输出等价类的边界是要着重测试的边界情况。在等价类的划分过程中产生了许多等价类边界。边界是最容易出错的地方，所以，从等价类中选取测试数据时应该关注边界值。

在等价类划分基础上进行边界值分析测试的基本思想是，选取正好等于、刚刚大于或刚刚小于等价类边界的值作为测试数据，而不是选取等价类中的典型值或任意值作为测试数据。

2. 边界值分析设计测试用例

这里讨论一个有两个变量 x1 和 x2 的程序 P。假设输入变量 x1 和 x2 在下列范围内取值：

a≤x1≤b， c≤x2≤d

边界值分析利用输入变量的最小值(min)，稍大于最小值(min+)，域内任意值(nom)，稍小于最大值(max−)，最大值(max)来设计测试用例。即通过使所有变量取正常值，只使一个变量分别取最小值、略高于最小值、略低于最大值和最大值。

对于一个n变量的程序，边界值分析测试会产生4n+1个测试用例。

3. 健壮性边界值测试

健壮性测试是边界值分析的一种扩展。变量除了取min，min+，nom，max−，max 5个边界值外，还要考虑采用一个略超过最大值(max+)以及一个略小于最小值(min−)的取值，看看超过极限值时系统会出现什么情况。

健壮性边界值测试将产生(6n+1)个测试用例。

健壮性测试最有意义的部分不是输入，而是预期的输出，观察例外情况如何处理。

4. 内部边界值

在多数情况下，边界值条件是基于应用程序的功能设计而需要考虑的因素，可以从软件的规格说明或常识中得到，也是最终用户可以很容易发现问题的。然而，在测试用例设计过程中，某些边界值条件是不需要呈现给用户的，或者说用户是很难注意到的，但同时确实属于检验范畴内的边界条件，称为内部边界值条件或子边界值条件。

内部边界值条件主要有下面几种：

(1)数值的边界值检验：计算机是基于二进制进行工作的，因此，软件的任何数值运算都有一定的范围限制，具体见表3-6。

表3-6 数值范围

项	范围或值
位(bit)	0或1
字节(byte)	0～225
字(word)	0～65 535(单字)或0～4 294 967 295(双字)
千(K)	1 024
兆(M)	1 048 576
吉(G)	1 073 741 824

(2)字符的边界值检验：在计算机软件中，字符也是很重要的表示元素，其中ASCII和Unicode是常见的编码方式。表3-7列出了一些常用字符对应的ASCII码值。

表 3－7　常用字符 ASCII 码值

字　符	ASCII 码值	字　符	ASCII 码值
空（null）	0	A	65
空格（space）	32	a	97
斜杠（/）	47	Z	90
0	48	z	122
冒号（:）	58	单引号（‘）	96
@	64		

5. 实例

(1)三角形问题的边界值分析测试用例设计。关于三角形的边，除了说明是整数外，没有给出其他条件。这里，低端边界都是1，任取100作为高端边界。表3－8给出了使用这些值域产生的边界值测试用例。

表 3－8　边界值分析测试用例

测试用例	a	b	c	预期输出
Test 1	60	60	1	等腰三角形
Test2	60	60	2	等腰三角形
Test3	60	60	60	等边三角形
Test4	50	50	99	等腰三角形
Test5	50	50	100	非三角形
Test6	60	1	60	等腰三角形
Test7	60	2	60	等腰三角形
Test8	50	99	50	等腰三角形
Test9	50	100	50	非三角形
Test10	1	60	60	等腰三角形
Test11	2	60	60	等腰三角形
Test12	99	50	50	等腰三角形
Test13	100	50	50	非三角形

(2)加法器边界值测试用例设计。

例 3.3　加法器程序计算两个 1～100 之间整数的和。

对于加法器程序，根据输入要求可将输入空间划分为 3 个等价类，即一个有效等价类(1～100 之间)，两个无效等价类(<1，>100)。但这种等价类划分不是很完善，只考虑了输入数据的取值范围，而没有考虑输入数据的类型，输入应为整数，但用户输入什么都有可能。

为此，可综合考虑输入数据的取值范围和类型划分等价类，其结果见表 3－9。

表 3－9　加法器程序等价类划分结果

编号	输入条件	所属类别	编号	输入条件	所属类别
1	1～100 之间整数	有效等价类	5	非数值(字母)	无效等价类
2	<1 整数	无效等价类	6	非数值(特殊字符)	无效等价类
3	>100 整数	无效等价类	7	非数值(空格)	无效等价类
4	小数	无效等价类	8	非数值(空白)	无效等价类

根据等价类划分结果，得出测试用例见表 3－10。

表 3－10　测试用例

测试用例	输入数据		预期输出
	加数 1	加数 2	和
Test1	1	50	51
Test 2	2	50	52
Test 3	99	50	149
Test 4	100	50	150
Test 5	50	1	51
Test 6	50	2	52
Test 7	50	99	149
Test 8	50	100	150
Test 9	0	50	提示“请输入 1～100 间的整数”
Test 10	50	0	提示“请输入 1～100 间的整数”
Test11	101	50	提示“请输入 1～100 间的整数”
Test12	50	101	提示“请输入 1～100 间的整数”
Test13	0.2	50	提示“请输入 1～100 间的整数”

3.2.3　正交分析法

1. 基本概念

正交分析法是研究与处理多因素试验的一种科学方法，它在实际经验与理论分析的基础上，科学地挑选出代表性强的少数试验，找到最好或较优的方案。简单地说，就是用正交表安排试验方案以及试验结果。

在正交分析法中，通常把判断试验结果优劣的标准叫做试验的指标，把有可能影响试验指标的条件称为因子(或因素)，而影响试验因子的称为因子的水平(或状态)。

正交表是一种具有“整齐可比性”和“均衡搭配性”的二维数字表格。“均衡搭配性”使试验点均衡地分布在试验范围内，让每个试验点有充分的代表性；“整齐可比性”使试验结果的分析十分方便，可以估计各个因素对指标的影响，找出影响事物变化的主要因素。

2. 正交分析法设计测试用例的步骤

(1)提取功能说明，构造因子-状态表。利用正交分析法来设计测试用例时，首先要根据被测试软件的规格说明书找出影响其功能实现的操作对象和外部因素，把它们当作因子，而把各个因子的取值当作水平(或状态)。对软件需求规格说明中的功能要求进行划分，把整体的、概要性的功能要求进行层层分解与展开，分解成具体的有相对独立性的、基本的功能要求。这样就可以把被测试软件中所有的因子都确定下来，并为确定每个因子的权值提供参考的依据。确定因子与状态是设计测试用例的关键，因此要求尽可能全面地、正确地确定取值，以确保测试用例的设计完整、有效。

(2)加权筛选，生成因素分析表。对因子与状态的选择可按其重要程度分别加权。可根据各个因子及状态的作用大小、出现频率的大小以及测试的需要，确定权值的大小。必要时，可以删除一部分权值较小，或者说重要性较小的因子或水平，使最后生成的测试用例的数目控制在允许的范围之内。

(3)利用正交表构造测试数据集(正交表中所描述的组合可直接转化为测试用例，再增加一些没有生成的但可疑的测试用例)。

3. 实例

对某数据库查询语言进行测试，经分析，已得出该测试对象的因子-状态表。

(1)某数据库查询语言依规格说明书得到因子-状态表如表 3－11 所示。

表 3－11　因子-状态表

状态＼因子	A 查询类别	B 查询方式	C 元胞类别	D 打印方式
1	功能	简单	门	终端显示
2	结构	组合	功能块	图形显示
3	逻辑符号	条件		行式打印

(2)经过加权筛选,得到因素分析结果见表 3－12 和表 3－13。

表 3－12　因素分析表

状态＼因子	A 查询类别	B 查询方式	C 元胞类别
1	功能	简单	门
2	结构	组合	功能块
3		条件	

表 3－13　因素分析表

状态＼因子	A	B	C
1	A1	B1	C1
2	A2	B2	C2
3		B3	

(3)利用正交表构造测试数据集。上述因素分析表中的各个因子的水平数不相同,可借助逻辑命令来组合各个因子的水平,画出布尔图,然后再考虑正交表在布尔图中各个节点上的应用。

1)画出布尔图如图 3.1 所示。

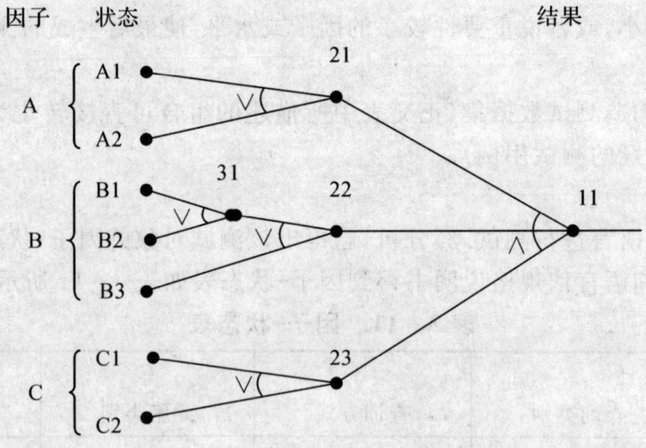

图 3.1　布尔图

2)把节点 21,22,23 当作因子,则它的输入可以当作状态,这时就可以使用正交表,如表 3－14所示。

表 3-14　正交表

状态 \ 因子	21	22	23
1	0	0	0
2	1	0	1
3	0	1	1
4	1	1	0

3)替换中间节点。节点 11 是结果，当它为 1 时，则输入应全部为 1，由此可知，节点 21，22，23 的输出应都是 1。为了保证它们是 1，则这几个节点的输入必须都是[0 1]或者[1 0]，这里排除[1 1]的情形，因为同一因子的所有状态不能在一次测试时同时出现。正交表中的 0 和 1 分别代表了两种不同的状态，故可以把状态为 0 的替换成节点输入值[1 0]，把状态为 1 的替换成节点输入值[0 1]，得到表 3-15。

表 3-15　替换中的正交表

组合号 \ 节点	21		22		23	
	A1	A2	B1	B3	C1	C2
1	1	0	1	0	1	0
2	0	1	1	0	0	1
3	1	0	0	1	0	1
4	0	1	0	1	1	0

针对中间节点 31，可做同样的工作，继续替换，得到表 3-16。

表 3-16　替换中的正交表

组合号 \ 节点	21		22			23	
	A1	A2	B1	B2	B3	C1	C2
1	1	0	1	0	0	1	0
2	1	0	0	1	0	1	0
3	0	1	1	0	0	0	1
4	0	1	0	1	0	0	1
5	1	0	0	0	1	0	1
6	0	1	0	0	1	1	0

4)最后得到具有 6 组测试数据的测试数据集,如表 3-17 所示。

表 3-17 测试输入数据集

因子 / 测试组号	A	B	C
1	A1	B1	C1
2	A1	B2	C1
3	A2	B1	C2
4	A2	B2	C2
5	A1	B3	C2
6	A2	B3	C1

(4)根据每行数据得到测试用例。根据表 3-17 得到集合{A1B1C1,A1B2C1,A2B1C2,A2B2C2,A1B3C2,A2B3C1},将 A1,A2,B1,…的值代入,即可得到对应的测试数据集。

3.2.4 决策表

在所有功能性测试方法中,决策表具有严格逻辑性,被认为是最严格的测试方法。

决策表能把复杂的逻辑关系和多种条件组合的情况表达得比较明确。

决策表由 4 部分组成,见表 3-18。

表 3-18 决策表的各个部分

条件桩:列出问题的所有条件,一般认为列出的条件的次序无关紧要	条件项:列出针对它所列条件的取值,在所有可能情况下的真假值
行动桩:列出了问题规定可能采取的操作,这些操作的排列顺序没有约束	行动项:列出在条件项的各种取值情况下应该采取的动作

规则:指示在条件部分指示的条件下要采取什么行动(或操作)。在决策表中对相似规则可以合并。

实例一:三角形问题的决策分析表(见表 3-19)。

表3-19 三角形问题的决策分析表

桩	规则1	规则2	规则3	规则4	规则5	规则6	规则7	规则8	规则9～40	规则41～56	规则57～64
C1：a<b+c?	T	T	T	T	T	T	T	T	F	T	T
C2：b<a+c?	T	T	T	T	T	T	T	T	—	F	T
C3：c<a+b?	T	T	T	T	T	T	T	T	—	F	F
C4：a=b?	T	T	T	T	F	F	F	F	—	—	—
C4：a=c?	T	T	F	F	T	T	F	F	—	—	—
C4：b=c?	T	F	T	F	T	F	T	F	—	—	—
A1：非三角形									×	×	×
A2：不等边三角形								×			
A3：等腰三角形				×		×	×				
A4：等边三角形	×										
A5：不可能		×	×		×						

实例二：读书指南判定表(见表3-20)。

表3-20 读书指南判定表

		1	2	3	4
问题	你觉得疲倦吗?	—	—	Y	N
	你对内容感兴趣吗?	Y	Y	N	N
	书中内容使你胡涂吗?	Y	N	—	—
建议	请回到本章开头重读	×			
	继续读下去		×		
	跳到下一章去读				×
	停止阅读，请休息			×	

3.3 结构性测试

结构性测试又称白盒测试、逻辑驱动测试或基于程序的测试，是根据被测程序的内部结构设计测试用例的一类测试。它依赖于对程序细节的严密检验，针对特定条件和循环集设计测试用例，对软件的逻辑路径进行测试。在程序的不同点检验“程序的状态”以判定其实际情况是否和预期的状态相一致。

因此，白盒测试要求对某些程序的结构特性做到一定程度的覆盖，或者说是“基于覆盖的测试”，并以此为目标，引导测试人员朝着提高覆盖率的方向努力，找出那些被忽视的程序错误。

逻辑覆盖主要是依据被测程序的逻辑结构设计测试用例，驱动被测程序运行完成测试。从覆盖源程序语句的详尽程度分析，有不同的覆盖标准。

下面以具体例子进行分析讲解，对各种主要逻辑结构测试用例设计方法进行说明。函数如下：

```
void  DoWork(int x,int y,int z)
{
    int  k=0,j=0;
    if((x>3)&&(z<10))
    {
        k=x*y-1;       //语句块 1
        j=sqrt(k);
    }
    if((x==4)||(y>5))
    {
        j=x*y+10;    //语句块 2
    }
    j=j%3;             //语句块 3
}
```

函数的流程图如图 3.2 所示。

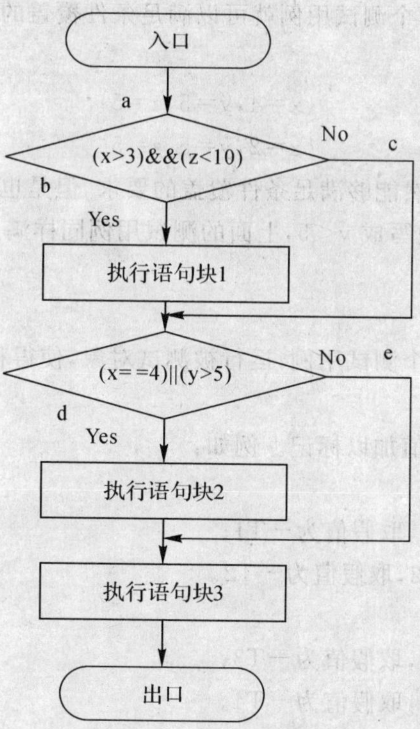

图 3.2　函数流程图

3.3.1　语句覆盖

语句覆盖就是设计若干个测试用例，运行被测试程序，使得每一条可执行语句至少执行一次。

为了说明简略，分别对各个判断的取真、取假分支编号为 b,c,d,e。

为了测试语句覆盖率，只要设计一个测试用例就可以把 3 个执行语句块中的语句覆盖了。

测试用例输入为：{x=4,y=5,z=5}

程序执行的路径是：abd

该测试用例虽然覆盖了可执行语句，但并不能检查判断逻辑是否有问题，例如在第一个判断中把 && 错误地写成了||，则上面的测试用例仍可以覆盖所有的执行语句。可以说语句覆盖是最弱的逻辑覆盖准则。

3.3.2　分支覆盖

分支覆盖就是设计若干个测试用例，运行所测程序，使程序中每个判断的取真分支和取假分支至少执行一次。

对于上面的程序，设计两个测试用例就可以满足条件覆盖的要求。

测试用例的输入为

{x=4,y=5,z=5}

{x=2,y=5,z=5}

上面的两个测试用例虽然能够满足条件覆盖的要求，但是也不能对判断条件进行检查，例如把第二个条件 y>5 错误地写成 y<5，上面的测试用例同样满足了分支覆盖。

3.3.3 条件覆盖

条件覆盖就是设计若干个测试用例，运行被测试对象，使得程序中每个判断的每个条件的可能取值至少执行一次。

对例子中的所有条件取值加以标记。例如：

对于第一个判断：

条件 x>3，取真值为 T1，取假值为 -T1；

条件 z<10，取真值为 T2，取假值为 -T2。

对于第二个判断：

条件 x=4，取真值为 T3，取假值为 -T3；

条件 y>5，取真值为 T4，取假值为 -T4。

则可以设计测试用例如表 3-21 所示。

表 3-21 条件覆盖测试用例

测试用例	通过路径	条件取值	覆盖分支
x=4,y=6,z=5	abd	T1,T2,T3,T4	bd
x=2,y=5,z=5	ace	-T1,T2,-T3,-T4	ce
x=4,y=5,z=15	acd	T1,-T2,T3,-T4	cd

上面的测试用例不但覆盖了所有分支的真、假两个分支，而且覆盖了判断中的所有条件的可能值。

3.3.4 分支条件覆盖

分支条件覆盖就是设计足够的测试用例，使得判断中每个条件的所有可能取值至少执行一次，同时每个判断的所有可能判断结果至少执行一次，即要求各个判断的所有可能的条件取值组合至少执行一次。

根据定义只需设计如表 3-22 所示的两个测试用例便可以覆盖 8 个条件值以及 4 个判断分支。

表 3-22　分支条件覆盖测试用例

测试用例	通过路径	条件取值	覆盖分支
x=4,y=6,z=5	abd	T1,T2,T3,T4	bd
x=2,y=5,z=11	ace	-T1,-T2,-T3,-T4	ce

分支条件覆盖从表面来看，它测试了所有条件的取值，但是实际上某些条件掩盖了另一些条件。例如对于条件表达式(x>3)&&(z<10)来说，必须两个条件都满足才能确定表达式为真。如果 x>3 为假则一般的编译器不再判断是否 z<10 了。对于第二个表达式(x==4)||(y>5)来说，若 x==4，测试结果为真，就认为表达式的结果为真，这时不再检查 y>5 了。因此，采用分支条件覆盖，逻辑表达式中的错误不一定能够查出来了。

3.3.5　条件组合覆盖

条件组合覆盖就是设计足够的测试用例，运行被测试对象，使得每一个判断的所有可能的条件取值组合至少执行一次。

现在对例子中的各个判断的条件取值组合加以标记如下：

x>3,z<10　　记做 T1 T2，　第一个判断的取真分支
x>3,z>=10　　记做 T1 -T2，第一个判断的取假分支
x<=3,z<10　　记做-T1 T2，第一个判断的取假分支
x<=3,z>=10　　记做-T1 -T2，第一个判断的取假分支
x=4,y>5　　记做 T3 T4，　第二个判断的取真分支
x=4,y<=5　　记做 T3 -T4，第二个判断的取真分支
x!=4,y>5　　记做-T3 T4，第二个判断的取真分支
x!=4,y<=5　　记做-T3 -T4，第二个判断的取假分支

根据定义取 4 个测试用例，就可以覆盖上面 8 种条件取值的组合。

测试用例如表 3-23 所示。

表 3-23　条件组合覆盖测试用例

测试用例	通过路径	条件取值	覆盖组合号
x=4,y=6,z=5	abd	T1,T2,T3,T4	1 和 5
x=4,y=5,z=15	acd	T1,-T2,T3,-T4	2 和 6
x=2,y=6,z=5	acd	-T1,T2,-T3,T4	3 和 7
x=2,y=5,z=15	ace	-T1,-T2,-T3,-T4	4 和 8

上面的测试用例覆盖了所有条件的可能取值的组合，覆盖了所有判断的可取分支，但是却丢失了一条路径 abe。

3.3.6 路径覆盖

路径覆盖就是选取足够多的测试用例，覆盖被测试对象中的所有可能路径。

在表 3-23 所示的条件组合覆盖测试用例中再添加一个测试用例就可对程序进行全部的路径覆盖，见表 3-24。

表 3-24 路径覆盖测试用例

测试用例	通过路径	覆盖条件
x=4,y=6,z=5	abd	T1,T2,T3,T4
x=4,y=5,z=15	acd	T1,-T2,T3,-T4
x=2,y=6,z=15	ace	-T1,-T2,-T3,-T4
x=5,y=6,z=5	abe	T1,T2,-T3,T4

3.3.7 基本路径测试

前面的例子程序是一个很简单的函数程序，只有 4 条路径。但在实践中，一个不太复杂的程序，其路径都是一个庞大的数字，要在测试中覆盖所有的路径是不现实的。为了解决这一难题，只得把覆盖的路径数压缩到一定限度内，例如，程序中的循环体只执行一次，基本路径测试就是这样一种测试方法，它在程序控制图的基础上，通过分析控制构造的环行复杂性，导出基本可执行路径集合，从而设计测试用例。设计出的测试用例要保证在测试中程序的每一个可执行语句至少执行一次。具体过程可分为 4 个步骤。

(1)画程序的控制流图：描述程序控制流的一种图示方法。

(2)计算程序圈复杂度(McCabe)。从程序的环路复杂性可导出程序基本路径集合中的独立路径条数，这是确定程序中每个可执行语句至少执行一次所必需的测试用例数目的上界。

(3)导出测试用例：根据圈复杂度和程序结构设计用例数据输入和预期结果。

(4)准备测试用例：确保基本路径集中的每一条路径的执行。

在给出具体例子之前，先介绍一下圈复杂度及其计算：

圈复杂度是一种代码复杂度的衡量标准，在软件测试中，用来衡量一个模块判定结构的复杂程度，数量上表现为独立现行路径条数，即合理的预防错误所需测试的最少路径条数。圈复杂度大说明程序代码可能质量低且难以测试和维护，根据经验，程序的可能错误和高的圈复杂度有着很大关系。

下面就用一个简单的例子来介绍一下圈复杂度 V(G)的 3 种计算方法。

(1)V(G) = No. edges − No. nodes + 2

如图 3.3 所示,图中有 12 条有向边,9 个节点,则可计算出:

$$V(G)=12-9+2=5$$

(2)V(G) = No. predicates (decision nodes) + 1

如图 3.4 所示,判断节点使得有向图比它作为顺序节点多出的有向边数为

$$(2-1)+(3-1)+(2-1)=4$$

故

$$V(G)=4+1=5$$

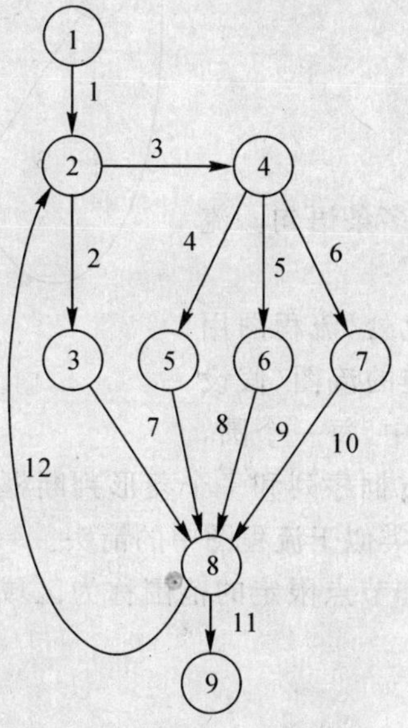

图 3.3

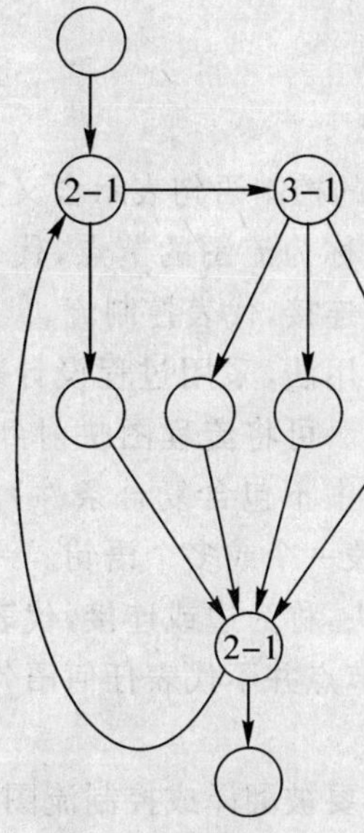

图 3.4

(3)V(G) = No. regions

如图 3.5 所示,图中有向边将空间划分为 5 个平面区域:

$$V(G)=5$$

具体例子:

如下面的 C 语言函数伪代码:

```
Void Sort(int iRecordNum, int iType)
{
  int x=0
  int y=0
  while(iRecordNum→0)
  {
```

```
        if(0= =iType)
x=y+2;
        else
          if(1= =iType)
             x=y+10;
          else
          x=y+20;
     }
  }
```

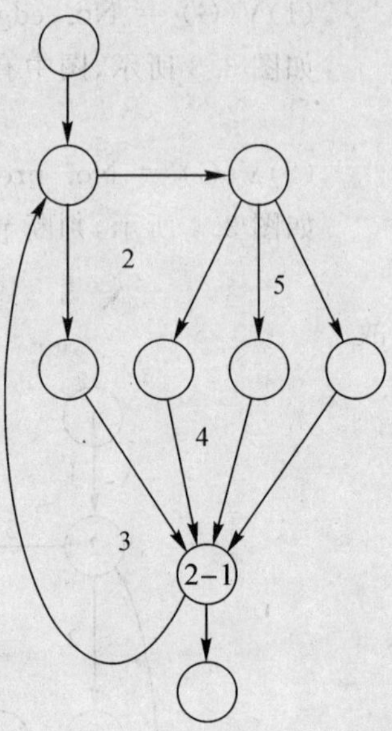

图 3.5

(1)画出控制流图。

C/C++语句中的控制语句表示含义如下：

图中的每一个圆称为流图的节点，代表一条或多条语句。流图中的箭头称为边或连接，代表控制流。

为了说明流图的用法，采用过程设计表示法，此处，流程图用来描述程序控制结构。可将流程图映射到一个相应的流图(假设流程图的菱形判断框中不包含复合条件)。在流图中，每一个圆，称为流图的节点，代表一个或多个语句。一个处理方框序列和一个菱形判断框可被映射为一个节点，流图中的箭头，称为边或连接，代表控制流，类似于流程图中的箭头。一条边必须终止于一个节点，即使该节点并不代表任何语句。由边和节点限定的范围称为区域。计算区域时应包括图外部的范围。

任何过程设计都要被翻译成控制流图。

以上程序流程图和对应的控制流图分别如图 3.6 和图 3.7 所示。

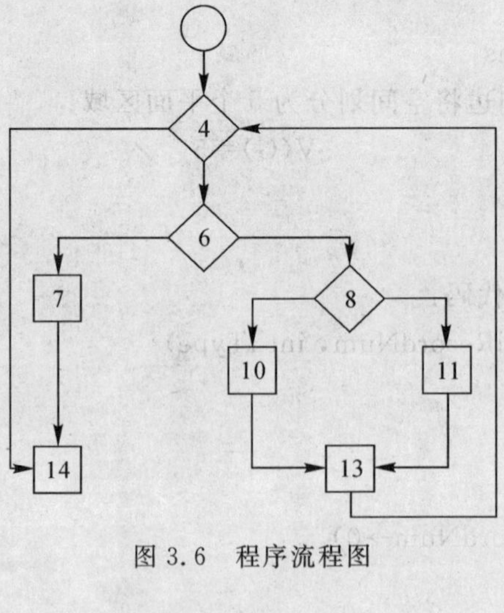

图 3.6 程序流程图

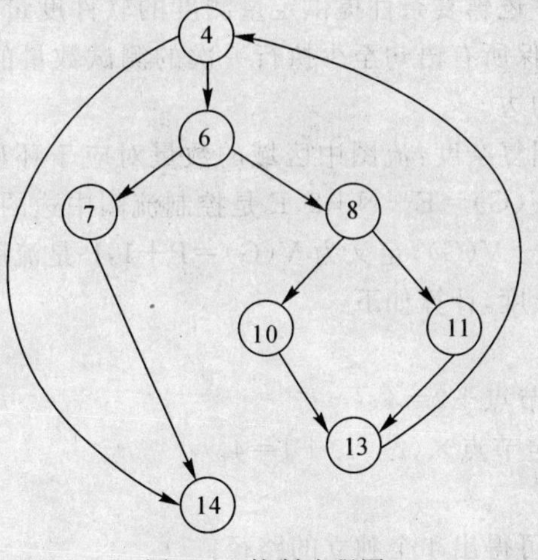

图 3.7　控制流程图

程序设计中遇到复合条件时，生成的流图变得更为复杂。当条件语句中用到一个或多个布尔运算符（or，and，nand，nor）时，就出现了复合条件。如图 3.8 所示为语句 if a or b 中的每一个 a 和 b 创建了一个独立的节点，包含条件的节点被称为判定节点，从每一个判定节点发出两条或多条边。例如：

```
1 if a or b
2     x
3 else
4     y
```

对应的逻辑如图 3.8 所示。

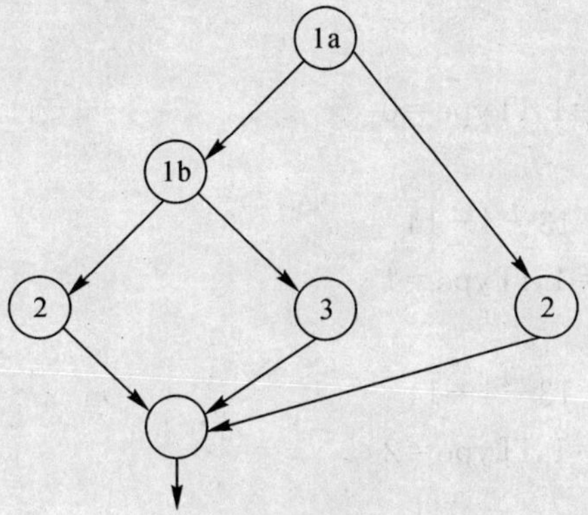

图 3.8　if－else 逻辑结构

(2)计算圈复杂度。

圈复杂度是一种为程序逻辑复杂性提供定量测度的软件度量，将该度量用于计算程序的基本的独立路径数目，为确保所有语句至少执行一次的测试数量的上界。独立路径必须包含一条在定义之前不曾用到的边。

有以下 3 种方法计算圈复杂度：流图中区域的数量对应于环型的复杂性；给定流图 G 的圈复杂度－V(G)，定义为 V(G)＝E－N＋2，E 是控制流图中边的数量，N 是流图中节点的数量；给定流图 G 的圈复杂度－V(G)，定义为 V(G)＝P＋1，P 是流图 G 中判定节点的数量。

对应图 3.7 中的圈复杂度，计算如下：

1)流图中有 4 个区域；

2)V(G)＝10 条边－8 节点＋2＝4；

3)V(G)＝3 个双路判定节点×(2－1)＋1＝4。

(3)导出测试用例。

根据上面的计算方法，可得出 4 个独立的路径：

1)路径 1:4－14；

2)路径 2:4－6－7－14；

3)路径 3:4－6－8－10－13－4－14；

4)路径 4:4－6－8－11－13－4－14。

根据上面的独立路径，去设计输入数据，使程序分别执行到上面 4 条路径。

(4)准备测试用例。

为了确保基本路径集中的每一条路径的执行，根据判断节点给出的条件，选择适当的数据以保证某一条路径可以被测试到。满足上面例子基本路径集的测试用例是：

1)路径 1:4－14

输入数据:iRecordNum＝0，或者取 iRecordNum＜0 的某一个值

预期结果:x＝0

2)路径 2:4－6－7－14

输入数据:iRecordNum＝1，iType＝0

预期结果:x＝2

3)路径 3:4－6－8－10－13－4－14

输入数据:iRecordNum＝1，iType＝1

预期结果:x＝10

4)路径 4:4－6－8－11－13－4－14

输入数据:iRecordNum＝1，iType＝2

预期结果:x＝20

3.3.8 循环结构测试

代码覆盖中没有说明如何测试循环体。在程序中，循环体可分为两类：循环次数固定的循

环体和循环次数不固定的循环体。

对于循环次数固定的循环，设循环次数为 m，由于中途不会退出循环，因而只需要考虑两种情况：一是循环 m 次的情况，二是跳过循环不执行的情况。

下面讨论循环执行的执行次数不固定循环体的测试方法。这一类循环过程中可能中途退出循环，每次执行循环的次数可能不一样。设循环最大次数 $n>3$，循环执行次数不固定，则循环测试应考虑以下情况：

(1)跳过这个循环；

(2)只循环 1 次；

(3)循环 2 次；

(4)循环 m 次，$2<m<n-1$；

(5)循环 $n-1$ 次；

(6)循环 n 次。

在测试一个循环的时候，应选择一组数据组合，把上述 6 种情况遍历。

对于嵌套循环，其测试方法如下：

(1)使用上述单层循环的测试方法，对最内层循环进行测试；

(2)由内向外构造上述测试用例；

(3)重复步骤(2)直至测试完所有循环。

对于嵌套循环的测试，需要注意以下两种情况：

(1)相互平行的循环。即由条件判断，确定程序进入相互平行的循环体中的某一个。该情况参照条件组合覆盖。

(2)前后相接的循环。一个循环结束之后接着另一个循环。如果两个循环之间没有关联，则采取单层循环的测试方法；否则，采取嵌套循环的测试方法，即把后面的循环看作嵌入到前面的循环中的循环进行测试。

3.3.9 程序插桩测试

程序插桩是一种通过向被测程序中插入操作来发现和定位错误的方法，在程序调试中有着广泛的应用。

在测试和调试程序时，往往要在程序中插入一些打印语句(有的时候是以日志文件的形式存在的)，以便在程序执行过程中，打印出需要的信息，通过这些信息来了解程序执行过程中的动态特性。例如程序的实际执行路径，程序中某语句的执行次数，程序中某变量在特定时刻的值，等等，都可以通过程序插桩来完成。

设计程序插桩要考虑以下 3 个问题：

(1)需要知道程序的哪些信息；

(2)在什么位置设置测试点；

(3)打印日志的延迟是否会改变程序的运行方式。

问题(1)要根据具体的系统进行分析。问题(2)，通常在一个顺序执行的结构中只插入一条语句，以减少测试点，尽量减少对程序执行的影响。问题3，在时间关键或者一些和时间相关操作的程序中更要加以关注。

同时采用程序插桩要注意以下3点：

(1)要保证插桩语句自身的正确性；

(2)插桩后的程序，严格意义上已经异于原来的程序，相关特性要重新评估；

(3)调试和测试之后要去除插桩语句(工程上普遍采用条件宏定义的方法)。

下面是插桩语句的代码示例：

```
/ * 测试头文件中 * /
    #ifdef TEST
//测试……项目1
#define _TEST_1(param1, param2, pram3)   test1(param1, param2,
pram3)

//测试……项目2
#define _TEST_2(param1, param2, pram3)   test2(param1, param2,
pram3)

//测试……项目3
#define _TEST_3(param1, param2, pram3)   test3(param1, param2,
pram3)

//测试……项目4
#define _TEST_4(param1, param2, pram3)   test4(param1, param2,
pram3)
#else
//不开启测试
#define _TEST_1(param1, param2, pram3)

#define _TEST_2(param1, param2, pram3)

#define_TEST_3(param1, param2, pram3)
```

```
#define _TEST_4(param1, param2, pram3)

#endif
```

具体项目中常常会用匈牙利命名法，来表示具体测试函数的具体测试项目。

3.4 静态分析

静态分析的主要特征是在用计算机测试源程序时，计算机并不真正运行被测试的程序，只是进行特征分析。因此，静态分析是对被测试程序进行特征分析的一些方法的总称。这里主要介绍静态测试中常用的控制流分析、数据流分析和代码检查 3 种分析形式。

3.4.1 控制流分析

一个程序的控制流关系叙述了程序元素和它们的执行次序之间的联系。一个程序元素通常是一个条件、一个简单的语句，或是一块语句(多个连续语句)。如果元素 B 可以在元素 A 之后立即执行，那么(A,B)就在程序的控制流关系中，后继的 B 的执行独立于 A 的执行。例如，若 A 指的是条件(x<x)，B 指的是写语句(write(x))，即

```
If  x<x   then   write(x)
```

尽管事实上 A 总为假，但(A,B)还是在控制关系流中存在着。

对应于控制流关系的图被称为控制流图。图上的每个节点对应于一个程序元素；两个节点间一个直接的弧，表示相应的两个元素在控制流关系中组成一个顺序对。控制流图的一条路径对应于一个潜在可执行的程序元素顺序。执行一条路径就是执行对应的程序元素序列。如果一个输入引起一条路径的执行，那么这条路径就被称之为是可达的，否则是不可达的。通常，含循环的路径有无限多条，即使没有循环，一个程序也可能有非常多的路径需要分析。

3.4.2 数据流分析

程序和程序的元素通过它们的数据访问行为关联起来，这就确定了数据流关系。如果元素 B 使用一个数据对象，该数据对象潜在地在元素 A 处被定义，那么(A,B)就出现在程序的数据流关系中。数据流图是一个直接被标记的图形。它对应于数据流关系，其中节点对应于程序元素，直接连接 A 到 B 的弧用 v 标记。这里的 v 表示(A,B)在数据流关系中是由于在 A 处定义了 v，在 B 处使用了 v。

一个程序可以表示成一个数据流图，使用变量定义、引用和未定义信息做标记。如果一个语句的执行分配了一个值给一个变量，则称这个变量被定义了。一个变量的引用是指，一个语句的执行需要从内存中获得某个变量的值。观察下面的语句：

X:=X+Y-Z

其中,Y 和 Z 都是被引用,而 X 先被引用,然后又被定义。一个变量在许多情况下可能会变成未定义。例如,在 FORTRAN 程序中,一个 DO 语句的指示变量在循环结束时就变成未定义的,局部变量在子程序用 RETURN 返回后变成未定义的。

关于数据流的分析可以被引用到代码优化、异常检测和测试数据生成中。

3.4.3 接口分析

接口分析,也叫接口一致性分析,主要用于程序静态分析和设计分析。接口一致性分析设计模块之间的接口的一致性以及模块与外部数据之间的一致性。

接口一致性分析还设计子程序以及函数之间接口的一致性,包括检查形参与实参的类型、个数、维数、顺序的一致性。当子程序之间的数据或者控制传递使用公共变量或全局变量时,也应检查它们的一致性。

3.4.4 表达式分析

对表达式进行分析,可以发现和纠正表达式出现的问题。其中主要包括以下问题:

(1)除数为零;

(2)开方数值为负;

(3)浮点数的比较,直接使用“<”“>”或者“=”;

(4)算数溢出;

(5)数组越界;

(6)数组引用错误。

其中问题(3)需要特别注意,由于计算机所使用的二进制计数法,不能精确地表示十进制浮点数,因而常使得计算结果出人意料。

3.4.5 代码检查

代码检查是一种非常有效的程序验证技术,对于典型的程序来说,可以查出 30%~70% 的逻辑设计错误和编码错误。

正式的审查是一个由审查小组实施的团队活动,审查小组至少包括以下 4 个成员:

开发者。被审查代码的开发者是一个重要角色。

审查负责人。审查负责人是小组中发现错误、冗余和不一致性的主要人物。

阅读者。阅读者是一个负有重要责任的成员,主要为整个小组阅读代码。

协调者。协调者的任务是组织会议、对发现的错误进行记录。

评审的所有参与者都是审查员,但是产品开发者不能充当负责人、阅读者或记录人。如果某个人是审查小组中的任何人的上级管理者,那么就不应该参与审查。当审查负责人要求时,软件产品相关负责人应该提供所需的额外资料。

审查的最终目标是尽量在其根源处发现和修正错误，以降低返工的成本。软件审查需要人为地检查源代码和文档表示，以发现其中的异常和缺陷，旨在发现缺陷而不是改正。在审查过程中需要执行的活动包括：

(1)为审查小组成员提供准确的系统概述。

(2)设计并描述出阅读者对被查产品进行阐述的方式。

(3)事先把源代码和相关文档分发给审查小组成员。

(4)在审查过程中发现错误进行准确记录，以供日后查阅。

(5)在审查过程中提问，并对问题进行追踪直到发现错误。

(6)对发现的错误进行评审，以便揭露和修复错误。

(7)根据结果决定是否需要再次审查。

代码检查比计算机测试优越的是：一次审查中可能发现许多不同的缺陷。而计算机测试发现错误之后，通常需要先改正这个错误才能继续测试，因此错误是一个一个地发现并改正的。也就是说，采用代码检查的方法可以减少系统验证的总工作量。

3.5　动态分析

3.5.1　内存处理和内存泄漏

对于程序中某一进程或程序的内存占用情况，以及占用比例，或是内存分配中存在的错误，或是由于疏忽或错误造成程序未能释放已经不再使用的内存的内存泄漏情况，应设计测试用例来证明这些存储或使用目标没有得到满足。

内存错误：当一个指针或者该指针所指向的内存单元成为无效单元，或者内存中分配的数据结构被破坏时，就会造成内存错误。

程序使用的内存和辅存的容量，以及临时文件或溢出文件的大小，应设计测试用例来证明这些存储目标没有得到满足。

内存泄漏指由于疏忽或错误造成程序未能释放已经不再使用的内存的情况。内存泄漏并非指内存在物理上的消失，而是应用程序分配某段内存后，由于设计错误，失去了对该段内存的控制，因而造成了内存的浪费。

3.5.2　常见运行错误

运行错误指的是那些在运行时出现的错误，如除数等于零、指针地址无效等问题。运行错误在语法检查时一般无法发现，但一旦发生很可能导致系统崩溃。下面用几个例子来介绍一下一些常见的运行错误。

例 3.1　空指针带来的未知错误。

```
#define NULL 0
```

```
……
char * p;
p=NULL;
printf("Location of 0 is %d\n", * p);
```

上述程序语法上没有任何问题,但在某些系统上却可能运行时出错。C 语言可以产生非常紧凑、高效的代码,一个原因就是 C 语言提供的运行错误检查功能很少,虽然运行效率得以提高,但也降低了系统的安全性。

例 3.2 编译器"截断"处理带来的问题。

```
typedef int uint8_t
……
uint8_t port = 0x5a ;
uint8_t result_8 ;
result_8 = (~port) >> 4 ;
/* 注:uint8_t 表示 8 位无符号整型 */
```

执行上述代码,result_8 的值是多少?

为了说明这个例子,首先分析一个简单的隐式整型表达式 c=a+b(假设 a 的存储位数不大于 b 的存储位数),编译器是这样来处理这个表达式的:如果 b 是短整型(即位数少于 int,比如 char,short 等)或者整型(int 或 unsigned int),那 a 也是短整型或者整型,执行"+"运算之前,a 和 b 都将被扩充为整型(int 或者 unsigned int),然后相加的结果赋给 c(如果 c 不是 int 或者 unsigned int 类型,则这个赋值操作也会包含隐式的扩充或截断操作)。如果 b 是长整型(存储位数多于 int),则 a 会被扩充为与 b 相当的长整型,再执行"+"运算,所得结果赋给 c(可能包含隐式的扩充或截断操作)。绝大部分的操作符用于整型运算的时候,都遵循上述"平衡"原则,比如:算术操作符、位操作符和关系运算符。但逻辑操作符不遵循上述"平衡"原则。此外左移(<<)和右移(>>)运算符也不遵循"平衡"原则,只和移位操作符左边的整型操作数相关。假设一个 8 位的短整型变量值为 0xf5(十六进制),则右移 4 位所得结果是 0x0f(十六进制)。

例 3.2 中的代码的原意是将 port 的值取反后右移 4 位赋值给 result_8,程序员期望的结果显然是 result_8=0x0a。然而,由于整型的"平衡"原则,在 16 位编译器中,~port 的值是 0xffa5;在 32 位编译器中,~port 的值是 0xffffffa5。无论哪种情况,最后结果(右移 4 位后赋值给 result_8 的时候有一个截断操作)都是 resuIt_8=0xfa,而非程序员预期的 result_8=0x0a。

倘若将最后一行代码改成 result_8=((uin8_t)(~port))>>4,则 result_8 可取得预期的值。当然,result_8=((~port)&0x0f 也可以得到预期的值。如果位操作符~和移位操作符<<(或>>)联合作用于 unsigned char 或者 unsigned short 类型的操作数时,中间运算步骤的结果必须立刻显式强制转换为预期的短整型数据类型。

例 3.3 难以发现的数据溢出。

```
uint16_t a = 10 ;
uint16_t b = 65531 ;
uint32_t c = 0 ;
uint32_t d ;
    d = a + b + c ;
/* 注:uintl6_t 表示 16 位无符号整型,uint32_t 表示 32 位无符号整型 */
```

执行上述程序,d 的值是多少?

如果用一个 32 位的编译器来编译这段程序,最终结果是 d=65541,程序员“幸运地”得到了预期的结果。如果是 16 位的编译器,得到的结果却是 d=5。由于“+”运算是左结合的,所以 d=a+b+c 等效于 d=(a+b)+c,即先执行 a+b,所得的和再与 c 相加,最后结果赋值给 d。问题就出在 a+b 这个中间步骤中。由于 a 和 b 都是 16 位整型(注意编译器也是 16 位的),故而 a+b 的结果也是 16 位整型,则 a+b 的值是 0x0005(有溢出);再扩充为 32 位整型 0x00000005 和 c 相加赋值给 d,d=5,这并非程序员预期的结果。所以,在 16 位编译器中,例 3.3 中的那段代码很可能导致严重错误。当然,如果程序员用()指定了运算优先级的话,即最后一行代码写成 d=a+(b+c),也可以避免上述溢出错误,然而,这终究不是治本的办法。只有明确每一个操作数的实际数据类型,才能保障代码的安全性。

例 3.4　使用已经消亡的对象。

```
#include "stdio.h"
char * getm(void)
{
    char p[] = "hello world";
    return p;
}

int main()
{
    char *str = NULL;
    str = getm();
    printf(str);
}
```

程序员希望最后的输出结果是“hello world”这个字符串,然而实际运行时,却出现乱码(具体内容依赖于编译运行环境)。

简单分析一下,由于 char p[] = “hello,world”这条语句是在栈中分配空间存储“hello world”这个字符串,当函数 getm()返回的时候,已分配的空间将会被释放(但内容并不会被销毁),而 printf(str)涉及系统调用,有数据压栈,会修改从当前分配给数组 p[]存储空间的内容，导致程序无法得到预期的结果。倘若将 getm()函数体中的 char p[] = “hello world”程序行改成 char ＊q = “hello world”，则执行 main()的时候就可以正确输出“hello world”，这是因为这样的方式，q 指向的是静态数据区，而非栈中的某个单元(也就是说 hello world 分配到 bss 区中了而不是栈中)，所以，数组名是指针不假，但在实现细节上还是有很大的差异，程序员在使用指针的时候必须慎之又慎。

由此可以总结出来一条规律：动态分配对象的地址栏不允许在本对象消亡后传给另外一个对象，即不允许将栈对象的地址传给外部作用域的对象。

例 3.5 计算机体系不同潜藏的错误。

```
typedef union{
    uint32_t word;
    uint8_t bytes[4];
}word_msg_t;

// read_msg1
uint32_t read_msg1(void)
{
    word_msg_t tmp;
    /* tmp.byte[0]对应于 tmp.word 的高 8 位
    tmp.byte[1]对应于 tmp.word 的次高 8 位，依此类推 */
    tmp.bytes[0]  = read_byte();
    tmp.bytes[1]  = read_byte();
    tmp.bytes[2]  = read_byte();
    tmp.bytes[3]  = read_byte();
    return (tmp.word);
}

// read_msg2
uint32_t read_msg2(void)
{
    uint32_t word;
    word = ((uint32_t)read_byte() ) << 24;
    word = word | (((uint32_t)read_byte()) << 16);
    word = word | (((uint32_t)read_bytes()) << 8);
    word = word | ((uint32_t)read_byte());
    return (word);
```

```
}
```

无论从程序的可读性还是从执行效率来讲，函数 read_msg1 都要优于函数 read_msg2。然而，read_msg1 在 Intel 80x86/Pentium 系统（little-endian，存储多字节整数的时候低位字节存放在低地址）和在 Motorola 68K 系统（big-endian）中的执行结果完全不一样。假设 read_byte()函数返回的数据依次是 0x01，0x02，0x03，0x04，则在 Intel 系统中，函数 read_msg1 返回的值是 0x4321，在 Motorola 系统中，返回的则是 0x1234。无论在 Intel 系统还是在 Motorola 系统中，函数 read_msg2 的返回值都是 0x1234。

例 3.6　判断语句中执行顺序可能带来的隐患。

```
if (STATRegister & BUSYMask = = 0) {
    do_something ;
}
```

该程序的本意是读状态寄存器（ STATRegister ）的值，如果其 BUSY 位是 0（即被掩码 BUSYMask 选中），则做某些操作。但是，由于判等运算符“= =”的优先级高于位与操作符“&”，实际的判断表达式变成了“(STATReg2ister & (BUSYMask = = 0)) ! = 0”。此时应该加入括号“()”以保证判断表达式的正确性：

```
if ( (STA TRegister & BUSYMask ) = = 0)  {
    do_something ;
}
```

在程序中，容易出现混淆的地方，也应该通过括号“()”来组织语句，如

```
if (a & & b | | c & & d)
```

应该改成：

```
if ( (a & & b) | | (c & & d) )
```

程序中应减少表达式对运算符优先级的依赖性，即用括号“()”来保证运算顺序，而不依赖于运算符优先级，这样可以避免某些运算符的优先级引起误解，同时也使得层次更加清晰，维护起来更加方便。

例 3.7　具有副作用语句带来的问题。

```
int32_t    i ;
int16_t    j ;
j = sizeof (i = 1234) ;
```

上述代码本意是先将 1234 赋给 i，再把 i 所占用的空间大小传给 j。可是由于 sizeof 运算符只针对数据类型进行操作，所以“j = sizeof (i = 1234)”实际上被替换成“j = sizeof(int32_t)”。故表达式“i = 1234”的操作不会进行，这就带来了隐患。正确的做法是将最后一句替换成：

```
i = 1234 ;
j = sizeof (i) ;
```

赋值语句、自增操作等都是典型的具有副作用的操作。此类操作关系到程序运行环境的改变,因此对有副作用的表达式需要格外小心。

例 3.8 与非逻辑右操作数执行的问题。

```
if (ist_rue || do_something_with_side_effect s () )  {
    do_something ;
}
```

上述代码中,若 ist_rue 非 0,则编译器认为表达式的值已经确定为真,从而不再进行后面的求值,于是有副作用的操作被忽略,影响了后继操作。为了避免出现这种问题,必须把较复杂的操作数放在逻辑运算符的左边,把简单表达式放在右边。如果两个表达式都比较复杂,那么应该先对某一个表达式求值,并将结果作为逻辑运算符的右操作数,如:

```
value =do_something_with_side_effect s ();
if (ist_rue ||value)  {
    do_something ;
}
```

逻辑运算(&& 和||)的右操作数不允许包含副作用。表达式中,部分代码可能不被求值。如果这些代码具有副作用,就会产生一些莫名其妙的错误。

例 3.9 “=”和“==”的误使用。

```
uint8_t x,y ;
if ( x = = y) {
    foo ( ) ;
}
uint8_t x,y ;
if (x = y) {
    foo ( ) ;
}
```

在 C 标准中,条件语句需要的是布尔值,条件语句表达式的布尔值实际上是按照整型处理的,所以上述两段代码在语法和逻辑上都没有任何问题。第一段代码判断 x 是否等于 y,如果相等,调用 foo () 函数;第二段代码首先将 y 的值赋给 x,然后判断 x 是否为 0,如果不为 0,调用 foo ()函数。这两段代码只相差一个等号,却使判断条件大不相同,程序的执行流程会出现很大差别。

相信读者在写程序的时候都碰到过将“= =”这个判断符误写成赋值符“=”的情况。那么面对这两个语句时,如何能快速准确地判断这是正确的还是程序员的失误呢?当程序比较简单的时候,很容易判断,但当程序流程比较复杂的时候,可能花费大量时间还难以给出确定的答案,而这些地方极有可能是有错误的。

例 3.10 浮点数的比较运算带来运行结果的不确定性。

除了导致混淆和混乱的表达外，还有一些对浮点数的操作会导致不确定的结果。来看如下两段代码：

```
float32_t x,y ;
「/  一些运算  /
if ( x = = y )
{「}

float32_t x,y ;
「
if ( x < = y )
{「}
```

if 的条件无法肯定什么情况为真。这是因为浮点数在计算机中无法用二进制精确表示，其运算总会存在舍入和切断误差，很多人看起来相等的结果，但计算机给出的两个浮点数并不相等，所以上面代码中 if 的主体语句什么情况执行是不确定的。

例 3.11　宏定义中的括弧使用。

当程序中多处出现同一个数值的时候，程序员就会想起使用宏。宏定义最大的好处就是使一些常量集中起来，修改其值只需要修改一次，大大提高了程序的可维护性。编译器对宏的处理原则比较简单，宏定义只对程序文本起作用。一个经典的例子是：

```
# define abs (x) (x > = 0) x : - x
```

显然，程序员希望求变量 x 的绝对值。但是，下面的调用会是什么结果呢？

```
abs (a - b) ;
```

展开后为

```
(a - b > = 0) a - b : - a - b
```

显然这里的－ a － b 并不是程序员想要的结果，原因是变元 x 两边没有加小括号。那么在 x 加上括号以后呢？

```
# define abs (x) ( (x) > = 0) (x) : - (x)
```

如果此时是 abs (a) ＋ 1，展开后是：

```
(a > = 0) a : - a + 1
```

也不是想要的结果。看来还要把整个宏定义加上括号，这样才能得到安全可靠的宏定义：

```
# define abs (x) ( ( (x) > = 0) (x) : - (x) )
```

3.5.3　覆盖率分析

覆盖率是用来度量测试完整性的一个手段，通过覆盖率数据，可以知道测试得是否充分，测试的弱点在哪些方面，进而指导我们设计能够增加覆盖率的测试用例。这样就能够有效地提高测试质量。

现在有很多测试工具都能够支持覆盖率测试，但切忌盲目追求绝对100％的覆盖率。虽然如果有足够的资源和时间，达到100％的覆盖率是现实的，但事实上，为了达到100％的覆盖率将付出极大的成本，也是不必要的。对于一般的软件，应当设置一个合理的覆盖率标准。研究表明，80％的错误隐藏在20％的代码中，从成本效率考虑，应当把覆盖率和代码静态分析工具结合在一起使用，去覆盖那些容易出错的代码，而忽略那些简单的和不易出错的代码。

3.5.4 性能分析

软件都有特定的性能或效率目标，这些特性描述为在特定负载和配置环境下程序的响应时间和吞吐率。因此，性能分析主要是设计测试用例来说明程序不能满足其性能目标，或是帮助找到应用程序的瓶颈所在。

具体分析项目如下：

(1)分析程序计算处理的精度；

(2)分析程序响应时间是否符合设计要求；

(3)分析程序所占用的空间是否符合要求；

(4)分析程序所能承受的最大负荷是否达标；

(5)分析程序是否合理地利用了硬件资源；

(6)分析程序的并发程度是否达到要求。

3.5.5 安全性分析

安全性测试是检验软件中存在的安全性、数据保密性措施是否有效的测试。安全性测试应尽可能在符合实际使用条件下进行。着重对以下项目进行分析：

(1)对安全性关键部分，必须进行单独的安全性分析；

(2)分析软件防止出现危险状态措施的有效性和危险状态下的反应；

(3)对设计中关系到安全性的数据结构保护、算法、容错、冗余及中断处理方案等逐个进行有针对性的分析；

(4)分析软件系统对抗非法数据访问的能力。

第4章 软件测试准则

软件开发的日益复杂和人们对软件可靠性需求的增加,需要对不同的软件做出充分并有效的测试来检验项目的完成度和可靠性。这时测试人员就需要一些合适的建议和有效的测试方法来保证软件测试的有效性和可靠性。本章从以下 7 个方面进行介绍:

(1)需求阶段。描述了测试工作在需求阶段需要考虑的问题。在需求阶段,包括测试组代表在内的所有相关人员必须参与需求工作,并且必须收到需求变更通知,这是非常重要的。

(2)测试计划。描述了测试规划活动,其中包括对测试工作目标的了解方法,确定测试策略的方法,以及有关数据、环境和软件本身需要考虑的问题。

(3)测试组成员。主要讨论测试组的人员构成。

(4)系统架构。讨论有关测试系统架构方面的考虑。

(5)测试设计和测试文档。详细描述了如何有效地设计和开发测试过程,其中包括在测试创建和文档化方面需要考虑的问题,还讨论了最有效的测试技术。

(6)与具体测试有关的方面。包括单元测试、自动化测试和非功能性测试方面的注意事项。

(7)管理测试执行。提供了测试执行的管理策略,其中包括追踪测试过程执行和缺陷生命周期的正确方法以及收集用于估计测试进程的度量。

4.1 需求阶段

最有效的测试工作开始于项目的开始阶段,远远早于程序代码的编写阶段。首先需要检验的是需求文档,只有如此,在项目的后续阶段测试工作才能专注于保证应用程序代码的质量。在项目生命周期的早期——详细设计和编码工作之前,消除需求工作中的缺陷能够使昂贵的返工工作代价降到最低。

实践证明,在项目生命周期中发现缺陷越早,修正缺陷的代价就越小。表 4-1 列出了在项目生命周期的不同阶段,修正发现缺陷所需付出的代价。

表 4-1 不同阶段修正缺陷所需的代价

阶 段	相应的纠正代价
系统定义	$1
概要设计	$2
详细设计	$5
编码	$10
单元测试	$15
集成测试	$22
系统测试	$50
发行以后	$100+

在需求阶段作为测试人员应该注意下面几点：

1. 测试人员应该及早介入

测试人员需要从项目生命周期之初就开始介入，这样才能准确地理解测试的对象并且和其他相关人员一起生成可测试的需求。

测试人员需要彻底地了解产品，只有这样才能设计出更出色和更全面的测试计划、测试设计、测试过程和测试用例。测试组及早介入，就可以了解到应用程序的哪些方面对最终用户来说最关键以及哪些元素的风险最大。这样测试组就可以首先把精力集中在应用程序中最主要的部分，避免对不经常使用的部分过度测试而对重要的部分又测试不充分。

缺陷预防是指在各种错误遗留到后续开发阶段之前，运用各种技术和过程来发现和避免这些错误。缺陷预防在需求阶段的效率最高，此时修正缺陷所需的改动很小：需要改动的仅仅是需求文档，可能还需要相应地修改此阶段制定的测试计划。

对于一条需求，如果可以设计出一个过程来执行所测试的功能，若输出结果是可以预先知道的，并且能够通过编程或者人工方式加以验证，那么就称这条需求是可测试的。

2. 应该对需求进行验证

在确定系统需求的工作中，Christopher Alexander 认为应该为每条需求建立一个质量测度标准。为每条需求定义质量测度标准有助于使模糊的需求明确化。

负责验证需求的人员应该从以下几个属性来验证：

(1)正确性：根据用户的需求来进行检验。

(2)完整性：用于保证需求中没有遗漏任何必需的元素。

(3)一致性：验证的是工作产品的内部元素之间或者工作产品之间内部或者外部的矛盾。

(4)可测试性或可验证性：保证了测试一条需求的可能性，同时测试的结果是预先知道的并且能够通过编程或者人工来加以验证。

(5)可行性:保证了需求可以在给定的预算、进度表、技术和其他可用资源的情况下实现。

(6)必要性:验证规格说明书中的每条需求是否都与系统有关。

(7)优先级:让有关人员了解每条需求在需求涉众中的价值。

(8)明确性:保证需求的陈述使用了精确的和可测量的方法。

(9)可追溯性:保证每条需求可以通过寻找到所有引用它的系统部分来确定。

3. 需求就绪后立即设计测试过程

和软件工程师根据需求撰写设计文档一样,测试组也需要根据需求来设计测试过程。

为了让测试过程的设计工作有助于需求分析活动,它应该安排在项目过程中更靠近需求阶段的位置。在设计测试过程的过程中,因为测试人员会用测试数据集合作为输入非常仔细地检查系统的每个交互操作,所以会发现需求文档中的某些忽略、遗漏、错误的流程和其他错误。通过这个过程会使需求适应各种变化的场景,也会把在各种情况下的需求描述成一条由交互操作组成的清晰路径。

通过测试过程的定义来确定一条需求中的错误和遗漏的过程就是验证需求的可测试性。如果需求规格说明书中没有足够的信息,或提供的信息过于含糊不清,不能用相关的测试用例为有关的路径创建完整的测试过程,那么就不能认为需求规格说明书是可测试的,可能也是不适合软件开发的。确认是否能够为一条需求设计出测试方案,这种检查总是有价值的,并且认为是检查一个需求是否完备的确认过程的一部分。如果一条需求不能验证,那么它的实现正确性就得不到保证。

为了有效地管理这些不断完善的需求和测试过程,需要定义一个完善的过程,在这个过程中测试设计人员必须参与需求过程。

4. 确保需求变化的传达

测试过程已经根据需求定义好后,在需求发生变更时把这种变化通知到测试组成员是非常重要的。

在很多情况下,负责设计测试过程和执行测试过程的测试人员并没有收到需求变化的通知,这种情况会导致错误的缺陷报告,并且失去了必需的研究机会和宝贵的时间。

通常导致这种情况发生的原因有:

(1)变更没有形成文档。

(2)过期的需求文档。

(3)软件缺陷。

如果在一个项目组里希望可以避免这种情况的发生,可以通过设置一个需求变更规程来实现,这个规程有助于把需求的所有变化及时地传达给所有成员。变更规程会概括地记录变更发生的时间、变更的内容、谁做的变更和在哪些地方发生了变更。变更规程可以明确地规定变更请求可以在整个生命周期的任何阶段发起,这些阶段不仅包括需求分析过程中各种类型的评审、走查和检查阶段,而且包括设计、编码、错误跟踪或者测试活动,以及其他的任何阶段。

4.2 测试计划的编制

测试纲要成功的基础是有效的测试计划。为了建立和准备测试环境，同时也是为了给安装将要测试的系统、测试工具、数据库和其他组件预留时间，计划的编制工作必须及早考虑。

要编写出合适并行之有效的测试计划，需要注意以下几点：

1. 了解手头的任务和相关的测试目标

一般来说，测试工作就是用来验证软件是否满足某种特定的标准和最终用户的需求。有效的测试增加了被测的软件在任何环境下正确运行并满足预订的需求的可能性，最终的目的是使应用程序的最终用户满意。虽然测试本身并不能产生高质量的产品，但测试可以看做是软件质量保证的最后一关。

不同的测试工作有不同的测试目标，不同的测试阶段也有不同的测试目标。

编制测试计划的第一步就是了解手头的任务、它的范围和与之相关的测试目标。编制测试计划必须对实现测试目标过程中起作用的每个细节都有清楚的了解。

对于测试目标的了解可以通过以下的途径完成：

(1)理解系统：测试组必须从整个系统的高度来了解正在测试的系统必须满足的功能性需求和非功能性需求。

(2)及早介入：为了深入了解手头的任务，测试组成员应该在系统的开始阶段介入。

(3)理解企业文化和过程：为了适应开发过程或提出对于过程的改进意见，必须了解企业文化和企业软件开发过程。

(4)实现范围：为了确定相应的测试范围，测试组还必须了解实现的范围。

(5)测试期望：管理层对测试的期望是什么，客户期望的测试类型是什么，在测试计划中应该给出明确的回答。

(6)汲取经验：从之前的测试工作中汲取经验是非常重要的。

(7)工作量大小：该系统开发需要的工作量范围和开发人员的数目。

(8)解决方案的类型：确认最终实现的解决方案类型有助于测试计划的制定者了解需要怎样的测试类型。

(9)技术选择：确认系统实现的技术选择有助于确定测试策略和选择测试工具。

(10)预算：给定的预算水平有助于确定可能的测试类型。

(11)时间表：为系统开发和测试分配的时间长短。

(12)分阶段的解决方案：确定实现是分阶段进行还是发行一个大版本，了解这些问题才能使测试工作与当前阶段匹配，并根据当前阶段的情况进行迭代实施。

完成了对系统的全面了解后，测试人员就知道了系统的规模、相应的工作量和潜在的风险。通过这些信息，测试人员就能够了解手头的测试任务并建立测试目标和与测试目标相关的测试框架。

2. 根据功能的优先级安排测试工作

软件功能的实现必须划分优先级，分期分批地在功能不断增强的软件版本中实现。但是，测试过程的规划和开发不仅应该依赖于优先级和风险，还要根据软件功能的实现时间表，因为后者决定了可供测试的功能交付顺序。

评定功能的优先级对于分阶段发行来说很重要。在大多数情况下，在开发工作的安排中，应该努力首先交付最主要的功能。相应的，应该首先去测试这些功能。

可以根据下面的标准来划分功能的优先级：

(1)风险高到风险低：将开发和测试的精力首先集中在风险最高的特性上，这是划分优先级的一种方法。

(2)复杂度高到复杂度低：根据复杂度来划分优先级，首先开发和测试最复杂的功能，这种做法可以最大限度地减少进度的延迟程度。

(3)客户的需要：对于大多数的项目，一般都会根据客户的需求来确定功能交付的优先级。

(4)预算、人员和时间的限制：在划分优先级的时候，根据预算的多少、时间限制和人力的可用性来确定也是非常重要的。

3. 获得有效的测试数据

测试数据的设计必须使得每个系统级的需求都能经过测试和验证。数据的需求评审应该关注数据的几个关键方面，其中包括：

(1)深度：测试组必须考虑支持测试工作所需要的数据库记录的数量和规模。

(2)宽度：测试工程师必须研究数据数值的变化。

(3)范围：测试数据的范围与数据的精确度、相关程度和完整度是相关的。

(4)测试执行期间的数据完整性：当执行测试时测试组必须保持数据的完整性。测试组在测试过程中，必须能分离数据、修改所选的数据并且能使数据库恢复到它的初始状态。

(5)条件：创建的数据集应该能够反映应用程序所在领域的特性条件，这就是说特定模式的数据并不需要等到一定的时间之后才能通过执行特定的操作来获得。

4. 估计测试准备和执行所需要的时间

在实施理想的测试计划和最好的测试策略之前，必须估计测试的准备和执行所需的时间。当制定软件开发时间表时，对测试时间的估计是非常重要的。

理想情况下，测试的估计工作应该从工作分解结构（WBS）开始，或从测试任务的详细列表开始，“测试工作分解结构”是根据测试任务的详细列表而生成的。

为了获得最好的效果，这里列出的方法必须根据组织的要求和规程进行调整：

(1)开发比例法：由于软件工业关注的焦点是估计软件开发的工作量，所以测试工作量的估计一般是基于开发比例方法得到的。这是一种快速简单的测量测试工作所需的工作量等级的方法，其核心是计划投入的软件开发的人员数量。

(2)项目人员比例法：这是另一种快速估计完成测试工作所需的人员数量的方法。该方法根据历史的经验，利用整个项目计划投入的人数（需求，配置，过程，开发和 QA 等）来计算测试组的规模。

(3)测试过程法:另一种估计测试工作所需人数的方法是采取测试工作的规模估计,其具体是指计划在项目中实施的测试过程的数量。但这种方法由于只关注了需要设计和执行的测试过程的数量,因此在某种程度上是有局限性的。

(4)任务规划法:该方法需要回顾相似类型的测试工作在所需人员数和时间方面的历史记录。这种方法和"测试过程法"的不同之处在于它关注的焦点是测试任务。

(5)其他的考虑:无论采用哪种估计方法,有经验的专业人士还是会考虑到任何的特殊情况,这时就需要考虑测试需求范围、测试工程师的技能水平、商业知识、测试组的组织结构等。

5. 规划测试环境

测试环境由支持测试工作的所有物质元素组成(测试数据、硬件、软件、网络和设备)。测试环境计划必须确定访问测试环境的人员的数量和类型,并为这些人分配足够数量的计算机,还应该考虑所需环境的安装脚本和试验台脚本的数量和种类。

测试组的成员可以根据下面的信息和资源的准备状况来设计测试环境:

(1)获得客户环境样本的描述。

(2)确定测试环境是否需要一个归档机制来储存测试后产生的大文件。

(3)确定客户环境中的网络特性。

(4)对于基于客户端/服务器或基于 Web 的系统,需要确定服务器的操作系统、数据库和其他组件。

(5)确定测试组需要的自动测试工具的许可证。

(6)确定执行某些测试过程需要的其他软件。

(7)考虑配置测试需要的特殊资源。

4.3 测试组成员

测试组成员作为测试工作的主体,测试组能力的高低会极大地影响测试工作的成败。一个高效率的测试组应该同时具备与目前软件问题相关的技术知识和领域专业知识。同时测试组还必须结构合理,每个成员都必须被赋予合适的角色和职责并不断地评测每个成员的有效性以保证测试工作的成功。

为了更好地发挥测试组成员的能力,应该对测试组成员进行如下工作:

1. 定义角色和职责

测试工作很复杂,测试组需要具备多种专门技术,能理解测试工作的范围和深度,并为测试工作制定测试策略。为了使测试组的每个成员都了解到什么是必须完成的任务和谁是该任务的负责人,必须定义并文档化测试组成员的角色和职责。

测试组角色的基本划分如下:

(1)测试经理(见表 4-2)。

表 4-2　测试经理职责及技能

<table>
<tr><th>职　　责</th><th>技　　能</th></tr>
<tr><td>负责部门之间的交往联络:测试组的代表</td><td>了解测试流程和方法论</td></tr>
<tr><td>与客户进行交流</td><td>熟悉测试工作的相关内容,包括测试环境和测试数据的管理、问题的发现和解决,以及测试设计和测试开发</td></tr>
<tr><td>招募人员、管理人员和培训人员</td><td>了解手动测试技术和自动测试的最佳实践</td></tr>
<tr><td>确定测试预算和时间表</td><td>了解应用商业领域和应用需求</td></tr>
<tr><td>测试规划,包括制定测试目标和策略</td><td>精通测试目标、测试目的和测试策略的制定</td></tr>
<tr><td>与供应商交流</td><td>熟悉各种测试工具、缺陷追踪工具和其他支持测试的 COTS 工具,并熟悉它们的使用</td></tr>
<tr><td>测试工具的选择和引进</td><td rowspan="8">善于各方面的规划工作,包括对人员、设备和进度的规划</td></tr>
<tr><td>联系测试和开发活动之间的纽带</td></tr>
<tr><td>获得测试环境需要的硬件和软件</td></tr>
<tr><td>测试环境和测试产品的配置管理</td></tr>
<tr><td>测试流程的定义、培训和持续改进</td></tr>
<tr><td>利用各种度量支持持续的测试流程改进</td></tr>
<tr><td>测试工作的监督和进度跟踪</td></tr>
<tr><td>协调测试前和测试后的各种会议</td></tr>
</table>

(2)测试负责人(见表 4-3)。

表 4-3　测试负责人职责及技能

职　　责	技　　能
测试工作的技术领导者	了解应用商业领域和应用需求
负责客户接口、人员招募、测试工具的引进、测试计划的编制、人员管理、费用和进度状态的报告	熟悉测试工作的相关内容,包括测试数据管理、问题的发现和解决,以及测试设计和测试开发
验证需求的质量、需求定义、测试设计、测试脚本和测试数据的开发、自动测试、测试环境配置、测试脚本的配置管理和测试的执行	掌握各种技能的专业知识,包括编程语言、数据库和计算机操作系统

续表

职责	技能
为了更充分利用测试工具，负责与测试工具提供商交流	熟悉各种测试工具、缺陷追踪工具和其他支持测试生命周期的COTS工具，并熟悉使用
跟踪最新的测试方法和工具，并将有关知识传授给测试组	
指导测试设计和测试过程的走查和检查	
根据经验和教训对测试交流进行改进	
测试追溯矩阵	
测试流程的实现	
确保被测试产品的文档的完整性	

(3)可使用性测试工程师(见表4-4)。

表4-4 可使用性测试工程师职责及技能

职责	技能
设计和开发可使用性测试场景	精通测试套件的设计
可使用性测试流程的管理者	了解可使用性方面的问题
定义可使用性测试的完成标准、分析测试结果，并且把结果呈现给开发组	熟练地测试技巧
撰写被测试产品的文档和报告	出色的人际交往能力
参与测试过程的走查	精通GUI设计标准
定义可使用性需求和客户完成这些需求	

(4)手动测试工程师(见表4-5)。

表4-5 手动测试工程师职责及技能

职责	技能
根据功能性和非功能性需求设计和开发测试过程和测试用例	对GUI设计有很好的了解
手动执行测试过程	精通软件测试
参与测试过程的走查	精通测试套件的设计

续表

职　　责	技　　能
指导测试并准备测试进展和回归方面的报告	精通正在测试的应用程序的商业领域
	精通测试技术
	了解各种测试阶段
	精通 GUI 设计标准

(5)自动化测试工程师(见表 4－6)。

表 4－6　自动化测试工程师职责及技能

职　　责	技　　能
根据需求设计和开发测试过程和用例	对 GUI 设计有很好的了解
设计、开发和执行可重用和可维护的自动测试脚本	精通软件测试
使用记录/回放工具对 GUI 进行自动测试或者在适当的情况下用编程语言或脚本开发测试工具	精通测试套件的设计
遵守测试设计标准	精通测试工具的使用
指导/参与测试过程的走查	编程技巧
执行测试并准备测试进度和回归方面的报告	精通 GUI 设计标准
为了解测试工具的性能参加用户组织相关活动	

(6)网络测试工程师(见表 4－7)。

表 4－7　网络测试工程师职责及技能

职　　责	技　　能
完成网络、数据库和中间件的测试	网络、数据库和系统的管理技能
研究网络、数据库和中间件的性能监视工具	各种技能的专业知识,包括编程语言、数据库技术和计算机操作系统方面的知识
开发负载测试和强度测试的设计、用例和过程	产品的评估和集成技巧

续表

职　　责	技　　能
协助负载测试和强度测试的过程的走查和审查工作	熟悉网络嗅探器和用来进行负载测试和强度测试的工具
根据实际的测试工具实现性能监视工具	
指导负载测试和强度测试	

(7)环境测试工程师(见表4-8)。

表4-8　环境测试工程师职责及技能

职　　责	技　　能
负责安装测试工具和建立测试工具环境	网络、数据库和系统的管理技能
负责运用环境设置脚本建立并控制测试环境	各种技能的专业知识,包括编程语言和脚本语言、数据库技术和计算机操作系统方面的知识
创建并维护测试数据库	测试工具和数据库经验
在测试工具环境内维护层次化的需要	产品评估和集成技能

(8)安全性测试工程师(见表4-9)。

表4-9　安全性测试工程师职责及技能

职　　责	技　　能
负责应用程序的安全性测试	了解安全性测试技术
	安全性方面背景
	安全性测试工具方面的经验

(9)测试库和配置专家(见表4-10)。

表4-10　测试库和配置专家职责及技能

职　　责	技　　能
测试脚本的变更管理	网络、数据库和系统的管理技能
测试脚本的版本控制	各种技能的专业知识,包括编程语言、数据库技术和计算机操作系统方面的知识
维护测试脚本的重用库	配置管理工具方面的知识
在某些情况下需要建立各种测试版本	测试工具方面的经验

2. 测试技巧、行业知识和经验缺一不可

最高效的测试组应该由具备各种专门技术(如行业知识、技术知识、测试技术等)的成员组成,同时也应该由具备各种经验等级的成员组成。了解应用程序功能细节的行业专家(Subject-Matter Expert, SME)在测试组中起着重要作用。

下面详细阐述这些观点:

(1)行业知识:如果软件面向的行业非常复杂,专业的测试人员不可能在短期之内彻底地了解问题域。这时就需要工作中的每个 SME 与开发人员和整个行业中的其他的 SME 紧密地协作,才能站在客户的使用和需求角度测试。

(2)技术知识:虽然测试人员完全掌握问题域确实很有价值,但是如果对软件工程(包括测试工作)缺乏一定程度的了解,那么会降低测试人员的效率。最高效的行业专家测试人员是那些对技术感兴趣并有相应的实践经验的人员。

(3)经验等级:测试组完全由专家级的测试人员组成是很少有的,初学者也有其用武之地,但需要为其分配风险较低或测试一些如 GUI 界面控制之类的外在特性。

虽然专业测试人员和行业专家测试人员侧重于测试工作的不同方面,但是应该鼓励这两种类型的测试人员互相协作。

3. 评估测试人员的有效性

要保持测试工作的有效性,就需要对实现测试工作的各个元素不断地进行评估,并且根据实际需要不断地改进这些元素。测试人员作为测试工作的核心力量和重要组成元素,必须被不断地进行评估,来保证测试工作的有效性。

同时对测试人员的评估也是一项十分困难的工作。评价时不仅要考虑典型因素(出勤率、注意力、态度和主动性),还要有专门用于评估测试人员的有关测试的度量方法。

在没有指定角色、任务、时间表和标准的情况下,无法对测试人员的有效性进行评价,这时测试经理必须表明对测试人员某个时间段的期望是什么,然后根据情况对其进行评估。下面简单罗列一些对测试人员的期望:

(1)遵守测试标准和测试过程:测试工程师必须了解需要遵守的标准和过程,并且必须就过程进行充分的交流。

(2)保持进度:测试人员必须了解测试时间表,其中包括必须交付测试计划、测试设计、测试过程、脚本和其他测试产品的时间。

(3)达到目标和完成指派的任务:为每个测试人员分配的任务必须形成文档并且需要和他们进行充分交流,同时还必须确定截止日期。

(4)控制预算:当测试人员评估必须购买的测试工具和其他测试技术时,他们必须了解可供支配的预算,这样测试人员才不会浪费时间去评估昂贵的产品。

同时由于测试人员的经验和技术类型不同,在进行人员评估时还要注意以下因素:

(1)行业专家和技术专家:行业专家具备的专门技术与应用程序的行业领域有关,而技术型的测试人员对应用程序的技术问题感兴趣。

(2)有经验的测试人员和初学者:测试人员的技能水平必须受到重视。由于初学者可能会忽略一些缺陷或意识不到是缺陷,因此应该分配一些风险低的任务。

(3)功能性测试和非功能性测试:评估功能性和非功能性测试要运用不同的标准。功能性测试还应该建立在对测试过程的评审基础上。

(4)测试阶段:在不同的测试阶段(α 测试、β 测试、系统测试、用户验收测试等),测试人员要完成不同的测试任务。根据测试任务的难度和内容不同,评估的要求也会不同。

(5)开发生命周期的各个阶段:测试人员应该从生命周期的开始就介入项目。对测试人员表现的评估也应该按阶段进行。虽然对测试人员的评估可能是主观的,但是还是应该重视和各个阶段有关的因素,而不是凭第一印象得出表面的结论。

(6)服从命令和关注细节:关注一个测试工程师遵照指示和注意细节的程度是非常重要的。测试经理对测试人员的可依赖程度和贯彻指示的持久性要做到心中有数。

(7)缺陷类型、缺陷率和缺陷文档:在评估的过程中还必须考虑测试工程师发现的缺陷类型,是复杂的、与行业领域相关的还是简单的外观缺陷。

4.4 系统架构

要正确地测试应用程序,所需要的不仅仅是简单地模拟和重现用户的动作。不了解系统的内部构架和组件,只通过用户界面进行测试的方法就是典型的黑盒测试。但黑盒测试本身并不是最有效的测试方法,要全面地验证应用程序在功能方面的正确性,就需要测试组对系统的内部有一定程度的了解。如果直接把系统的各种模块和层次作为测试目标,那么这种测试方法就叫做灰盒测试。

1. 了解系统的架构和基本组件

如果测试工程师对于应用程序的架构和基本组件有所了解的话,这些知识会有助于他们查明产生特定测试结果的应用程序的各个部分。这种了解可以有效地帮助测试人员进行灰盒测试,而灰盒测试又是黑盒测试的有效的补充。

那么有效地了解系统的组件对测试究竟有什么帮助呢?

(1)提高缺陷报告的质量。测试过程通常依赖于需求,因此它会沿着一条相对固定的路径经过系统。当在这条路径上发生错误时,如果测试人员能够在缺陷报告中反映与系统架构有关的信息,那么系统的开发人员势必会得到很大的益处。

(2)提高进行探索性测试的能力。如果某项测试失败,这时会需要测试人员进行集中测试来确定系统的“断裂点”(导致系统崩溃的因素)。在寻找“断裂点”时,如果对被测系统的架构方面有所了解,这会帮助他们进行更有效、更针对的测试。

(3)增加测试的精确度。灰盒测试是为了通过用户界面或者直接面对基本组件检验应用程序而设计的,它通过监视基本组件的行为来确定测试是成功还是失败。

那么测试人员应该如何去很好地了解系统的架构呢?最好的方法莫过于在开发人员提出

备选的架构时，测试组参与架构和设计的评审。鼓励测试人员评审系统架构和设计文档，并向开发人员提出问题。每次版本升级更新后测试人员参与系统架构的变化评审也是十分重要的，这样他们才不会遗留任何影响测试的因素。

2. 确认系统的可测性

许多大型的系统都会由很多的子系统组成，而且这些子系统又会由一个或多个层次的代码和其他支持组件组成。用户和系统边界或用户界面进行交互，随后系统再和其他的子系统进行交互来共同完成一项任务。随着系统中子系统、层次和组件的增多，测试该系统的定位问题就越发的困难。

所以在系统架构的最初形成过程中，测试组成员必须时刻跟进并关注架构的所有方面，以及这些方面对应用程序测试工作的有效性和效率可能产生的正负方面的影响。

当应用程序的架构还只是停留在文档上而没付诸实施时，对架构可测试性的研究可极大地减少随后的测试工作中可能出现的意外。

3. 使用日志增强系统的可测性

增强应用程序可测试性最常用的方法就是实施日志机制及跟踪机制，这种机制提供的信息有：组件在做什么、应用程序的状态或应用程序运行中遇到的错误。

在应用程序执行过程中，所有的组件写入的日志条目详细描述了它们正在执行的方法和正在操作的主要对象。

一个日志条目只是一条具有一定格式的消息，一个好的日志条目应该包含以下基本信息：

(1)类名和方法名。

(2)主机名和进程 ID。

(3)条目的时间戳。

(4)消息。

下面展示一个拥有以上信息的日志的实例，该程序负责从数据库检索一个客户对象：

```
Function:   main (main.cpp line 100)
Machine:    testsrvr (PID=2201)
Timestamp:  1/10/2002 20:26:54.721
Message:    connecting to database (dbserverl, customer_db)

Function:   main (main.cpp line 125)
Machine:    testsrvr (PID=2201)
Timestamp:  1/10/2002 20:26:56.153
Message:    successfully connected to database (dbserverl, customer_db)

Function:   retrieveCustomer (customer.cpp line 20)
Machine:    testsrvr (PID=2201)
```

Timestamp: 1/10/2002 20:26:56.568

Message: attempting to retrieve customer record for customer ID (A1000723)

Function: retrieveCustomer (customer. cpp line 20)

Machine: testsrvr (PID=2201)

Timestamp: 1/10/2002 20:26:57.12

Message: ERROR: failed to retrieve customer record, message [customer record for ID A1000723 not found]

这个日志文件展示了应用程序日志的一些主要方面,它们有助于提高测试工作的有效性。

测试人员可以把这些细节信息作为缺陷报告的一部分交给开发人员,所以这些信息大大增强了测试工作的缺陷诊断能力。这样测试人员不但能够报告缺陷的表面"症状",而且也能够准确地指出导致问题发生的应用程序的内部行为。

4.5 测试设计和测试文档

测试设计和测试文档是测试组的主要工作。在前面已经介绍了,这些工作不应该在软件交付给测试组时才开始,而应该在第一条需求被认可后就启动。因为需求和系统可能会随着时间和系统的开发而不断完善,同时测试过程也需要不断地完善,来覆盖新增和修改的需求和系统的功能。

那么如何进行测试设计和测试文档的编写呢?下面为大家提供一些好的建议:

1. 使用测试过程模板和测试设计标准

为了测试过程的可重复性、一致性和完备性,在适当的时候应该运用测试过程模板。下面列出一个可用的测试模板所包含的关键元素。

(1)测试过程 ID:符合命名规范的测试过程 ID。

(2)测试名称:提供对测试过程的描述。

(3)执行日期:测试过程的执行时间。

(4)测试工程师的名字:执行测试过程的测试工程师的名字。

(5)测试过程的作者:测试过程的开发人员。

(6)测试目标:测试过程的目标。

(7)相关用例和需求编号:测试过程验证的需求的表示编号。

(8)前置条件/假设/依赖:测试过程运行之前必须满足的标准/先决条件。

(9)验证方法:包括标准、自动测试还是手动、审查、示例和分析等。

(10)用户动作:测试过程的目的和期望应该在这明确定义。

(11)预期结果:执行一个特定的测试过程所产生的预期结果。

(12)跟踪日志信息:将后端组件的行为文档化。

(13)实际结果:该项可有默认值,记录了实际的测试结果。

(14)需要的测试数据:支持测试过程的数据集合。

测试设计的标准必须要形成文档,认真传达并付诸实践,这样每个相关人员才能遵守设计方针并且提供所需要的信息。无论是手动还是自动测试过程,都必须遵守测试过程创建标准或原则。

并不是所有的测试场景都要求按照测试模板的要求以相同的细致程度来进行文档化。在复杂的系统中,一些测试过程需要很多的用于计算的输入数据,测试需要采用不同的文档化方法,如数据表。

2. 根据需求得到有效的测试用例

对于一个应用程序进行功能性测试的目的是为了发现与最终用户需求不一致的地方。功能性测试活动是大多数软件测试工作的中心。功能性测试阶段最重要的是目标是评估系统的行为是否与需求制定的行为一致。

有效的测试设计所包含的测试过程应该很少出现重叠,相反它会在重复劳动最少的情况下提供最大的测试覆盖率。同时测试执行期间,为了确保测试执行的顺序是正确的,测试工作没有不必要的重复,分析测试流程也是非常重要的。

要设计高效的测试用例,就需要对系统的变化、流程和场景有所了解。为了理解各种联系、流程和相互关系而逐页地通过读需求文档是一件苦差事。在复杂的系统中理解原因与结果之间的联系需要分析思考和关注。只是设计和开发对系统的外在功能进行测试所需要的高层测试用例还不够,在更深入的灰盒层次上设计测试过程也是同样重要的。

3. 利用系统设计和系统原型

原型有很多的用途,它可以让用户预先看到某个功能的实现结果,并让用户提前体验应用程序。同时利用原型用户还可以提出对正在开发的软件的反馈意见。

原型有助于检测需求的不一致性。在定义详细需求时,如果由一个以上的人来负责开发和维护,那么矛盾是很难被发现的。原型的创建和设计有助于发现不完整性和不一致性,并且为开发定制工具奠定基础。

为高风险的和高复杂的部分制作原型,就可以在整个过程的早期开发出正确的测试机制,并不断改进。在开发生命周期中及早地准备原型,就可以把原型当做更接近实际的应用程序模型,并据此定义自制测试工具的概要和方法。

系统设计和原型有助于测试过程的完善,同时也是对需求进行添加和修改的基础,因此也是创建更好、更详细的测试过程的基础。

系统原型还有助于利用功能性测试工具的自动测试工作的设计。原型可以帮助测试人员确定哪些自动测试工具会遇到兼容性问题。

4. 设计测试用例时采用经过检验的测试技术

在前面已经讨论过预先规划测试数据的重要性。在测试设计阶段会发现测试输入数据是无穷无尽的。因此想要通过穷举法来测试显然是行不通的,这时就需要利用有效的测试技术来减少测试用例和测试场景的数量,用最小的工作量达到最大的测试覆盖率。

在可能采用的多种测试技术中,可以减少测试用例集合的测试方法有:

(1)功能分析法:该方法需要根据功能规格说明书分析系统预期的行为,并且据此为系统的每个功能或者特性设计一个或多个测试过程。

(2)等价类划分:用来确定产生相同结果的输入范围和初始条件。如果期望系统运行所处的情形彼此间是等价的或本质是相似的,那么只测试其中一种情形就够了。

(3)路径分析法:用于测试产品内部的路径、结构和连接。它可在两个层面上运用,一种是基于代码或白盒测试,另一种是功能或黑盒测试方面。

(4)边界值分析法:该方法是路径分析法的补充。边界值测试主要用于输入边界逻辑的测试。负面测试是边界值测试的变种,用来检查对非法数据的过滤处理工作是否正常。

(5)正交排列测试:该方法能够运用最小的测试过程集合获得最大的测试覆盖率。当可能的输入数据或输入数据的组合很大时,由于不可能为每个可能的测试数据都建立测试用例,这种方法这时就特别有效。

选择真正能代表接受值范围的具有代表性的数据样本要靠测试设计人员的判断。使用所有测试参数的所有排列来测试系统一般是不切实际的。因此综合运用边界值分析法和其他测试技术来得出一个适度的测试数据集合是非常重要的。

4.6 具体测试相关的方面

1. 单元测试

(1)在实际软件开发之前或同时开发单元测试。随着极限开发方式的流行,在实际软件开发之前开发单元测试程序的观念被证明是有效的。这种方法中,因为要用需求来指导单元测试的开发,所以它们必须在单元测试开发之前就定义。

在实现软件组件之前开发单元测试也是有很多优势的。首先,单元测试强迫软件的开发方法能够满足每一条需求。其次,将开发人员的精力集中在解决某一项专门的问题上,而不是开发一个能够满足需求的巨大的解决方案上。最后,通过单元测试也可以推测开发人员的实现目标。

在实际工作中,总是在第一步就创建单元测试是很困难的。在某些情况下,单元测试的开发和软件实现必须同时进行。采用这种方法主要是因为从需求出发不能立即设计出最好的组件接口,或由于突出的问题和其他非需求的因素而没有全部完成需求。这时就应该尽量预先为组件定义完整的接口,并针对接口中正确的部分开发单元测试。

(2)使单元测试的执行成为生成过程的一部分。大多数大型软件系统都由源代码组成,这些代码必须通过生成或编译才能够成为操作系统可使用的可执行模块。但是由于硬件的性能和文件调用关系的复杂,版本的生成可能会持续很长时间。因此很多的开发项目用到了自动生成来定期生成系统的正式版本。

把自动执行单元测试加到生成过程中，使得生成过程增加了另一种质量保证机制。它保证了通过自动生成得到的产品是一个真正通过单元测试的系统。

单元测试的一个主要的问题是不一致性。这是由于许多测试人员没有采用统一的和结构化的方法来进行单元测试。一种完成这种标准化工作的方法是创建一个单元测试框架。一般在启动时用一个需要运行的测试列表对这个框架进行配置，随后框架就会依次调用它们。框架的使用会缩短单元测试开发时间，因为只需要编写和维护每个层次中的单个测试，不需要它们都支持错误处理和其他执行逻辑。

2. 自动化测试

(1)自动化测试工具选择。

1)了解各类测试工具。虽然在测试工业中宣传最多的是功能性测试工具(记录/回放工具)，但是了解其他的可利用的、用来支持测试工作的工具也十分重要。表 4-11 中列出了几种在测试中有效的并分别适用于不同测试阶段的测试工具。

表 4-11　测试工具

工具类型	描　述
测试过程生成器	根据需求/设计/对象模型生成测试过程
代码(测试)覆盖率分析器和代码测量器	确定未经测试的代码和支持动态测试
内存泄漏检测	用来确认应用程序是否正确地管理了它的内存资源
质量报告工具	读取源代码并显示度量信息
可使用性测试工具	用户配置、任务分析、制作原型和用户走查
测试数据生成器	产生测试数据
测试管理工具	提供某些测试管理功能：测试过程的文档化和存储，测试过程的可追踪性
网络测试工具	监视、测量、测试和诊断整个网络的性能
GUI 测试工具(记录/回放工具)	通过记录用户与在线系统之间的交互，使 GUI 测试自动化
负载、性能和强度测试工具	用于负载/性能/强度测试
专用工具	针对特殊的构架或技术进行专门测试的测试工具

下面简单介绍一下各个测试工具的特点。

①测试过程生成器：一个需求管理工具，可以和一个基于需求规格说明书的测试过程生成器联成一体。需求管理工具用来捕捉需求信息，生成器通过统计、计算或探索式的方法创建测

试过程。

②代码覆盖率分析器和代码测量器：测量结构上的覆盖率，使开发组和测试组认识到测试和测试套件的有效性。

③内存泄漏检测工具：这类工具确定一个应用程序是否释放了它申请的内存，并且还提供了运行时的错误检测。

④测试数据生成器：无论测试数据是用于功能测试、数据驱动的负载测试还是性能测试和强度测试，测试数据生成器都能够根据一组规则快速地填充数据库。

⑤测试管理工具：支持对测试生命周期的所有方面进行计划、管理和分析。

⑥网络测试工具：利用该工具，测试过程可以覆盖服务器、网络的性能、整个系统的性能和贯穿这3个组成部分的功能。

⑦负载、性能和强度测试工具：使测试人员能够检查一个系统或应用程序的响应时间和负载能力。

2)了解测试工具对测试的影响。自动测试工具只是解决方案的一部分，它们并不能解决所有测试工作中的问题。有些人会错误地认为自动测试工具会立即降低测试工作量和缩短测试时间。虽然自动测试被证明是有价值的，并且会对自动测试工具的投资产生回报，但往往不能马上见效。由于存在许多不切实际的期望，进行了错误的实现或者选择了错误的工具，有时自动化测试工作可能会失败。

下面纠正了一些软件业内部普遍存在的对自动化测试的错误认识，并提供了一些指导。

①经常需要多个工具：一般来说，单个测试工具不能满足一个组织所有的自动测试需求。而且在目前的市场上，任何一个产品都不能与所有的操作系统和编程语言兼容。

②测试工作量没有减少：在项目中引进自动化测试的目的是为了减少工作量，但大量的事实证明在首次使用自动化测试工具时，测试工作量增加额可能性很大。这是因为首次使用自动化测试工具会给测试工作带来更高的复杂度，并且工程师需要一个学习的过程。

③测试时间没有缩短：由于首次引进自动化测试会导致测试工作量的增加，自然不能期望测试时间的缩短。

④自动测试遵从软件开发生命周期：自动测试工作可以看做有它自己的微型开发生命周期，也会有其他开发工作中出现的规划和协调问题。

⑤相对稳定的应用程序：为了利用记录/回放工具进行有效的自动化测试，应用程序必须是相对稳定的。

⑥不是所有的测试都应该实现自动测试：自动测试作为手动测试的补充，不可能所有的测试都能够自动运行。如：确认打印输出结果。

⑦一个测试工具不会自动测试所有可能的组合：测试组不可能有足够的时间和资源来100%支持整个应用程序所有可能性的测试工作。这时就需要高效的方法来保证测试的覆盖率了。

⑧测试工具可能是不可预测的：测试工具本身也是复杂的应用程序，所以它们也会有干扰

测试工作的缺陷,因此测试工作也存在不可预知的问题。

3)关注组织的需要。在开始测试前,测试人员都会被问及哪种测试工具是最好的。通常最熟悉某种特殊工具的成员会说该种工具是最好的。但到底选取哪种测试工具,这取决于组织的需要和系统工程环境,它们在一定程度上决定了测试工作如何实现自动化。

在选择一个测试工具时,下面的这些是值得考虑的最优实践:

①确定需要的测试生命周期工具类型:根据不同测试人员测试的不同内容和所处的不同测试阶段,需要的工具类型会有差异。这时测试经理需要考虑系统工程环境和组织的需要,列出一个工具评估标准清单来确定工具类型。

②确定各种系统架构:测试工程师需要了解系统的详细架构设计,因为它们会影响性能需求。根据给定的测试工作,制定特殊的选择标准,这还要依赖于正在测试的应用程序的系统需求。

③确定是否需要一种以上的工具:在一个组织内单个工具通常不会满足所有对测试工具的兴趣和需求。同时在给定的环境下,可能没有哪一个工具能够与所有的操作系统和编程语言都兼容。

④了解正在测试的应用程序管理数据的方式:测试组必须了解到目标应用程序管理数据的方式,并且确定自动测试工具如何支持对数据的验证。

(2)自动化测试过程。

1)不要过分依赖记录/回放工具。功能性测试工具(记录/回放工具)能够增强测试工作的效果,但是如果只通过记录/回放直接创建的脚本还是有一些严重的局限和缺点:

①硬编码的数值:记录/回放工具根据用户的交互动作来生成脚本,其中也包含了从用户界面输入或者接受的任何数据。让数值在脚本中“硬编码”会给以后的维护工作带来问题。如果应用程序的用户界面或者其他地方发生了变化,那么硬编码的数值会导致脚本非法。

②非模块化、不易维护的脚本:测试工具产生的记录/回放脚本通常不是模块化的,维护起来非常困难。

③缺乏可重用性的标准:测试过程开发面临的最重要的课题之一就是可重用性。如果测试创建专门的标准,明确地要求开发可复用的自动测试过程,那么就会极大地提高测试组的工作效率。

因此最高效的自动测试方法还应该包括其他自动测试工具和技术。

2)使用经过检验的测试脚本开发技术。测试脚本的开发本身可以当做一个软件开发项目。为了开发高效、可维护和可重用的测试脚本,应该使用经过检验的技术。

在使用功能性测试工具开发测试脚本时,应该考虑下面的技术:

①数据驱动框架:数据驱动意味着数值是从电子数据表或工具提供的数据池中读取,而不是通过硬编码写进测试脚本中。将输入数据外置还能降低维护的工作量和增加灵活性。

②模块化的脚本开发:一个通用的软件开发技术是把代码分成逻辑上的模块,每个模块完成一项独立的任务,这种技术可以增加源代码的可维护性和可读性。

③模块化的用户界面导航:为了增加测试脚本的可重用性,测试工程师应该在脚本中使用导航的方法,这样可以将来自应用程序的用户界面的影响最小化。

④可重用的函数库:一般对于同一个产品甚至对同一类型的不同产品,测试脚本都有许多的相似之处。可以将这些公共的动作剥离出来,形成一个共享的脚本库。

⑤现成的库:网上提供了许多专用于某些测试工具的现成的函数库,这时就可以直接使用。

⑥版本控制:虽然本质上版本控制并不是一种脚本的开发技术,但是它是任何软件项目的重要组成部分。为了避免不同的测试人员并发修改和维护每个文件的修改历史,所有的测试脚本都应该存储在同一个版本中。

(3)尽量使用回归测试自动化。回归测试的目的是:检查在修改先前的错误或者向应用程序添加新功能时,是否引入了新的错误。

缺乏规划和手动测试的方法会导致回归测试效率低下和测试得不充分,并且对资源的利用也是低效的。

为了得到一个计划周密并高效的回归测试计划,测试人员必须仔细思考下面的几个方面:

1)什么时候执行回归测试?软件的每次改动以及对于以前有缺陷的软件进行了改进都要进行回归测试。

2)回归测试应包含什么内容?回归测试应该集中在高风险的功能和执行最频繁的路径上。测试这些元素后,才能检查更细节的功能。

3)如何优化和改进回归测试套件?测试人员可以通过下面的步骤进行优化:首先,运行回归测试集合;其次,如果回归测试集合成功了,但错误在以后暴露出来,那么把确定这些错误的测试过程和其他相关场景加入到回归测试集合;最后,重复上述的步骤,用质量测量法不断优化回归测试脚本套件。

4)为什么需要自动化回归测试?当面对一个庞大的、复杂的系统时,如果以前版本的功能测试套件也加入到下一个版本回归测试工作中,那么最终将会执行非常多的回归测试。因此有必要自动地执行回归测试套件,并且还必须在一个能够快速地运行所有这些测试的、不占用太多资源的稳定测试环境中执行。

5)如何分析回归测试结果?当发现一个以前运转正常的系统功能出现了错误时,测试组必须确定最可能影响出错功能的其他功能部分是哪些。基于这种分析结果,回归测试可以受影响部分更具针对性。

(4)实现自动生成和烟雾测试。自动生成通常每天执行一次或两次,它们会使用最新的和稳定的代码。开发人员可以每天从负责生成的机器上取得组件,或在迫不及待的情况下本地重新生成。

烟雾测试是回归测试套件的精简版本。它主要是对应用程序关键的高层功能进行自动测试。当拿到一个软件的新版本时,烟雾测试不是手动地反复执行所有测试,而是有针对性地验证软件中的主要功能是否仍然能够正常运行。

自动生成的实现，可以很好地连接起开发组和配置管理的工作。除了软件自动生成外，自动进行烟雾测试也能够进一步优化开发和测试环境。因为烟雾测试会自动地验证生成的版本，所以软件在生成之后总是处于可用的状态，这是普遍认可的理想状态。

3. 非功能性测试

(1)提前考虑非功能性测试。一般来说，软件项目中的工作人员往往会比较关注系统的功能，而很晚才会去关注系统的非功能性问题。这种方法往往会给系统的实现带来很多问题，甚至增大产品失败的风险。因此有关非功能性的事宜，最好在应用程序的构架和设计阶段就开始研究。如果不能及早地关注这方面的实现，那么以后为满足非功能性方面的要求而添加或修改组件将会非常困难。

在规划软件项目时，应该考虑以下的非功能性风险：

1)糟糕的性能：糟糕的程序性能可能只是使用不便，或者也可能是向用户提交了没有价值的应用程序。

2)不兼容性：在最终用户各种不同的系统配置下，应用程序中各功能都能够正常运转，这是大多数软件开发活动最关心的问题。

3)缺乏安全性：虽然所有的应用程序都应该重视安全性，但基于 Web 的软件项目要特别关注这个问题。

4)缺乏可使用性：对应用程序的可使用性方面重视不够，会导致它在最终用户中间接受程度不高。

(2)定制可使用性测试。对发布一个令用户满意的应用程序来说，可使用性测试是一个困难但是必不可少的步骤。可使用性测试的目标是验证对应用程序有意向的用户是否能够和应用程序正确地进行交互并感到使用起来明确而方便。

为了正确地开发和测试应用程序的可使用性，需要了解目标受众的需求。从可使用性角度来讲，下面的几种方法可以确定他们的需求：

1)行业专家：在一个复杂的应用程序开发组中，有一个可以不断为需求组、开发组和测试组提供相关领域咨询的行业专家是非常重要的。

2)专题组：通过召开专题组会议，可以获得最终用户的意见。

3)调研：调研工作同时也是获得用户需求的一个有效方法。

4)对同类产品的研究：通过对同类产品的研究，可以知道在相同和不同的问题域中，其他组是如何解决问题的。

5)观察用户的操作：通过观察用户和应用程序界面的交互，能够了解到哪些地方用户难以使用，哪些地方直观易用。

(3)为兼容性测试建立高效环境。对应用程序兼容性测试可能是一项复杂的工作。现有的操作系统，硬件和软件配置如此丰富并且它们的组合数量非常之多，兼容性测试问题是无法回避的，但是一个合适的兼容性测试的环境会使这个过程更加高效。

由于所有可能的配置和潜在的兼容性问题非常多，所以可能无法直接测试每种可能性。

这时就需要按照出现频率的高低，由软件测试人员把目标应用程序可能的配置进行排序。

除了选择最重要的配置外，测试人员还必须为兼容性测试确定恰当的测试用例和测试数据。由于针对每种可能的配置运行所有的测试用例会花费很多的时间，这时就有必要挑选出最具代表性的测试用例的集合。

同时对兼容性测试环境的管理也是一项重要的工作。为了正确地测试应用程序，最好完全重建最终用户环境，但是这样的代价是非常高的。这时就必须采取其他的方法。

一种实用而经济的方法是综合使用活动硬盘驱动器和分区管理工具。另一种方法是使用驱动影响程序为需要的配置建立映像文件。

不要在兼容性测试平台上安装开发工具也是非常关键的，因为这些工具可能“污染”测试环境，并使之不能准确地反映真实的操作条件。

4.7 管理测试的执行

测试的执行阶段在前面所介绍的各个阶段的后面。这时已经有了测试策略、测试计划、设计并开发完成的测试过程以及可以操作的测试环境。但只有这些还不够，如果在测试执行的过程中没有好的管理体制，测试工作仍然会很难展开和有效完成。下面为大家提供一些在管理测试方面的建议：

1. 明确定义测试执行周期的开始和结束时间

不管是哪个测试阶段，为软件测试执行周期定义入口标准和出口标准都是非常重要的。

入口标准描述了何时一个测试组可以开始测试一个特定的版本。在系统测试期间，为了接受一个软件版本，必须满足以下标准：

(1)所有的单元测试和集成测试已经成功完成。

(2)软件的生成过程没有任何错误。

(3)软件版本通过了之前描述的烟雾测试。

(4)配套文档已经完成。

(5)缺陷已经修正并且准备重新测试。

(6)源代码已经储存在版本控制系统中。

只有在满足入口标准后，测试组才能准备接受软件版本并开始测试周期。

同入口标准一样，出口标准也依赖于当前的测试阶段。它描述了软件完成了充分测试的时间。以下列出了几个可以作为出口标准的准则：

(1)已经执行了用来确定系统满足制定的功能性和非功能性需求的测试过程。

(2)在测试结果中记录的所有的 1 级、2 级和 3 级(导致运行中断的、紧急的和高优先级的)软件问题都已经解决。

(3)软件发货时可能尚存在已知的低优先级缺陷。

(4)在回归测试中,从前运转正常的功能中发现缺陷的比例。

(5)缺陷修正失败的频率。

(6)随着测试阶段的继续,新缺陷的发现率的走势。

虽然应用程序中可能还有未发现的缺陷,但当它处于发货状态或满足出口标准时,就认为测试完成了。

2. 隔离测试环境和开发环境

在测试组准备实施测试策略时,测试环境的建立是非常重要的。

测试环境必须要和开发环境分开,这是为了避免测试期间的严重疏忽和无法追踪软件的变化。

但是如果没有规划独立的测试环境,那么在测试工作的进行当中会产生很多的问题:

(1)环境的变化:由于开发人员可能在没有通知测试组的情况下,把缺陷修正的结果或者其他变化应用到开发配置中,或向开发配置添加了新的数据。

(2)版本管理:如果开发人员和测试人员共享同一个环境,那么版本的管理就比较困难。开发人员可能需要为软件增加新的功能,同时测试人员却需要一个稳定的版本来完成测试工作。

(3)操作环境的变化:为了在各种不同的条件下测试应用程序,可能需要对测试环境进行重新配置。这会造成环境的严重混乱,这种混乱会严重影响到开发人员的活动。

如果由于预算有限,可以采取以下的措施来保证测试环境的相对独立:

(1)降低性能和容量。

(2)使用活动硬盘。

(3)建立一个共享的测试实验室。

3. 实现缺陷追踪生命周期

缺陷追踪生命周期是测试工作的一个关键部分。

每个测试组必须用一个详细的过程完成缺陷报告工作,其中主要包括以下几个步骤:

(1)建立缺陷文档。缺陷文档中应该包含的各种属性如下:

1)主标题:主标题的前缀应该是发现缺陷的系统部分的名字。

2)正在测试的工作版本:正在测试的工作版本。

3)操作系统和配置:列出发现缺陷的测试工作所用的操作系统和其他配置元素。

4)附件:例如有关错误的截屏和打印的日志等。

5)再现性:如果错误可以重现,这里应该包含开发人员能够重现缺陷的所有必要信息。

6)重现错误的步骤:指明缺陷是总可以重现,随机出现或不能重现。

7)返测失败:如果在返测中缺陷仍然存在,这里将给出详细描述。

8)分类:需要报告的行为类别包括缺陷、增强请求或变更请求。

9)解决方案:开发人员指出修正一个缺陷应该采取的正确措施。

(2)划分优先级。以下是一些通用的缺陷优先级分类方法：

1)导致运行中断：由于缺陷导致应用程序崩溃，预期功能没实现。

2)紧急：事件非常重要，并且需要马上给予关注。

3)高级：事件是重要的，并且应该在紧急事件处理之后尽快解决。

4)中级：事件是重要的，由于解决问题需要一定时间，可以用较长时间来解决。

5)低级：时间不重要，可以在时间和资源允许的情况下再解决。

6)N/A：没有适用的优先级。

(3)重复出现：过程中应该定义如何处理重复出现的问题。

(4)关闭：如果某个缺陷已经修正、确定是重复缺陷，或者发现其实不是缺陷，那么报告就应该立即终止。

4. 追踪测试工作的执行

软件项目的涉众都希望知道测试工作何时结束，为了能够回答这个问题，必须对测试进行有效的追踪。为了完成这项工作，需要收集数据或度量测试工作执行来显示测试的进度，将其与计划进行比较，可以及时得到测试行为滞后的信息，从而尽早采取必要的措施。

在测试的执行周期中，测试进度的度量需要反复收集。有关测试进度的度量包括：

(1)测试过程执行状况＝已经执行的测试过程数量/测试过程总数。

(2)缺陷持续时间＝从发现缺陷到改正缺陷的时间跨度。

(3)从缺陷纠正到返测的时间＝从缺陷被修正并且在新版本中发布的时间到缺陷被返测的时间跨度。

(4)缺陷趋势分析＝在测试生命周期内，随着测试工作的进行，发现缺陷的数量的变化趋势。

(5)修改的质量＝修改后剩余的缺陷数量。这个度量数据也称为重现率。

(6)缺陷密度＝一个需求中发现的缺陷总数/为这个需求执行的测试过程数量。

为了测试工作的执行进行度量，我们需要收集的度量数据很多。为了确定缺陷修正活动的所有需要，突出高风险的部分和最终使测试工作成功执行，这里描述的度量是需要追踪的核心度量集合。

第二篇　实　用　篇

第5章　静态测试

5.1　静态测试的定义

程序语言是开发嵌入式应用的主要工具，然而程序语言并非是专门为嵌入式系统设计的，相当多的嵌入式系统较一般计算机系统而言对软件安全性(可靠性)有更苛刻的要求，所以会带来更多的安全隐患。

丰田汽车已经表示要对2005年10月、2003年8月至2004年11月生产的约16万辆混合动力汽车“普锐斯”进行无偿修理。据称，主要是发动机的ECU程序出了问题，行驶中发动机会突然停止。此外宝马公司2003年7月也因发动机ECU的软件问题而提出召回缺陷汽车。1999年7月22日，通用汽车公司(General Motors)也因为其软件设计上的一个问题，被迫召回350万辆已经出厂的汽车。同样，在电梯和医疗器械产品上也出现过类似的严重问题。

由此可以看出软件质量问题已经越来越深刻地影响到了产品的质量，甚至有些时候是致命的，在航空航天等领域更是如此。然而，很少有程序员知道什么样的程序是安全的程序。很多程序只是表面上可以干活，还存在着大量的隐患。当然，这其中也有C语言自身的原因。因为 任何一种语言是入门容易，但是得道难，其灵活的编程方式和语法规则对于一个新手来说很可能会成为机关重重的陷阱。同时，高级语言的定义还并不完全，即使是国际通用的C语言标准，也还存在着很多未完全定义的地方，因此可见针对软件的测试是何等的 重要，这是尽最大可能减少软件缺陷的唯一途径！下面介绍测试内容之一的静态测试。

静态测试是基于期望属性、专业经验、通用标准来对工作件的特征进行详细检查的一种测试方法。所谓工作件，也就是静态测试的测试对象，是不同种类的产品交付件，即一切项目过程文档，例如系统设计说明书、产品需求文档、开发设计文档(详细设计说明书、数据库设计说明书)、源代码以及测试文档。

1.静态测试的特质

(1)静态测试的查错和分析功能是其他方法所不能替代的。

(2)静态测试的目的是确保工作件中的缺陷被尽早发现和处理,尽可能在软件开发生命周期的早期阶段关闭缺陷产生的源头。

(3)静态测试人员主要是寻找三类缺陷:错误,意味着没有进行正确的改变;遗漏,意味着有些该改变的没有改变;额外,意味着非有意的改变或增加。

2.静态测试的优点

(1)静态测试有助于缓解测试执行阶段工作的压力。传统测试方法,测试部门的工作往往是前松后紧,工作分配和工作压力极不平衡。大家经常会听到测试人员反应“现在在测试准备阶段,就是写写测试用例,不忙,忙的时候还是测试执行的时候,经常要加班加点”。造成这种现象的原因就在于,测试人员还只是把测试开发完成后的“软件成品”——当做“测试工作的内容”,并不把前期的用于制造软件的“设计图纸”——需求、设计文档——当做测试对象来花时间和精力进行测试。

运用静态测试后:

1)加深对项目的理解,使测试计划和测试设计质量得到提高。

2)使得测试用例全面、有效,从“撞问题”转变为有目的的“找问题”。

3)提前了对项目的理解,减少了测试执行时的摸索时间,从而加快了测试进度 。

4)提前发现问题,降低了缺陷修复成本、回归测试成本以及沟通成本,同时降低项目风险,减轻了测试执行时的压力。

(2)静态测试可有效缓解因工期和人力因素对项目的影响。目前软件项目普遍都存在:项目周期短和人力资源不足的情况。在这种情况下,往往会延长开发时间、压缩设计和测试执行的时间,以保证项目能如期完成。项目自身抵抗风险的能力下降,某些高风险的缺陷一旦在测试阶段暴露,将可能会导致设计被推翻,需求被迫变更,大量的代码重写和之前测试工作的徒劳,严重影响项目质量和项目进度,让项目陷入恶性循环。

运用静态测试后:

1)提前发现设计问题,协同开发一起做好功能设计,避免项目走弯路。

2)完善测试设计,明确描述分歧,细化处理功能,提高编码质量和测试质量。

3)一定程度地缓解项目工期压力和人力资源压力。

(3)静态测试有助于发挥测试人员的潜力。传统的测试是按照需求设计文档来验证程序的问题,但这个“唯一的”测试依据其实很多时候都靠不住,问题丛生。当测试人员养成完全依赖 UC(或者 PRD)的习惯后,便会缺乏主动思考、创新思考的能力。下意识地就把 UC 和 PRD 当成测试的立足点,以此来验证软件产品的质量,这样将导致测试人员发现的问题质量低,问题深度不够,难以发现用户体验相关的缺陷,并且容易使测试人员当因某个测试问题与开发意见不一时,争辩时底气不足,使问题得过且过,丧失测试人员的地位。

运用静态测试后：

1)激发了测试人员的潜力，层层深入业务核心，从被动接受，转变为主动思考，敢于质疑设计，敢于异议架构。

2)锻炼了测试人员思考和分析的能力。

3)姿态的转变——“客户的代言人”。

(4)静态测试有助于测试准备阶段对测试人员的绩效评估。传统测试在测试准备阶段，测试经理除了通过测试用例对测试人员的工作情况进行评估外，很难有其他方法对其绩效进行了解。而测试设计和测试用例的产出相对是滞后的，这样就给测试经理提前预警带来了难度，一旦到了测试准备阶段后期才发现问题，就会让测试准备工作陷入被动的境地。

运用静态测试以后：

1)每天可以对每位测试人员按功能模块提交的静态测试问题数进行统计。

2)每周都可以为每位测试人员应提交的静态测试问题数目制定目标。

3)每周可以对每位测试人员的静态测试问题质量进行评估和总结，营造积极进取的测试团队氛围。

5.2 静态测试解决的问题

静态测试包括代码审查、文档审查等。它可以由人工进行，充分发挥人的逻辑思维优势，也可以借助软件工具自动进行。

1. 代码审查

代码审查技术为减少程序开发的错误已被使用多年。代码审查主要用于识别和消除安全缺陷，包括可导致掠夺性的缓冲器溢出的缺陷和其他的被认为“源代码安全性审查”的缺陷。这些审查方法在发现和消除一些问题方面是有效的，而利用现有的工具并不能侦测出这些问题。然而，源代码审查技术代表了非结构化的代码走查，很大程度上依赖于程序员的经验和韧性。任何的人工过程都易于产生错误，而使用更多的结构化方法可以保证更高的质量，从而那些潜在的安全缺陷就能被正确地识别和纠正。目前源代码审查技术已经被成功地用于从C/C++程序里寻找和移除软件缺陷。然而，这些审查技术通常是有缺点的、非结构化的，并且依赖于审查人员的韧性和知识。当然，这种人工的方法是高劳动强度的、易于产生人为的错误，可以使用自动化的工具来补充。在实际使用中，代码审查比动态测试更有效率，能快速找到缺陷，发现30％～70％的逻辑设计和编码缺陷；代码审查看到的是问题本身而非征兆。但是代码审查非常耗费时间，而且代码检查需要知识和经验的积累。代码检查应在编译和动态测试之前进行，在检查前，应准备好需求描述文档、程序设计文档、程序的源代码清单、代码编码标准和代码缺陷检查表等。

总之，把代码审查的目的可归纳为两点：第一个目的是确保要发布质量可靠的代码，换句话说，它对于开发过程中的下个阶段是否应该提高代码的质量是个严峻的考验。代码评审能非常有效地发现所有类型的错误，包括那些由于不正确的结构引起的错误，那些不适合商业进程的错误，还有那些简单的冗余错误。这就是为什么它对于代码质量来说是个有效的试金石。第二个目的是作为教学工具帮助开发人员学会何时并且如何应用技术来提高代码的质量、一致性和维护性。经过反复仔细地评估代码，开发人员有机会掌握不同的和潜在的更好的编码方法。

2. 文档审查

文档审查的问题属于所有问题分类中比较浅显，但同时也是问题数量较为庞大的一类。主要有以下的切入点：

(1)诸如软件的需求文档中字段缺失、字段描述错误、错别字等等。

查找方法：多采用横向对比、纵向对比、多元对比的方法，细心、耐心地查找即可做好。当项目大或者工期紧的情况，可以不必花太多精力在此类问题上。

(2)设计错误问题——“设计出来了，但是设计错了”。此类问题需要对程序处理流程和业务处理逻辑非常清楚才能挖掘出来，具有较高的难度，测试经理和测试骨干应多关注和发现此类的问题。

查找方法：可在编写流程图、mm 图和状态迁移图的时候，理清楚程序处理流程和业务处理逻辑，再结合 PRD、UC 和开发设计文档查找设计得不对的静态测试问题。

(3)设计不完善问题——“设计出来了，但是设计得不好”。“设计不完善”类的问题在大多数文档中是频频出现的，比如前后逻辑矛盾、表述歧义、表达不清晰、逻辑混乱、存在误解等等。此类问题应该是项目组成员重点关注的问题，因为这直接影响了了解需求的深度和广度，测试用例的编写实效，以及将来测试执行时的测试粒度和深度。

查找方法：要发现此类问题，同样可以借助编写流程图和状态迁移图，同时多思考，多分析，多询问，多考察，借助所有提交静态测试的文档，真正做到“咀嚼需求”，这样能提高测试质量和测试效果，使事半功倍。

(4)设计遗漏问题。此类问题在各项目静态测试中所占比重是较小的，但若是有，则是将是高质量的问题。此类问题需要站得高，看得远，没有多年的相关业务背景的积淀和对项目的充分广泛的涉猎，此类问题是很难发现的。

查找方法：在充分了解业务相关背景的基础上，凭借业务设计经验，充分理解了文档和设计思想后，才能发现其中没有考虑到的问题。

(5)需求问题 。此类问题是以发现目前设计与原始需求相矛盾、相抵触或者不一致的问题为目的，弥补因某些原因错写、漏写的需求要点，保证设计的完整性、完善性和正确性。

文档审查虽然在整个的审查中占到很少的一部分的比例，但是对于提高文档的的质量，无疑是很必要的、也是唯一的方法。

5.3　静态测试的规范

一个程序能够符合编程规范，不仅需要程序员按照规范编程，编译器也需要对所编译的代码进行规则检查。比如现在，很多编译器开发商都对 MISRA C 规范有了支持，比如 IAR 的编译器就提供了对 MISRA C:1998 规范 127 条规则的检查功能。

MISRA C:2004 认为 C 程序设计中存在的风险可能由 5 个方面造成：程序员的失误、程序员对语言的误解、程序员对编译器的误解、编译器的错误和运行出错。

当然程序员的失误是司空见惯的。程序员是人，难免会犯错误。很多由程序员犯下的错误可以被编译器及时地纠正（如键入错误的变量名等），但也有很多会逃过编译器的检查。相信任何一个程序员都曾经犯过将"＝＝"误写成"＝"的错误，编译器可能不会认为 if(x=y) 是一个程序员的失误。再举个例子，大家都知道＋＋运算符。假如有下面的指令：

```
i=3;
printf("%d",++i);
```

输出应该是多少？如果是：

```
printf("%d",i++);
```

呢？如果改成－i＋＋呢？i＋＋＋i 呢？i＋＋＋＋＋i 呢？绝大多数程序员恐怕已经糊涂了。在 MISRAC:2004 中，会明确指出＋＋或－－运算符不得和其他运算符混合使用。

C 语言非常灵活，它给了程序员非常大的自由。但事情有好有坏，自由越大，犯错误的机会也就越多。如果说有些错误是程序员无心之失的话，那么因为程序员对 C 语言本身或是编译器特性的误解而造成的错误就是"明"知故犯了。C 语言有一些概念很难掌握，非常容易造成误解，如表达式的计算。请看下面这条语句：

```
if ( ishigh && (x == i++))
```

很多程序员认为执行了这条指令后，i 变量的值就会自动加 1。但真正的情况如何呢？MISRA 中有一条规则：逻辑运算符 && 或||的右操作数不得带有副作用(side effect)＊，就是为了避免这种情况下可能出现的问题。所谓带有副作用，就是指执行某条语句时会改变运行环境，如执行 x=i＋＋之后，i 的值会发生变化。

另外，不同编译器对同一语句的处理可能是不一样的。例如整型变量的长度，不同编译器的规定就不同。这就要求程序员不仅要清楚 C 语言本身的特性，还要了解所用的编译器，难度很大。还有些错误是由编译器(或者说是编写编译器的程序员)本身造成的。这些错误往往较难发现，有可能会一直存留在最后的程序中。

运行错误指的是那些在运行时出现的错误，如除数等于零、指针地址无效等问题。运行错误在语法检查时一般无法发现，但一旦发生很可能导致系统崩溃。例如：

```
#define NULL 0 …… char* p;
p=NULL;
```

printf("Location of 0 is %d\n", * p);

语法上没有任何问题,但在某些系统上却可能运行出错。

C语言可以产生非常紧凑、高效的代码,一个原因就是C语言提供的运行错误检查功能很少,虽然运行效率得以提高,但也降低了系统的安全性。

有句话说得好,"正确的观念重于一切"。规范对于程序员来讲,一个很重要的意义就是提供给他们一些建议,让他们逐渐树立一些 好的编程习惯和编程思路,慢慢摒弃那些可能存在风险的编程行为,编写出更为安全、健壮的代码。比如,很多程序员都会忽略注释的重要性,但这样的做法 会降低程序的可读性,也会给将来的维护和移植带来风险。程序员经常要接触到各种的编译器,而很多C程序在不同编译器下的处理是不一样的。例如MISRAC:2004有一条强制规则,要求程序员把所有和编译器特性相关的C语言行为记录下来。这样在程序员做移植工作时,风险就降低了。

对于各种规范,下面举例进行介绍。

5.3.1 数据类型相关的编程

1. 数据类型转换

程序员对数据类型的转换有很清晰的认识,在必要的地方做了正确的显式强制转换,那程序就是安全的。但有时由于程序员的疏忽,或者是过于相信编译器的"智慧"程度,导致表达式中有很多隐式转换(即没有显式地强制转换),而这些隐式数据类型转换很可能就构成致命的漏洞。MISRA C中数据类型转换规则的着眼点,即是避免有漏洞的隐式数据转换。

在介绍MISRA C关于数据类型转换的部分规则之前,先介绍整型操作数的"平衡"原则。所谓整型操作数"平衡"原则,即对于隐式表达式,编译器会按照既定规则对操作数进行位数扩充,其中int和unsigned int在整型表达式"平衡"过程中占重要地位。为此,MISRA C提出了相应规则。

使用了多余的强制类型转换(MISRA 89)。

对于这个规则,MISRA给出了关于整型和浮点的两方面的详细解释。

(1)关于整型的。

1)整型操作数不是被扩充为更多位数的同符号整数。

2)表达式是复杂表达式。

3)表达式不是常数表达式,是函数的参数。

4)表达式不是常数表达式,是函数的返回表达式。

(2)关于浮点数的。

1)浮点型操作数不是被扩充为更多位数的同符号浮点数。

2)表达式是复杂表达式。

3)表达式是函数的参数。

4)表达式是函数的返回表达式。

整型表达式规则和浮点数表达式规则基本类似，只是浮点数表达式规则更为苛刻一些，对浮点型的常数也作了严格的限定。这两条规则中，出现了“复杂表达式”的概念。请注意，MISRA C中“复杂表达式”的概念和其他介绍C编程规范书籍中“复杂表达式”的概念是不一样的。在MISRA C中，非“复杂表达式”基本只限制在常数表达式或者函数的返回值。当然作为一名优秀程序员，第一步就是以严谨的态度对待程序中的每一个数据，明白任何一个数据操作的关键，从而才能写出最清晰易懂而又安全的代码。MISRA C关于数据类型的规则可保障程序员在迈出这一步的时候不会摔倒。

2. 指针的安全规范

指针赋予了C编程最大的灵活性，结构体使得C程序整齐而紧凑，联合体在某些要求注重效率的场合有精彩的表现。这三个要素是C语言的精华。然而精华并不意味着完美。C语言在赋予程序员足够的灵活性的同时，也给了程序员许多犯错的机会。所以，有必要关注指针、结构体和联合体的实现细节，从而保障程序的安全性。在此，首先介绍MISRA C:2004中与指针相关的部分规则，接着讲解结构体和联合体的操作规范。下文凡是未加特别说明的都是强制(required)规则，个别推荐(advisory)规则则加了“推荐”的提示。

MISRA C:2004关于指针的规范主要分为三个部分：指针的类型转换规则、指针运算的规则和指针的有效性规则。

(1)指针的类型转换。指针类型转换是个高风险的操作，所以应该尽量避免进行这个操作。MISRA－C对其中可能造成严重错误的情况做了严格的限定。

考查下面的程序：

```
uint8_t * p1;
uint32_t * p2;
p2 = (uint32_t *)p1;
/* 注：uint8_t 表示 8 位无符号整型，uint32_t 表示 32 位无符号整型 */
```

程序员希望将从p1单元开始的4个字节组成一个32位的整型来参与运算。如果CPU允许各种数据对象存放在任意的存储单元，则以上转换没有问题。但某些CPU对数据类型加强了对齐限制，要求这些数据对象占用一定的地址空间，比如某些字节寻址的CPU会要求32位(4字节)整型存放在4的整数倍地址上(也就是所谓的address alighment地址对齐)。在这个前提下，思考程序中的指针转化，假设p1一开始指向的是0x0003单元(对uint8_t型的整数没有对齐要求)，则执行最后一行强制转换后，p2到底指向哪个单元就无法预料了。

(2)指针的运算。ISO C标准中，对指向数组成员的指针运算(包括算术运算，比较等)作了规范定义，除此以外的指针运算属于未定义(undifined)范围，具体实现有赖于具体编译器件，其安全性无法得到保障，MISRA C中对指针运算的合法范围作了如下限定：以上非法指针类型转换将会丢失const或者volatile类型。丢失const属性将有可能导致在对只读内容进行写操作，编译器不会发出警告，编译器将对不具有volatitle属性的变量作优化，丢失volatile属性，编译器的优化可能导致程序员预先设计的硬件时序操作失效，这样的错误很难发现。关于 const 和 volatile 关键字的详细内容，读者可参考 ISO C 获取更多信息。

看下面的示例：

```
void my_fun(uint8_t * pl,uint8_t p2[])
{uint8_t index=0;
uint8_t * p3;
uint8_t * p4;
 * p1=0;p1++;
/ * (0)STATIC VIOLATION :87S MISAR 101:Use of pointer arithmetic: 18T
P1++;  / *
P1=p1+5;
/ * (0)STATIC VIOLATION :87S MISAR 101:Use of pointer arithmetic: 19T
P1++;  / *
}
```

从上面的的示例中可以得知：事实上在关于指针的规范 MISRA 101 中，指出只有指向数组的指针才允许进行算术运算。也就是说指针运算仅限于指针加减某个整数，比如 ppoint=point－5，ppoint++等。

同时规范中对于指针运算还有几点要求：只有指向同一个数组的两个指针才允许相减．才允许用＞，＞=，＜，＜=等关系运算符进行比较。

为了尽可能减少直接进行指针运算带来的隐患，尤其是程序动态运行时可能发生的数组越界等问题，MISRA C 对指针运算作了更为严格的规定。

(3)指针的有效性。下面介绍 MISRA C:2004 中关于指针有效性的规则 MISRA 106，同样来看个示例。

```
 #Include "stdio.h"
Char * getm(void)
{
char p[]="hello word";
     Return p;
     / * (o)STATIC VIOLATION :87S MISAR 106:Pointer assignment to wider
scope. : 15T P; * /
     }
     int main()
     {
     Char * str=NULL;
     Str=getm();
Printf(str0;
}
```

在这个示例中可以看到它违反了指针赋值超出了赋值范围(MISRA 106)。

这条规则的实际意义是不允许将栈对象的地址传给外部作用域的对象。对于该程序程序员希望最后的输出结果是“hello world”这个字符串，然而实际运行时，却出现乱码(具体内容依赖于编译运行环境)．简单分析一下，由于 char p[] = “hello world”这条语句是在栈中分配空间存储“hello world”这个字符串，当函数 getm()返回的时候，已分配的空间将会被释放(但内容并不会被销毁)，而 printf(str)涉及系统调用，有数据压栈，会修改从当前分配给数组 p[]存储空间的内容，导致程序无法得到预期的结果．倘若将 getm()函数体中的 char p[] = “hello world”程序行改成 char *q = “hello world”，则执行 main()的时候就可以正确输出“hello world”。这是因为这样的方式，q 指向的是静态数据区，而非栈中的某个单元(也就是说 hello world 分配到 bss 区中了而不是栈中)，所以，数组名是指针不假，但在实现细节上还是有很大的差异，程序员在使用指针的时候必须慎之又慎。

3. 结构体、联合体的安全规范

在具体阐述为何 MISRA C:2004 如此排斥联合体之前，首先需要明确与联合体相关的细节：

(1)联合体的末尾有多少个填充单元。

(2)联合体的各个成员如何对齐。

(3)多字节的数据类型高低字节如何排放顺序。

(4)如果包含位字段 (bit－field)，各位如何排放。

来看个例子。

```
typedef union
/*(M)STATIC VIOLATION :74S MISAR 109:Union declared.: 8T Union */
{
    uint32_t word;
    uint8_t bytes[4];
}word_msg_t;
Uint32_t read_msg(void)
{
word_msg_t tmp;
tmp. byte[0]=read_byte();
tmp. byte[1]=read_byte();
tmp. byte[2]=read_byte();
tmp. byte[3]=read_byte();
return (tmp. word);
}
```

由此可见,在联合体的规范中要求联合体的使用是不被允许的。以上代码在各种通信协议中使用的频率很高,接收端接收到的数据一般都以字节为单位存放,主控程序需要根据相应的协议将接受到的多个字节进行组合。

MISRA 中要求所有结构体和联合体的定义必须保证完整性。

涉及 ISO C 中类型定义完整性等概念,碍于篇幅的原因,此处不再赘述,读者可以参阅 MISRA C:2004 和 ISO C 标准以了解更多信息,完善自己的编程风格。

5.3.2 防范表达式的失控

在 C 语言中,表达式是最重要的组成部分之一,几乎所有的代码都由表达式构成。表达式的使用如此广泛,读者也许会产生这样的疑问,像+ 、- 、* 、/ 、&& 这样简单的运算也会出现问题吗?程序员在编写表达式时,往往带有一些不良的习惯。即使是编写很简单的表达式,这些不良习惯也可能造成隐患,这个小小的隐患甚至可能引起整个系统的崩溃。实际上,在程序调试过程中,表达式中存在的大部分隐患皆来源于程序员的主观臆测,即认为表达式应该是按自己认为的方式执行,但结果可能完全相反。这是因为程序设计语言或编译器的某些内在机制并不如我们所想的那样。所有的编译器都遵从这一假定:程序员都是"神",他们既了解编程语言的各种特性,也了解编译器本身一些鲜为人知的处理原则。当然,程序员不是"神"。因此,程序员在编写程序的过程中需要小心地避免编译器"设置"的各种陷阱,而问题是有些时候很难预测下一步是否会掉进一个陷阱。MISRA C 规则中包含了大量关于表达式书写的规范,最大程度地防范上述可能发生的错误,告诉程序员如何编写规范的 C 语言表达式。这里将首先深入剖析在编译器内部表达式的解析方式,然后罗列和分析书写表达式过程中常见的不规范写法,以帮助读者避免各种不良的编程习惯。凡是未加特殊说明的都是强制(required) 规则,个别推荐(Advisory)规则加了"推荐"标示。

首先,分析下面两个问题。

问题 1 :执行以下程序,从串口依次输入 2 和 4 ,变量 result 将等于多少?

```
uint8_t result ;
result = uart_GetChar () $ uart_GetChar () ;
```

/ * 这里,uint8_t 表示 8 位无符号整数类型" uint8_t uart_GetChar ()"是从串口接收一个 ASCII 字符的函数。* /

问题 2 :执行以下程序,变量 result 将等于多少?

```
uint8_t result ;
uint8_t temp = 2 ;
result = temp + + + - - temp ;
```

也许读者会不假思索地写出结果:第一问的答案是" - 2",即 result = 0x32 - 0x34 = 0xFE ;第二问的答案是"4",即 result = (temp + +) + (- - temp) = 2 + 2 = 4 。推

理过程看起来似乎是正确的，可是，程序的运算结果是这样吗？

赋值运算符为右结合，二元运算符都满足左结合；条件运算符（即问号表式）为右结合；一元运算符和后缀运算符为右结合。这意味着 3 p ＋ ＋ 将 被解释成 3（p ＋ ＋）而（3 p）＋ ＋ 。回到上述问题的讨论，既然二元加运算符和二元减运算符是左结合的，上述的计算果应该没有什么问题。很遗憾，C 语言标准规定的只是运算符的结合顺序，而对于 二元运两操作数的求值顺序则未作定义。“对于二元操作符，要先对两个操作数求值（但没有特定顺序）之后再进行运算”。因此，上述问题的答案已经揭晓：最终的结 果取决于编译器特性。

如果使用的编译器总是从左向右解析表达式，则结果是：问题 1 的答案是 result ＝‘2’$ ‘4’＝ 0xFE；问题 2 的答案是 result ＝ 2 ＋ 2 ＝ 4 。如果使用的编译器总是从右向左解析表达式，则结果是：问题 1 的答案是 result ＝‘4’$ ‘2’＝ 0x02 ；问题 2 的答案是 result ＝ 1 ＋ 1 ＝ 2 。为了避免使用不同编译器而导致的程序结果差异，MISRA C 提出了如下强制性规则：逻辑连接操作需要括号（MISRA 45）。

该规则目的是确保表达式的值必须在任何求值顺序下保持一致。那么，什么时候会出现表达式的值不一致的情况呢？MISRA C 列出了几种可能，如自增运算符和自减运算符使用时、函数参数传递时、函数调用时等。归纳起来，当表达式中的操作数（也可能是一个表达式）能够影响某个共享的变量，而这个共享变量又可能导致其余操作数的值发生变化时，就需要对求值顺序保持警惕。典型的一个例子就是 i ＋（＋＋ i），此时＋＋ i 的操作会引起共享变量 i 的变化，而 i 的变化将直接影响到第一个操作数的值，于是不同的求值顺序导致了不同的求值结果。在问题 1 中，表达式的两边都使用了 uart_ GetChar ()操作（确切地说是通过该函数共享了同一个数据寄存器），所以求值顺序会影响结果。

解决此类问题的最好办法是把表达式重组，即将一个较为复杂的表达式分解成若干个简单的表达式，使运算符的多个操作数之间的耦合关系得以解除，由此保证求值的顺序。例如，可以将问题 1 和问题 2 改写成如下的形式。

问题一：result ＝ uart_GetChar () ；result － ＝ uart_GetChar () ；

问题二：result ＝ temp ＋ ＋ ；result ＋ ＝ ＋＋ temp ；

但是在更多的情况下，应该用括号“()”来保证运算顺序，而不依赖于 C 语言的运算符优先级，因为 C 语言某些运算符的优先级容易引起误解。分析如下程序：

```
if (STATRegister & BUSYMask = = 0)
{
do_something ；}
```

该程序的本意是读状态寄存器（ STATRegister ）的值，如果其 BUSY 位是 0（即被掩码 BUSYMask 选中），则做某些操作。但是，由于判等运算符“＝ ＝”的优先级高于位与操作符“&”，实际的判断表达式变成了“（ STATReg2ister & （BUSYMask ＝ ＝ 0））！＝ 0”。此时应该加入括号“()”以保证判断表达式的正确性：

```
if ( (STA TRegister & BUSYMask ) = = 0) { do_something ；}
```

在程序中，容易出现混淆的地方，也应该通过括号“()”来组织语句，如 if (a && b || c && d) 应该改成：if ((a && b) || (c && d))，这将使得层次更加清晰，维护起来更加方便。

为了防止表达式的求值结果和所期望的结果相悖，MISRA C 还提出了许多行之有效的表达式的书写规则。例如下面的出错提示：

(1)有符号操作数进行了移位操作(MISRA 46)。(注：这是为了防止结果的不确定性。)

(2)移位的操作值太大(MISRA 47)。(注：移位操作的右操作数就是移位的位数，比如一个 8 位的无符号整数，允许移位的位数范围是 0～7，这是为了防止未定义的操作。)

(3)布尔表达式出现了赋值操作(MISRA 121)。(注：这是为了防止误用。)

(4)无符号数赋值为负值(MISRA 48)。(注：移位操作的右操作数就是移位的位数，比如一个 8 位的无符号整数，允许移位的位数范围是 0～7，这是为了防止未定义的操作。)

在 C 语言编程中，大部分潜在错误来自于程序员对程序元素的误用或滥用，以及程序员对某些结构一厢情愿的理解。编写代码时，没有必要太多地去追求所谓程序的“优雅”和“风度”，程序的价值不仅在于运行，还在于为后继的可能升级和维护提供一个参考。一个“优雅”的句式和写法也许能够让作者煞费苦心并乐此不疲，但同样也会让几个月或几年后的你或其他人伤透脑筋。在硬件资源日益丰富的今天，大部分程序员已经不需要像先辈那样去考虑如何缩减一个位的存储单元。随着项目规模的扩大，对程序可读性和可维护性的要求日益突出。程序的可读性和可维护性已经成为衡量程序价值的重要标准。MISRA C 为嵌入式软件的可靠性提出了中肯的建议，一些嵌入式 C 编译器的开发商开始把 MISRA 出版物作为标准并予以支持。通过学习 MISRA C，可以更多地了解 ANSI C 中的不确定因素，并在开发中尽可能避免误入“表达式失控”的错误。

5.3.3 准确的程序流控制

程序的执行流程是由条件判断、跳转和循环构成的，没有任何一个程序会缺少程序流的控制。那么像 if,for,while,switch 等这些程序员无比熟悉的语句也存在隐患吗？事实上，C 语言是很灵活的，这种灵活性给程序员编写代码带来了很多便利，但同时也带来了很多容易导致混淆的表达。这些表达完全符合 C 语言标准，但有时程序员也难以发现自己犯了错误，最终的结果是使程序进入错误的执行流程。即使程序员没有犯错误，但有些容易混淆的表达也会给其他人读懂程序带来困扰，使程序的维护变得困难。除此以外，有少量控制流程的方式还会产生不确定的运行结果，而这些结果也不容易被发觉。如何使程序的流程控制清晰、准确，不产生混淆的表达呢？MISRA C 给出了很多的相关规定，使程序流的控制变得规范，避免产生各种混淆和不确定性，从而最大程度上减少程序流控制中的失误，并使程序的维护更加容易。下面从几个例子出发，讲述这些混淆是如何产生的，最后给出 MISRA C 关于程序流控制的相关规则，帮助读者规范编程的习惯。

先来看这样两段代码：

```
uint8_t x,y ;
if ( x = = y)
{ foo ( ) ; }

 uint8_t x,y ;
if (x = y)
{ foo ( ) ; }
```

在 C 标准中，条件语句需要的是布尔值，条件语句表达式的布尔值实际上是按照整型处理的，所以这两段代码在语法和逻辑上都没有任何问题。第一段代码判断 x 是否等于 y，如果相等，调用 foo() 函数；第二段代码首先将 y 的值赋给 x，然后判断 x 是否为 0，如果不为 0，调用 foo()函数。这两段代码只相差一个等号，却使判断条件大不相同，程序的执行流程会出现很大差别。相信读者在写程序的时候都碰到过将"= ="这个判断语句误写成赋值语句"="的情况。那么面对这两个语句时，如何能快速准确地判断这是正确的还是程序员的失误呢？当程序比较简单的时候，很容易判断，但当程序流程比较复杂的时候，可能花费大量时间还难以给出确定的答案，而这些地方极有可能是有错误的。

这样的混淆，事实上是可以轻松避免的，MISRA C 提出了如下强制性的规则：

(1)布尔表达式中出现赋值操作(MISRA 120)。

按照 MISRA C 的标准，第二段代码应该写成：

```
 uint8_t x,y ;
x = y ;
 if (x ! = 0)
{ foo ( ) ; }
```

这样，当看到需要布尔值的地方出现了赋值表达式，就可以立即判断这是一个错误。在这条规则下，如下的表达也是不允许的：

```
 if ( (x = y) ! = 0 ) )
{ foo ( ) ; }
```

与这条规则类似，MISRA C 还提出了如下推荐的规则，来避免整型变量和布尔型的混淆。

(2)判断一个值是否为 0 应该是显式的，除非该操作数是一个布尔值(MISRA 105)。

这条规则禁止了如下的表达：

```
uint8_t x ;
......
if ( x )
 {.....}
```

再来看一个例子：

```
uint8_t x ; u
int8_t a,b ;
......
switch ( x )
{
case 1 : a = b ;
case 2 : a + = 2 ;
break ; case 3 :
......}
```

同样,这段代码在语法和逻辑上也没有任何问题,编译器也不会给出任何错误或者警告。在程序执行中,当 x 等于 1 的时候,将 b 的值赋给 a ,然后将 a 加 2 ,退出;当 x 等于 2 的时候,直接将 a 的值加 2 ,接着退出。但这很可能是一段错误的代码,程序员的本意有可能是 x 等于 1 时,将 b 的值赋给 a ,当 x 等于 2 时,直接将 a 的值加 2 。为了避免这样的混淆,MISRA C 提出了如下强制性的规则。

(3)switch 子句都应该以 break 语句结束(MISRA 58)。

按照这条规则,上面的程序应该写成:

```
switch ( x )
{
case 1 : a = b ;
break ;
case 2 : a + = 2 ;
break ;
case 3 :
....... }
```

或者:

```
switch ( x )
{
case 1 :
a = b ;
a + = 2 ;
break ;
case 2 :
a + = 2 ;
break ;
case 3 :
```

```
…… }
```

MISRA C 中还有一些防止程序流控制中出现混淆的规则。

(4)不允许使用 goto 语句(MISRA 12)。

(5)不允许使用 continue 语句(MISRA 29)。

(6)循环体中最多只能出现一个 break 语句用于结束循环(MISRA 28)。

(7)if … else if 结构必须由一个 else 子句结束(MISRA 55)。

当 if 语句后面有一个或者多个 else if 语句时,最后的一个 else if 必须有一个与之对应的 else 语句。如果只有一个 if 语句时,else 不是必须的。

当然好的代码,要安全可靠、有很好的可读性和可维护性。在 C 语言中,一些表达方式,可能会稍微减少程序员编程的工作量,但却会使程序的流程变得难以判断,其中的错误可能就无法发现。按照 MISRA C 的标准来写代码,就可以避免程序流程产生混淆和混乱,排除其中的不确定因素,使程序真正按照程序员设想的工作,并使代码更清晰易懂,真正实现安全可靠,并具有良好的可读性和可维护性。

5.3.4 构建安全的编译环境

预处理是编译环境处理 C 程序的第一个环节,但往往最先被程序员忽略。这份看似只是由编译环境做的简单工作,其实也是机关重重。通过介绍 MISRA C 与预处理相关的规则,希望读者能够更准确地认识编译器的预处理过程,避免出错。无论是自定义函数还是由编译环境提供的标准库函数,如果使用不当,都会存在安全隐患。能不能保证函数被正确地定义、声明和调用,关乎到整个程序的成败。这里介绍 MISAR C 中涉及函数部分有代表性的规则,并分析制定这些规则的出发点,以帮助读者构建更为安全的编译环境。

1. 函数的定义和声明

读者也许会有这样的经历:在一个头文件中定义了一个变量,又让这个头文件被多个源文件引用。这时编译器会“报怨”说重复定义了同一个函数。出错的原因与其说是粗心,不如说是一个习惯的问题。

(1)头文件中不允许包含执行代码(MISRA 71)。当源文件包含某一头文件时,预处理器会将头文件的内容在包含指令处展开。显然,在头文件中函数的定义会在其他源文件中一模一样地出现,导致函数被重复定义。解决这一问题的关键是明确一个概念:所有可执行的代码或者对象和函数的定义都应在. C 的源文件中,头文件中只能存在其声明。具体的做法是:为全局变量的声明增加 extern 修饰符,并在相应的. C 源文件中定义对象或函数。

例如,在 Globle. h 文件中仅声明变量 Gcounter:

```
/ * 在 Globle. h 中 * /
extern uint32_t GCounter ;
```

……

而在．C 文件中定义变量 GCounter：

```
/ * 在 GlobleVariables. C 中 * /
uint23_t GCounter ;
```

……

这样，就可以在所有需要用到全局变量的地方直接引用"Globle. h"头文件了。

(2)不允许定义参数数量不确定的函数(MISRA 19)。标准库函数 printf ( ) 深受许多程序员的喜爱，因为 printf () 允许不确定的参数数量，用起来很方便。但是，参数数量的不确定很可能会造成编译器无法检查函数调用时的参数一致性。对于像 printf () 这种使用广泛的标准库函数，编译器提供了一些合适的调用机制。但程序员必须明确，编译器无法保证对用户自行定义的参数数量不确定的函数进行数据类型检查。因此，MISRA C 不允许用户冒险去定义新的参数数量不确定的函数。

2. 预处理

预处理是编译器处理程序的第一步。预处理会在编译器编译程序代码前做一些准备工作，最为常见的工作是处理文件包和宏定义(分别对应＃ include 和＃ define 两个预处理指令)。预处理器并不对源代码进行编译，只是做一些转换工作，例如将文件或宏展开等。很多程序员认为这种类似复制、粘贴的活没什么了不起，也就放松了对预处理工作的检查。其实，很多程序的失败就从这看似简单的第一步开始。宏定义是最常见的预处理指令之一。MISRA C 关于宏定义有一些很有代表性的规则。

3. 小括号

当程序中多处出现同一个数值的时候，程序员就会想起使用宏。宏定义最大的好处就是使一些常量集中起来，修改其值只需要修改一次，大大提高了程序的可维护性。编译器对宏的处理原则比较简单，宏定义只对程序文本起作用。一个经典的例子是：

```
# define abs (x) (x >= 0) x : - x
```

显然，程序员希望求变量 x 的绝对值。但是，下面的调用会是什么结果呢？

```
abs (a - b)
```

展开后为

```
(a - b >= 0) a - b : - a - b
```

显然这里的－ a － b 并不是程序员想要的结果，原因是变元 x 两边没有加小括号。那么在 x 加上括号以后呢？

```
# define abs (x) ( (x) >= 0) (x) : - (x)
```

如果此时是 abs (a) ＋ 1；展开后是(a ＞＝ 0) a ：－ a ＋ 1，也不是我们想要的结果。看来还要把整个宏定义加上括号，这样才能得到安全可靠的宏定义：

define abs (x) (((x) > = 0) (x) : − (x))

为了防止宏展开后因缺少括号而存在的优先级错误问题，MISRA C 有如下规定：

在函数式宏定义中，任何一个参数都应加上小括号，除非是在＃ 或＃ ＃ 运算符中(MISRA 72)。

通过函数的声明和定义，我们可以看到编译环境的安全，可以从编程人员的良好的变成习惯做起，越是被忽略的小问题，就有可能成为威胁安全编译环境的潜在的隐患。

第6章 单元测试

6.1 单元测试概述

单元测试检查程序的不同工作模块的行为。一个工作模块是这样一项任务:该任务不直接依赖于其他任何任务的完成。在面向对象的程序设计中,程序的不同工作模块通常是指单个的方法。相比较而言,集成测试和验收测试则更多关注程序的各种不同组件之间的交互。

单元测试是针对程序模块进行正确性检验的测试。从本质上讲,单元测试属于白盒测试,其目的在于发现各模块内部可能存在的各种差错,检查每个程序模块和模块组的功能是否达到设计要求。单元测试是软件测试过程中直接与代码相关的测试,在软件的编码阶段进行,需要从程序的内部结构出发设计测试用例。单元测试也是粒度最小的测试,一般由开发人员来做,因为它需要知道程序设计和编码的细节。

6.1.1 单元测试的内容

(1)模块接口测试:对被测模块的数据流进行测试。为此,对模块接口包括参数表、调用子模块的参数、全程数据、文件输入/输出操作都必须检查。

(2)局部数据结构测试:设计测试用例检查数据类型声明、初始化、缺省值等方面的问题,还要查清全程数据对模块的影响。

(3)路径测试:选择适当的测试用例,对模块中重要的执行路径进行测试。对基本执行路径和循环进行测试可以发现大量的路径错误。

(4)错误处理测试:检查模块的错误处理功能是否有错误或缺陷。例如,是否拒绝不合理的输入,出错的描述是否难以理解,是否对错误定位有误,是否对出错原因报告有误,是否对错误条件的处理不正确,在对错误处理之前,错误条件是否已经引起系统的干预等。

(5)边界测试:要特别注意数据流、控制流中刚好等于、大于或小于确定的比较值时出错的可能性。对这些地方要仔细地选择测试用例,认真加以测试。

此外,如果对模块运行时间有要求的话,还要专门进行关键路径测试,以确定最坏情况下和平均意义下影响模块运行时间的因素。这类信息对性能评价是十分有用的。

6.1.2 单元测试的类型

作为一名开发人员,需要保证开发的每个子系统都能够正确地工作。在编码过程中,首先执行的是逻辑单元测试。当编写更多代码和测试用例的时候，需要进行集成单元测试和功能单元测试。逻辑单元测试(logic unit test)是针对单个方法进行代码正确性检查的测试。集成单元测试(integration unit test)是针对组件之间的交互进行代码正确性检查的测试。功能单元测试(functional unit test)将集成单元测试的边界进行了扩展，以确保正确地激发响应。图 6.1 描述了 3 种单元测试类型之间的相互作用及其边界范围。

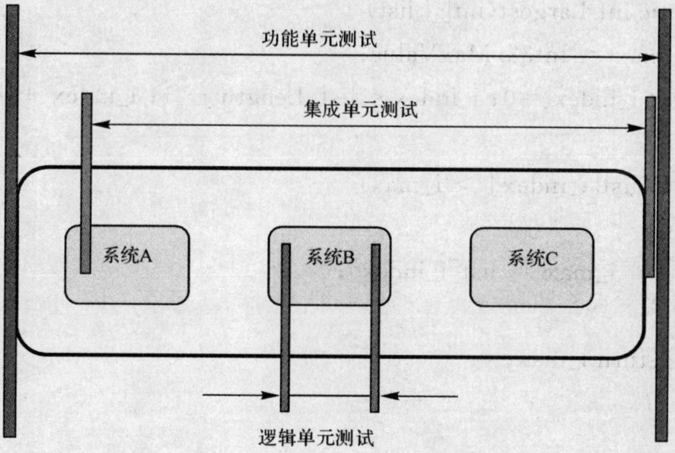

图 6.1 单元测试类型及其边界

在编码的过程中，为了保证代码能正确工作，通常需要做所有类型的单元测试。严格来讲，功能单元测试并不是单纯的单元测试，但它也不是单纯的功能测试，相对于单纯的单元测试，功能单元测试更多依赖于外部环境，这一点和单纯的功能测试类似。

6.1.3 断言

单元测试是测试过程中的最小粒度。执行单元测试，是为了证明某段代码的行为确实和开发者所预期的结果一致。为了验证代码的行为是否和期望结果一致，就需要使用一些断言(assertion)。断言是一个简单的方法调用，用于判断某个语句是否为真。例如：

```
public void IsTrue(bool condition){
    if(! condition)
    {
        Abort();
    }
}
```

方法 IsTrue 检查给定的条件是否为真，如果条件非真，该断言将会失败。事实上，可以使用断言来检查所有的这类事件，比如，以下代码检查两个数字是否相等：

```
public void AreEqual(int x, int y) {
```

```
    IsTrue(x == y);
}
```

如果调用 IsTrue 方法时 x 和 y 不相等，则程序终止。

有了以上两个断言，就可以编写具体测试脚本了。以下代码是一个从给定数组中查找最大值的函数，并对它进行测试：

```
public static int Largest(int[] list) {
    int i_max = Int32.MaxValue;
    for(int i_index =0; i_index <list.Length - 1; i_index ++)
    {
        If(list[i_index] > i_max)
        {
            i_max = list[i_index];
        }
        return i_max;
    }
}
```

这是一个静态函数，用于查找 list 中的最大值。这里我们传递一个比较简单的没有重复元素的数组，数组中有 3 个元素，以下是对其进行测试的代码：

```
[Test]
public void TestLargest() {
    int[] i_Arr = new int[3];
    i_Arr[0] = 6;
    i_Arr[1] = 7;
    i_Arr[2] = 5;
    AreEqual(7,Largest(i_Arr));
}
```

运行这个测试，其结果是会通过的，这就是一个简单的单元测试用例。

6.1.4 单元测试的作用

如前文所述，执行单元测试的目的在于验证程序是否像预期的那样正确工作，并尽早地发现错误。除此之外，单元测试还会给开发人员带来一些益处。

编写单元测试可以帮助开发人员书写更高质量的代码。原因很简单：单元测试是产品代码的第一个“客户”，正如软件界的一句格言“客户永远是对的”，当测试未通过的时候，首先想到的是修改代码使单元测试通过。如果测试表明代码设计得不好，那么应该停止测试，通过重构等技术去改善代码，使代码更具有可读性，更容易使用。比如，如果程序具有太多的分支，单元测试过程中，要设计很多的测试用例来达到覆盖率的要求，会发现要测试程序的每一个分支将是一件痛苦的事情，这表明该代码是难以测试的。毫无疑问，如果书写的代码很难进行测试，那么该代码通常也很难使用。因此，应当将一个较大的方法拆分成几个较小的方法，通过重构使代码容易测试。

编写单元测试可以使开发人员更有信心重构应用程序。当代码改变时，将继续执行单元测试，该测试立即将代码的新特性反馈回来，不管这些变化是否中断现有的测试。单元测试将促使开发人员尽可能地避免书写过度复杂的代码，确保开发人员编写的代码是可读的和可测试的。

6.2　单元测试自动化

自动化单元测试通常借助测试工具进行。测试工具可以进行部分的测试用例设计、实现、执行和比较工作。部分测试工具还可以实现测试用例的自动生成，但通常的工作方式是人工设计测试用例，使用工具进行用例的执行和比较。

自动化测试的目的是排除影响测试的人为因素，减轻手工测试的工作量，以达到节约资源、保证软件质量、缩短测试周期的目的。自动化测试虽然具有很多优点，但它只是测试工作的一部分，是对手工测试的一种补充。软件测试自动化不能解决测试中的所有问题，也不意味着任何软件测试都可以自动化，完全的自动化测试只是一个理论上的目标。要成功地实现软件测试的自动化，需要周密的计划和大量艰苦的工作，软件测试自动化的开发人员应该根据实际情况，弄清楚自动化的对象和目的，然后做出相应的选择。在工程实践中，多数情况下，手工测试和自动化测试结合使用，以最有效的方法来完成测试任务。

自动化单元测试具有以下优点：

(1)方便进行回归测试；

(2)速度快，效率高；

(3)可以完成一些手工测试不能甚至难以完成的测试，如压力测试等；

(4)具有一致性和可重复性；

(5)更好地利用资源；

(6)增加软件信任度。

6.3　单元测试工具

6.3.1　JUnit 简介

JUnit 是由 Erich Gamma 和 Kent Beck 编写的一个单元测试框架，它是 xUnit 单元测试体系架构的一种实现。JUnit 是一个开源的 Java 测试框架，目前已经成为 Java 应用程序单元测试的事实标准，许多主流的 Java 开发平台都直接提供了对 JUnit 单元测试的支持，如 Eclipse，JBuilder 等。在设计 JUnit 单元测试框架时，JUnit 团队既定了 3 个总体目标，一是测试框架必须能够帮助测试人员编写有用的测试，二是测试框架必须能够帮助测试人员使测试单元保持持久性，三是测试框架必须能够帮助测试人员通过代码复用来降低编写测试的成本。

1. 安装 JUnit

为了使用 JUnit 进行单元测试，必须将 JUnit 的 JAR 包添加到 classpath，步骤如下：

(1)到 http://www.junit.org 网站下载 JUnit(junit4.8.2.zip 或者更新版本)。

(2)将 junit4.8.2.zip 解压到计算机硬盘(比如 C:\)，将创建一个子目录(C:\ junit4.8.2)，现在可以运行 JUnit 自带的测试程序进行测试。

打开命令提示符，进入 C:\ junit4.8.2 目录，输入命令：

java －cp junit－4.8.2.jar;. junit.samples.AllTests

运行结果如图 6.2 所示。

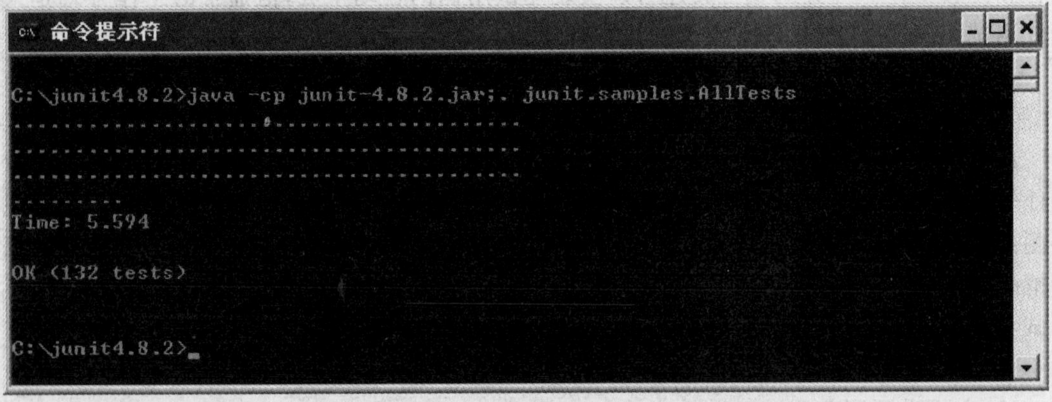

图 6.2　JUnit 自带测试程序运行结果

(3)如果在集成开发环境中使用 JUnit，需要将“C:\junit4.8.2\junit－4.8.2.jar”添加到系统变量 classpath 中。

2. 创建单元测试

下面创建一个简单的 Calculator 类用于测试：

```
public class Calculator {
    public double add(double summand, double addend) {
        return summand + addend;
    }
}
```

创建测试类 CalculatorTest,用于测试 Calculator 类:

```
import static org.junit.Assert.*;
import org.junit.Test;
public class CalculatorTest {
    @Test
    public void testAdd() {
        Calculator calculator = new Calculator();
        double result = calculator.add(10, 50);
        assertEquals(60, result, 0);
    }
}
```

创建测试类 CalculatorTest,用于测试 Calculator 类:

对以上代码,作如下解释:

(1)程序第3行定义一个测试类 CalculatorTest,对测试类的唯一限制是该类必须声明为 public 类型,对类的命名没有任何限制,但习惯上命名为被测试类名后加上 Test 后缀。需要注意的是对于 JUnit 3,测试类必须继承 TestCase 类,该限制在 JUnit 4 中已被去除。

(2)程序第4、5行,通过添加"@Test"标记表明该方法是单元测试方法,对于测试方法的命名,JUnit 没有任何限制,但习惯上将测试方法命名为"testXXX"模式,其中"XXX"表示被测试类名。

(3)程序第6行,创建一个 Calculator 类的实例。

(4)程序第7行,通过调用被测试方法 add 来执行测试。

(5)程序第8行,通过调用 JUnit 框架的 assertEquals 方法来检查测试结果,该方法位于 org.junit.Assert 类中,在程序第1行,通过在 import 后加关键字 static,就可以把 org.junit.Assert 类中的 static 变量和方法导入到测试类中,调用的时候和调用自己的方法没有任何区别。

3. 运行单元测试

(1)打开命令提示符,进入源代码所在目录(比如 C:\test)。

(2)运行如下命令编译源代码:

```
javac -cp \junit4.8.2\junit-4.8.2.jar *.java
```

(3)运行如下命令启动测试程序:

```
java -cp .;\junit4.8.2\junit-4.8.2.jar org.junit.runner.JUnitCore CalculatorTest
```

运行结果如图 6.3 所示。

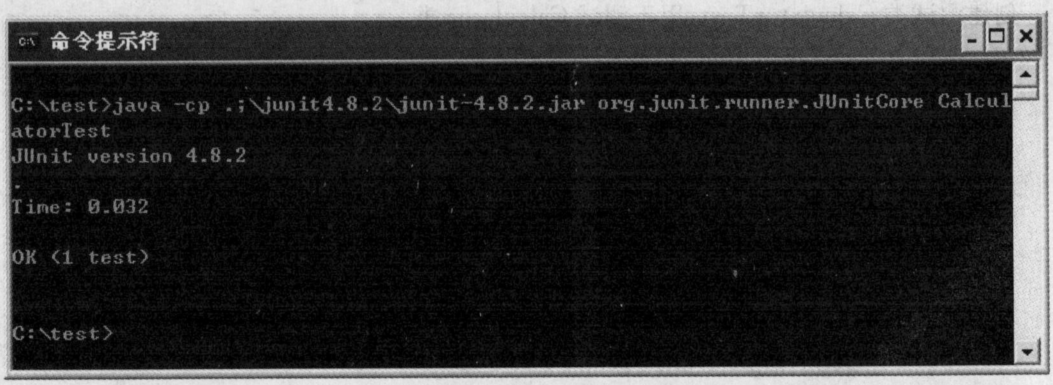

图 6.3　单元测试 CalculatorTest 运行结果

6.3.2　JUnit 核心类

在上节的示例中，定义了一个仅包含一个测试方法的测试类 CalculatorTest。定义一个测试类非常简单，唯一的限制是测试类必须声明为 public 并且包含一个无参数的构造函数。在上节的示例中，由于没有定义其他的构造函数，所以不需要显式定义无参数构造函数，默认情况下，Java 将创建一个无参数构造函数。

要创建测试方法，该方法必须使用“@Test”标记，另外，该方法必须是 public 的，并且没有参数，返回值为 void 类型。JUnit 在调用每个@Test 方法之前将创建一个新的测试类的实例，这有助于保证测试类的独立性，并避免由测试代码带来的副作用。因为每一个测试方法都在一个新的测试类实例中运行，所以无法跨测试方法重用实例变量。

为执行测试验证，使用 JUnit 框架中由 Assert 类提供的 assert 方法。JUnit 框架提供了许多其他类似的方法，比如 assertArrayEquals 方法、assertNotSame 方法等。具体使用方法请查阅 JUnit 提供的帮助文档。

1. JUnit 核心概念

在上节的示例中仅有一个测试类，如果需要同时运行多个测试类，需要创建一个叫做 test suite 的对象。test suite 是一个特殊的 test runner，因此可以像运行单个测试类那样运行 test suite。只有理解了 test class，test suite，test runner 是如何工作的，才能编写符合需求的测试用例。

(1)test class。test class 对应于测试用例。一个 test class 包含一个或多个测试，每个用@Test 标记的方法代表一个测试。用 test class 将具有相似行为的测试组织在一起，也就是说 test class 是一组测试(方法)的集合。通常情况下一个被测试的类对应一个 test class。

(2)test suite。一个 test suite 就是一组测试。test suite 将一组相关的测试组织起来，如果没有为 test class 定义 test suite，JUnit 将自动提供一个 test suite，该 test suite 包含 test class 中的所有测试。通常将同一个包(package)中的 test class 组织成一个 test suite。

(3)test runner。test runner 允许你告诉 JUnit 该如何执行一个测试。

执行简单的测试类，通常并不需要做特别的事情，JUnit 会使用 test runner 来管理测试类的生命周期，包括创建类实例、调用测试方法并收集测试结果。表 6-1 列出了 JUnit 的核心对象，以方便读者理解以上概念。

表 6-1 JUnit 核心对象及其职责

基本概念	说明
Assert	包含一组用于编写测试用例的断言方法。为了验证代码的行为是否和期望结果一致，就需要使用一些断言，它是一个方法调用，只有失败的断言才被记录
Test	用@Test 标记的方法被定义为一个测试。为了执行测试(方法)，JUnit 创建一个包含该测试(方法)的类的新实例，然后调用该测试(方法)
Test class	一个测试类是关于测试方法的容器
Suite	测试套件将一组测试类组织在一起
Runner	测试执行器运行测试

2. JUnit 核心类

(1)JUnit test runners。为方便读者理解和查阅，表 6-2 列出 JUnit 4 test runners。

表 6-2 JUnit 4 test runners

Runner	说明
org. junit. internal. runners. JUnit38ClassRunner	为了和低版本兼容，JUnit 4 提供此 Runner。用以前版本的方式启动测试用例。
org. junit. runners. JUnit4	此 runner 以 JUnit 4 方式启动测试用例
org. junit. runners. Parameterized	参数化的 runner 使用不同的参数执行同一组测试(方法)
org. junit. runners. Suite	一个 Suite 是一个容器，包含不同的测试。同时也是一个 runner，执行测试类中所有@Test 标记的方法

如果未指定 test runner，JUnit 将使用缺省的 test runner 执行测试。如果要使用特定的 test runner 执行测试，必须使用@RunWith 标记测试类，如以下代码所示：

```
@RunWith(value=org.junit.internal.runners.JUnit38ClassRunner.class)
public class TestWithJUnit38 extends junit.framework.TestCase {
    //…
```

```
}
```

(2)JUnitCore。为了尽可能快捷方便地执行测试，JUnit 提供了类 JUnitCore(org. junit. runner. JUnitCore)，该类可以执行任何版本的测试。JUnitCore 实际上使用的是 facade 设计模式，由 JUnit 来决定使用哪个执行器来执行测试类，它支持 JUnit 3.8 测试类和 JUnit 4 测试类，甚至于两个版本的混合。比如我们曾经使用的命令行执行方式：

java －cp .;\junit4.8.2\junit－4.8.2.jar org.junit.runner.JUnitCore CalculatorTest

不论测试类 CalculatorTest 是 JUnit 3.8 版本或者 JUnit 4 版本，或者混合版本，JUnit 都能正确地执行测试。

关于 facade 设计模式，请参阅相关书籍。对 facade 设计模式的理解，有助于理解 JUnit-Core 的工作方式。

(3)Suite。如果要执行多个测试类，要使用 JUnit 提供的类 Suite(org. junit. runners. Suite)，Suite 既是一个 Runner，同时也是一个容器，它是多个测试类的集合。如果没有定义 Suite，JUnit 会自动创建一个 Suite，该 Suite 将扫描测试类中的所有@Test 方法，并为测试类中的每个@Test 方法创建一个测试类的实例。紧接着，JUnit 将在各自的实例中单独执行每个@Test 方法，避免了由测试代码引起的潜在的副作用。

以下代码示例演示自定义 Suite，它将多个测试类组织到一个 test suite 中：

```
@RunWith(value=org.junit.runners.Suite.class)
@SuiteClasses(value={CalculatorTest.class, ParameterizedCalculatorTest.class})public class AllCalculatorTests {
    //…
}
```

既然 Suit 是一个容器，当然也可以包含其他的 Suite，以下代码示例演示自定义 Suite，它将多个 test suites 组织到一个 test suite 中：

```
public class TestCaseA {
    @Test
    public void testA1() {
        //...
    }
}

public class TestCaseB {
    @Test
    public void testB1() {
        //...
    }
```

```
}

@RunWith(value=Suite.class)
@SuiteClasses(value = {TestCaseA.class})
public class TestSuiteA {
    //...
}

@RunWith(value=Suite.class)
@SuiteClasses(value = {TestCaseB.class})
public class TestSuiteB {
    //...
}

@RunWith(value = Suite.class)
@SuiteClasses(value = {TestSuiteA.class, TestSuiteB.class})
public class AllTestSuites{
    //...
}
```

通过本节的介绍可以知道，JUnit Suites 对于组织测试用例非常有用，JUnit 使用测试套件(test suite)把一组相关的测试类(test classes)组织在一起，可以把该组测试类作为一个整体执行。同时，JUnit 也可以把一组测试套件组织成更高级别的测试套件。JUnit 使用测试执行器(runner)调用单元测试或者测试套件。

3. 执行参数化测试

参数化的测试执行器允许使用不同的参数多次执行同一个测试，以下代码示例演示参数化的执行器：

```
import static org.junit.Assert.*;
import org.junit.Test;
import org.junit.runner.RunWith;
import org.junit.runners.Parameterized;
import org.junit.runners.Parameterized.Parameters;
import java.util.*;

@RunWith(value=Parameterized.class)
```

```
public class ParameterizedCalculatorTest{
    private double expected;
    private double summand;
    private double addend;

    @Parameters
    public static Collection<Integer[]> getTestParameters(){
        return Arrays.asList(new Integer[][] {
            {2, 1, 1}, //expected, summand, addend
            {3, 2, 1}, //expected, summand, addend
            {4, 3, 1}, //expected, summand, addend
            });
    }

    public ParameterizedCalculatorTest(double expected, double summand, double addend) {
        this.expected = expected;
        this.summand = summand;
        this.addend = addend;
    }

    @Test
    public void testAdd(){
        Calculator calc = new Calculator();
        assertEquals(expected, calc.add(summand, addend), 0);
    }
}
```

运行如下命令,执行测试:

java -cp .;\junit4.8.2\junit-4.8.2.jar org.junit.runner.JUnitCore ParameterizedCalculatorTest

运行结果如图 6.4 所示。

从运行结果来看,执行了 3 次测试。对以上代码,作如下解释:

(1)要使用参数化测试执行器运行一个测试类,该测试类必须使用@RunWith 标记,参数值为 Parameterized class。执行测试的次数等于测试方法个数和参数集合元素个数的叉乘积。

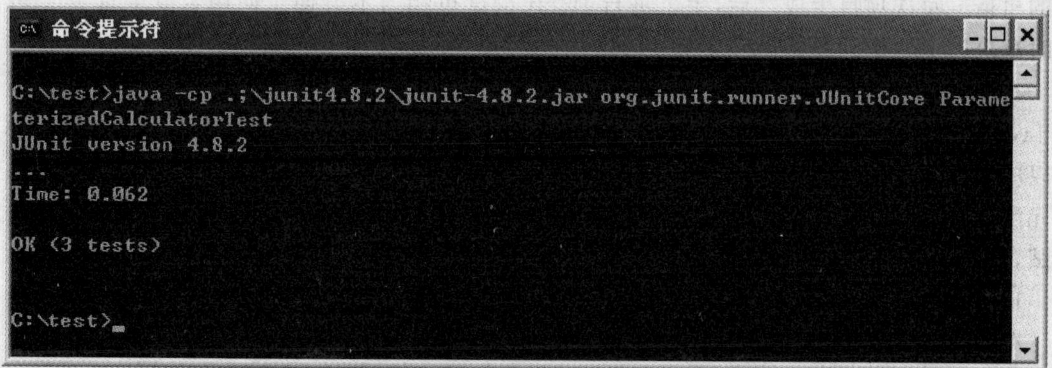

图 6.4　单元测试 ParameterizedCalculatorTest 执行结果

(2)必须声明执行测试时使用的实例变量，并且声明一个用@Parameters 标记的方法，如示例中的 getTestParameters 方法。该方法的签名必须是@Parameters public static java. util. Collection，没有参数。Collection 的集合元素必须是具有相同长度的数组类型，测试类必须具有唯一的 public 类型的构造函数，并且，该构造函数的参数个数和数组的长度要匹配，测试类没有无参构造函数。

(3)测试类声明具有@Test 标记的测试函数，实例化被测试类，并使用提供的参数调用 assert 方法。调用时，循环执行该方法，循环次数为使用@Parameters 标记的方法返回的 collection的长度。该示例中，执行单个测试用例的结果相当于执行以下测试用例的结果：

testAdd：assertEquals(2，calculator. add(1，1)，0)；

testAdd：assertEquals(3，calculator. add(2，1)，0)；

testAdd：assertEquals(4，calculator. add(3，1)，0)；

JUnit 在执行此测试类时，作如下处理：

(1)JUnit 调用静态方法 getTestParameters。

(2)JUnit 循环遍历 getTestParameters collection 中的每个数组。

(3)调用唯一的 public 类型的构造函数，如果存在多个 public 类型的构造函数，JUnit 将抛出异常。JUnit 使用数组元素作为参数调用构造函数，比如示例程序中，JUnit 使用 getTestParameters collection 中的第一个元素(它本身也是一个数组{2,1,1})调用具有 3 个参数的构造函数。

(4)JUnit 调用测试类中的每个@Test 方法。

(5)JUnit 使用 getTestParameters collection 中的下一个数组循环执行以上过程。

6.3.3　使用 Ant 自动化执行测试

编译和测试一个简单的类(比如 6.3.1 节介绍的 Calculator 类)并不困难。但是，编译一个拥有大量类的一个庞大的项目，如果仅仅使用 javac 命令行编译的话，将是一件令人十分头痛的事情。每次项目生成之后，手工进行 JUnit 测试也相当不方便。使用生成工具 Ant 可以同时解决以上两个问题。

Apache Ant 是开源的基于 Java 的生成工具，它直接支持 JUnit 单元测试框架。Ant 不仅是 Java 应用程序生成工具的事实标准，还是管理和自动化 JUnit 单元测试的优秀工具。Ant 可以应用在任何 Java 编程环境下。本节介绍如何将 JUnit 与生成工具协同工作，高效地执行单元测试，包括建立 Java 项目生成环境，如何管理相互依赖的 JAR 文件，如何执行 JUnit 单元测试，如何生成 JUnit 测试报告等。

1. 安装 Ant

Ant 的安装步骤如下：

(1)到 http://ant.apache.org 网站下载 Ant(apache-ant-1.8.1-bin.zip 或者更新版本)。将下载的文件解压到计算机硬盘某目录(比如 C:\Ant)，在该目录下，解压文件将建立相应子目录(比如 C:\Ant\apache-ant-1.8.1)。

(2)将上述目录添加到 ANT_HOME 环境变量中。

(3)修改 PATH 环境变量，确保该变量包含"%ANT_HOME%\bin"目录。

(4)建议将 JDK 安装位置添加到 JAVA_HOME 环境变量。

(5)为了使 Ant 能执行 JUnit 测试，将相应的 junit.jar 拷贝到"%ANT_HOME%\lib"目录。

在命令提示符下输入如下命令：ant -version，出现图 6.5 所示界面，表示安装成功。

图 6.5　Ant 版本信息

2. Ant 核心概念

Ant 通过一个称为 build 的 XML 文件进行配置，默认情况下文件名为 build.xml。build 文件用于描述项目中用于执行的每项任务，一个 build 文件可以包含多个 target，可以执行单个 target，或者将多个 target 链接在一起执行。为了使 build 文件容易配置和使用，Ant 允许定义一些属性，以下是 Ant 中用到的核心概念：

(1)Build file。每个 build 文件通常和特定的开发项目相关联，Ant 使用"project"标签作为 build 文件的根元素启动项目。

(2)Target。运行 Ant 的时候，可以指定一个或多个要执行的 target，作为可选项，target

也可以声明其依赖的其他 target。如果想要运行一个 target，则 Ant 会先运行其依赖的 target。

(3)Property elements。由于一个项目中的许多 target 共享同一个设置，Ant 允许创建 property elements 来封装指定的设置并在整个 build 文件中进行重用。在 build 文件中使用标记“${property}”来指向另一个 property，比如，要指向名为“target.dir”的 property，可以表示为“${target.dir}”。也可以使用 property elements 来设置某工具需要使用的参数或者某工具要运行的任务。

以下代码片段演示 build 文件启动一个名为 example 的项目：

```
<project name="example" default="test">
    <property file="build.properties"/>
    <property name="src.dir" location="src"/>
    <property name="src.java.dir" location="${src.dir}/java"/>
    <property name="src.test.dir" location="${src.dir}/test"/>
    <property name="target.dir" location="target"/>
    <property name="target.classes.java.dir"
        location="${target.dir}/classes/java"/>
    <property name="target.classes.test.dir"
        location="${target.dir}/classes/test"/>
    ...
```

对以上代码作如下解释：

(1)第 1 行，该 build 文件设置项目名为“example”，默认的 target 名为“test”。

(2)第 2 行，表明该 build 文件包含一个 build.properties 文件。因为程序员可能将 JAR 文件存储在不同位置，一个好的做法是用一个 build.properties 文件来定义 JAR 文件的位置。许多开源的项目提供了一个 build.properties 文件示例，你只需要将其拷贝到你的开发环境中并作必要的编辑使其与你的开发环境相匹配即可。

(3)第 3～5 行，该 build 文件使用 property 定义项目源码和测试代码存放的目录。类似地，第 6～10 行使用 property 定义已编译好的项目代码和测试代码存放的目录。一个好的做法是为项目源码和测试源码定义单独的目录(包括源代码和编译过的代码)。

3. javac 任务

对于简单的项目，从命令行运行 javac 编译器是相当简单的。对于包含多个包和源文件目录的项目，javac 编译器的命令行将变得十分复杂。Ant 工具提供 javac 任务允许一个 build 文件调用编译器，因此不必再使用命令行。

通常的做法是在 build 文件里创建一个 compile target 去调用 Ant 提供的 javac 任务去编译产品源代码，javac 任务允许使用任务属性设置所有的编译器选项，比如源代码和目标代码路径等。

以下代码片段演示 compile targets 如何调用 Java 编译器：

```
<target name="compile.java">
    <mkdir dir="${target.classes.java.dir}"/>
    <javac destdir="${target.classes.java.dir}">
        <src path="${src.java.dir}"/>
    </javac>
</target>

<target name="compile.test" depends="compile.java">
    <mkdir dir="${target.classes.test.dir}"/>
    <javac destdir="${target.classes.test.dir}">
        <src path="${src.test.dir}"/>
        <classpath>
            <pathelement location="${target.classes.java.dir}"/>
        </classpath>
    </javac>
</target>

<target name="compile" depends="compile.java, compile.test"/>
```

对以上代码，作如下解释：

(1)第 1 行，声明一个名为“compile.java”的 target 以确保目标目录存在。

(2)第 2 行，mkdir target 将创建一个目录，如果该目录存在，则什么也不做。

(3)第 3～5 行，Ant 使用 javac task 调用 Java 编译器，并指定目标代码和源代码目录。

(4)compile.test target 使用 depends 属性（depends="compile.java"）指定其依赖于 compile.java target，当调用 compile.test target 时，如果 Ant 还没有调用 compile.java target，则会立即先调用它。

(5)最后定义的 compile target 依赖于 compile.java target 和 compile.test target。

4. junit 任务

在 6.3.1 节，手工运行 CalculatorTest 测试，当代码发生改变时，需要重新编译源代码，然后再手工运行测试。以下代码片段演示 test target 如何调用 JUnit 进行单元测试：

```
<target name="test" depends="compile">
    <junit printsummary="yes" haltonerror="yes" haltonfailure="yes"fork="
yes">
        <formatter type="plain" usefile="false"/>
        <test name="CalculatorTest"/>
```

```
            <classpath>
                    <pathelement location="${target.classes.java.dir}"/>
                    <pathelement location="${target.classes.test.dir}"/>
            </classpath>
        </junit>
    </target>
```

对以上代码作如下解释：

(1)第 1 行，声明 test target，其依赖于 compile target，Ant 在运行 test target 之前会先运行 compile target。

(2)定义一个 junit task，其中，printsummary 属性值为 yes，表示在测试结束时打印一行概要信息；fork 属性值为 yes，表示 Ant 使用单独的 Java 虚拟机运行每个测试；haltonfailure 属性和 haltonerror 属性取值 yes，表示如果有任何测试出错或者失败则直接停止工作。

(3)test name 属性定义要运行的测试类的名称。

将本节介绍的三段代码片段，组织到一个 build. xml 文件，运行 Ant，运行结果如图 6. 6 所示。

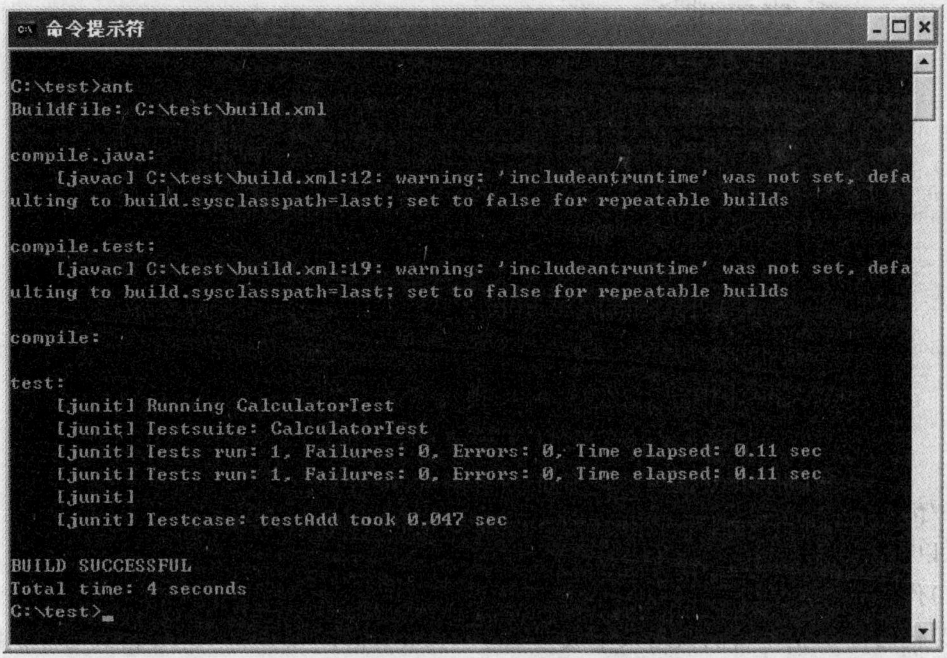

图 6. 6 Ant 运行结果

5. 生成 JUnit 测试报告

junit task 能够生成 XML 文档，详细记录所有测试的结果。Ant 的另一个可选的 task

"junitreport"将 XML 文档转换成 HTML 文档,可以在任何浏览器中查看测试报告。以下代码片段演示如何生成测试报告:

```
<project name="example" default="report">
    ...
a)  <property name="target.report.dir" location="${target.dir}/report"/>
    ...
<target name="test" depends="compile">
b)      <mkdir dir="${target.report.dir}"/>
        <junit printsummary="yes" haltonerror="yes" haltonfailure="yes" fork="
        yes">
c)          <formatter type="xml"/>
d)          <test name="CalculatorTest " todir="${target.report.dir}"/>
            <classpath>
                <pathelement location="${target.classes.java.dir}"/>
                <pathelement location="${target.classes.test.dir}"/>
            </classpath>
      </junit>
    </target>
e)  <target name="report" depends="test">
        <mkdir dir="${target.report.dir}/html"/>
        <junitreport todir="${target.report.dir}">
            <fileset dir="${target.report.dir}">
                <include name="TEST-*.xml"/>
            </fileset>
            <report todir="${target.report.dir}/html"/>
        </junitreport>
    </target>
</project>
```

对以上代码,作如下解释:

(1)代码行 a)定义测试报告的生成目录,代码行 b)生成该目录。

(2)代码行 c)指定将测试结果生成为 XML,junitreport task 将 XML 格式的测试结果转换成 HTML 格式。

(3)代码行 d)将生成的 XML 文件放置到"${target.report.dir}"目录。

(4)从代码行 e)开始,创建一个新的目录,在该目录下放置生成的 HTML 测试报告,由 junitreport task 创建测试报告。junitreport task 扫描 XML 格式的测试结果并在指定位置生成 HTML 格式的测试报告。

生成的测试报告如图 6.7 所示。

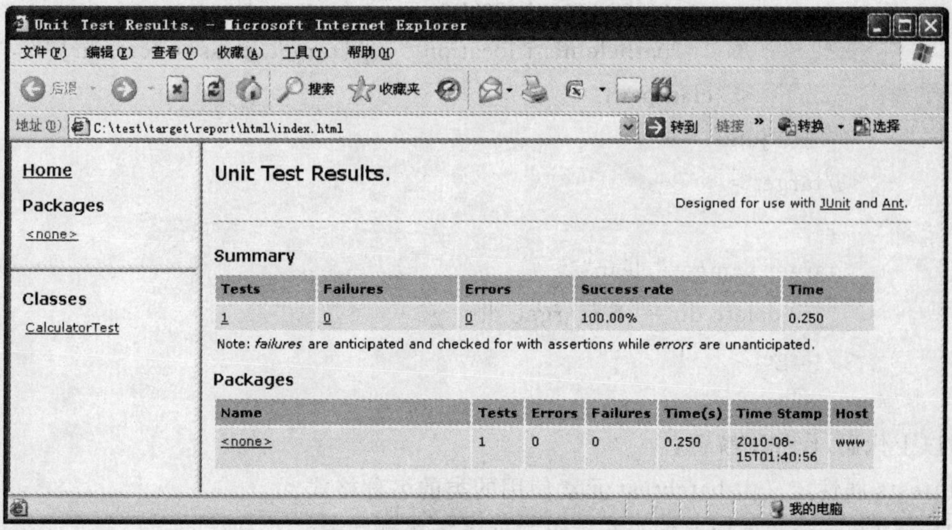

图 6.7　Ant JUnit HTML 报告

6. 批处理测试

为执行自动化单元测试，作为可选项，Ant 使用通配符来查找类名，并成批执行测试。以下代码片段演示如何自动化批处理测试：

```
<project name="example" default="test">
   ...
   <target name="test" depends="compile">
      <mkdir dir="${target.report.dir}"/>
      <property name="tests" value="Test*"/>
      <junit printsummary="yes" haltonerror="yes" haltonfailure="yes"
        fork="yes">
      <formatter type="plain" usefile="false"/>
      <formatter type="xml"/>
      <batchtest todir="${target.report.dir}">
         <fileset dir="${src.test.dir}">
            <include name="**/${tests}.java"/>
               <exclude name="**/Test*All.java"/>
            </fileset>
```

```
            </batchtest>
            <classpath>
                <pathelement location="${target.classes.java.dir}"/>
                <pathelement location="${target.classes.test.dir}"/>
            </classpath>
        </junit>
    </target>
    ...
    <target name="clean">
        <delete dir="${target.dir}"/>
    </target>
</project>
```

对以上代码,作如下解释:

(1)tests 属性定义由 batchtest 元素使用的类的名称格式。

(2)batchtest 元素使用通配符在一组文件中查找测试类。

(3)通常情况下,build 文件包含一个 clean target,用于移除由生成工具生成的所有文件。

以上,介绍了 Apache Ant,并简单介绍了 build 文件的主要任务:javac,junit 和 junitreport,这些任务允许自动化地执行编译、运行单元测试、创建测试报告等,这对单元测试自动化来说非常有用。关于 Ant 更详细的用法,请读者查阅相关资料。

6.3.4 集成开发环境下使用 JUnit

1. JUnit 与 JBuilder 集成

以 JBuilder 2008 R2 为例,JBuilder 2008 R2 集成开发环境自带 JUnit 4.3.1 和 Ant 1.7.0。新建一个 Java Project,如图 6.8 所示。

在项目名称上点右键,然后在右键菜单上选择"Properties",系统弹出"Project Properties"面板,如图 6.9 所示。

在"Project Properties"面板左侧选择"Java Build Path",在面板右侧选择"Libraries"选项卡,然后单击"Add Library"按钮,系统弹出"Add Library"对话框,如图 6.10 所示。

在"Add Library"对话框上选择"JUnit",点击 Next,系统弹出选择 JUnit 版本对话框(JBuilder 2008 R2 允许选择 JUnit 3 和 JUint 4 两种版本),在下拉列表中选择"JUnit 4"后点击 Finish。最后在"Project Properties"面板上点击"OK"。这样就可以在 JBuilder 2008 R2 集成开发环境中使用 JUnit 进行单元测试了。

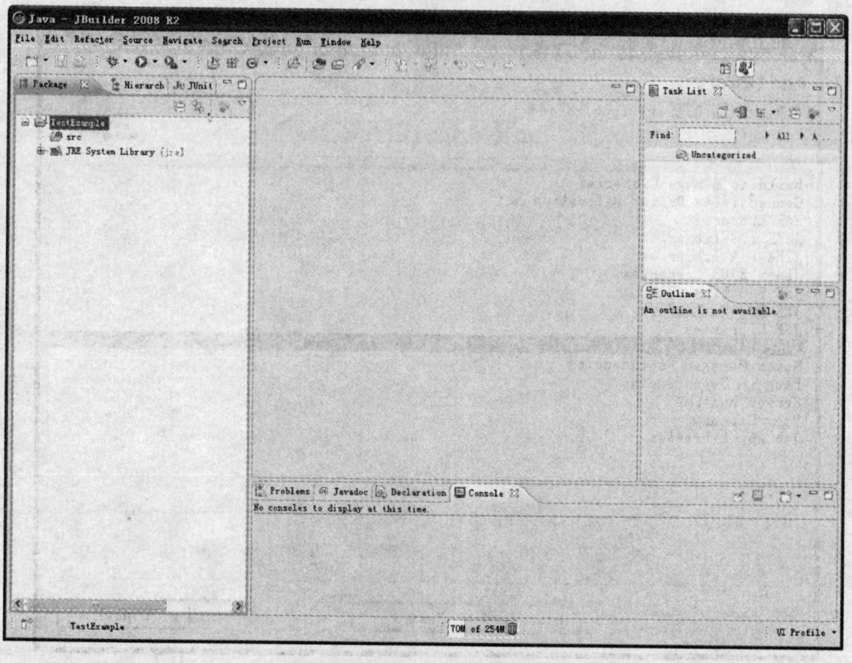

图 6.8　新建 JBuilder 项目

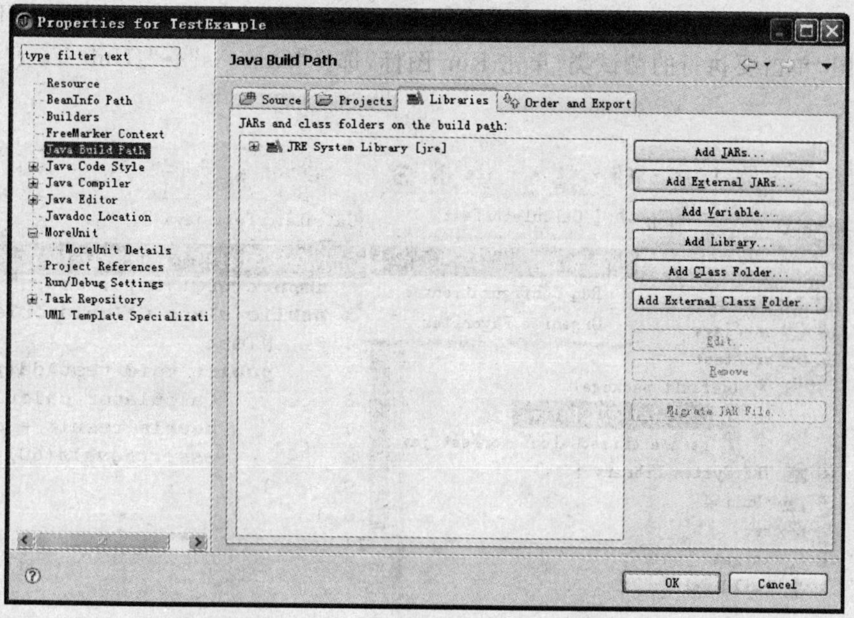

图 6.9　JBuilder Project Properties 面板

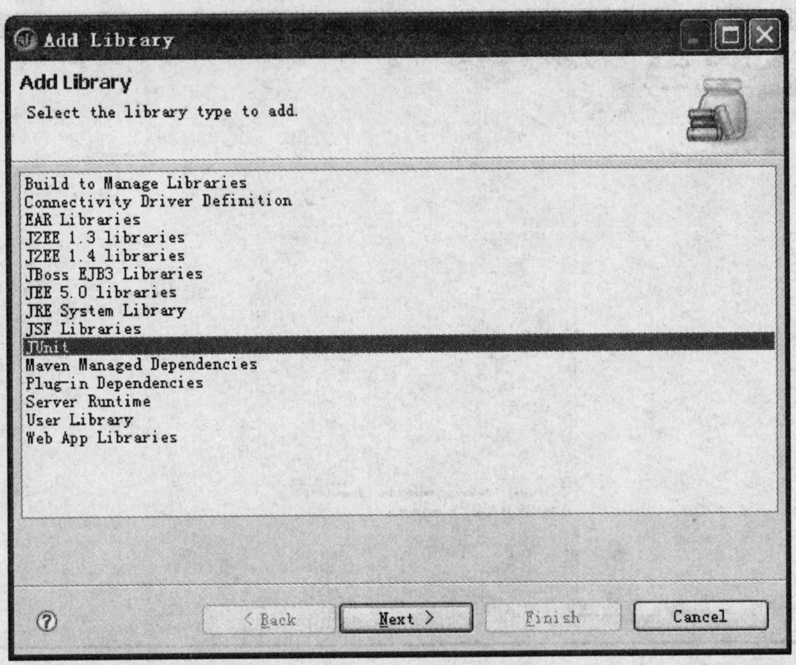

图 6.10　JBuilder Add Library 对话框

在 JBuilder 2008 R2 集成开发环境下执行单元测试也非常简单，在集成开发环境下选择 Package 视图，单击要执行的测试类，单击 Run 图标，选择“Run As”→“JUnit Test”即可，如图 6.11 所示。

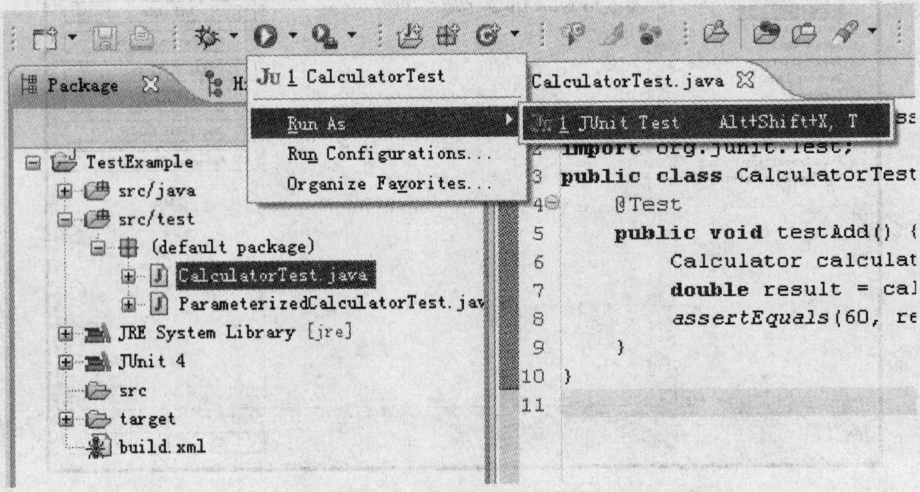

图 6.11　JBuilder 执行单元测试

运行结果如图 6.12 所示。

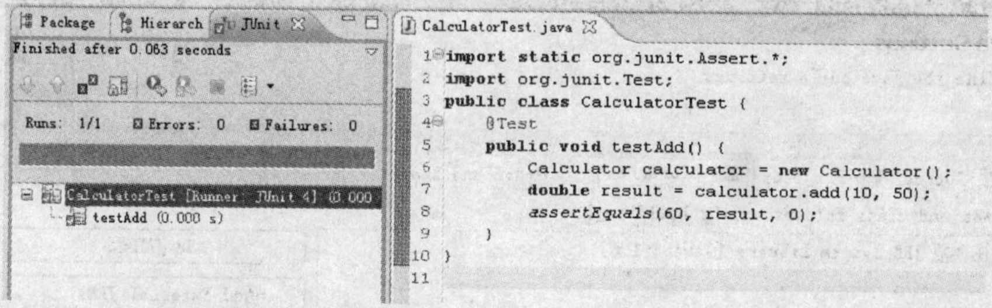

图 6.12 JBuilder 单元测试结果

2. JUnit 与 Eclipse 集成

以 MyEclipse Enterprise Workbench 8.5 为例，新建一个项目，如图 6.13 所示。输入项目名称后，点击“Next”，系统显示“Java Settings”选项，如图 6.14 所示。

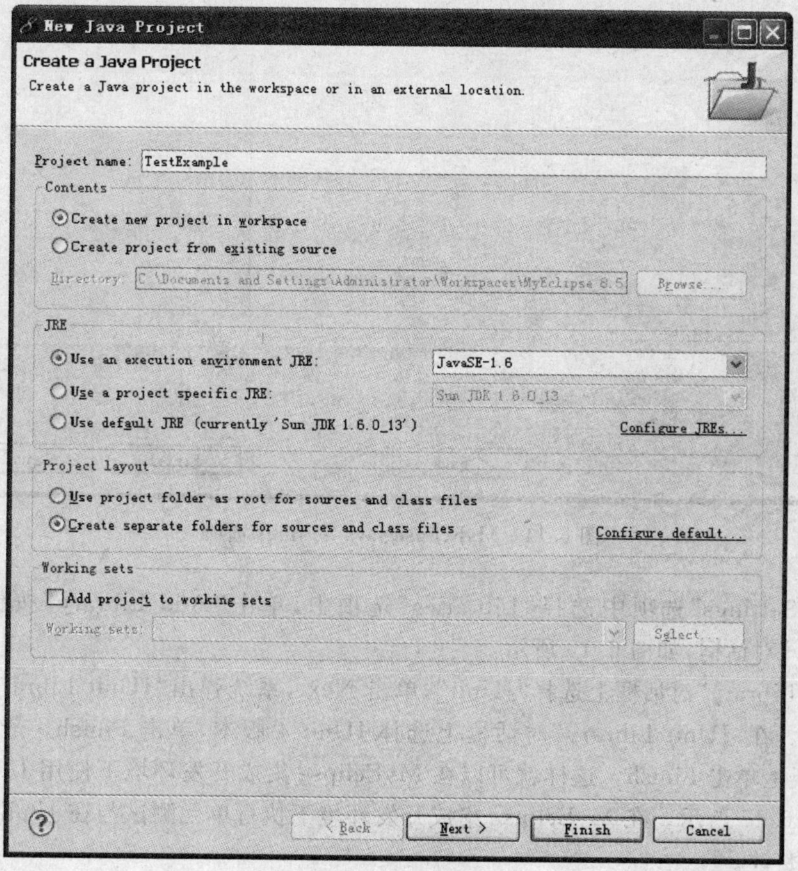

图 6.13 MyEclipse 新建项目对话框

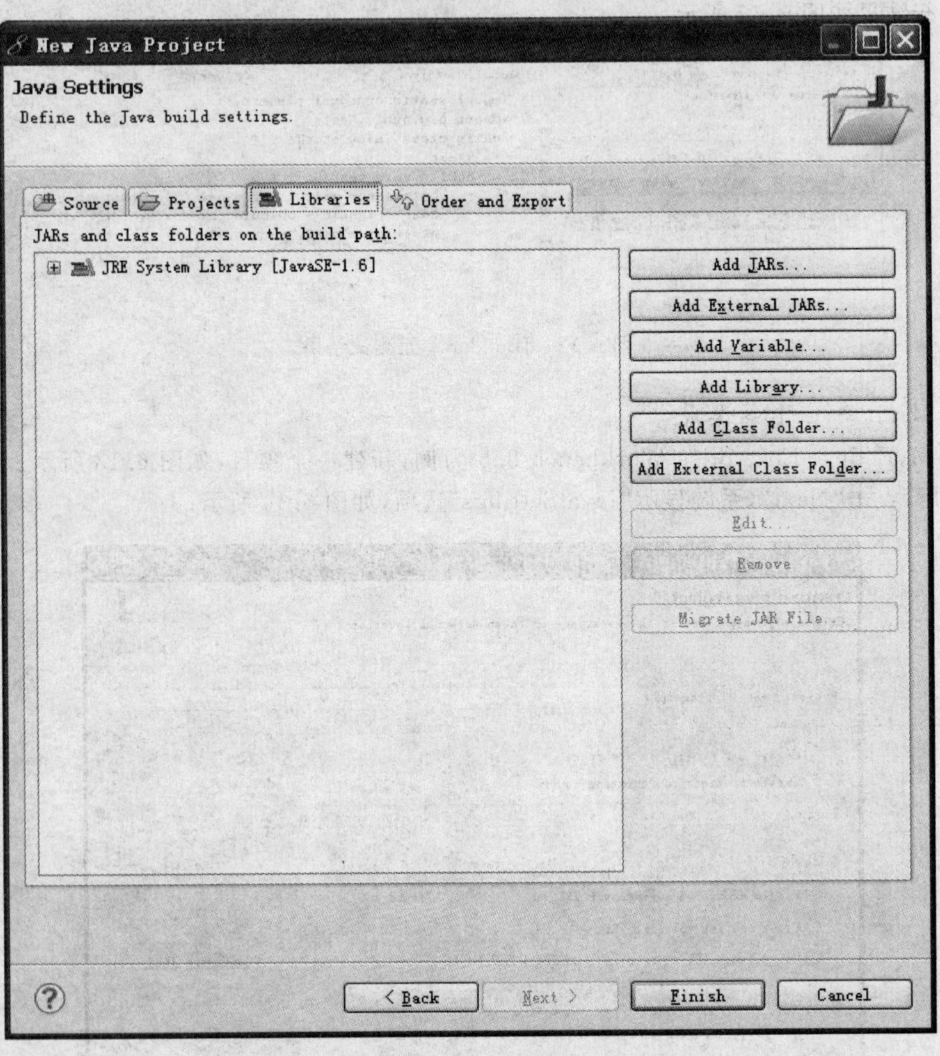

图 6.14　MyEclipse Java Settings 选项

在“Java Settings”选项中选择“Libraries”选项卡，单击“Add Library”按钮，系统弹出“Add Library”对话框，如图 6.15 所示。

在“Add Library”对话框上选择“JUnit”，单击 Next，系统弹出“JUnit Library”对话框，如图 6.16 所示。在“JUnit Library”对话框上选择 JUnit 4 版本，单击 Finish。最后再在“Java Settings”面板上单击 Finish。这样就可以在 MyEclipse 集成开发环境下使用 JUnit 进行单元测试了，如图 6.17 所示。在 MyEclipse 集成开发环境下执行单元测试与在 JBuilder 环境下类似，这里不再赘述。

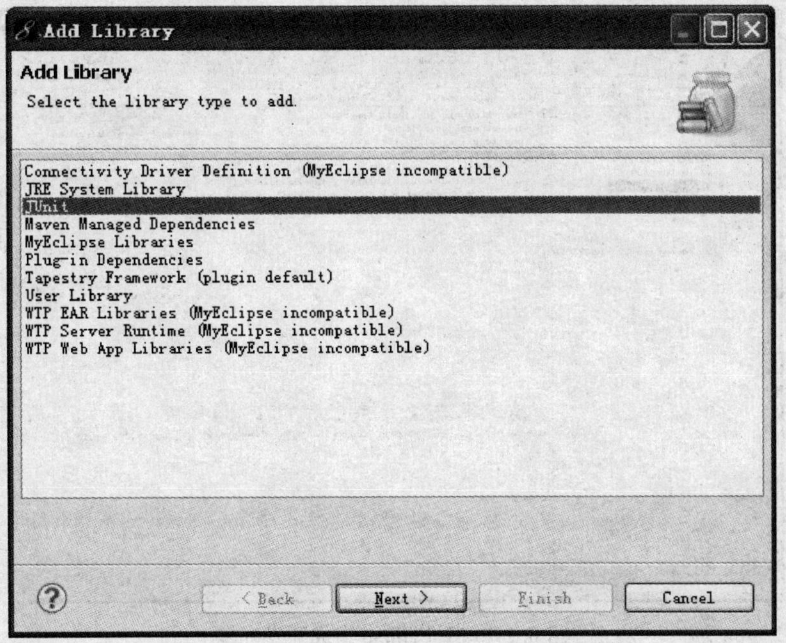

图 6.15 MyEclipse Add Library 对话框

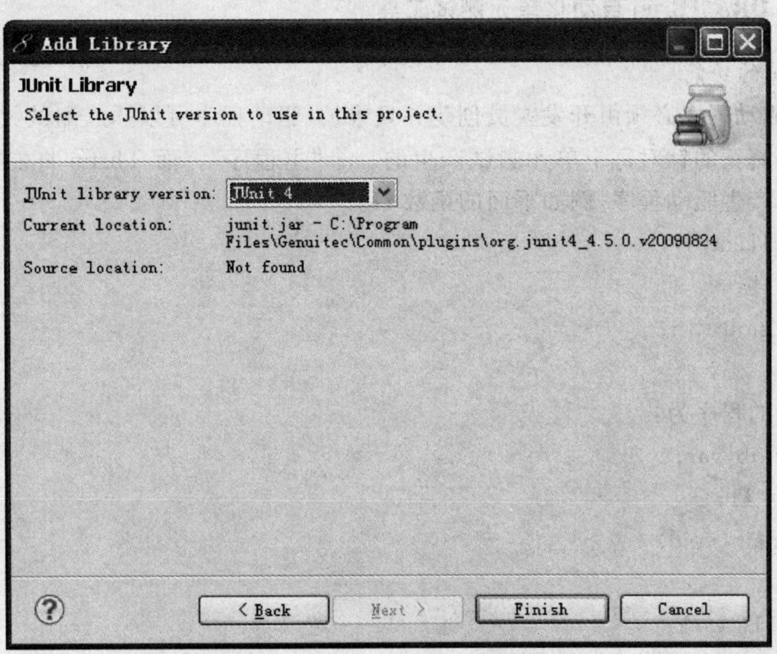

图 6.16 MyEclipse JUnit Library 对话框

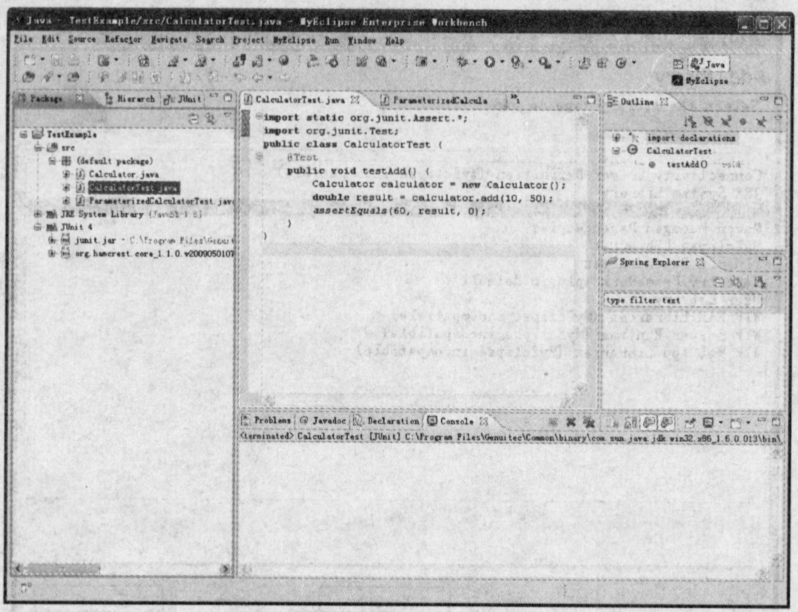

图 6.17　MyEclipse 集成开发环境

6.3.5　LDRA TBrun 自动化单元测试工具

1. Tbrun 的功能

传统上，驱动程序必须由开发人员创建并且维护，驱动程序可以插入测试数据并且代码能被编译。它是真正的针对每个单元测试产生的一个“主程序”。而 Tbrun 将能根据测试人员的输入值自动产生驱动程序，例如下面的函数 f1。

```
void f1(int i)
{
    glob = i;
}
```

则带驱动的程序为：

```
int glob, var;
var =11;
int main(void)
{
    f1( var);
}
void f1(int i)
```

```
{
    glob = i;
}
```

此外,能产生测试数据,并且使用测试数据的驱动单元能被执行来产生可以检查或者与期望值比较的实际结果,即通过执行驱动程序得到的结果能与预期值进行比较看是否能通过本次的测试。一次测试结束后,能提供代码覆盖率的情况可以被测试者用来度量测试是否充分。

最后,测试的结果包括:全面的已知功效的测试数据,对一系列期望输出的匹配,一系列表现测试程度的度量,一个自动的回归测试机制。

Tbrun 的自动化测试使得当软件被维护后,许多函数及其接口都会被改变。这意味着从原理上所有的驱动、测试数据和期望结果都必须也改变,这会带来开支的增加。Tbrun 通过自动生成驱动,辅助代码变更来在这个方面给予帮助。

2. Tbrun 测试步骤

(1)Tbrun 利用了代码评审和设计评审的结果自动对系统的每一个单元产生驱动(测试驱动)。

(2)用户被提示输入数据并且被要求确定输出是否正确。

(3)Tbrun 保存和维护所有的信息,以便在任何时候重新生成相同的驱动。

3. Tbrun 单元测试操作流程

(1)切换到 Tbrun。运行 testbed,选择单个文件或多文件的集,通过 LDRA Testbed 菜单选择 Unit Test only,如图 6.18 所示,切换到 Tbrun,将弹出 Tbrun 运行界面,如图 6.19 所示。

其中,⑥部分输入 / 输出窗口提供为测试用例赋值的地方,用户可以在每个变量的输入区域点击两次(慢慢地)来编辑数值。

(2)创建序列。对于 TBrun,产生测试数据的序列,用来测试包含在代码里的测试单元。针对指定源代码调用 Tbrun 时,用户必须创建一个结合测试数据的序列。过程如图 6.20 所示。

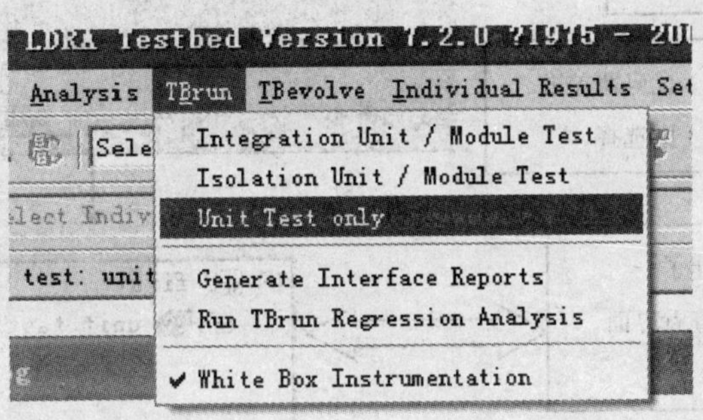

图 6.18 切换 Tbrun

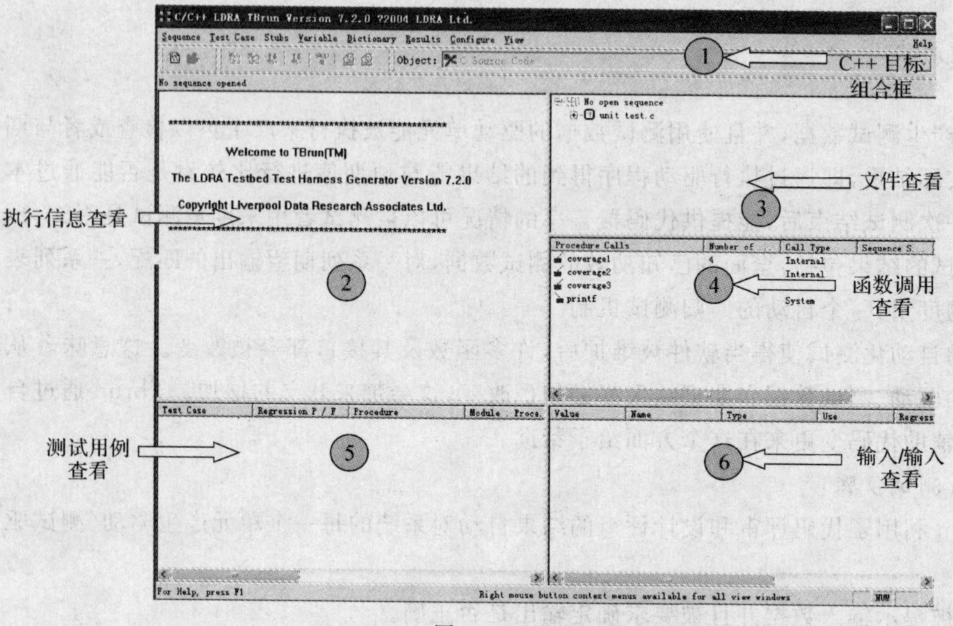

图 6.19 Tbrun 界面图

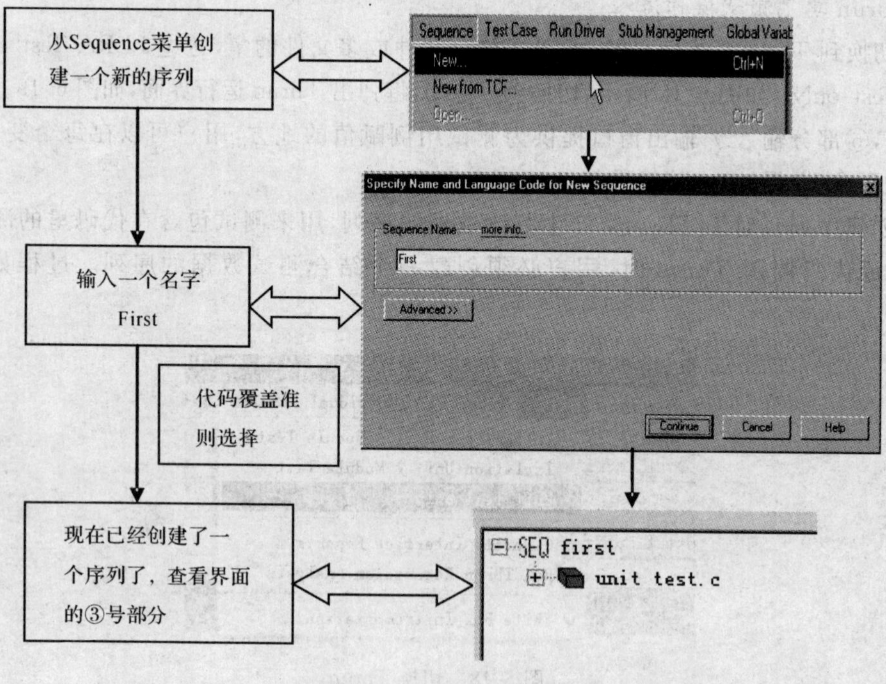

图 6.20 创建序列流程

再对测试选项进行配置，点击菜单 Configure—>Instrumentation Options 选项（见图 6.21），选择第 4 项（见图 6.22），接着点击菜单的 Configure—>White Box Dynamic Coverage Metrics Options（见图 6.23），根据需求选择覆盖率准则，本例选了语句、分支和 MC/DC 覆盖（见图 6.24）。

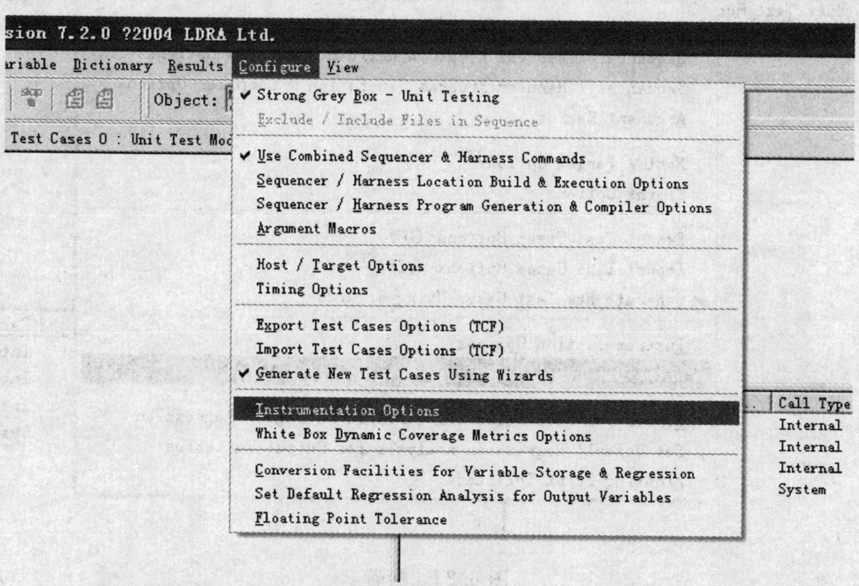

图 6.21 配置 1

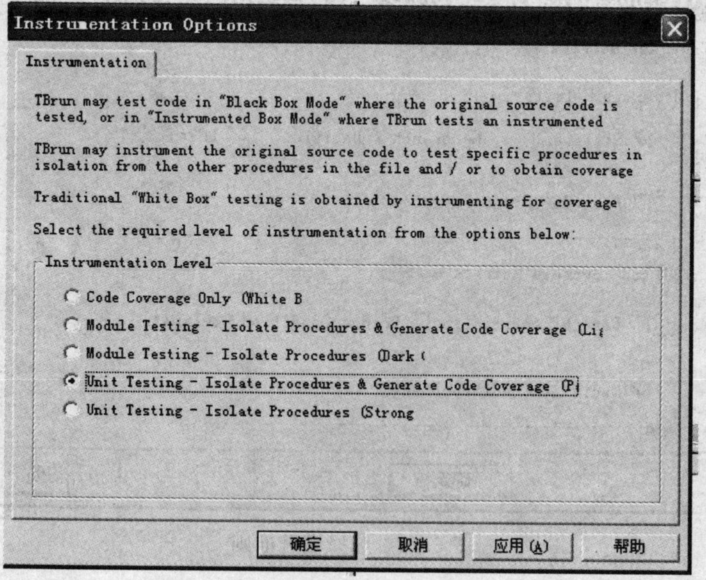

图 6.22 选择生成代码覆盖率

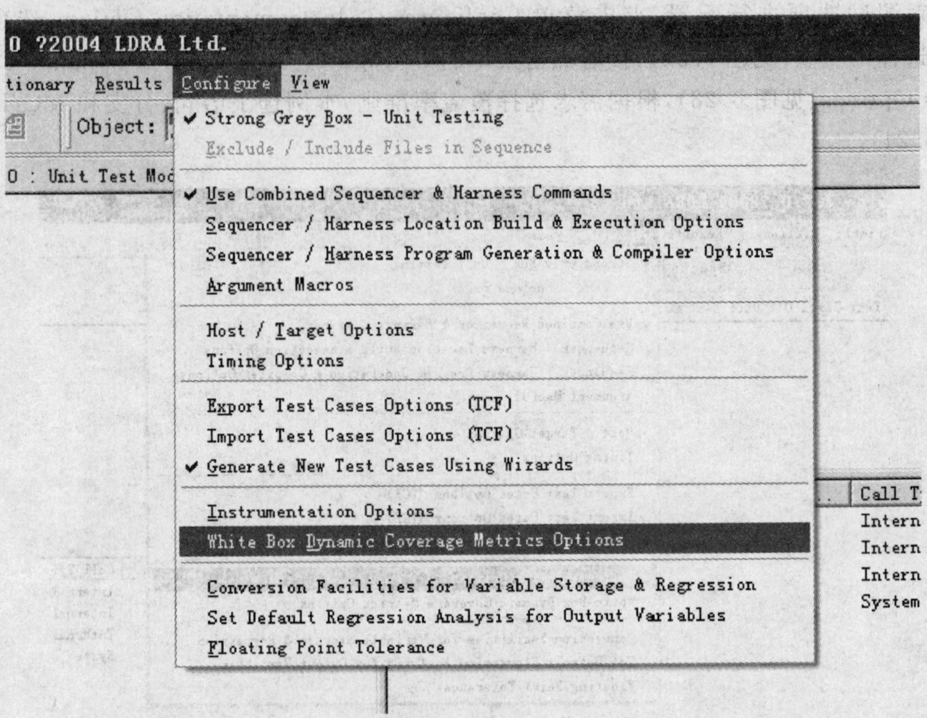

图 6.23　配置 2

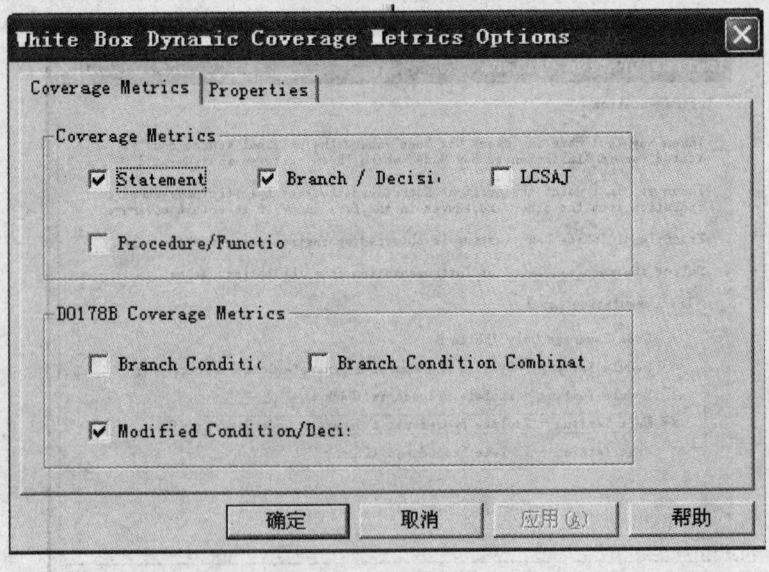

图 6.24　选择覆盖准则

(3)为函数创建测试用例。定义输入接口,预先给出单元测试的输出值(在合适的地方),必须先选择一个被测函数,有调用其他函数,则将其他函数打桩处理,然后针对这个函数创建新的用例,并输入特定的数值,包括输入数据和预期的输出值。以 XXX 为例,设计一个用例见表 6-3。

表 6-3　用例 1

被测函数	coverage1	
输入变量类型	输入变量名	输入变量的值
int	A	1
int	B	1
int	C	0
输出变量类型	输出变量名	输出变量的值
int	%	1

从 Test Case 菜单选择 Create New Test Case 来创建新的测试用例,也可直接通过点击选择被测函数,如图 6.25 所示,接着弹出如图 6.26 所示的对话框,点击"continue",此时已经创建了一个用例,图 6.19 所示的 Tbrun 界面的⑤部分和⑥部分将分别出现一个用例及其待输入输出变量(见图 6.27),然后,根据之前设计的测试用例,输入数据(输入值和预期输出值),如图 6.28 所示。

若暂不执行用例,而是继续创建用例,则需将刚创建的用例保存,点击菜单栏的"Test Case",选择"Store New Test Case",如图 6.29 所示。

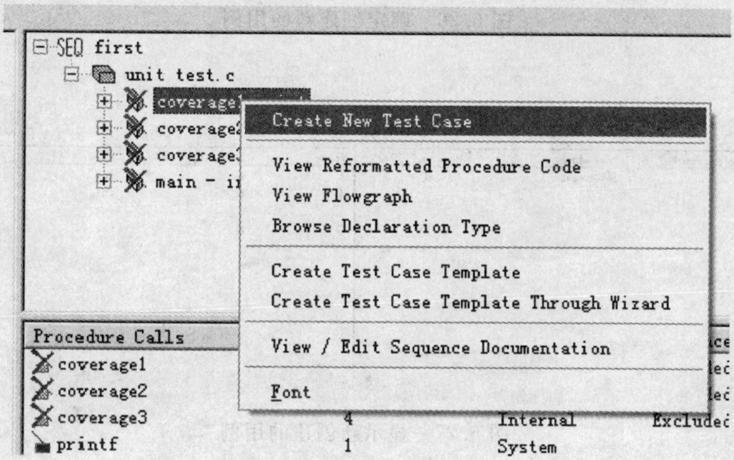

图 6.25　创建新用例

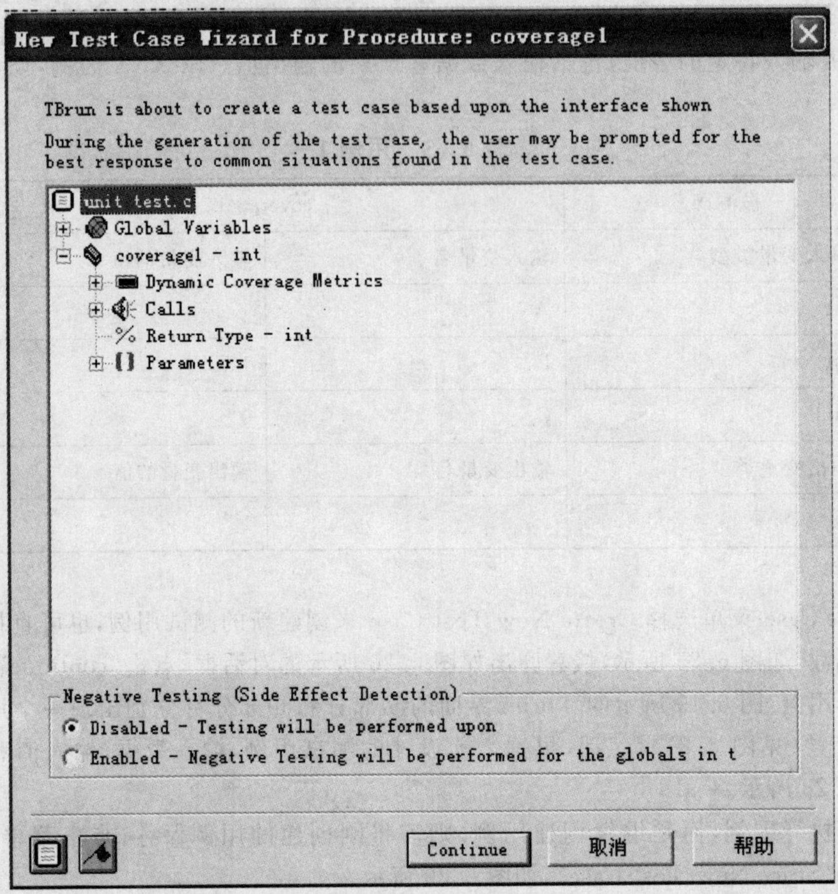

图 6.26　确定创建新的用例

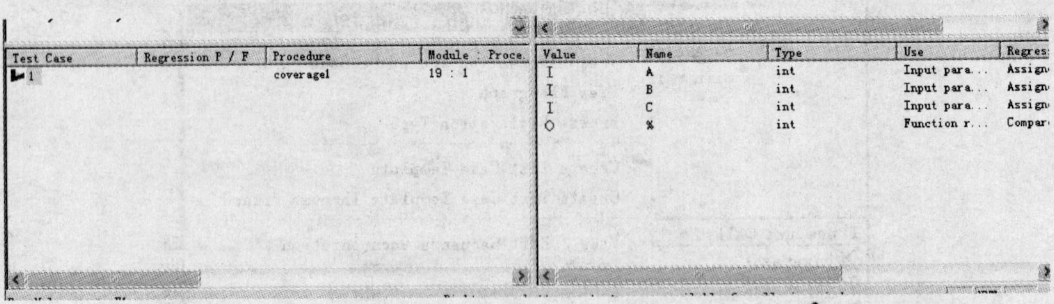

图 6.27　显示新创建的用例

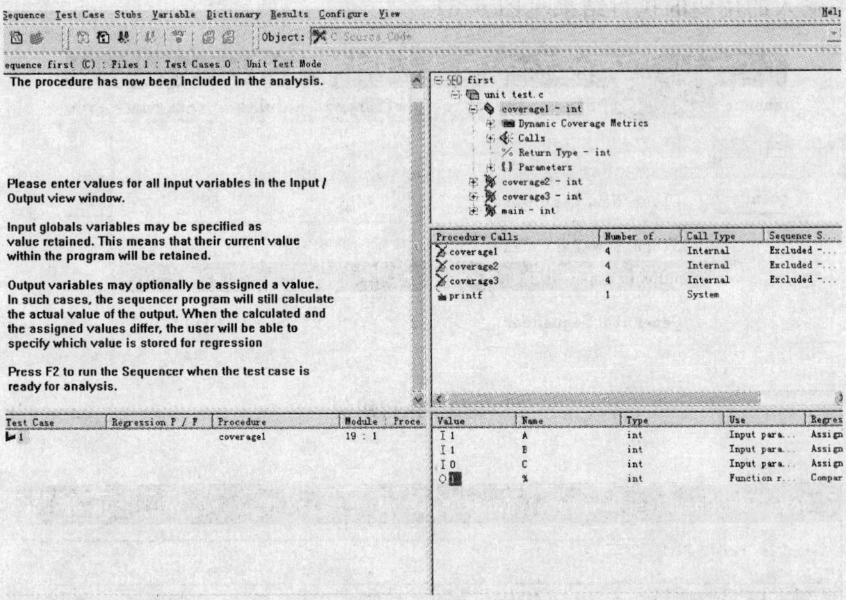

图 6.28　输入用例的数据

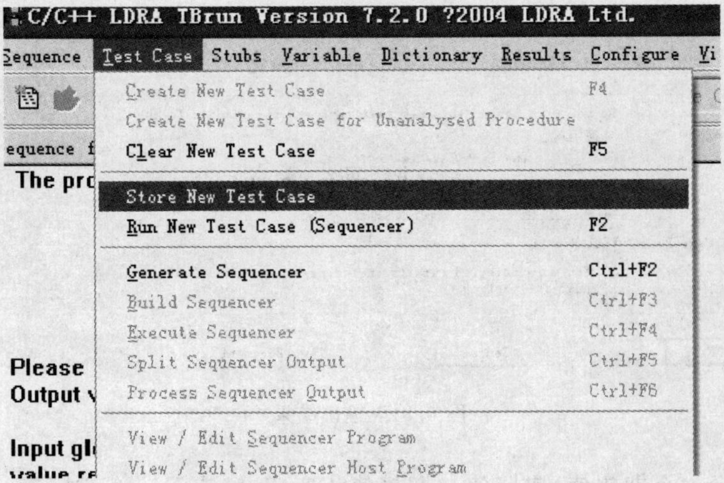

图 6.29　保存用例

其中，保存用例之前，需要对输入和输出变量指定值，而且仅仅当驱动程序运行时，Tbrun 才会列举出测试用例的所有错误。

(4)执行用例。创建测试驱动并且运行这个驱动程序（测试用例），编译链接无误后，将会出现实际运行的结果。首先，从 Run Driver 菜单中选择 Run Driver，这个处理也可以从鼠标右键的激活菜单选取（见图 6.30），有错误时，会在 Tbrun 界面②部分有相应的 log 提示。

对(3)中输入的用例的执行结果见图 6.31。

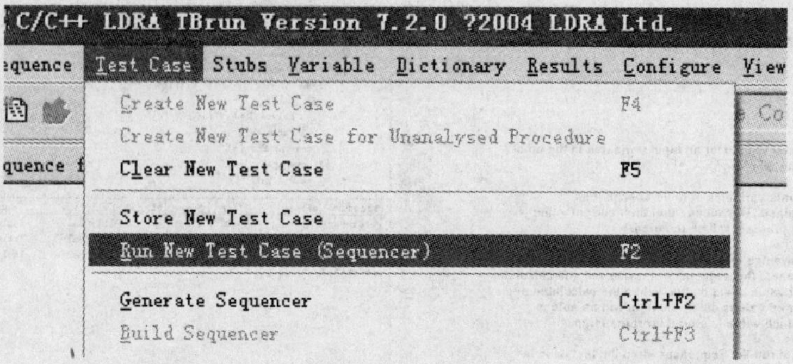

图 6.30 执行用例

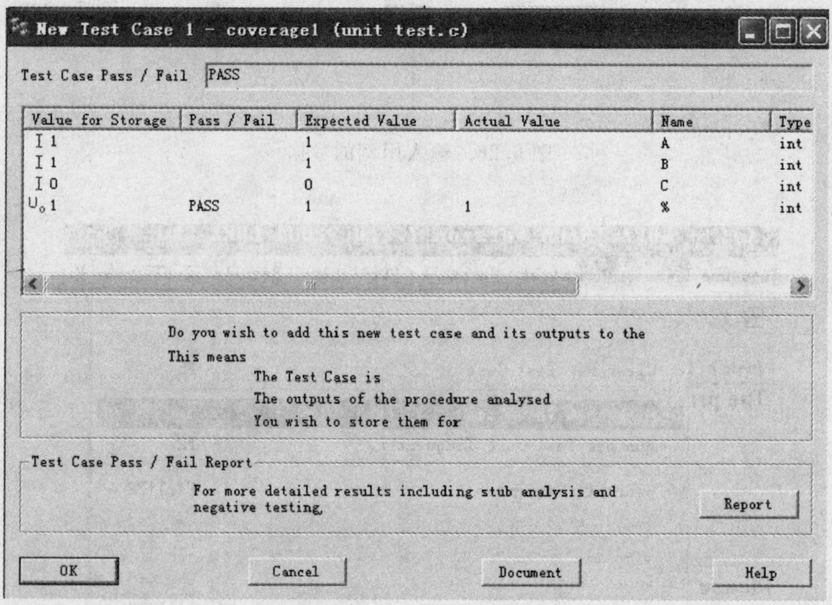

图 6.31 输出结果

其中，U_0 表示一个期望值，实际值与期望值相匹配，O 表示一个实际值，与期望值不同。点击“OK”，若不接受此次结果，点击“Cancel”。

(5)查看结果如果选了覆盖率分析，则在 Tbrun 界面③部分的被测函数后出现运行此用例后的代码覆盖率(见图 6.32)和动态覆盖分析报告(部分内容见图 6.33)等其他的测试结果报告。

(6)继续测试此单元，直到满足了覆盖率要求。

以上只是一个简单的介绍，运用此工具进行自动化测试时，此工具还提供了其他的功能，如小精灵，对循环迭代等的代码有其特殊的处理方法，还有针对数组、结构体等也有很多的处理技巧，建议读者参阅 Testbed 用户说明手册并结合工作实践来加深对它的使用熟练度。

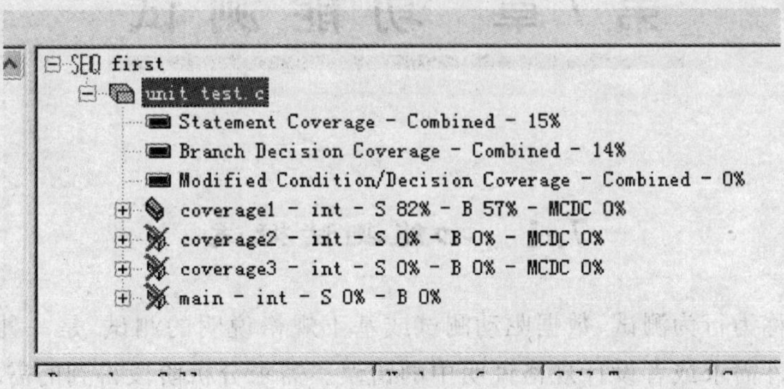

图 6.32　覆盖率显示

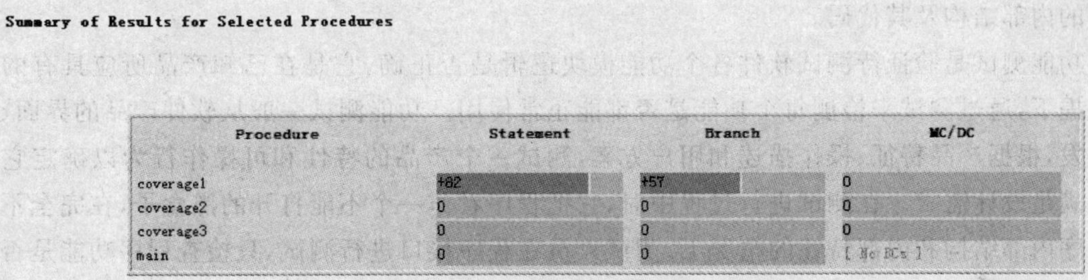

图 6.33　覆盖率报告部分内容截图

第7章 功能测试

7.1 功能测试概述

功能测试也称为行为测试、数据驱动测试或基于规格说明的测试，是一种黑盒测试技术，其目的是发现软件需求或者设计规格说明中的错误。需求分析阶段得到的需求规格说明书对软件功能作了完整的描述，软件设计阶段将整个软件系统划分为多个模块，每个模块实现一个或多个功能。因此，功能测试需要验证每个模块是否能够完成需求的功能，而不需要考虑整个软件的内部结构及其代码。

功能测试是验证待测试软件各个功能模块逻辑是否正确，它是在已知产品所应具有的功能前提下，通过测试来检测每个功能是否都能正常使用。功能测试一般从软件产品的界面、架构出发，根据产品特征、操作描述和用户方案，测试一个产品的特性和可操作行为以确定它们是否满足设计需求。在测试进行过程中时，它把程序看作一个不能打开的黑盒子，在完全不考虑程序内部结构和内部特性的情况下，测试人员在程序接口进行测试，只检查程序功能是否按照需求规格说明书的规定正常使用，程序是否能适当地接收输入数据而产生正确的输出信息，如果需要和外部数据交互，要保证实施功能测试前后外部数据的一致性。

功能测试的依据是需求规格说明书，由于功能正确性是软件最基本最重要的质量因素，所以功能测试必不可少。

功能测试的主要内容：

(1)是否有不正确或遗漏了的功能。

(2)在接口上，输入能否正确地接受，能否输出正确的结果。

(3)是否有数据结构错误或外部信息(例如数据文件)访问错误。

(4)性能上是否能够满足要求。

(5)是否有初始化或终止性错误。

常用的功能测试方法有：

(1)录制/回放。录制是利用相关工具捕获交互过程的场景和操作，记录下整个测试流程，并生成该测试流程脚本程序。回放是在录制的基础上，由相应的工具运行生成的脚本程序，完整地重现先前录制的测试流程，从而可以准确代替测试人员完成需要大量重复的测试工作。

(2)数据驱动。该方法以数据为中心，将输入和预期输出都保存在数据源里，测试程序从数据源取得输入数据，运行测试后核对输出数据和预期输出。

(3)关键字驱动。关键字驱动又称表驱动。关键字是指存放在数据表中的描述性文字，可以被用来决定如何测试的数据，这类数据被解释执行，而不是仅仅为测试提供参数。关键字驱动实现了脚本、数据和业务的分离，提高了可复用性。

7.2 功能测试自动化

当前，功能测试自动化主要有两种技术：录制/回放技术和测试脚本自动生成技术。

录制/回放技术主要是通过软件测试工具，对测试步骤进行录制，并自动生成脚本文件，当需要重新测试时，只需运行先前生成的脚本文件即可做到精确场景回放。这种自动化技术的优点是：测试人员无须精通脚本的编程，只需手工执行一次测试。但其缺点也是显而易见的：生成的脚本不够灵活，当被测试的软件发生变化时，很可能无法完整地再现先前的测试步骤，需要测试人员重新执行测试过程，先前的生成的脚本将无法重新使用。

脚本技术可以很好地解决录制/回放技术中脚本重用性不高的缺点，测试脚本自动生成是自动化测试的核心技术。

脚本自动生成的模型比较多，但还没有一个能令人满意的测试模型，目前基于脚本自动生成方法的技术还处于研究探索阶段，很少有令人满意的软件出现。利用脚本技术实现软件测试自动化是目前软件业研究的比较成熟的一个方向。

7.3 功能测试工具

7.3.1 QTP简介

QuickTest Professional(简称 QTP)是功能测试和回归测试自动化的高级解决方案，它采用关键字驱动技术。QuickTest 不仅允许测试标准的 Windows 应用程序、Web 应用程序、ActiveX 控件等，还允许通过附加的插件用在一些特殊的环境中，比如 Java 应用、Windows 窗体和 Web 窗体、Web 服务、终端仿真应用程序等。

以 QuickTest Professional 9.2 为例，QuickTest Professional 能够识别应用程序中的对象，因此能够设计自动化的测试去执行相同类型的操作或业务过程。QuickTest 的工作环境如图 7.1 所示。

当向测试中添加步骤的时候，这些步骤显示在基于表格的关键字视图(见图 7.2)或基于 VBScript 的专家视图(见图 7.3)中。

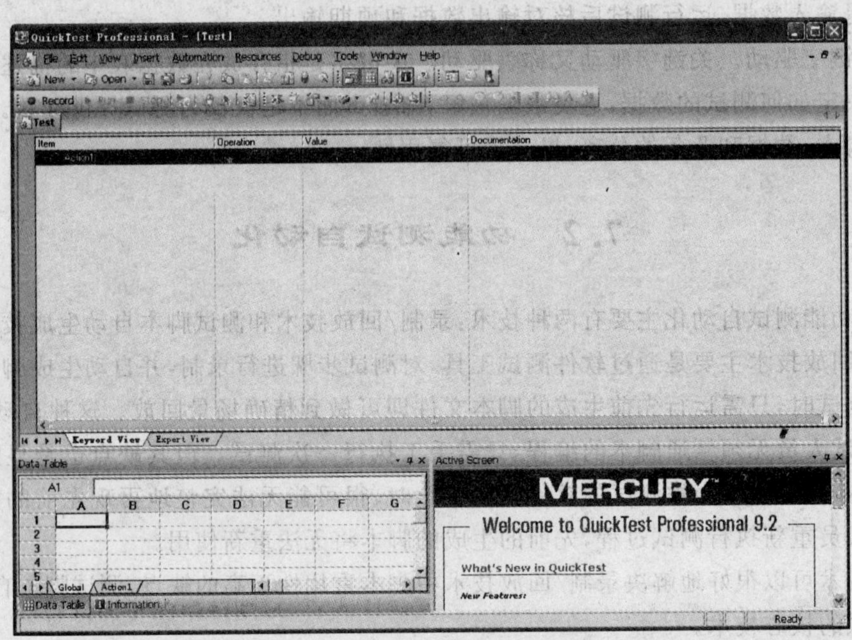

图 7.1　QuickTest Professional 9.2 工作环境

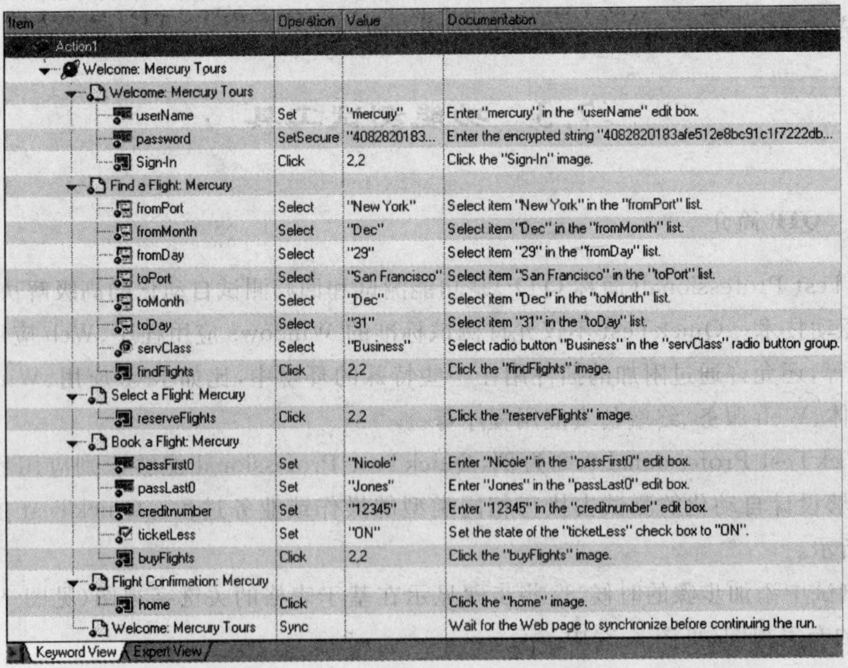

Item	Operation	Value	Documentation
Action1			
Welcome: Mercury Tours			
Welcome: Mercury Tours			
userName	Set	"mercury"	Enter "mercury" in the "userName" edit box.
password	SetSecure	"4082820183...	Enter the encrypted string "4082820183afe512e8bc91c1f7222db...
Sign-In	Click	2,2	Click the "Sign-In" image.
Find a Flight: Mercury			
fromPort	Select	"New York"	Select item "New York" in the "fromPort" list.
fromMonth	Select	"Dec"	Select item "Dec" in the "fromMonth" list.
fromDay	Select	"29"	Select item "29" in the "fromDay" list.
toPort	Select	"San Francisco"	Select item "San Francisco" in the "toPort" list.
toMonth	Select	"Dec"	Select item "Dec" in the "toMonth" list.
toDay	Select	"31"	Select item "31" in the "toDay" list.
servClass	Select	"Business"	Select radio button "Business" in the "servClass" radio button group.
findFlights	Click	2,2	Click the "findFlights" image.
Select a Flight: Mercury			
reserveFlights	Click	2,2	Click the "reserveFlights" image.
Book a Flight: Mercury			
passFirst0	Set	"Nicole"	Enter "Nicole" in the "passFirst0" edit box.
passLast0	Set	"Jones"	Enter "Jones" in the "passLast0" edit box.
creditnumber	Set	"12345"	Enter "12345" in the "creditnumber" edit box.
ticketLess	Set	"ON"	Set the state of the "ticketLess" check box to "ON".
buyFlights	Click	2,2	Click the "buyFlights" image.
Flight Confirmation: Mercury			
home	Click		Click the "home" image.
Welcome: Mercury Tours	Sync		Wait for the Web page to synchronize before continuing the run.

图 7.2　QuickTest 关键字视图

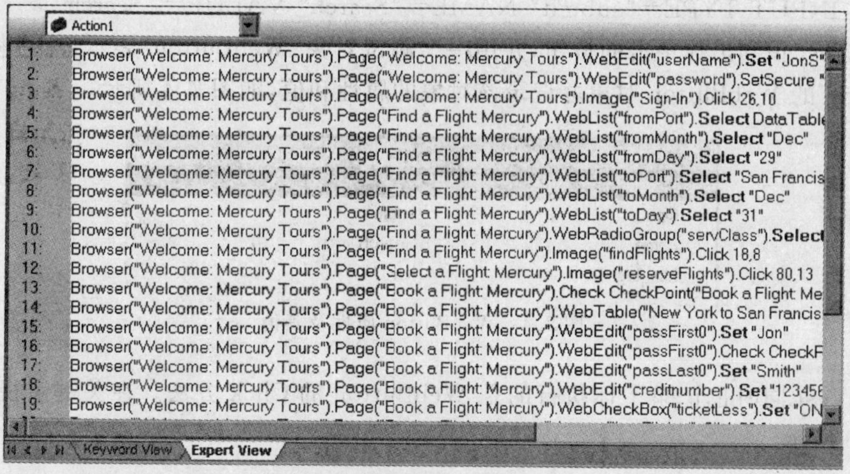

图 7.3　QuickTest 专家视图

7.3.2　QTP 核心概念

1. 关键字视图(Keyword View)

如图 7.2 所示，关键字视图允许测试人员创建或者查看测试步骤，这是一个类似表格的视图，在表格中，行表示一个步骤，列表示每个步骤的不同组成部分。在录制过程中，应用程序执行的每个操作都被记录为关键字视图中的一行。

2. 专家视图(Expert View)

如图 7.3 所示，在专家视图，QuickTest 以脚本的形式显示应用程序执行的每个操作，该脚本由一组 VBScript 语句组成。关键字视图中的每行对应于专家视图中的每条脚本语句，在关键字视图中，如果将光标放在某行，然后切换到专家视图，则光标将定位在与该操作相对应的脚本语句。

3. 函数库(Function Library)

QuickTest 提供一个类似于专家视图的内置编辑器，允许测试人员创建或者调试函数库。每个函数库是一个单独的包含 VBscript 函数、子程序、类或者模块等的文档。

4. 测试对象(Test Object)和运行时对象(Run-time Object)

测试对象是测试过程中由 QuickTest 创建的对象，由它去识别被测试应用程序中的实际对象。QuickTest 在测试对象中存储了一些在测试运行时用以识别和检查实际对象的信息。而运行时对象则是被测试应用程序中的实际对象，测试运行时执行该对象的方法。当执行测试的时候，QuickTest 通过测试对象及其描述去识别被测试应用程序中的每个对象。测试对象由 QuickTest 创建和维护，而运行时对象则由该对象的创建者维护。

比如，你单击一个用以下 HTML 代码表示的“Search”按钮：

<INPUT TYPE＝"submit" NAME＝"Search" VALUE＝"Search">

QuickTest 识别出你单击的按钮，并用一个测试对象“WebButton”表示，然后将创建一个名为“Search”的 WebButton 对象并记录该对象的属性和值，如图 7.4 所示。

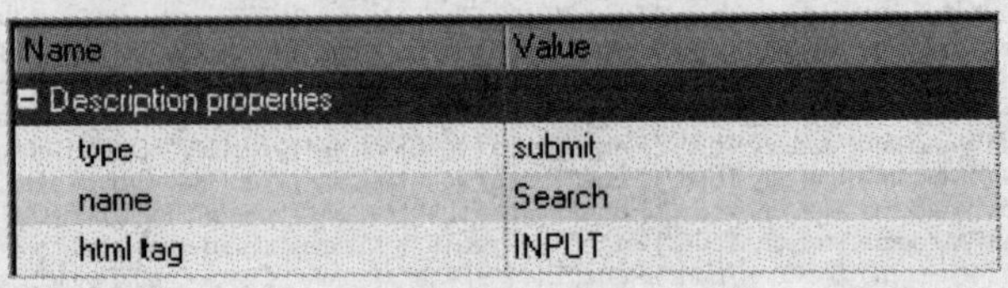

图 7.4　WebButton 属性及其值

QuickTest 同时也记录了你执行的是 WebButton 的 Click 方法。在关键字视图中，该操作如图 7.5 所示。

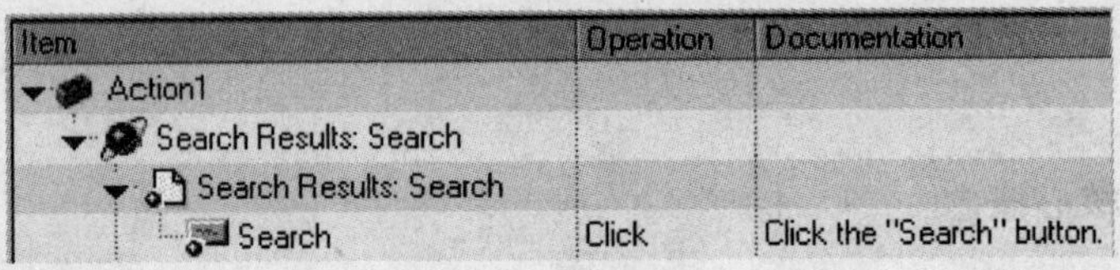

图 7.5　关键字视图中的 WebButton

在专家视图中，该操作表示为：

Browser("Search Results: Search").Page("Search Results:Search").WebButton("Search").Click

7.3.3　QTP 测试流程

使用 QTP 进行测试，包含以下几个主要阶段：

1. 测试计划

在测试计划阶段，首先要做的就是分析被测应用程序的特点，决定应该对哪些功能点进行测试，可以考虑细化到具体页面或者具体控件，然后准备必要的基础设施。比如，确定被测的函数，确定在测试执行过程中要检查哪些信息。

2. 创建测试

可以通过以下方式创建测试：构建对象库并手动添加测试步骤或者在应用程序上录制一段会话。每个测试由一个或多个操作(action)组成，每个操作包含一些步骤(step)。在创建测试过程中，可以执行以下任务：

(1)向测试添加步骤。

(2)向测试添加检查点。

(3)通过更改参数值来扩展测试范围。

(4)通过创建功能库添加用户自定义的关键字或功能，并在测试中调用这些功能。

3. 运行测试

测试从第一行开始运行，到最后一行结束。当测试运行时，QuickTest 链接被测网站或者应用程序执行测试中的每个操作，包括所有检查点。如果使用参数化测试，QuickTest 会对测试人员定义的每组参数值重复执行测试中的每个动作。

4. 分析结果

测试结束后，系统会自动生成一份详细完整的测试结果报告。

7.3.4　QTP 测试示例

1. 录制测试

(1)启动 QuickTest，打开一个新的测试。

(2)开始录制。本节使用的是一个简单的 ASP. NET 应用程序。

选择"Automation"菜单下的 Record 或者单击"Record"快捷按钮，打开"Record and Run Settings"对话框。在该对话框上选择 Web 选项卡，选择"Open the following address when a record or run session begins"，输入相应的 URL 并选择浏览器，确认"Do not record and run on browsers that are already open"和"Close the browser when the test closes are selected"被选中，如图 7.6 所示。

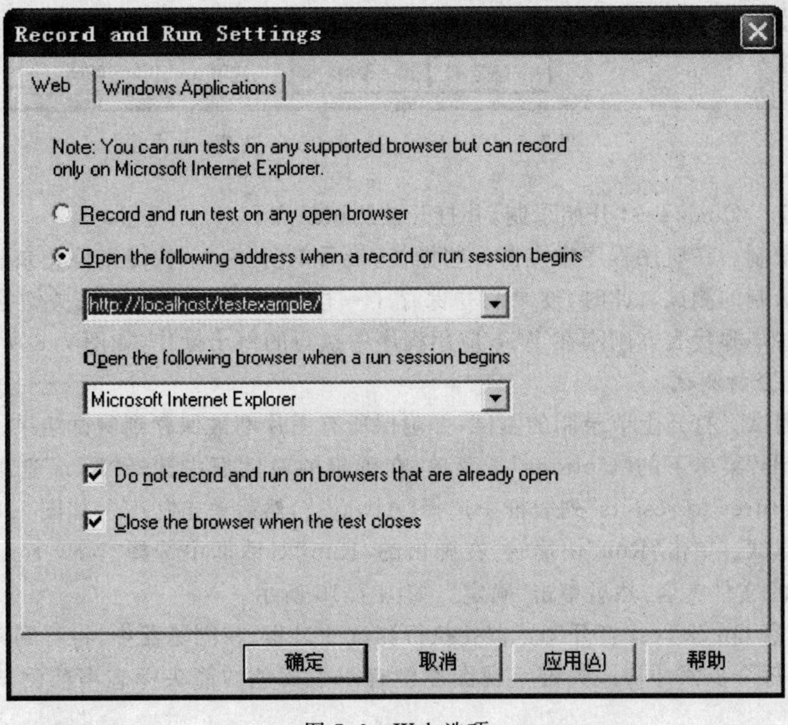

图 7.6　Web 选项

选择 Windows Applications 选项卡，选择“Record and run only on”并确保 3 个选项未被选中，如图 7.7 所示。

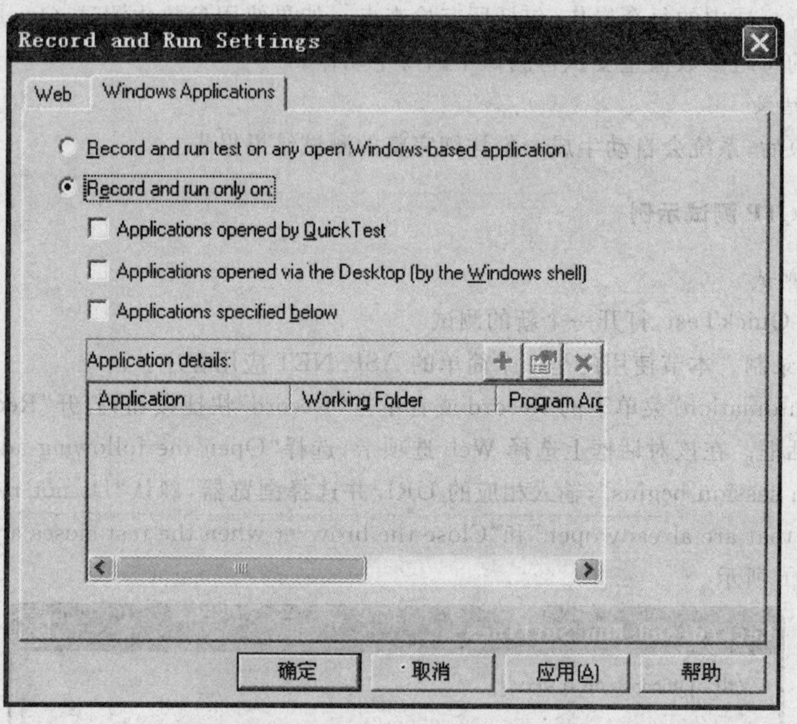

图 7.7 Windows Applications 选项

点击“确定”，QuickTest 开始录制，并打开被测试站点。

(3)停止录制。在应用程序中点击一些操作，最后单击“Stop”快捷键停止录制过程。

(4)保存录制的测试。此时，便录制并保存了一段测试，QuickTest 在关键字视图中生成一些步骤，这些步骤代表你刚刚在 Web 应用程序中执行的每个操作，如图 7.8 所示。

2. 运行并分析测试

(1)打开测试。打开上节录制的测试，并确保所有图片都被保存到测试结果。

单击“Tools”菜单下的“Options”子菜单，在弹出的对话框中选择“Run”选项卡，在“Save still image captures to results”列表框中选择“Always”，然后单击“OK”，如图 7.9 所示。

(2)运行测试。单击“Run”快捷键，在弹出的“Run”对话框中选择“New run results folder”，使用默认的文件夹名，然后单击“确定”，如图 7.10 所示。

请仔细观察 QuickTest 打开浏览器并执行测试的过程，在浏览器中，将看到 QuickTest 执行先前录制的每个步骤，同时，关键字视图左侧有一个黄色的箭头标志当前测试正在执行的步骤。

(3)分析测试结果。测试执行完毕，自动生成测试结果，如图 7.11 所示。

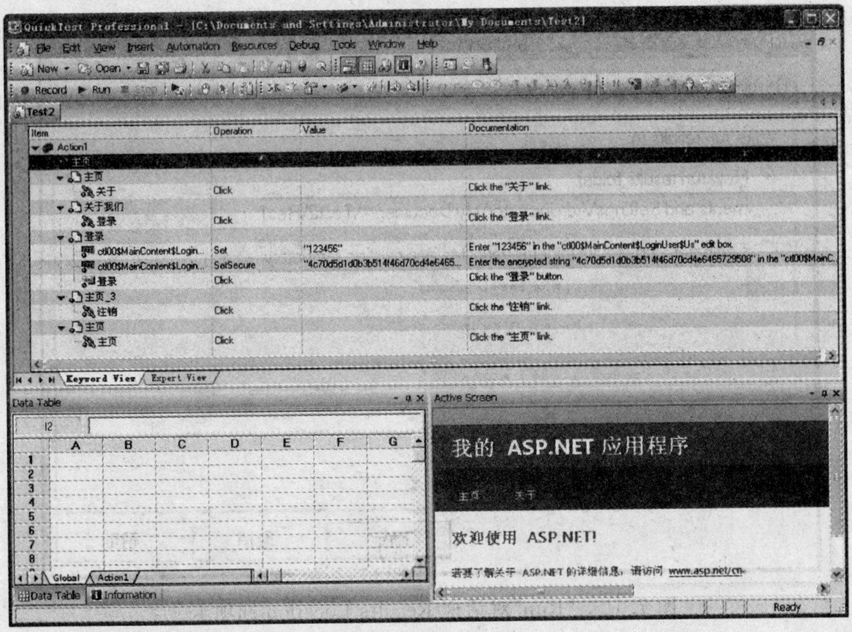

图 7.8　测试示例

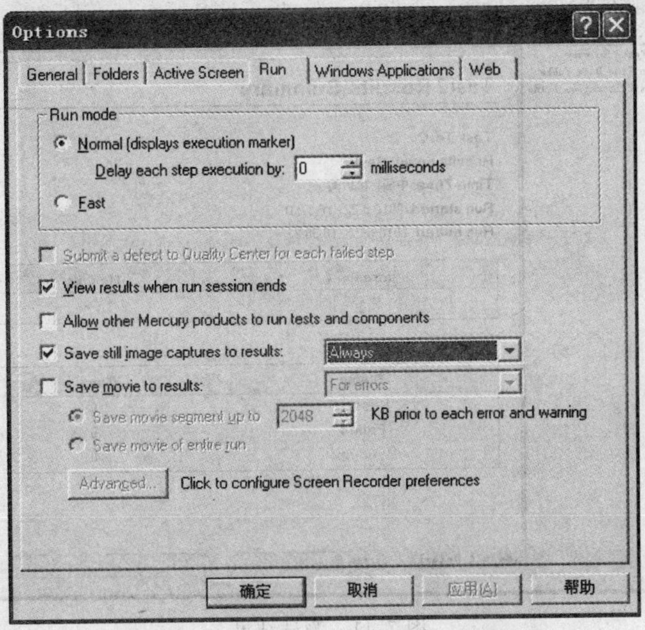

图 7.9　"Options"对话框 Run 选项卡

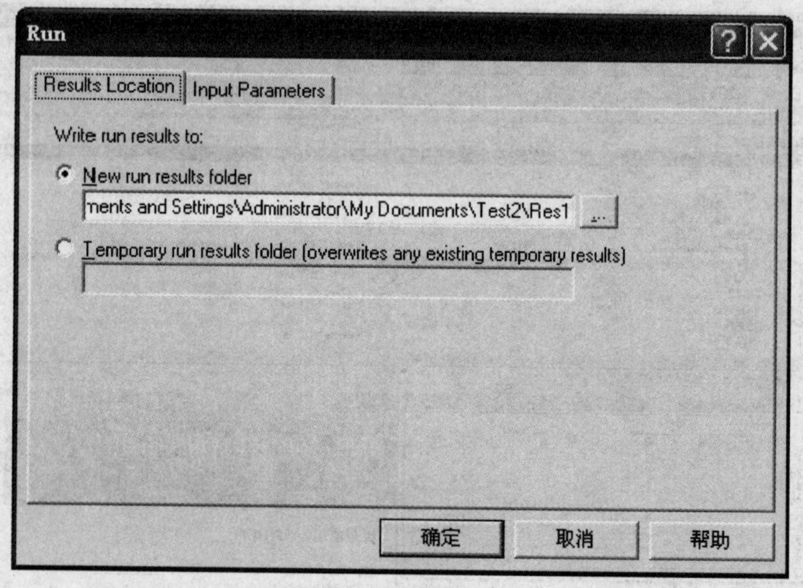

图 7.10 “Run”对话框 Results Location 选项卡

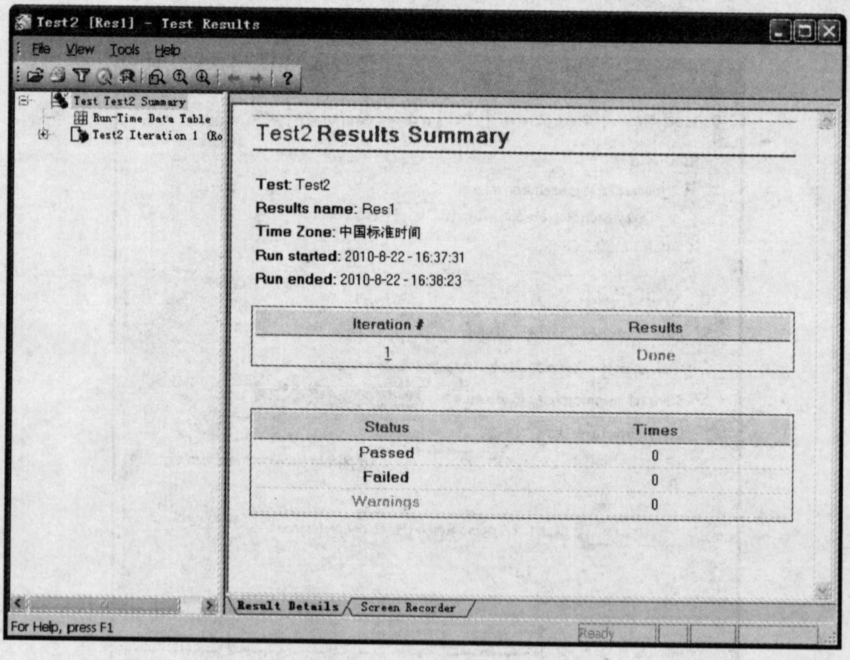

图 7.11 测试结果

录制脚本只是实现创建或者设计脚本的第一步，基本的脚本录制完毕后，测试人员可以根据需要对脚本进行修改和调整，使其更好地完成测试。这部分工作主要包括调整测试步骤、编辑测试逻辑、插入检查点、添加测试输出信息、参数化、添加注释等。这些工作可在关键字视图中进行，也可在专家视图中进行。

3. 创建检查点

QuickTest 允许对测试添加校验，所谓检查点（CheckPoint），是指将特定属性的当前值与其期望值进行比较的验证点，旨在判定被测试应用程序的功能是否正确。可以在录制测试或者编辑测试逻辑时定义检查点，以下步骤说明如何在上节所创建的测试上添加检查点。

（1）定位到待检查的测试步骤。

（2）单击“Insert”菜单下“Checkpoint”子菜单的“Standard Checkpoint”命令（见图 7.12）或者单击“Insert Checkpoint or Output Value”快捷键选择“Standard Checkpoint”命令（见图 7.13），系统弹出“Checkpoint Properties”对话框，如图 7.14 所示。

（3）在“Checkpoint Properties”对话框上选择需要检查的属性，比如选择“value”属性，其值设置为“123456”，单击“OK”按钮，则可在关键字视图中看到新添加的检查点步骤，如图 7.15 所示。

（4）保存并运行测试，测试结果显示测试失败（见图 7.16），请读者分析为什么。

QuickTest 提供了多种检查点类型用以检查应用程序中的对象，相关信息请读者参阅相关文献，这里不再赘述。

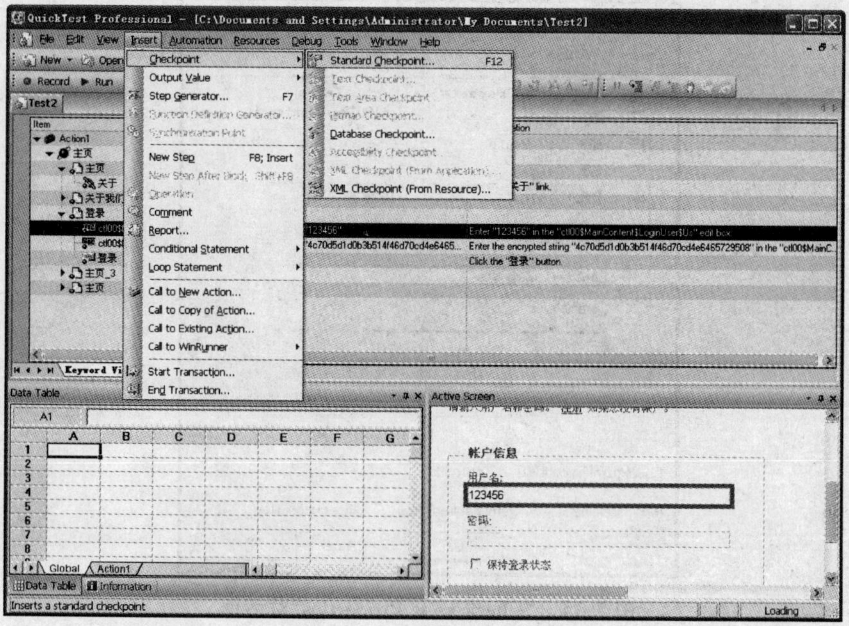

图 7.12　通过菜单定义检查点

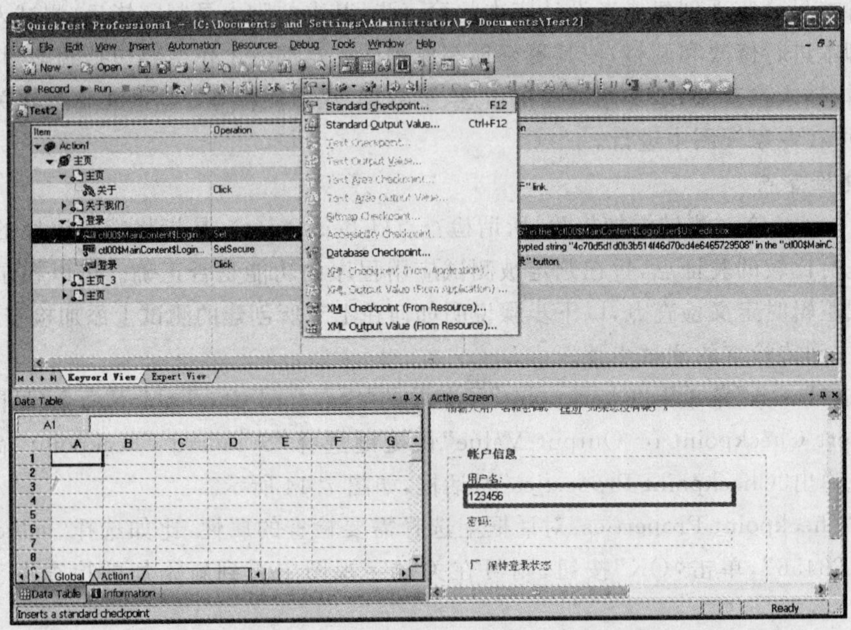

图 7.13　通过快捷键定义检查点

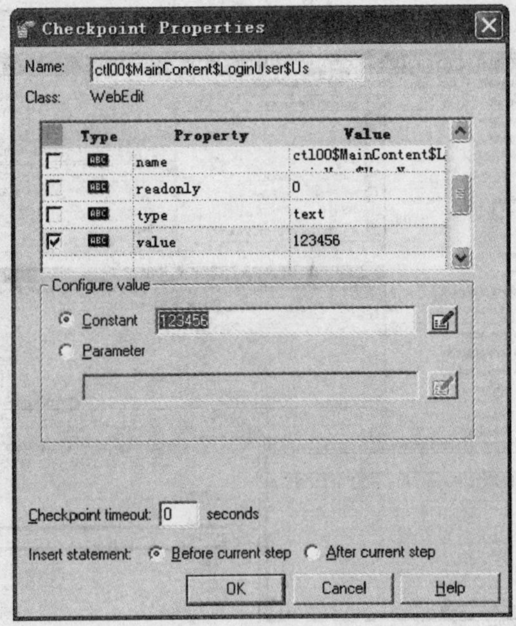

图 7.14　“Checkpoint Properties”对话框

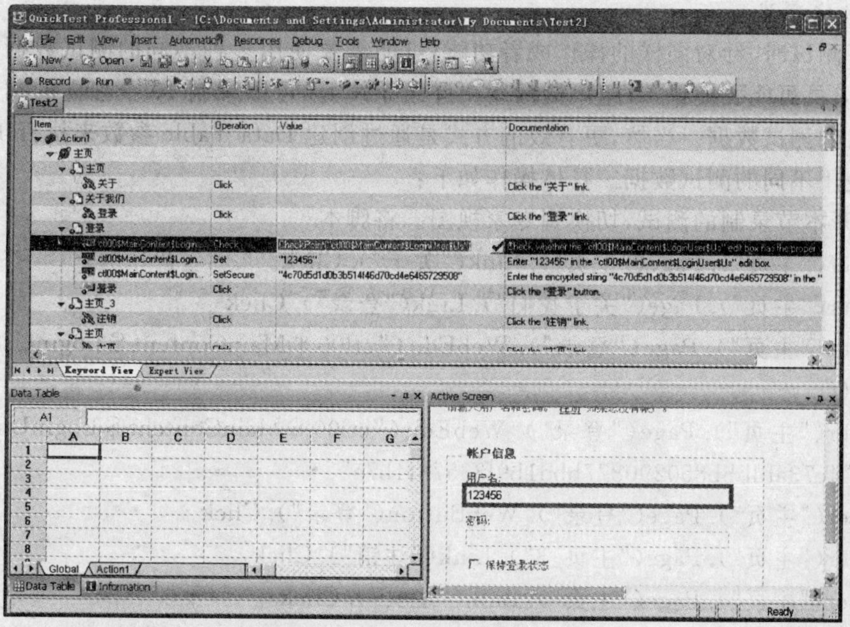

图 7.15　关键字视图中的检查点

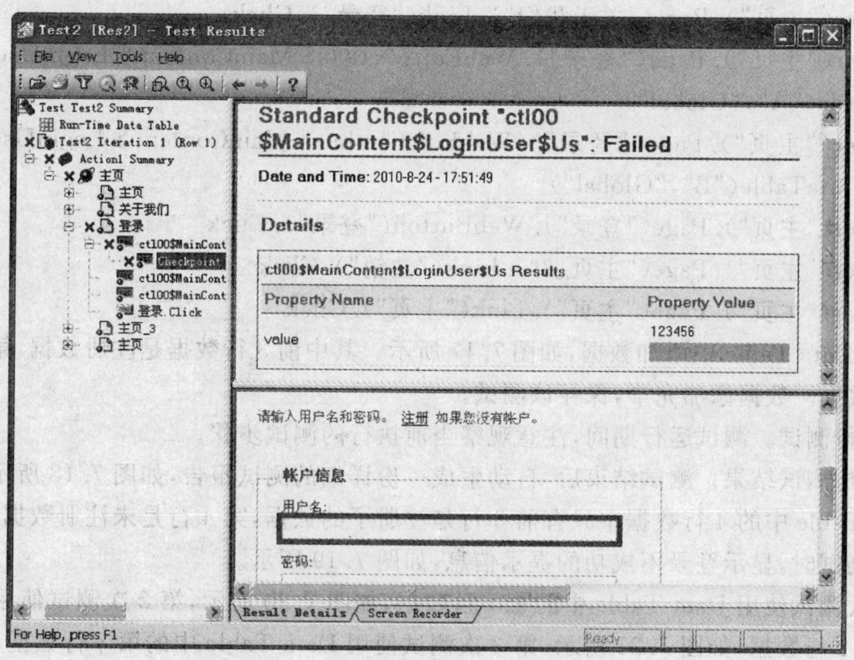

图 7.16　带检查点的测试运行结果

4. 参数化测试

在执行测试时,针对同样的操作或者功能,可能需要使用多种不同的测试数据进行测试。比如,测试人员可能要模拟 10 组不同的用户登录系统,你可以录制 10 个独立的测试,每个测试拥有自己的测试数据。当然,更有效的方式是通过创建 Data Table 参数来执行 10 次测试,每次测试使用不同的测试数据。具体操作如下:

(1)打开本节录制的测试,切换到专家视图。将脚本

```
Browser("主页").Page("主页").Link("关于").Click
Browser("主页").Page("关于我们").Link("登录").Click
Browser("主页").Page("登录").WebEdit("ctl00$MainContent$LoginUser$Us").Set "123456"
Browser("主页").Page("登录").WebEdit("ctl00$MainContent$LoginUser$Pa").SetSecure "4c73afdbbb850290877bbd1b9f33573f4b7a"
Browser("主页").Page("登录").WebButton("登录").Click
Browser("主页").Page("主页_3").Link("注销").Click
Browser("主页").Page("主页").Link("主页").Click
```

替换为如下脚本:

```
Browser("主页").Page("主页").Link("关于").Click
Browser("主页").Page("关于我们").Link("登录").Click
Browser("主页").Page("登录").WebEdit("ctl00$MainContent$LoginUser$Us").Set DataTable("A","Global")
Browser("主页").Page("登录").WebEdit("ctl00$MainContent$LoginUser$Pa").SetSecure DataTable("B","Global")
Browser("主页").Page("登录").WebButton("登录").Click
Browser("主页").Page("主页_3").Link("注销").Click
Browser("主页").Page("主页").Link("主页").Click
```

(2)在 Data Table 中添加数据,如图 7.17 所示。其中前 3 行数据是注册数据,第 4 行数据是未注册数据。数据添加完毕,保存该测试。

(3)运行测试。测试运行期间,注意观察当前执行的测试步骤。

(4)分析测试结果。测试结束后,自动生成一份详细的测试报告,如图 7.18 所示。

Data Table 中的 4 行数据中只有前 3 行是注册了的数据,第 4 行是未注册数据,因此在执行第 4 次测试时,显示登录不成功的提示信息,如图 7.19 所示。

第 1 次测试使用 Data Table 中的第 1 行数据,如图 7.20 所示,第 2 次测试使用 Data Table 中的第 2 行数据,如图 7.21 所示,第 3 次测试使用 Data Table 中的第 3 行数据,如图 7.22 所示,第 4 次测试使用 Data Table 中的第 4 行数据,如图 7.23 所示。

从测试结果可以看出，该测试确实执行了 4 次，每次使用的测试数据是从 Data Table 中取出的，Data Table 中有 4 行数据，故该测试执行 4 次。

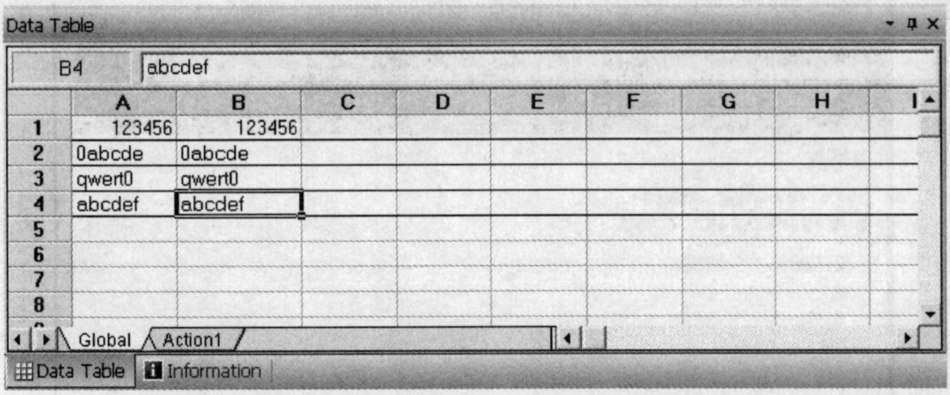

图 7.17　Data Table 中的数据

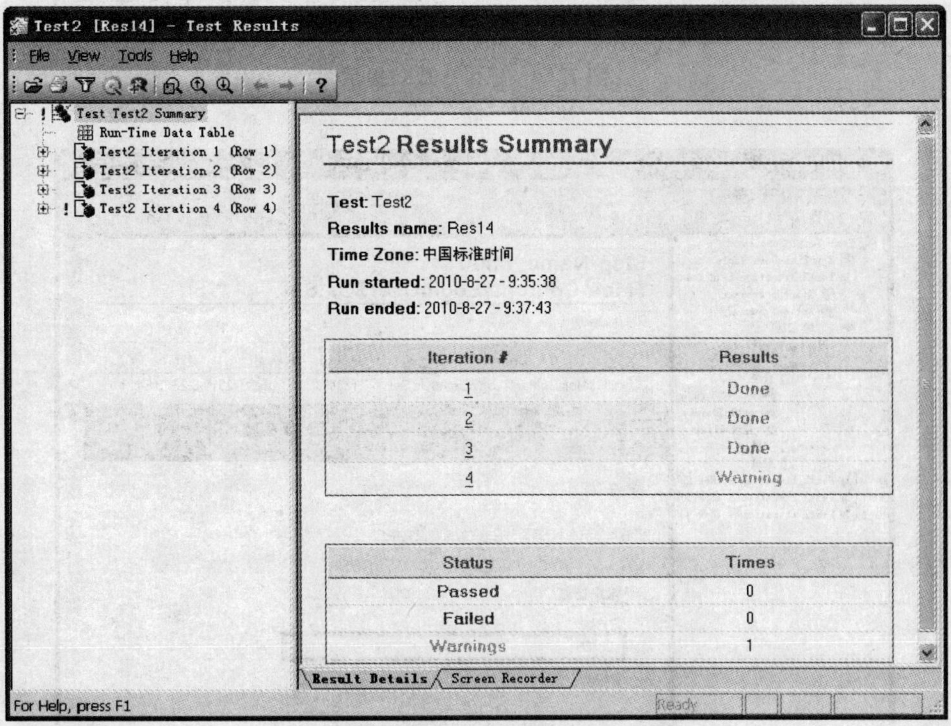

图 7.18　带检查点的测试运行结果

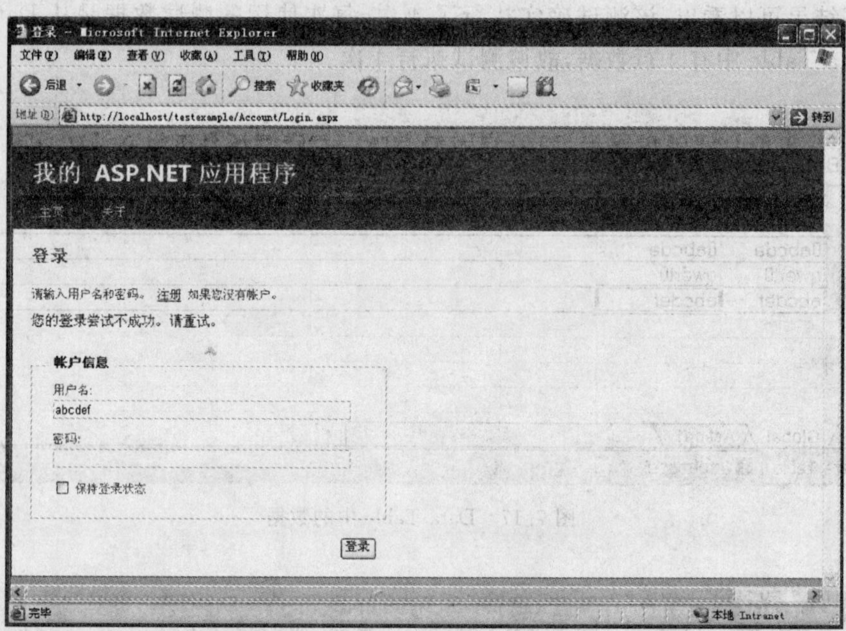

图 7.19 登录不成功提示

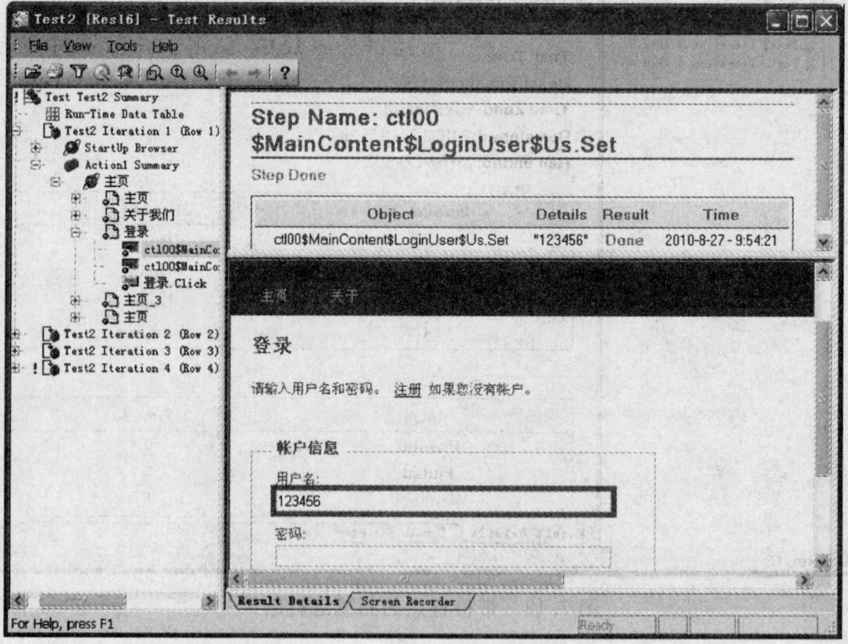

图 7.20 第 1 次测试

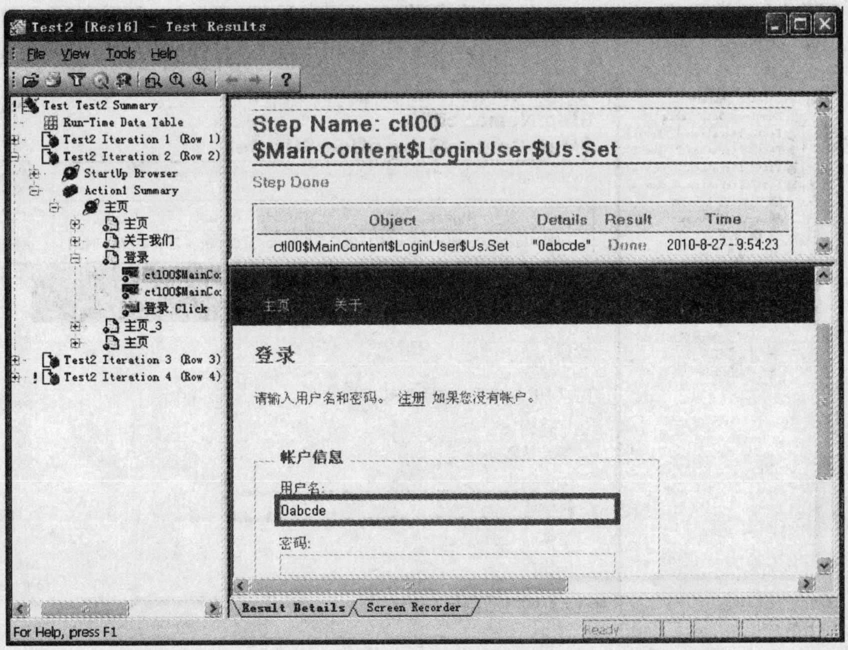

图 7.21　第 2 次测试

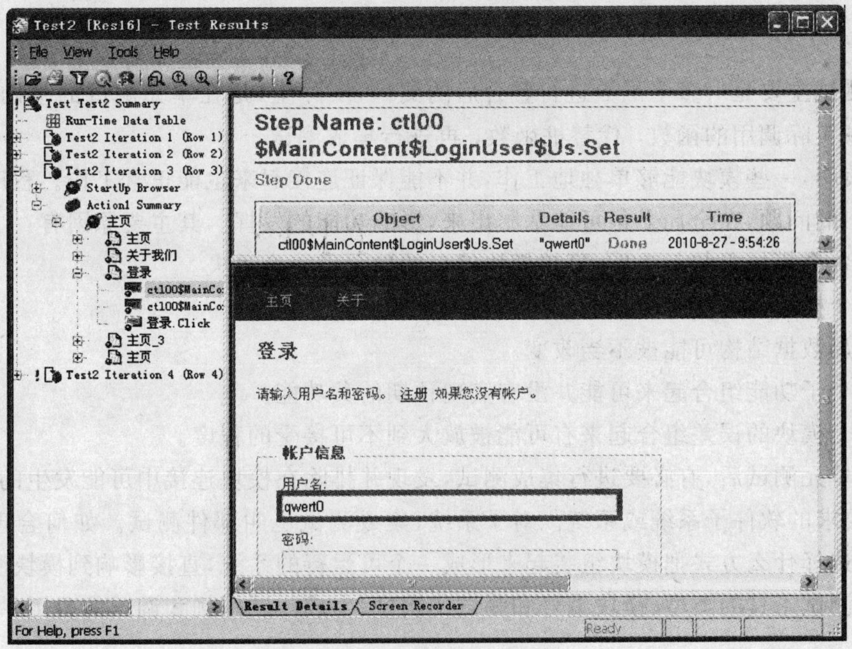

图 7.22　第 3 次测试

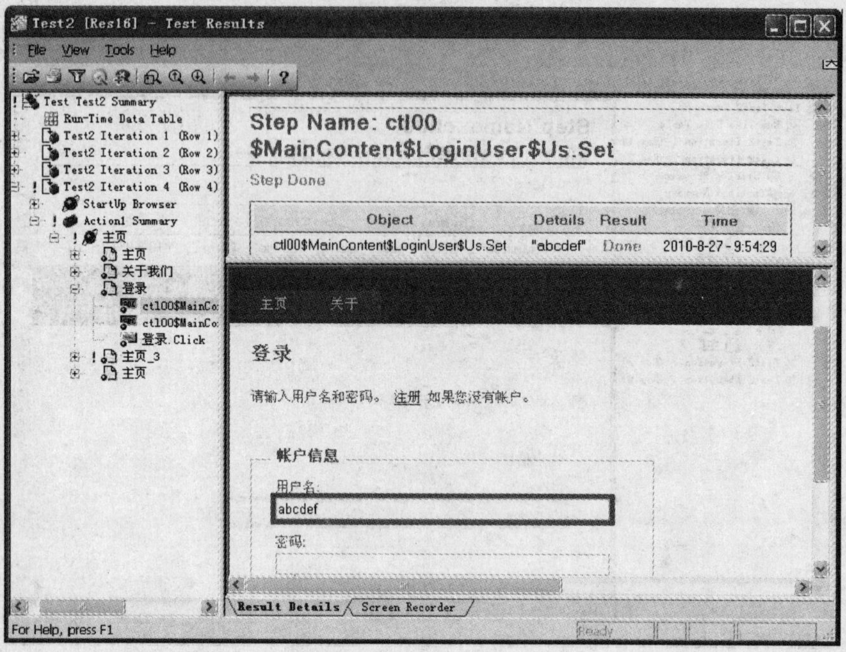

图 7.23 第 4 次测试

7.3.5 Tbrun 集成测试

集成测试主要是对多个函数进行整合后的测试,实际上,是在单元测试的基础上,通过包含在测试中实际调用的函数,代替桩函数,再进行集成测试。

实践表明,一些模块能够单独地工作,并不能保证连接起来也能正常工作。程序在某些局部反映不出的问题,在全局上很可能暴露出来,影响功能的发挥。其主要原因有:

(1)在各个模块组装起来后,穿越模块接口的数据可能会丢失。

(2)一个模块的功能有可能影响另一个模块的功能实现。

(3)全局数据结构可能被不当改变。

(4)各个子功能组合起来可能并没有实现预期的父功能。

(5)单个模块的误差组合起来有可能被放大到不可接受的程度。

因此,单元测试后,有必要进行集成测试,发现并排除在模块连接中可能发生的上述问题,最终构成要求的软件子系统或系统。对子系统,集成测试也叫部件测试。如何合理地组织集成测试,即选择什么方式把模块组装起来形成一个可运行的系统,直接影响到模块测试用例的形式、所用测试工具的类型、模块编号和测试的次序、生成测试用例和调试的费用。

集成测试的内容包括以下两个方面:

(1)功能性测试主要解决上文中提到的几个问题,侧重于测试软件模块组装以后的功能有没有达到预期效果,这是集成测试最主要的部分。

(2)集成测试还应包含其他一些测试,如可靠性测试、易用性测试、效率测试、可维护性测试等内容。

集成测试的步骤大致如下:

(1)首先确定子系统由哪些模块组成,保证这些模块都进行过单元测试,明确被测对象。

(2)确定测试方案和测试方法,根据实际情况选择一次性、增量式的集成方案,确定测试方法。集成测试的主要测试方法是黑盒测试,但白盒测试也是必要的补充。

(3)设计测试用例,可以以一个关键模块为核心主线设计测试用例。以功能和性能为主线,注重模块和接口的划分。

(4)搭建必要的测试环境,按照所写的测试用例,进行模块连接的充分测试。

(5)记录测试结果,分析总结测试结果,写出集成测试报告,确定下一步的行动。

集成测试一般采用黑盒测试方法,白盒测试方法作为补充。集成测试的方式一般分为3种:自顶向下、自底向上和混合增量集成方式。下面介绍这3种测试方式。

1.3种集成测试方法

(1)自顶向下集成方式。它是一种广泛采用的组装测试软件的途径,它从主控模块开始,按照软件的控制层次结构,以深度优先或广度优先的策略,逐步把各个模块集成在一起。

在这种方式下,测试的具体步骤为:

1)以主控模块作为测试驱动模块,把对主控模块进行单元测试时引入的所有桩模块用实际模块替代。

2)依据所选的集成策略(深度优先或广度优先),每次只替代一个桩模块。

3)每集成一个模块立即测试一遍。

4)只有每组测试完成后,才着手替换下一个桩模块。

5)为避免引入新错误,须不断地进行回归测试(即全部或部分地重复已做过的测试)。从第二步开始,循环执行上述步骤,直至整个程序结构构造完毕。

如图7.24所示,若按广度优先策略,则先测试M1,然后测试M1,M2,再测试M1,M2,M3,接着测试M1,M2,M3,M4,接着加入M5,再加入M6,接着加入M7,最后加入M8。

(2)自底向上集成方式。自底向上测试是从程序结构最底层的模块开始组装和测试,因测试到较高层模块时,所需的下层模块功能均已具备,所以不再需要桩模块。

在这种方式下,测试的步骤分为:

1)把低层模块组织成实现某个子功能的模块群(cluster)。

2)开发一个测试驱动模块,控制测试数据的输入和测试结果的输出。

3)对每个模块群进行测试。

4)删除测试使用的驱动模块,用较高层模块把模块群组织成为完成更大功能的新模块群。

5)从第一步开始循环执行上述各步骤,直至整个程序构造完毕。

如图 7.24 所示,则先测试 M8,M7,M6 和 M4,再测试 M8,M5,可同时测试 M3,M7,接着测试 M2,M5,M6,M8,最后加入 M1 测试整体。

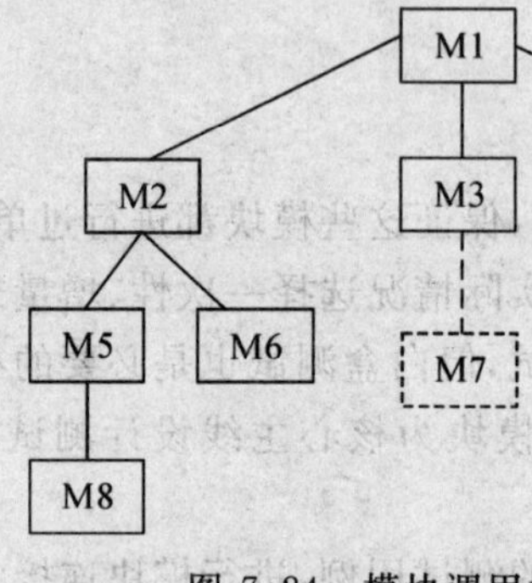

图 7.24 模块调用关系图

(3)混合增量集成方式。即将以上两种方式结合起来,根据实际情况分为以下 3 类:

1)衍变的自顶向下的增殖测试,首先对输入/输出模块和引入新算法模块进行测试,再自底向上组装成为功能相当完整且相对独立的子系统,然后由主模块开始自顶向下进行增殖测试。

2)自底向上一自顶向下的增殖测试,首先对含读操作的子系统自底向上直至根节点模块进行组装和测试,然后对含写操作的子系统作自顶向下的组装与测试。

3)在进行回归测试时,使用这种方式可采取自顶向下的方式测试被修改的模块及其子模块,然后将这一部分视为子系统,再自底向上测试。

(4)举例。选择待测文件,经过 testbed 分析后,整体结构图如图 7.25 所示。

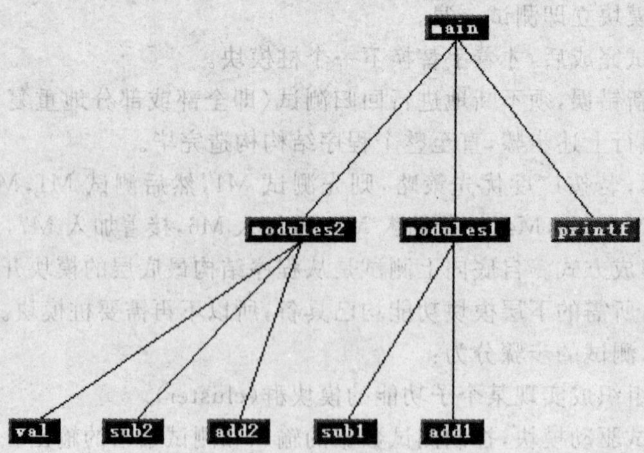

图 7.25 调用关系图

运用自底向上的集成方法，假设单元测试已经把 sub1 和 add1 测试了，这里选择其中的“modules1”进行测试。

2. Tbrun 集成测试基本操作流程

与单元测试过程类似，下面只指出各阶段的不同之处。

(1)切换到 Tbrun，与单元测试不同的是选项不同，这次是从 Testbed 菜单选择 Isolation Unit / Module Test(见图 7.26)，然后弹出图 7.27 所示的窗口，选择“Yes”，转换到 Tbrun。

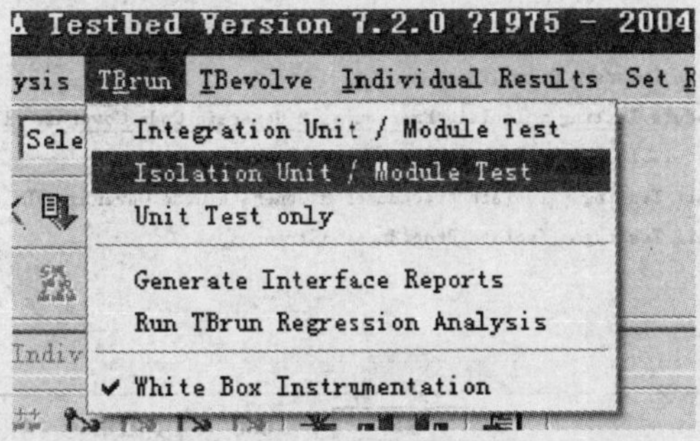

图 7.26　切换 Tbrun 集成测试选项

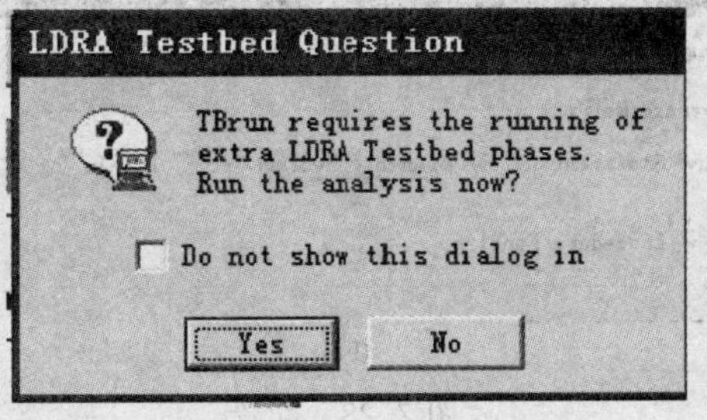

图 7.27　切换 Tbrun(2)

(2)创建序列。本次测试选择函数调用覆盖准则作为测试充分性的度量，如图 7.28 所示。

(3)为 modules1 为首的模块创建测试用例。在选择函数时，与单元不同，必须把其调用的底层函数“放开”，即包含进来，而不是将它们打桩，可看到窗口③从开始(见图 7.29)转变为图 7.30 所示的结果。如图 7.31 所示，创建新的用例，然后可以与单元测试一样输入之前设计的测试用例，如图 7.32 所示。

(4)执行用例。执行用例的结果如图 7.33 所示。

(5)查看结果。查看动态覆盖率报告(见图 7.34)。若要报告中显示函数调用率，则需在进行集成测试之前对输出报告的内容进行配置，如图 7.35 所示，选择左边选项 custom。最后结果部分内容如图 7.36 所示，通过界面看到的覆盖率信息如图 7.37 所示。

(6)继续测试此模块，直到满足了相应的覆盖率要求。

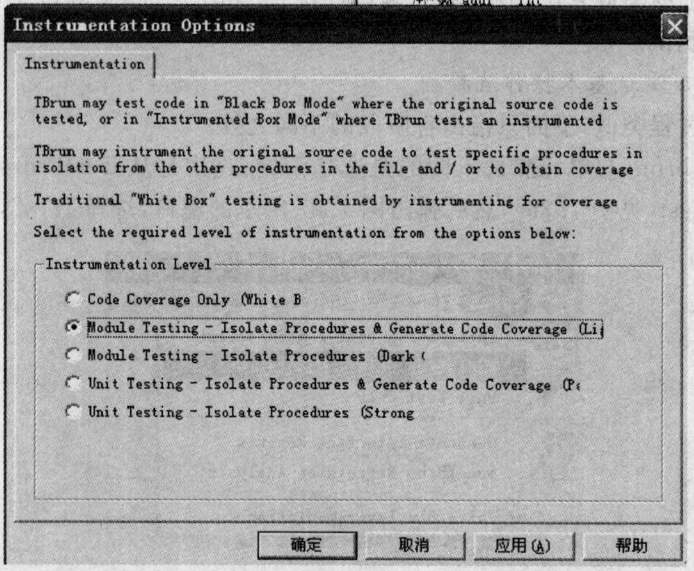

(a)

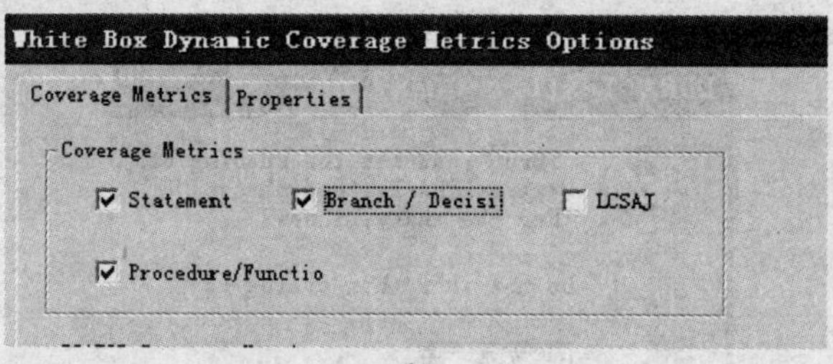

(b)

图 7.28 配置

(a)配置 1； (b)配置 2

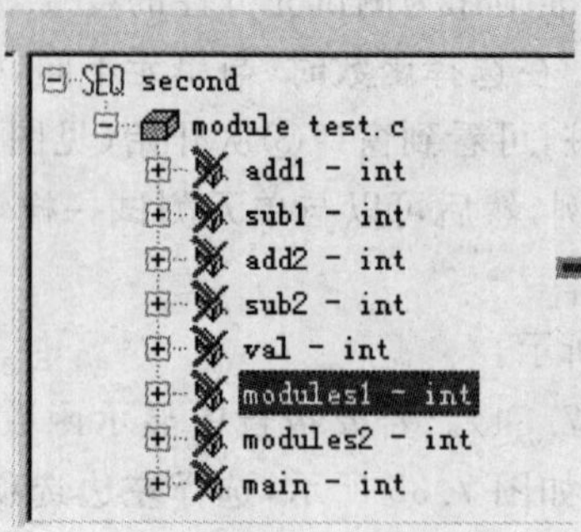

图 7.29 原始图

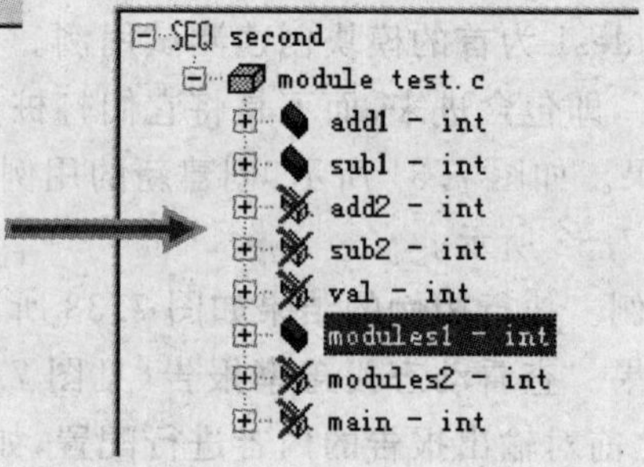

图 7.30 包含被测函数

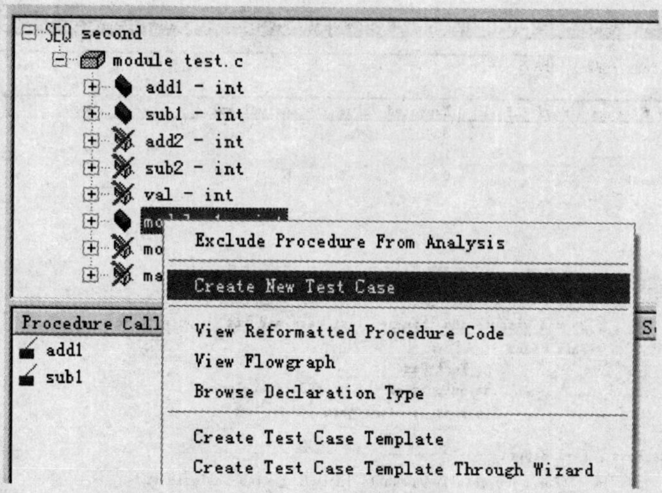

图 7.31　创建新的用例

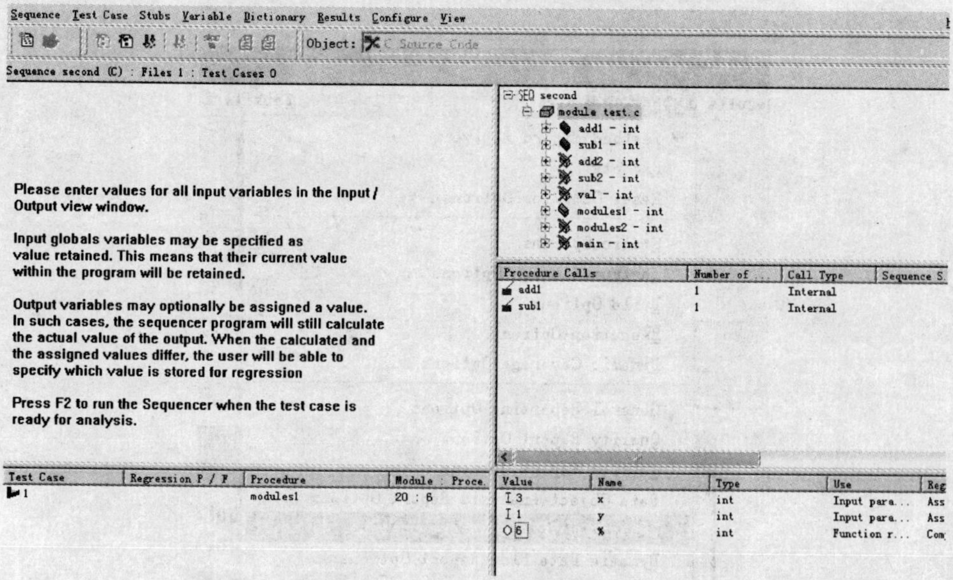

图 7.32　输入用例数据

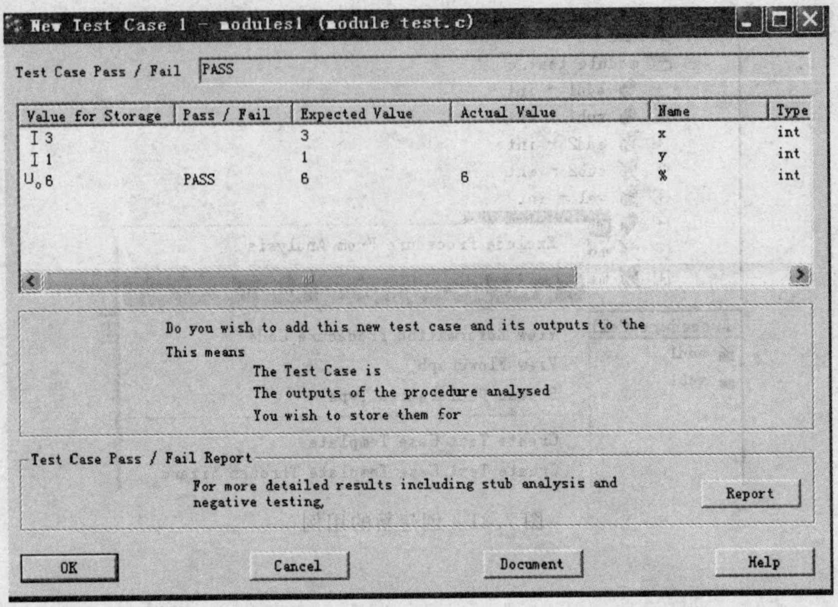

图 7.33 执行结果

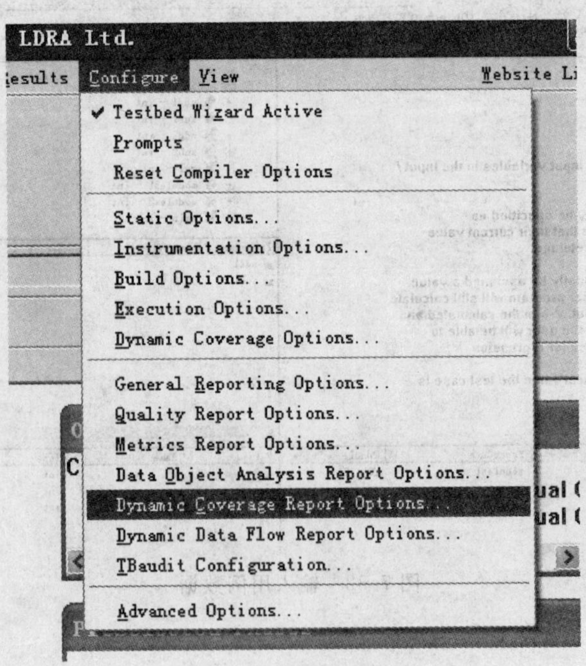

图 7.34 查看报告

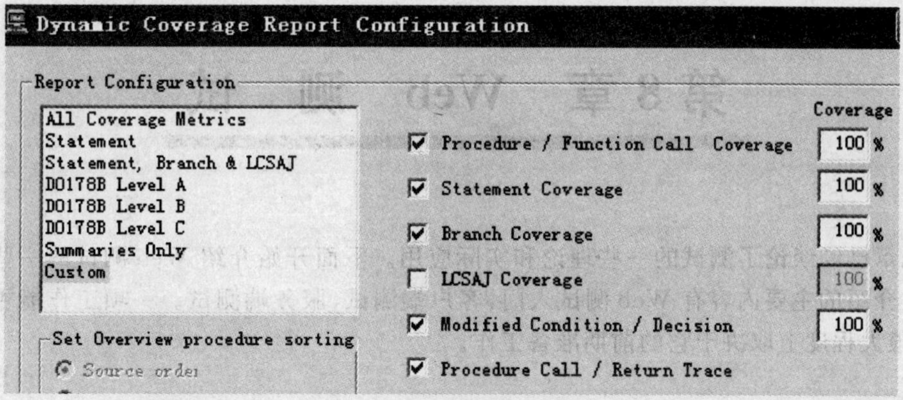

图 7.35　配置动态覆盖率报告

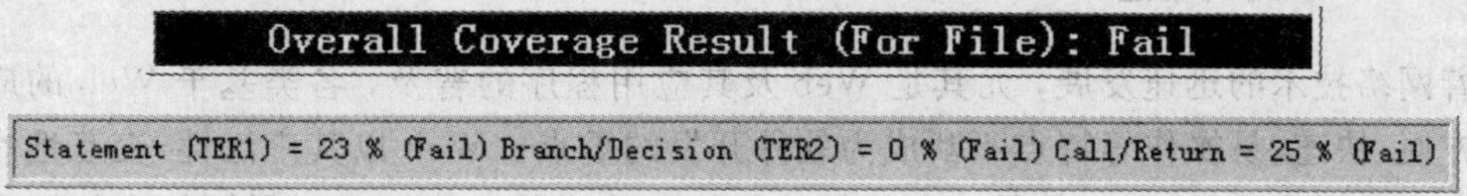

图 7.36　报告部分内容

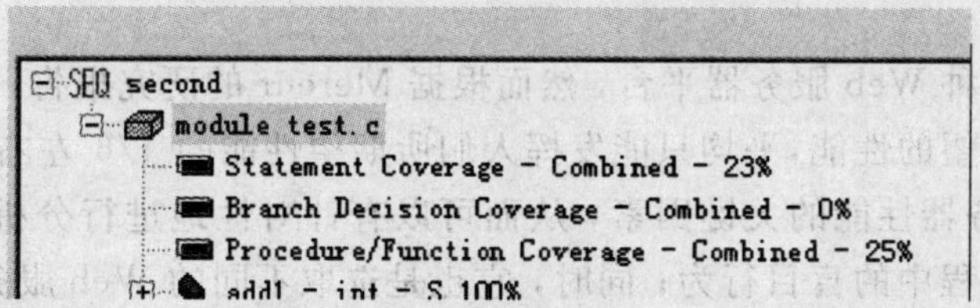

图 7.37　界面覆盖率信息

第8章　Web　测　试

前几章已经谈论了测试的一些理论和实际应用。下面开始介绍 Web 测试的一些基础知识。本章介绍的主要内容有 Web 测试入门,客户端测试,服务端测试。一项工作能否有良好的开端,很大程度上取决于它的前期准备工作。

8.1　Web 测试入门

8.1.1　Web 测试概述

随着网络技术的迅速发展，尤其是 Web 及其应用程序的普及，各类基于 Web 的应用程序以其方便、快速、易操作等特点不断成为软件开发的重点。Web 以其广泛性、交互性和易用性等特点迅速风靡世界,网页数量正以几何数量级飞速增长。能够吸引尽可能多的用户并对其长时间关注是网站追求的主要目标,也是衡量一个网站是否成功的主要指标,这就对网页功能的正确性、有效性和完善性提出了较高的要求,从而测试就成为应用开发过程中的一个重要环节。

目前可以见到各种 Web 服务器平台，然而根据 Mereur 的研究报告，98％的 Web 服务器都没能达到人们所期望的性能,平均只能发挥人们所期望性能的 1/6 左右。Web 性能测试能够确定影响 Web 服务器性能的关键因素，从而可以有针对性地进行分析和改进，避免 Web 服务器研究和优化过程中的盲目行为；同时，它也是选取不同的 Web 服务器的重要参考。

随着 Web 应用程序使用越来越广泛，针对其性能测试的要求也越来越多，然而由于 Web 程序综合了大量的新技术,诸如 HTML，Java，JavaScript，VBScript 等，同时它还依赖很多其他的因素，比如 Link，Database，Network 等，使得 Web 应用程序测试变得非常复杂。例如:Web 压力测试是评价一个 Web 应用程序的主要手段，它的测试就是一个代表性的方面。

很多公司应用的架构都以 B /S 或 Web 应用为主,新的模式解决方案中以 Web 为核心的应用也越来越多。由于 Web 应用与用户直接相关,又通常需要承受长时间的大量操作,因此 Web 项目的功能和性能都必须经过可靠的验证,即 Web 项目要经过全面测试。但是,基于 Web 的测试与传统的软件测试不同,它不仅需要检查和验证软件是否按照设计的要求运行,而且还要检测其在不同用户浏览器端的显示是否合适。最关键的是,要从最终用户的角度进行安全性和可用性等方面的测试。通过测试尽可能多地发现浏览器端和服务器端程序中的错误并及时加以修正，以保证应用的质量。由于 Web 具有分布、异构、并发和平台无关的特性，因而其测试要比普通程序的测试复杂得多 。

8.1.2　Web 应用体系结构

可以把 Web 看成是一个使用方便、接受全局访问、具有图形化界面的大的数据库前端，其结构示意图如图 8.1 所示。由于应用具有多层体系结构，客户、数据通信、硬件以及服务器之间的依赖关系又非常复杂，因而在每层内以及各层间都有可能发生故障。在客户机端，由于浏览器的型号、版本有很大的不同，以及对应的显示技术各不相同，有些信息往往不能正常地显示，从而产生兼容性问题以及显示故障。在服务器端，可能存在超链接不可达或者根本不存在的问题，影响用户的使用和评价服务器；数据库的负载能力有限，在用户访问达到高峰时，响应时间太长甚至不接受用户的访问；并发用户的行为会影响到与站点交互的情况，用户之间也可能相互干扰。

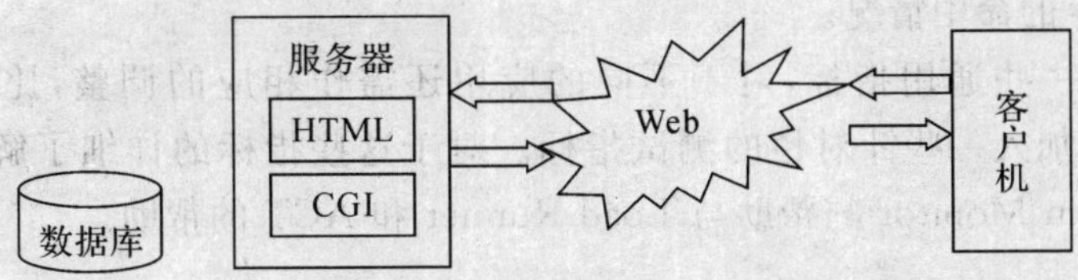

图 8.1　Web 应用体系结构图

Web 应用程序采用 B/S 结构，它是伴随着 Internet 技术的不断进步，由 C/S 结构改进和发展起来的新型体系结构。在这种结构下，用户界面完全通过 WWW 浏览器实现，一部分事务逻辑在前端实现，但是主要事务逻辑则在服务器端实现，形成所谓 3tier 结构。B/S 结构利用不断成熟和普及的浏览器技术实现原来需要复杂专用软件才能实现的强大功能，并节约了开发成本，是一种全新的软件系统构造技术。这种结构更成为当今应用软件开发的首选体系结构，目前最流行的 microsoft. net 也是在这样一种背景下被提出来的架构。

传统的软件一般采用 C/S 结构，此结构把数据库内容放在远程的服务器上，而在客户机上安装相应软件。C/S 软件一般采用两层结构，C/S 结构在技术上很成熟，它的主要特点是交互性强、具有安全的存取模式、网络通信量低、响应速度快、利于处理大量数据。但是该结构的程序是针对性开发，变更不够灵活，维护和管理的难度较大。

8.1.3　Web 测试指标

在进行 Web 测试之前需要一些资料，比如产品功能说明书和性能需求说明书，不一定很完善，但一定要有明确的测试目标，这是 Web 测试的前提。

1. 通用指标

通用指标是指 Web 应用服务器、数据库服务器必需测试项，包括：

(1)处理器时间：指服务器 CPU 占用率，一般平均达到 70%时，服务就接近饱和。

(2)可用内存数:如果测试时发现内存有变化情况也要注意,如果是内存泄露则比较严重。

(3)物理磁盘读写时间。

2. Web 服务器指标

(1)平均每秒响应次数为总请求时间与秒数之比。

(2)平均每秒业务脚本的迭代次数。

(3)成功的请求和失败的请求。

(4)成功的点击次数和失败的点击次数。

(5)每秒点击次数、每秒成功的点击次数和每秒失败的点击次数。

(6)尝试连接数。

3. 数据库服务器指标

(1)用户连接数,也就是数据库的连接数量。

(2)数据库死锁量。

(3)数据库缓存的命中情况。

以上指标只是一些通用指标,对于不同的应用还需作相应的调整,比如程序使用的是.NET技术,则必须加入一些针对性的测试指标。对于这些指标的详细了解,可以参考 Windows 下面的 System Monitor 的帮助与 Load Runner 和 ACT 的帮助。

8.1.4 Web 测试的内容与目的

在很多时候都把测试的目的定位为寻找软件的 Bug，而且是尽可能地找出 Bug 来，而测试人员所做的事情就是找软件的毛病，只要找出毛病就可以了，这样很容易带来一系列的问题。比如测试人员给某网站做测试，并递交了一份简单的测试报告:“当 100 个用户共同按某提交按钮时，发生大量的提交失败”。对于测试人员来说，他已经完成了他自己的任务，找出了 Bug，但是，这样的测试报告对于开发人员和项目管理者却毫无用处。报告中并未提及造成提交失败的原因。

测试的目的是证伪，但不能片面地理解为简单地找 Bug 就可以了。软件测试应该经历以下 4 个步骤:

(1)测试人员描述发现的问题(找到 Bug)。

(2)测试人员详细阐明是在何种情况下测试发现的问题，包括测试的环境、输入的数据、发现问题的类型、问题的严重程度等情况。

(3)测试人员协同开发人员一起去分析 Bug 的原因，找出软件的缺陷所在。

(4)测试人员根据解决的情况进行分类汇总，以便日后进行软件设计的时候提供参考，避免以后出现类似软件缺陷。

8.1.5 组织工作——矩阵

许多团队用一个矩阵来组织他们的 Web 应用程序测试工作,这个矩阵列出了使用的平台和浏览器,以及所涉及内容的详细描述,即在各种各样的平台组合中,用于发现问题和解决问题所需的时间和工作量。这个矩阵使得公司能够建议用户如何最好地使用网站或者网站可能在什么地方不受支持。由于目前可用平台和浏览器比较多,所有矩阵是相对庞大的,所以在测试时要合理选择平台和浏览器。

为了表明哪些平台和浏览器的组合可能被支持,可以创建一个矩阵,排除掉那些不存在的配对。这个矩阵可以这么表示:列表示浏览器,行表示操作系统。这样排列能够清晰地显示出所有能够测试的可能情况。表 8-1 就是一个例子。

表 8-1　浏览器和操作系统的简单测试矩阵

Table 4.2:Sample Test Matrix of Browsers and Operating Systems.

	WIN 95	WIN 98	WIN 2000	WIN ME	WIN XP	MAC 9	MAC X
IE 4.5							
IE 5.0	Shipped with IE 5.0b	Shipped with IE 5.01					
IE 5.5							
IE 6							
NN 4.76							
NN 6.01							
NN 7							

可能的平台和浏览器版本一旦确定,就可以填写这个矩阵,然后再根据其中的配对公司(或产品和网站)的重要性先后顺序进行处理。由于技术问题或国际化问题,你可能决定只支持一个浏览器或一个平台。例如,Netscape Navigator 3.0 不支持框架,假如你的应用程序又依赖于框架,那么你可能提供一个替代的连接,让它指向非框架区,或者通知访问者最低的浏览器要求。在这种情况下,你还需要用你所不支持的主要浏览器对你的 Web 应用程序进行测试,以保证它们能够查看到你的应用程序使用的浏览器/平台的相关信息。PDA 平台正在变得越来越实用化,但是需要特别注意 PDA,因为它们的能力仍然有限。表 8-2 显示的是标明了测试重点的简单测试矩阵。

这种格式能轻易地确定出哪些平台需要测试,同时也显示出应该把精力集中在什么地方。这里可以用到的有符号、数字、颜色或其他适合于公司的鉴别方法。确定支持的不同层有助于确定覆盖范围和优先级。

从这个矩阵可以知道如何依照出现 Bug 的平台重要性排列 Bug 等级,并决定如何明智地把时间用在正确的地方。

表 8－2　包含了测试重点的简单的浏览器矩阵

浏览器 \ 操作系统	WIN 95	WIN 98	WIN 2000	WIN ME	WIN XP	MAC 9	MAC X
IE 4.5	×					◆	×
IE 5.0	×	◆	◆			√	◆
IE 5.5	◆	◆	√	◆			
IE 6	◆	◆	√	√	√		
NN 4.76	□	□	□	□	□	√	×
NN 6.01	◆	◆	◆	◆	◆	×	×
NN 7		◆	√	◆	√	×	×

□——不支持，虽然用户可能运行

×——小部分支持，通过大略测试

◆——完全支持，但这里只进行中等测试

√——完全支持，通过完全测试

作为测试人员，在填写矩阵时会碰上的另外一个问题是：同一个操作系统下不能安装同一个浏览器的多个版本。较新版本的浏览器的安装会覆盖老版本的浏览器，同时也覆盖掉可能共用库，而这些库却是每个应用程序都可能用到的。这种情形听起来对于测试组是很昂贵的，因为这意味着需要许多机器，用于执行所用适当的测试。但是，如果给每个测试人员定一台主要的机器，再给每人一台装有多操作系统的机器，那么他们就能更容易地测试这个矩阵。此外，通过使用开关盒能够节省办公间并减少所需监视器的数目。要有效地测试 Web 应用程序，还有许多其他的因素要考虑。为了测试时能节省时间，并将宝贵时间用在正确的地方，测试人员应该在测试开始之前理解设计 Web 应用程序的一些概念。

8.1.6　制定 Web 测试计划

当明确了测试的目的之后，真正开始针对一个 Web 应用程序进行测试的时候，需要制定一套详细的测试计划，这样才能顺利地完成所有的测试内容。计划的内容归纳为以下几步：

(1)首先对被测的 Web 应用程序进行需求分析，即对所做的测试作一个简要的介绍，包括描述测试的目标和范围，所测试的目标要实现一个什么样的功能，总结基本文档、主要活动。

(2)写出测试策略和方法，这里包括测试开始的条件、测试的类型、测试开始的标准以及所测试的功能、测试通过或失败的标准、结束测试的条件、测试过程中遇到什么样的情况终止和怎么处理后恢复等。

(3)确定测试环境的要求(包括软件和硬件方面)，选择合适的测试工具。

(4)主要针对测试的行为，描述测试的细节，包括测试用例表、进度表、错误等级分析、对测试计划的总结，以及在测试过程中会出现的风险分析等。

8.1.7　Web 测试类型

Web 测试的类型包括内容测试、界面测试、功能测试、性能测试、兼容性测试、安全性测试等。内容测试、界面测试和兼容性测试都比较简单，在此不再细谈。Web 的功能测试与传统的软件测试区别不大，主要是在连接测试方面有点区别，数据的传递方面会稍微复杂点。由于 Web 软件都是采用 B/S 结构，客户端所需的服务都是由服务器提供的，所以主要是测试服务器上软件运行的性能。Web 应用程序的测试包括客户端连接服务器速度方面的测试和压力测试这两方面。性能测试的基本步骤如下：

(1)分析产品结构，明确性能测试的需求，包括并发、极限、配置和指标等方面的性能要求，必要时基于 LOAD 测试的相同测试需同时考虑稳定性测试的需求。

(2)分析应用场景和用户数据，细分用户行为和相关的数据流，确定测试点或测试接口，列出系统接口的可能瓶颈，一般是先主干接口再支线接口，并完成初步的测试用例设计。

(3)依据性能测试需求和确定的测试点进行测试组网设计，并明确不同组网方案的重要程度或优先级作为取舍评估的依据，必要时在前期产品设计中提出支持性能测试的可测试性设计方案和对测试工具的需求。

(4)完成性能测试用例设计、分类选择和依据用户行为分析设计测试规程，并准备好测试用例将用到的测试数据。

(5)确定采用的测试工具。

(6)进行初验测试，以主干接口的可用性为主，根据测试结果分析性能瓶颈，通过迭代保证基本的指标等测试的环境。

(7)迭代进行全面的性能测试，完成计划中的性能测试用例的执行。

(8)完成性能测试评估报告。

1. 功能测试

(1)链接测试。链接是 Web 应用系统的一个主要特征，它是在页面之间切换和指导用户去一些未知地址的页面的主要手段。链接测试可分为 3 个方面。首先，测试所有链接是否按指示的那样确实链接到了该链接的页面；其次，测试所链接的页面是否存在；最后，保证 Web 应用系统上没有孤立的页面，所谓孤立页面是指没有链接指向该页面，只有知道正确的 URL 地址才能访问。链接测试可以自动进行，现在已经有许多工具可以采用。链接测试必须在集成测试阶段完成，亦即在整个 Web 应用系统的所有页面开发完成之后进行链接测试。

(2)表单测试。当用户通过表单提交信息的时候，都希望表单能正常工作。如果使用表单来进行在线注册，要确保提交按钮能正常工作，当注册完成后应返回注册成功的消息。如果使用表单收集配送信息，应确保程序能够正确处理这些数据，最后能让用户收到信息。要测试这些程序，需要验证服务器是否能正确保存这些数据，而且后台运行的程序能否正确解释和使用这些信息。当用户使用表单进行用户注册、登录、信息提交等操作时，必须测试提交操作的完整性，以校验提交给服务器的信息的正确性。例如，用户填写的出生日期与职业是否恰当，填写的所属省份与所在城市是否匹配等。如果使用默认值，还要检验默认值的正确性。如果表单只能接受指定的某些值，则也要进行测试。例如，表单只能接受某些字符，测试时可采用的方法是先跳过这些字符，看系统是否会报错，从而完成验证。

(3)Cookie测试。Cookie通常用来存储用户信息和用户在某些应用系统的操作，当一个用户使用Cookie访问了某一个应用系统时，Web服务器将发送关于用户的信息，把该信息以Cookie的形式存储在用户端计算机上，这可用来创建动态和自定义页面或者存储登录等信息。如果Web应用系统使用了Cookie，就必须检查Cookie是否能正常工作。测试的内容可包括Cookie是否起作用、是否按预定的时间进行保存、刷新对Cookie有什么影响等。如果在Cookie中保存了注册信息，应确认该Cookie能够正常工作而且已对这些信息加密。如果使用Cookie来统计次数，需要验证次数累计是否正确。

(4)数据库测试。在Web应用技术中，数据库起着重要的作用，数据库为Web应用系统的管理、运行、查询和实现用户对数据存储的请求等提供空间。在Web应用中，最常用的数据库类型是关系型数据库，可以使用SQL对信息进行处理。在使用了数据库的Web应用系统中，一般情况下可能发生两种错误，分别是数据一致性错误和输出错误。数据一致性错误主要是由于用户提交的表单信息不正确而造成的，而输出错误主要是由于网络速度或程序设计问题等引起的，针对这两种情况，可分别进行测试。

2. 性能测试

(1)连接速度测试。用户连接到Web应用系统的速度根据上网方式的变化而变化，或许是电话拨号，或许是宽带上网。当下载一个程序时，用户可以等较长的时间，但如果仅仅访问一个页面就不会这样。如果Web系统响应时间太长（例如超过5 s），用户就会因没有耐心等待而离开。另外，有些页面有超时的限制，如果响应速度太慢，用户可能还来不及浏览内容，就需要重新登录了。而且，连接速度太慢，还可能引起数据丢失，使用户得不到真实的页面。

(2)负载测试。负载测试是为了测量Web系统在某一负载级别上的性能，以保证Web系统在需求范围内能正常工作。负载级别可以是某个时刻同时访问Web系统的用户数量，也可以是在线数据处理的数量。例如，Web应用系统能允许多少个用户同时在线？如果超过了这个数量，会出现什么现象？Web应用系统能否同时处理大量用户对同一个页面的请求？等等。负载测试应该安排在Web系统发布以后，在实际的网络环境中进行测试。因为对于一个企业，其内部员工数量总是有限的，而一个Web系统能同时处理的请求数量将远远超出这个限度，所以，只有放在Internet上，接受负载测试，其结果才是正确可信的。

(3)压力测试。压力测试的区域包括表单、登录和其他信息传输页面等。进行压力测试是指实际破坏一个Web应用系统，测试系统的反应。压力测试是测试系统的限制和故障恢复能力，也就是测试Web应用系统会不会崩溃，在什么情况下会崩溃。在Internet上黑客攻击常采用的方式是：提供错误的数据负载，直到 Web 应用系统崩溃，接着当系统重新启动时获得存取权。因此，对应用系统的压力测试很有必要。

3. 用户界面测试

(1)导航测试。导航描述了用户在一个页面内操作的方式，在不同的用户接口控制之间，例如按钮、对话框、列表和窗口等；或在不同的连接页面之间。通过考虑下列问题可以决定一个 Web 应用系统是否易于导航：导航是否直观？Web 系统的主要部分是否可通过主页存取？Web 系统是否需要站点地图、搜索引擎或其他的导航帮助？

在一个页面上放太多的信息往往起到与预期相反的效果。Web 应用系统的用户趋向于目的驱动，很快地扫描一个 Web 应用系统，看是否有满足自己需要的信息，如果没有，就会很快地离开。很少有用户愿意花时间去熟悉 Web 应用系统的结构，因此，Web 应用系统导航帮助要尽可能地准确。导航的另一个重要方面是 Web 应用系统的页面结构、导航、菜单、连接的风格是否一致，确保用户能快速了解 Web 应用系统中是否还有内容以及内容的位置。Web 应用系统的层次一旦决定，就要着手测试用户导航功能，让最终用户参与这种测试，效果将更加明显。

(2)图形测试。在 Web 应用系统中，适当的图片和动画既能起到广告宣传的作用，又能起到美化页面的功能。一个 Web 应用系统的图形可以包括图片、动画、边框颜色、字体、背景、按钮等。图形测试的内容有：

1)确保图形有明确的用途，图片或动画必须排列有序以节约传输时间。Web 应用系统的图片尺寸要尽量小，并且能清楚地说明某件事情，一般都链接到某个具体的页面。

2)验证所有页面字体的风格是否一致。

3)背景颜色应该与字体颜色和前景颜色相搭配。

4)图片的大小和质量也是一个很重要的因素，一般采用 JPG 或 GIF 压缩，最好能使图片的大小减小到 30 KB 以下。

5)需要验证的是文字回绕是否正确。如果说明文字指向右边的图片，应该确保该图片出现在右边。不要因为使用图片而使窗口和段落排列古怪或者出现孤行。

(3)内容测试。内容测试用来检验 Web 应用系统提供信息的正确性、准确性和相关性。信息的正确性是指信息是可靠的还是误传的，例如，在商品价格列表中，错误的价格可能引起财政问题甚至导致法律纠纷。信息的准确性是指是否有语法或拼写错误，这种测试通常使用一些文字处理软件来进行，例如使用 Microsoft Word 的“拼音与语法检查”功能。信息的相关性是指是否在当前页面可以找到与当前浏览信息相关的信息列表或入口，也就是一般 Web 站点中的所谓“相关文章列表”。

(4)整体界面测试。整体界面是指整个 Web 应用系统的页面结构设计，是给用户的一个整体感。例如，当用户浏览 Web 应用系统时是否感到舒适，是否凭直觉就知道要找的信息在什么地方？整个 Web 应用系统的设计风格是否一致？对整体界面的测试过程，其实是一个对最终用户进行调查的过程。一般 Web 应用系统采取在主页上做一个调查问卷的形式，来得到最终用户的反馈信息。对所有的用户界面测试来说，都需要有外部人员的参与，最好是让最终用户参与。

4. 兼容性测试

(1)平台测试。市场上有很多不同的操作系统类型，最常见的有 Windows，UNIX，Macintosh，Linux 等。Web 应用系统的最终用户究竟使用哪一种操作系统，取决于用户系统的配置。这样，可能会发生兼容性问题，同一个应用可能在某些操作系统下能正常运行，但在另外的操作系统下可能会运行失败。因此，在 Web 系统发布前，需要在各种操作系统下对 Web 系统进行兼容性测试。

(2)浏览器测试。浏览器是 Web 客户端最核心的构件，来自不同厂商的浏览器对 Java，JavaScript，ActiveX，plug-ins 或不同的 HTML 规格有不同的支持。例如，ActiveX 是 Microsoft 的产品，是为 Internet Explorer 而设计的，JavaScript 是 Netscape 的产品，Java 是 Sun 的产品，等等。另外，框架和层次结构风格在不同的浏览器中也有不同的显示，甚至根本不显示。不同的浏览器对安全性和 Java 的设置也不同。测试浏览器兼容性的一个方法是创建兼容性矩阵。在这个矩阵中，测试不同厂商、不同版本的浏览器对某些构件和设置的适应性。

(3)组合测试。最后需要进行组合测试。600 像素×800 像素的分辨率在 MAC 机上可能不错，但是在 IBM 兼容机上却很难看。在 IBM 机器上使用 Netscape 能正常显示，但却无法使用 Lynx 来浏览。如果是内部使用的 Web 站点，测试可能会轻松一些。如果公司指定使用某个类型的浏览器，那么只需在该浏览器上进行测试。如果所有的人都使用 T1 专线，可能不需要测试施加的下载。有些内部应用程序，开发部门可能在系统需求中声明不支持某些系统而只支持那些已设置的系统。但是，理想的情况是，系统能在所有机器上运行，这样就不会限制将来的发展和变动。

5. 安全测试

安全测试是检验在系统中已存在的系统安全性、保密性措施是否发挥作用。它主要包括以下几个方面：

(1)目录设置：正确设置目录。

(2)SS L：使用 SS L 进行安全传送，确定是否有相应的替代页面。

(3)登录：验证系统阻止非法的用户名 /口令登录。

(4)日志文件：注意验证服务器日志是否正常。

(5)脚本语言：脚本语言是常见的安全隐患。

6. 接口测试

(1)服务器接口。第一个需要测试的接口是浏览器与服务器的接口。测试人员提交事务，然后查看服务器记录，并验证在浏览器上看到的正好是服务器上发生的。测试人员还可以查询数据库，确认事务数据已正确保存。

(2)外部接口。有些 Web 系统有外部接口。例如，网上商店可能要实时验证信用卡数据以减少欺诈行为的发生。测试的时候，要使用 Web 接口发送一些事务数据，分别对有效信用卡、无效信用卡和被盗信用卡进行验证。如果商店只使用 Visa 卡和 MasterCard 卡,可以尝试使用 Discover 卡的数据(简单的客户端脚本能够在提交事务之前对代码进行识别,例如 3 表示 American Express, 4 表示 Visa, 5 表示 MasterCard, 6 代表 Discover)。通常,测试人员需要确认软件能够处理外部服务器返回的所有可能消息。

(3)错误处理。最容易被测试人员忽略的地方是接口错误处理。通常我们试图确认系统能够处理所有错误,但却无法预期系统所有可能的错误。可以尝试在处理过程中突然中断事务,看看会发生什么情况,看订单是否完成;或是尝试中断用户到服务器的网络连接,或者尝试中断 Web 服务器到信用卡验证服务器的连接,在这些情况下,系统能否正确处理这些错误,是否已对信用卡进行收费。如果用户自己中断事务处理,在订单已保存而用户没有返回网站确认的时候,需要由服务提供商致电用户进行订单确认。

8.1.8 Web 应用程序测试技巧

有关 Web 测试的一件非常重要的事是,除非传输被加了密,否则,客户端与服务端之间的通信就可以像谈话被窃听一样被完全查看到。有许多工具可帮你做到这一点。微软有一个与 SMS(Systems Management Server,系统管理服务器)一起发布的工具叫做 Network Monitor (网络监视器)。它不但能查看本机的通信,而且能查看同一子网下所有机器的通信。

任何种类的网络监视器或包嗅探器的真正用途不仅仅是查看数据流,而且还能够记录客户端的请求和服务器的响应,并将这些记录保存为文件,作为将来的参考。这些文件对于发现 Web 应用程序问题的根本原因和调试程序是至关重要的。包嗅探器是很神奇的工具,不但能让你对自己的应用程序有深入的了解,对于问题的调试也很有用。

1. 包含支持文档

这些网络跟踪信息是能够被包含进 Bug 报告的支持文档中最有用的一部分。当发现 Bug 时,就应该把看到的错误用文本描述出来。有些情况下会有足够信息来诊断问题,但有时可能没有。在问题报告中加入合适的支持文档能节省大量的时间和精力。在看完你对所发现问题的描述之后,测试管理人员或开发人员打开支持文档,并迅速找出问题。清楚明了的跟踪报告可向开发人员迅速地指出问题所在。要注意只显示有用的信息,不要把不必要的信息也混进来。

2. 处理缓存问题

对于 Web 测试,你面临的一个问题涉及缓存。浏览器将最近的信息放在缓存中。如果浏览器能判断 Web 服务器中相应的内容并没改变,它就使用缓存中的信息。对于用户来说,缓存使得浏览器速度更快,因为他们没必要每次都下载所有的东西。但是,对于测试人员来说,他希望从服务器中获取绝对最新的信息。如果缓存的内容可用并被取回,那么真正需要测试的信息并没有通过网络传输得到。

下面的步骤将引导你如何将缓存纳入考虑,并找出 Web 应用程序的问题。

(1)如果碰到脚本错误,要做的第一件事是看一下是否能重现脚本错误。

(2)要判断错误是否可以重新生成,关闭该类型浏览器的所有会话(如果运行的是 IE,那就必须结束所有的 IE 会话)。

(3)打开一个浏览器窗口,删除所有缓存中的内容和本机备份(如果 cookie 可用的话,它也得删除),然后再关闭浏览器。

(4)打开一个(且只能有一个)浏览器窗口,试着重现错误。

(5)如果成功的话,那就继续下一步。应该特别注意的是用于重现错误的步骤。要辨别出哪些动作与 Bug 有关,哪些动作与 Bug 无关是困难的。

(6)一旦确定重现错误的步骤,接着就要找出产生 Bug 的其他条件,至少至关重要的。如,错误是否只出现于 Windows,或者只出现于 Netscape,还是只出现于 Windows 2000 之上的 Netscape 6.00?

(7)一旦收集到理解问题的足够信息,下一步所要做的是查 Bug 数据库。仔细地找出与所发现问题相匹配的 Bug。

(8)如果找不到与问题相关的 Bug,就自己输入。收集支持文档如屏幕截图、网络跟踪信息或其他信息有助于重现错误或调试。

(9)在保存 Bug 报告之前,对最近半个小时内输入的所有 Bug 作一下迅速查找,以防其他人与你输入一样的内容。许多测试人员都碰到过自己仔细记录的 Bug 在几分钟前刚被人输入的情况。只要做一下这样的检查就能够防止出现相同 Bug 的现象。

本章所介绍的这种处理方法只是通用的指导。要知道,所有的测试小组都有他们自己处理 Bug 的方法。要确保自己在开始处理错误之前就理解这些方法,否则,你就有可能会破坏了其他测试者、开发者或管理者的努力。

不能因为 Bug 无法重现就说它不是 Bug。你和其他用户执行的一系列特定交互操作可以测试服务器出现期望之外的状态或罕见竞争条件。

虚假 Bug 的最大来源之一就是测试者没有清除缓存。缓存是一个与许多小组都相关的问题,然而,许多人并没意识到,他们正在受到缓存的影响。通常大家都知道浏览器的缓存可以手工清空。如果你正在测试一个因特网应用程序,那么就应该考虑到应用程序和用户之间的代理或防火墙问题。许多代理服务器是非常有用的,它能够缓存数据,有助于将网络通信流量减到最少。但是,它只是对用户有利,对于测试来说却并非如此。测试人员不会希望只是由于有代理服务器而导致取得版本不匹配的文件。如果代理服务器确实缓存数据,那么就要配置浏览器,使它在访问测试服务器时绕过代理。虽然如此,有关代理服务器和防火墙是如何影响用户的讨论还是应该在配置浏览器之前。

3. 配置浏览器以用于 Web 应用程序设置

不可重现的 Bug 的另外一个来源是存在不支持的配置,如脚本选项关闭。默认情况下,IE 禁止脚本调试,并且不向用户显示脚本错误。现在,由于这些错误是想要观察的,所以必须确认这些选项已经打开,并已经安装了脚本调试器。理想情况下,你所拥有的调试器和开发小组使用的一样。

图 8.2 显示了 Internet Explorer 的 3 个设置。它们是系统最大限度地捕获 Bug 的最低设置。这 3 个设置在其他浏览器中的位置可能不同，但它们对于正确配置机器同样重要。它们分别是“禁用脚本调试”(Disable Script debugging)、“显示每个脚本错误的通知”(Display a notification about every script error)、“每次访问网页时，检查已保存网页的新版本”(Check for new version of stored pages:Every visit to the page)。许多其他设置可能不受应用程序的支持，例如，应用程序可能取决于 Cookie 的使用，特别是客户端的 Cookie 设置。

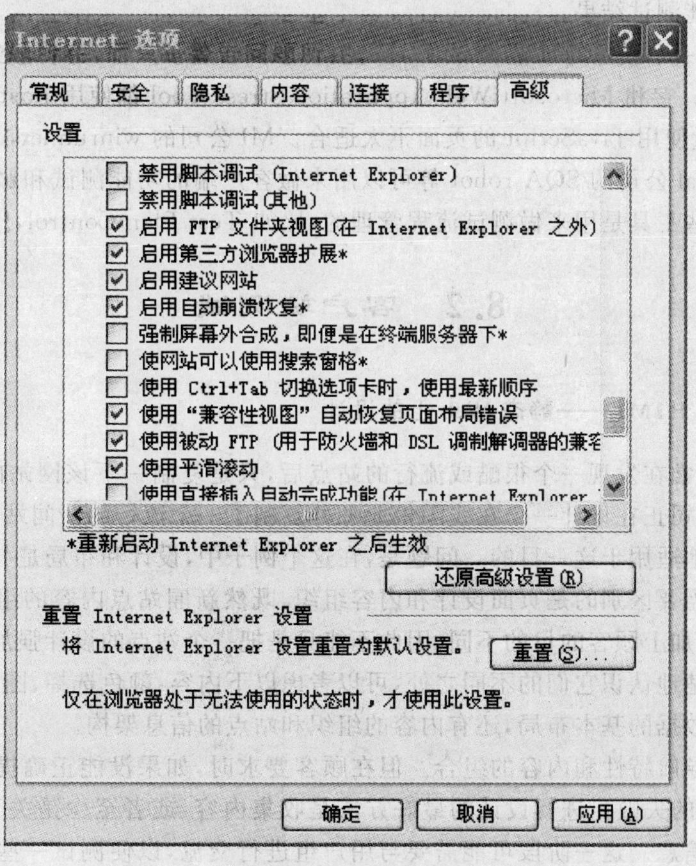

图 8.2　谨慎进行 Internet Explorer 的配置

测试 Web 应用程序不仅仅是验证所有活动链接和所有可显示图片。正如本节前面所说的，要进行测试验证的内容有许多，现在只是刚刚开始而已。应用程序的易用性、内容与设计、性能、安全性和国际化问题在本书的后续内容中都会陆续提到。本节只是对 Web 应用程序的手工测试验证过程作介绍性的讨论。有许多工具使得这些测试验证工作更容易、更迅速，让测试人员感觉他们是真正在测试而不仅是验证。然而，只有学会手工进行相应的测试，才能真正有效地利用工具来完成同样的测试工作。但是，一定记住，工具和检查清单最终还是无法代替知识丰富的测试人员。

8.1.9 测试工具

Web 测试工具很多,其中 E-Test 功能很强大,其采用的方式不是 PostURL,因此可以支持多内码的测试数据,基本可以测试大部分的 Web 站点。Microsoft Web Application Stress Tool 利用脚本回放来代替手工劳动,验证页面表单对各种输入的响应结果,同时也能够提供一定的性能测试结果。

PureLoad 是一个很好的性能测试工具,完全用 Java 写成,可以测试各种 C/S 程序,如 SMTP Server 等。它和 Microsoft Web Application Stress Tool 都使用 PostURL 的方法测试 Web 项目,对大量使用 JavaScript 的页面不太适合。MI 公司的 winrunner, Compuware 公司的 qarun, Rational 公司的 SQA robot 等可以用来做客户端的功能测试和服务器端的压力性能测试。也有一些工具是用来做测试流程管理的,比如 Test Plan Control, test manager 等。

8.2 客户端测试

8.2.1 测试 HTML——静态 Web 上的设计

过去,人们常常在发现一个很酷或流行的站点后,只是复制一下该网站的格式或者代码。然而,如果一家公司正在设计一个在线零售业务并复制了一个流行的新闻站点,那么这个站点很可能不会很好地适用于这一目的。问题是,在这个例子中,设计和布局是与信息架构掺杂在一起的。第一个需要区别的是页面设计和内容组织,既然新闻站点内容的组织形式与电子商务的截然不同,再加上顾客的目的不同,因此不能只是把一个站点的设计强加到另一个来期望成功。为了更清楚地认识它们的不同之处,可以考虑以下内容:颜色选择、图片类型、元素在页面上的设置以及数据的基本布局,还有内容的组织和站点的信息架构。

信息架构是导航特性和内容的组合。但在顾客要求时,如果没能正确提供相应信息那就意味着 Web 表现的失败。进行设计的最好方法是收集内容,或者至少是关于内容的想法,然后首先组织这些信息。这一阶段可能需要与用户组进行交流,以便测试一些想法或者纸面上的设计原型,但这一阶段应该获得反馈信息,说明用户想要如何找出信息以及哪些信息对他们来说是最重要的。有了这一信息后,成功的设计就浮出水面了,或者至少受到一些影响。此外,也认识到它所受的一些限制。

应该为内容牺牲图片设计。不管怎样,一定要获得好的内容。内容是使消费者再次光临站点的原因,而不是漂亮的色彩。应该避免用插件进行设计。迫使用户下载插件只会惹恼他们,从而阻止他们完成任务——很可能是为你出售的东西付钱。那为什么还要为这种购买设置障碍呢?只是让用户很容易完成这项任务就可以了。如果你提供的内容必须使用插件,就应该将该内容用多种形式表示出来。

很多站点不仅陷入了设计陷阱,也陷入了动画陷阱。广告商引用这样的事实:用动画制作的广告拥有两倍于非动画广告的点击率。如果用户只是在网上无目的地冲浪,那么这个统计数字也站不住脚。如果站点主要用来提供信息,那么这个统计数字就站不住脚了。如果站点主要用来提供信息,在调查中我们看到很多用户故意阻止任何动画,甚至于把手放在屏幕上盖住动画部分,以便在阅读内容时不被打扰。Flash 是一种 Web 站点技术,它可能使得站点不可访问。在少数情况下,不同间隔出现的 Flash 可能会与资源占用联系在一起。屏幕上 Flash 的频率应该设为与光标闪烁速率相同,但为了保证绝对安全,应该避免使用 Flash。

换句话说,就是要知道你在设计什么,并避免触怒用户。如果用户可以从其他地方得到相同质量的内容,而不会不断地被弹出的广告、动画或其他干扰因素干扰,那么他们就很可能会到这些地方查找所需的内容。

在通读设计建议时,应该知道你的产品将要使用的画布尺寸和偏移量。在做进一步设计之前知道这些,可以保证一些重要的按钮和链接。比如 Help 链接和 Buy Now 链接不会在最低支持设置下离开用户的即时可视区域。不考虑分辨率与画布尺寸之间的不同会破坏多个产品,况且这在开发周期早期是很容易纠正的一个问题。

1. 整洁是最重要的

在设计中,整洁包括对这样问题的考虑:图标尺寸、颜色方案以及页面布局等。例如,很多书的观点是必须在单个页面上留有很多的空白区(white space)——页面中没有放置文本和图片的区域。然而,随着越来越多只使用很少的空白区的站点成功,这一流行的名言很快就受到质疑。这种成功的原因在于好的信息架构和整洁的设计。如果用户看到他们所需要的信息,那么他们是可以容忍没有空白区的。可能需要大量页面才能显示一个既包含文本又包含少量图片的新闻故事,此时可能只留下极少的空白区,但用户此时的交互在阅读故事,用户已经找到了自己想要的信息。不要低估正确使用空白区的作用,但在使用时一定要明智。如果你留下空白区仅仅因为你还没有在页面上留下任何空白区的话,那么这不是使用这一技术的足够好的理由。

一致性是规划整洁的 Web 站点时需要记住的另一个设计原则。如果所有连接到该站点内部的链接都在同一个窗口打开,而所有到该站点外部的链接在新窗口打开,那么用户就会对该站点如何工作有一定的期望。他们呆在这个站点的时间也会越长。然而,如果有时链接会打开一个新的窗口,有时工具条变了或者有时页面布局不同了。用户会开始怀疑自己是不是已经离开了这个站点并且奇怪现在浏览的站点是谁的。一致性是保证精美设计的最重要的工具之一。即使是粗劣的设计,如果具有内部一致性,那么它就是有用的。只要你的产品具有内部一致性,就很可能会一直为用户工作下去。这种内部一致性包括整个产品中鼠标的一致使用、一致交互以及一致的 UI。其中最为重要的是,作为用户观点的代言人,你应该努力使设计整洁。

2. 测试其他设计方面的问题

还有其他一些方面的考虑可能有助于表述作为一名测试人员对 Web 站点的设计提出的

几个问题，其中包括：

(1)用户能够进行打印吗？很多用户想要获得信息的硬拷贝并能打印几页新闻故事、商品目录或其他一些他们觉得有意义的信息。如果你的站点或应用的设计不允许灵活地打印拷贝，那么可以考虑在大家感兴趣的信息上加一个超链接，导航到打印机友好版本或只读文本版本。

(2)有 Help(帮助)页面吗？Web 站点上应该有完整的帮助信息，还是只提供一个电话号码，让用户与公司联系？Help 页面应不应该打开新页面，以便让用户在参考 Help 部分的同时继续在应用中的工作？

(3)应用中会用到热键吗？热键的使用在很多平台本地应用中相当普遍，但还没有在 Web 应用中得到广泛应用。用户实际上想要使用它们吗？或者，他们能发现热键吗？如果所设计的站点是信息网站，拥有各种类型的用户，那么答案很可能是否定的。然而，如果该站点是一个内部站点，供员工平时使用，那么他们很快就会熟悉站点的界面并希望使用一些方法加速他们对应用的使用。这时，使用热键就很合适了。这些键可以用 ACCESSKEY 的属性加到元素上。该产品需要本地化吗？如果是的话，就需要重新看一下每个本地化版本的热键选择，因为使用的标记字符串可能已经变了。此外，在一个页面上你不能有重复的热键。正如用户通常想象的那样，首字母相同的两个字符串不能有相同的热键，因此其中的一个字符串必须选用另一个字母来表示它的热键。这种情况和时间与资源密集型的情况一样，很容易出现问题。

3. 测试设计时考虑图片

设计的内容不仅仅包括布局，还包括站点的图像元素。在任何 Web 应用开始检查时，你应该检查所有图片能显示并确保没有断掉的图像标记符。在处理图像时，很容易出现错误，给用户造成极大不便。图像对于站点或应用来说是很重要的，然而如果使用不当，对于低宽带的用户来说是很大的累赘。应该尽可能减小图像——不是图像在屏幕上显示的物理系数，而是图像的文件大小。总的规则是单个图像的大小不能超过 24KB(最好使用更小的图像)，并且如果是站点的主页的话，这个页面的大小不能超过 50KB。当然如果用户深入站点并寻求艺术品的扫描图片，就会理解这些图片比较大，需要一定时间才能完全下载。你的用户对应用程序的某些部分可能会有类似的期望。

你希望用户能以尽可能快的速度收到所有信息。大多数显示器大约每英寸只能显示 72 点(dpi)，基于这一原因，只想在显示器上浏览的图片没有必要做成更高的质量，因为它们在显示时会被降低清晰度。如果你的站点出售艺术复制品，那么用户在购买之前可能会打印出样本查看一下。这种情况下，一些图片需要保存为更高的分辨率。

降低颜色深度也有助于减少图片的文件大小。如果你显示的图像是数学公式，就没必要把公式用成百万种颜色的格式表示出来，因为简单的黑白图像就足够了。市场有一些工具可以用来减小图像尺寸以对其进行优化，供 Web 使用。在测试应用时，还应考虑下面一些有关图像的额外问题，这些问题有：

(1)用户不想在 Web 上等待。为了使页面的加载时间最短，应该避免使用图片作为主导航元素。

(2)把重要信息放在图片中一般不是个好的做法。

(3)可用于图像的一种类似于颜色块(color block)的像素块称为素片(pixel shim)。

(4)减少通过网络传输的图像数目和大小能够提高客户端和服务器的性能。在同一页面甚至整个站点重用相同的图片有助于改善每个页面和整个站点的性能并减少加载时间。

4. 测试设计的易用性

使某个东西可用的意思是使它更易于理解。然而,易于使用并不一定意味着更少的点击。将所有 Web 页的链接放到主页上不会使站点的易用性更强,因为每个网页只点一下就离开了。一个系统没有必要一定要比另一个好,但每个系统都是拥有自己的拥护者和用途的一种方案。知道你的目标用户可以帮助你把产品做得易用。

一旦信息架构和站点设计已经确定,就需要检查易用性。易用性涉及的范围很广,这是很多 Web 失败案例的罪魁祸首。你的站点很酷、很流行、很时髦而且做得很圆滑,但如果用户不知道如何购买东西,你就挣不到钱。飞机的驾驶舱功能丰富,提供了大量信息而且看起来很酷,但一般人不能坐进去并执行太多的动作。此外,大街上的普通人不是飞机驾驶舱的目标用户。

(1)使用原型(Prototype)测试易用性。易用性测试是开发中很不被看重的部分。在开发周期中的很多时间点都可以进行易用性测试。一旦信息架构已经确定,易用性专家就可以据此在草稿上创建模型并与顾客或可能的用户一起工作,在编码还没开始之前就指出哪些地方很好,哪些地方应该进行修改。纸上原型(paper prototype)从字面上讲是一组页面,上面画有建议的站点设计的草稿、鼠标的一个很小的剪贴图指针以及各种下拉列表框的剪贴图等等。这一技术是进行研究的一种非常原始的办法,但通过专家和用户之间的交互以及找出整个应用中的不一致因素,它能够给出一些很宝贵的反馈信息。而且,这种方法所需的成本少,能够在开发周期刚开始,还没投入多少时间进行开发时就可以进行。

易用性测试的其他方法可能包括更实际的模型,虽然仍没有什么功能,但已经初具软件的形状以便使人知道该软件是如何工作的。在生成这些模型时,几乎可以使用任何应用,使用无格式 HTML 既快又简单,而且可以通过手工编码,也可以使用很多可用的授权环境中的任何一种进行编码。根据可用的工具和工作人员的专长,可以使用 Excel,PowerPoint,Visio,甚至可以是 Visual Basic。

(2)编写有效链接。一些站点试图使站点上的所有信息更详细,把整个句子做成超链接。如果你看到了如图 8.3 所示的两组链接,哪一组使用起来更简单呢?

对于第一组链接,你必须阅读整句话才能理解链接的导向。虽然第二个例子中的链接指向的位置与第一组相同,但更容易理解点击它们的结果,而且用户理解起来会更快。当用户在进行查找时,他们跳读而不是细读。想一下你自己的网络行为。你不会为了知道美国链接通往哪里,而读取一整段文字。你想要的是链接通往何处的简短、精炼并且正确的细节。

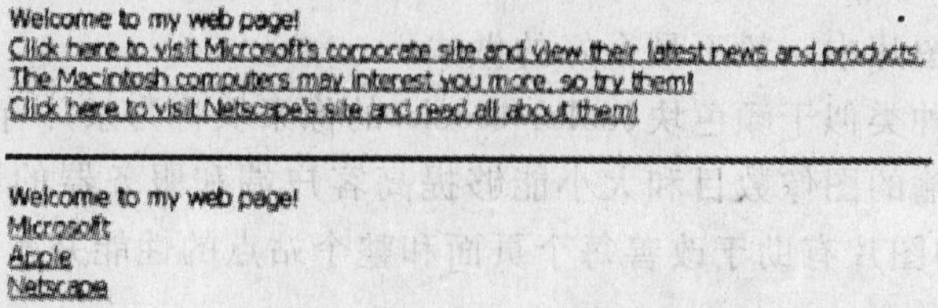

图 8.3 提供链接信息的两种方法

(3)测试 Web 站点的搜索能力。很多 Web 站点提供了从整个站点查找信息的方法。但是,很多这样的站点返回的数据对用户帮助不大。用户几乎不用返回的文件名,而标题和描述则可以帮助他们更快地对信息进行筛选。相反,一些站点则过于热心于提供帮助,它们通过各种搜索引擎提供多种搜索方式。这样为用户提供了多种搜索 UI(界面),这只会使用户迷惑。你应该选用一种搜索引擎并提供给用户就可以了。

(4)开发有效的错误消息。对于用户来说,错误消息这个问题由来已久了。引用代码或太笼统的错误消息都不会使用户知道为什么会出错,从而使用户无助地处理问题或理解出现问题的原因。另一方面,太具体、特殊的错误可能会令用户感到迷惑,或者引起潜在的安全问题。一些研究发现在 Web 站点的所有技术支持电话中,多达 33% 的帮助呼叫与错误信息有关——用户看到错误消息,不确定该如何处理。错误消息在开发时的确需要一些精力——它们必须计划到产品中并由开发人员实现,必须测试它们被激活的条件。同时,错误消息还需要本地化处理。然而,权衡一下产品支持电话所需要的费用、损失的销售额、用户的不满以及远程诊断问题中增加的难度,从长远看来,开发错误信息会节省开发并使企业向更专业的阶段迈进。

5. 实现可访问性

人们很少提到可访问性(accessibility),除非大的用户群体使用这些站点。直到最近,可访问性还只被认为是过量的开销。在美国,软件的可访问性不是强制设定的。然而,如果你的公司计划向政府出售软件或软件服务,那么你的软件就必须尽力达到议会指定的可访问性准则。你可以用几种方法对可访问性进行测试,比如:

(1)你可以编写自己的软件包,然后用一些插件工具测试软件在哪些地方工作得不是很流畅。这种方法是需要成本的,现在市面上有很多第三方辅助技术软件。

(2)你可以把你的软件交给已签约的第三方测试代理,他们已经有辅助技术,并且知道如何与 Web 应用进行交互。这种方法不仅贵,而且耗费时间。此外,前面提到的两种方式把重点集中在后端,而不是从一开始就设置可访问性标准。

(3)一个比前两种方法都好的方式是从一开始就计划可访问性需求。从一开始就制定可访问性需求提供了开发软件时的开发目标并确保你能达到可访问性要求,而不用管其他软件中可能存在的 Bug。

6. 设计用户交互

用户可以使用很多方法与软件进行交互并增长他们的经历。其中最简单、最安全的方法是站点指定可能的交互方式,用户只是通过点击链接或其他一些对象进行选择。考虑一下下面的输入类型:

(1)最简单的输入方式是单选按钮。

(2)菜单的内容在用户选择之前已经给定了,同时一次也只能选择一项。

(3)按钮是 INPUT 标记符的另一个简单类型属性,具有 TYPE = “button”格式。下拉框只允许用户选择一项,要么点击按钮,要么没有。

(4)复位(Reset)类型只是把所有表单选项恢复到它们的默认状态。

(5)复选框相比起来稍微复杂一些,因为可能有很多种组合并且由此可能会有更多的代码路径。

但这些“安全”输入页有它们的问题。如果软件遇到没预计到的状态,仍有可能在运行时出现错误。不选择选项或让它们保持默认值会产生脚本错误。对于只含有这种事先定义选项的站点来说,简单的验证测试、可访问性、易用性和服务端的考虑(性能和安全性等)可能是需要进行的所有工作。

用户在能够键入他们自己的数据时,交互才真正开始,而这时软件才真正打开了。

不仔细的编码可能会使不小心的用户或怀有恶意的那些用户严重破坏他们的账号或你的系统。如果你的系统允许这类用户输入,你就把泄洪水闸打开了。大部分应用都有文本输入框、文本区域,甚至是只能完成此项功能的内容可编辑的 DIV。在这里我们必须要检查文本的输入,考虑一下测试这些类型的文本输入框需要询问的问题;当然还得考虑文本输入区的边界问题,文本输入区输入内容都是有大小限定的。

7. 性能测试

性能是在 HTML 测试中需要考虑的另一个问题。虽然使用 HTML 不能进行严格控制,但的确有一些东西能够对性能产生影响。在 HTML 中使用太多的标记符,即使最简单的代码也会变得臃肿,迫使服务器存储和发送较大的文件,并因为传输率的原因延缓了客户端的输出。多余的标记符在表面上听起来可能没什么大不了的,但是当 100 万用户使用时,而且用户的数目不断增长,那么这些标记符的影响也随之扩大。

8.2.2 测试动态 Web

1. 检查应用程序架构

因为需要提供迅速的响应和可缩放的服务器,很多 Web 应用在开发时都将数据库和必须处理的数据分开。既然数据库服务器存在访问硬盘来获取数据的瓶颈,因此对数据库服务器增加额外的负载只会减慢用户会话速度。把数据从处理或显示中分离出来可以使服务升级,提供新的用户界面,而无须改动用户数据。这种架构的典型三层模型如图 8.4 所示。

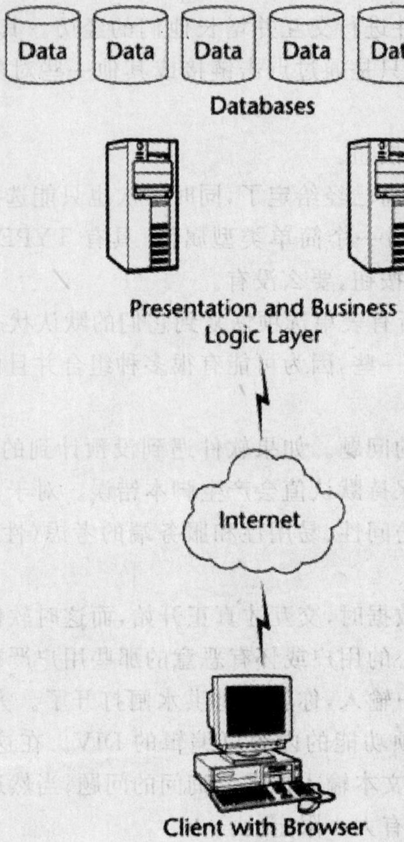

图 8.4　基本的三层架构

三层架构模型是由处理提交的客户端、处理业务逻辑和表示的前端服务器和处理数据存储的后端服务器组成的。具有浏览器的客户端发送请求,该请求通过因特网路由到目的服务器。此时,服务器应用理解请求并对其作出响应。前端服务器对请求进行解释并用数据库能够理解的方式对其进行格式化。然后,数据库返回前端服务器请求的信息并将它发送给前端服务器。前端服务器接收数据并添加表示信息。随后,整组数据和表示信息就被传送到客户端机器。也可以使用四层架构,对前端服务器进行分割,从而将业务逻辑层和表示层分开。如果软件编写正确,那么把工作分到几个服务器上也会改善性能。它还提供冗余——如果一个服务器出现故障,系统性能可能会受到影响,但整个应用对用户来说仍然是可用的。你的Web应用使用的架构可能在某些地方与这个模型符合。所有这些大的组件都有特定的属性,并且需要特定的技术进行测试。这里讨论的目的是取出Web应用的黑匣子并取出它的每一个组件、标注它们以及讨论它们的属性,以便使你成为一个更加有效的测试人员。

2. 脚本

(1)引用脚本。在加载网页时，主要有两种方式可以用来引用脚本，分别是：

1)引用内嵌(inline)脚本。

2)引用需要下载并解释的脚本文件。

每一种方法都有各自的特性，测试人员需要熟悉它们。

内嵌引用包含几个脚本标记符，内嵌到页面的其他 HTML 代码中，如下面的代码：

```
<HTML>
    <HEAD>
      <TITLE>Hello World－Inline JS</TITLE>
    <HEAD>
  <BODY>
  <SCRIPT LANGUAGE＝"JavaScript" TYPE＝"text/javascript"><! －－
  Document. Write ('Hello world')
  //－－>
  </SCRIPT>
  </BODY>
  </HTML>
```

客户端脚本的另外一种选择是引用需要下载和解释的脚本文件，如下面的代码所示：

```
<HTML>
    <HEAD>
      <TITLE>Hello World－Reference JS</TITLE>
    </HEAD>
  <BODY>
  <BR>
  <SCRIPT LANGUAGE＝"JavaScript" SRC＝"hello_world. js>
  </SCRIPT>
  </BODY>
  </HTML>
```

(2)JavaScript。JavaScript 在因特网上名声很响，然而，它被很多人误解了。JavaScript 与 Java 或 JavaBean 没有任何关系。Java 是 Sun 创建的一种编程语言。JavaScript 是 Netscape 开发的一种脚本语言，最初被称为 LiveScript。Netscape 之所以冠之以 Java 是因为因特网的大肆宣传并把 Java 用到它们的语言中。与 HTML 不同，JavaScript 是区分大小写的。因为该语言的不同版本都对标准有自己的解释，因此对于同一个脚本，它们的表现也会不同。正因为如此，需要确定代码符合标准，然后在所支持的每一个平台上对其进行测试。

(3)VBScript。准确地说，VBScript 应该是 Visual Basic Scripting Edition，但更随意地被

称为 VBScript 或 VBS。VBScript 是微软为了回击 Netscape 的 JavaScript 开发的。它非常类似于 Visual Basic(VB)和 Visual Basic for Applications(VBA),从而使它很快获得了至少有些知名度的编程基础。微软的 Internet Explorer 有一个内置的 VBScript 脚本解释器。然而,Netscape Navigator(Netscape 的确支持几种能够解释 VBScript 的插件)没有,从而立刻给打算使用 VBS 的 Web 开发项目蒙上了阴影,也就阻止了把 VBScript 作为客户端的脚本解决方案。与 JavaScript 不同的是,VBScript 是不区分大小写的。

(4)认识脚本问题。脚本问题主要分为 3 类,分别是:

1)编译时出现的错误。

2)运行时出现的错误。

3)逻辑错误。

在编译期间发生的错误在页面请求时就表现出来了。图 8.5 展示的就是这一类型的错误。图中指出的问题是:网页完全被这个编译错误挡住了,所以还没有被加载。同时还注意到浏览器窗口左下角有一个小警告,告知在加载页面时出现错误。当看到这样的警告时,可以双击这个图标,它就会显示遇到的确切错误。

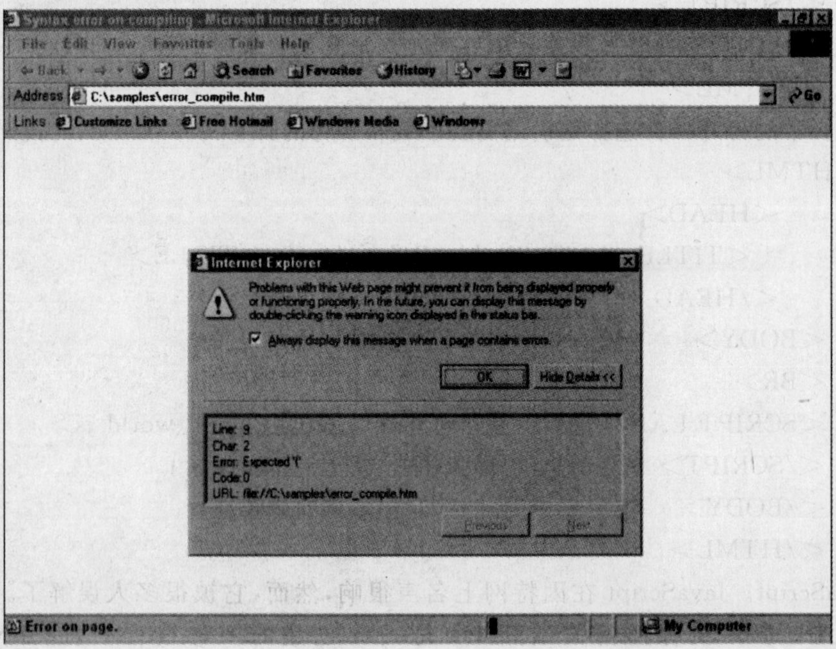

图 8.5 Internet Explorer 在显示网页时遇到的编译错误

运行时错误(runtime error)与编译错误非常类似。网页在加载时没有错误,引擎解释脚本时也没有任何语法错误,但其中有一个函数有问题并在程序进入该函数时或出现错误。例如,如图 8.6 所示,如果用户点击其中的按钮,就会收到运行时错误。

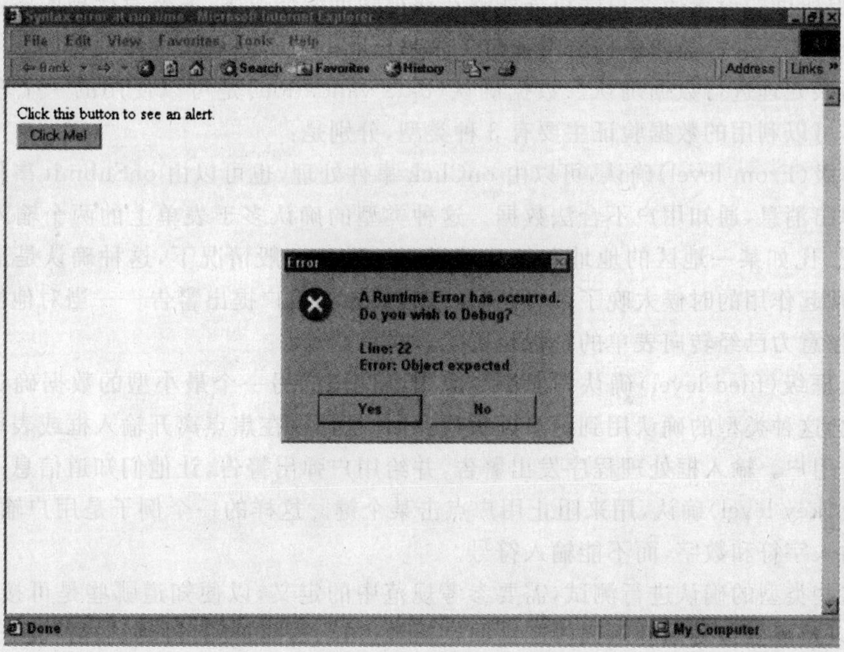

图 8.6 运行时错误示例

逻辑错误在脚本引擎调用函数时发生,多是由于用户输入了不曾预料的数值或因为变量没有被正确处理。有问题的函数会使浏览器在该函数停住,从而使连接超时,或者产生其他一些逻辑错误。逻辑错误的结果可能不会是错误信息,但不管怎样,都不是我们期望的行为。

(5)测试脚本。在对 Web 应用中的脚本进行测试时,可以遵循以下几条建议:

1)检查缓存问题。由于可以在客户端的浏览器缓存中存储副本,因此在遇到问题时,可能不是应用本身的问题,而只是测试人员遇到的问题。缓存中的版本可能与正在从服务器获取的其他数据不兼容,从而产生错误。当遇到问题时,可以尝试以下操作,看能不能找出问题的所在:

①不论遇到哪一种错误,最好马上把该错误的屏幕截图取下来并标注上如何遇到该错误的注释,然后保存下来。

②如果使用相同的步骤,错误重复出现,就关掉该浏览器的所有实例。

③只打开该浏览器的一个实例,清空缓存,然后重新关闭浏览器。

④打开该浏览器的一个实例并再尝试一次前面的错误。如果没有遇到这个错误,则说明很可能是因为你的浏览器已经缓存了数据,正是这些数据产生的问题。

跟踪整个开发过程有助于找出确切的问题,但很可能清除缓存即可以解决问题了,此时说明在服务器上的文件存在缓存版本冲突。代理服务器也存在同样的问题,因为它在缓存内容时的方式与浏览器方式非常类似。如果在客户端机器和正被测试的服务器之间有代理服务器，就要确保所做的设置使客户端机器能够在获得帮助的情况下，不经过代理服务器。如果客户端机器经过代理服务器，则容易产生很多 Bug 或者浪费大量时间。

2)为错误处理进行数据确认。数据确认(data validation)是可以使用的一个客户端脚本功能。脚本可以利用的数据验证主要有 3 种类型，分别是：

①表单级(From-level)确认，可以由 onClick 事件处理，也可以由 onSubmit 事件处理。它返回一个弹出消息，通知用户不合法数据。这种类型的确认多于表单上的两个输入框内容不匹配的情况，比如某一地区的地址和邮政编码不一致。一般情况下，这种确认是最容易实现的，只是通常起作用的时候太晚了，从而不能以后效地给用户提出警告——当对他们发出警告时，他们的注意力已经转向表单的其他位置了。

②输入框级(filed-level)确认，是 Web 应用中使用的另一个最小型的数据确认。与表单级确认相比，这种类型的确认用到更多处理程序，并且可以在焦点离开输入框或表单状态发生变化时警告用户。输入框处理程序发出警告，并给用户弹出警告，让他们知道信息不合法。

③键级(key-level)确认，用来阻止用户点击某个键。这样的一个例子是用户输入文本框，它只允许输入字符和数字，而不能输入符号。

要对这些类型的确认进行测试，需要参考规范中的定义，以便知道哪些是可接受的输入，哪些不是，以及可以接受多少输入等。这些字符和边界条件需要通过测试进行验证，以确保用户不会输入它们，也就不会发生意料之外的行为。此外，还需要进行一些相关测试，验证收到合适的内容并测试表单处理某一内容的能力。

3)查找后门(back door)。很多应用容易出现问题的地方是通过后门。用户创建的输入框可能不允许输入某些带下画线的字符并只允许输入 10 个字符，但如果有一个用户轮廓编辑表单，而且该组件的程序员不知道有这样的限制，用户就可能在这里输入一些不能接受的输入，从而产生预料不到的结果。在测试时，应该总是试图用另一种方法变换数据，看能否把它置于不期望的状态。

4)查看性能。脚本的性能是很难进行评判的，服务器收到要求返回某一项的请求，例如含有内置脚本的 HTML 网页。浏览器自己处理 HTML 部分，但不得不将脚本送给解释器。解释器随后必须启动、接收脚本、对它进行解释，然后执行。如果脚本非常复杂，服务器可能已经把所有数据传送到客户浏览器，但此时解释器可能还没有执行完代码，也就没有准备好进行交互或接收输入。如果网络跟踪表明页面很快就下载完了，但它真正能接收输入之前，得过 20 多秒，此时对于用户来说，就存在性能问题了。分析应用的网络通信量有助于找出性能问题。现在考虑下面的问题：

①某些文件太大或者没有必要下载吗？

②可不可以把插入到脚本中的那些函数固化为一个函数，以便改善可维护性和性能？

③代码中还有没有一些函数，我们曾经使用它们，但以后不再需要了？

5)与显示尺寸有关的错误。浏览器的显示尺寸可能会对脚本产生影响。

①试着改变浏览器窗口的大小，使它的高度很高，却很窄，可能只能显示画布区域的一个

像素宽。此时,尝试执行一个动作。此时出错了吗?对每一个框架(frame)都作这样的调整,只允许显示框架的一个像素。

②尝试相反的做法——将窗口变得很宽,但很矮,只能显示一个像素的高度,此时可以是整个窗口,也可以是将要重新加载的一个框架。在这种显示的情况下,脚本会出现错误吗?

③改变浏览器的大小,一旦脚本运行时使感兴趣的框架大小变为零。此时会出现脚本错误吗?

④当你要进入某个感兴趣的页面时,调整浏览器窗口的大小,然后按 F5 重新加载。

虽然这些很可能不是用户使用时的情形,但用户也不是完全不可能这样做的,而且这样可以测试系统的健壮性。

3. 测试 ASP

ASP(Active Server Pages,动态服务器主页)是用来创建、部署和运行 Web 应用的平台。ASP 只是含有脚本命令的文本文件,使用.ASP 作为文件扩展名,并通过 ISAPI(Internet 服务器应用程序接口)挂接在微软的 IIS(Internet 信息服务器)。在这些文件中通常也有 HTML 代码用来控制网页的格式。

要测试 ASP,可以首先做一些简单的校对。通读一遍代码,检查一下可能会导致变量和函数名错误的拼写错误。在多种不同的浏览器中对 ASP 进行验证。如果会话状态不是 Web 站点或 Web 应用中框架的核心功能,那么就应该把它关掉。ASP 是顺序执行的,意思是它只能在完全完成一个任务后才能开始另一个。这可能会使我们感觉存在性能问题。对服务器上 ASP 的性能进行测试是非常重要的,就像 ASP 服务器的压力测试一样重要。考虑下面一些问题:

(1)在测试时,看一下记录的各种事件日志。服务器可能不曾瘫痪过,但可能会有很多不曾想到的事件发生。可以使用微软的 Web Application Stress Tool 或 IIS 异常监控器帮助跟踪这些问题。

(2)ASP 还提供服务器端缓存。如果有很多静态内容的话,这一特性就是很有用的,因为此时可以从内存中提取这些内容,而不需要访问磁盘并对数据进行处理。但是如果应用的核心内容是动态的,那么这种缓存就可能引起性能问题。

(3)在响应中可能出现的问题是响应超时。很多应用在使用 Response. Expires 属性时,将属性值置为零。在这里使用负数迫使内容超时,而因为 0 是永不超时,所以这里最好使用负数。

(4)为了测试与.ASP 应用相关的所有内容,可以将文件名从 *. ASP 改为 *. ASTM。这将使你看到包括 #include 和数据尺寸的所有内容。

对这些出错的地方和性能进行的所有这些测试是测试 ASP 中最重要的部分。应该从这些组件中看一下是否有内存泄漏。

4. 测试 CGI

CGI(通用网关接口)是一种服务器端技术,允许自定义的用户体验。实际上,CGI 是一种协议，规定了服务器上的编译程序如何与 Web 服务器(典型情况下是其他文件或数据库)进行交互。它实际上更像是客户端和服务器之间通信的标准变量集合。它所标准化的接口是服务器的 HTTP 服务器应用中来为客户浏览器和服务器上的其他应用或文件提供数据的。它基本上提供了一种标准方法，以便使信息可以在 HTTP 服务器和脚本之间传送。CGI 程序是服务器经过编译的程序，可以使用允许直接访问 Web 服务器上的 STDIN 和 STDOUT 函数的任何编程语言来编写。这样的语言可以是 AppletScript，Perl，TCL，VC＋＋，Visual Basic 以及其他一些语言。存放 CGI 并与之交互的服务器可以是微软 IIS Web 服务器、Netscape Web 服务器、Oracle Web 应用服务器或其他类型的服务器。当你把 CGI 与微软的 ASP 进行比较时，你会发现 ASP 只能工作在微软的 IIS 服务器，而支持 CGI 的平台则更多。因此，需要像对 ASP 应用那样，对 CGI 应用进行细心的性能和压力测试。

5. 测试 ActiveX 控件

ActiveX 控件是客户端技术，实际上就是类似于任何 Win 32 程序中的那些 OCX 控件。对于 ActiveX 控件来说，它们都有其内在的限制、需要考虑的因素和优点。在对 ActiveX 控件进行测试时，要记住下面的几点：

(1)ActiveX 控件只能用于 Windows 客户端。虽然 Netscape 本身不支持 ActiveX 控件，但你可以使用相应的插件。因此在确定技术方向时，你应该考虑到这种限制用户量的因素。

(2)因为 ActiveX 应用是编译后的应用，需要下载到客户端运行，因此需要一些安全方面的考虑。ActiveX 应用需要进行签名和验证。很多用户越来越意识到安全风险，可能会拒绝下载 ActiveX 或其他组件。除非绝对需要，否则不要为了编辑脚本把你的空间标记为安全的，以防一些恶意用户利用你的控件中的潜在问题。

(3)控件下载和安装的事实说明已经很长时间没有检测旧版本的控件了，自己还没有意识到你的控件已经过期了。与 HTML 网页、图片和脚本文件不同，它们被缓存起来并在需要时检查更新，ActiveX 组件是需要安装的。它们需要卸载，重新安装以前测试每个新的版本。在测试之前，要查看一下版本号。

(4)既然 ActiveX 控件是自动安装的，因此还需要查看一下硬编码安装路径。很多用户现在有多个驱动器，因此硬编码安装路径和其他类似的假设可能会与它们的系统不兼容。

(5)在"脏"(dirty)系统(有过期版本的系统)和干净的系统上测试下载和安装，以帮助验证两种方法都可以正常工作。

(6)一定要对卸载过程进行测试——需要删除的所有文件以及需要清除注册表中引用该控件的所有项目。

(7)在安装控件时，验证控件的注册。

(8)在安装控件和没有安装控件的两种情况下验证 Web 站点或应用中所有网页易用性。因为许多用户可能不想下载或者无法安装控件。为了防止失去部分用户基础，必须有某种解决方案可以使他们在不安装 ActiveX 控件的情况下，即使不能获得丰富体验，至少也可以获得应用的完整经历。

(9)遍布在 ActiveX 技术中的一个问题是病毒。需要不断查看控件中是否存在病毒。将病毒传播给你的用户不是好的业务操作,不会为你赢得更多用户。

(10)还要保证为你的控件签名。签名可以保证较为安全的下载,并使在用户在下载控件时感觉舒服些。签名还可以使你的应用更加专业。

测试 ActiveX 控件的其他一些简单用例包括在控件处于活动状态下点击浏览器的“Refresh”按钮,或者点击浏览器的“Back”,“Stop”或“Print”按钮。可以尝试的另一种测试是在控件还处于活动状态时断掉与网络缓存或与调制解调器的连接。如果控件间歇轮询或正在从服务器下载数据,那么这种断开连接就会产生不可预料的行为。

进行客户端测试时除了前面提到的测试,还应该测试字符集、代码页和字形。了解字符并能够对它们进行操作不仅有助于开发那种需要本地化到各种市场的软件,还可以帮助你测试只用于一种语言,不需要工作在其他语言环境下的软件。了解了目标语言或将要使用该软件的用户可能输入的容易出问题的字符和字符组合,可以帮助你创建更好的测试用例,而不用像随机点击键盘那样费力。与凭空猜测如何很好地训练你的产品相比,创建针对软件的灵活测试用例能够更快地找出更多 Bug。

大多数 Web 应用尽力提供丰富的特性,为用户提供多种多样的功能。用来或通过组合提供这一功能的技术在不断变动,每一种技术都有自己特定的一些缺点和测试用例。与其他软件一样,详细说明各种特性的行为和交互以及用户将如何使用软件有助于创建按期工作的无缝软件。

8.3 服务器端测试

8.3.1 性能测试

性能是用户经常感到困惑和提高成本的问题之一。肯定曾有过因为性能太差而拒绝使用某一应用程序的经历。然而,应该记住与这一问题有关的几个方面,体验只是其中一个。可以把性能定义为特定功能占用的时间,它可以是功能的开销或意味着可以同步运行的功能数目。这些定义可以用来解释这些例子:

(1)功能所需的时间可以在代码层或用户的感知层次上进行度量——用户觉得完成某一功能需要多长时间。

(2)功能的开销可以在代码层,以 CPU 周期为单位进行测量;或者从用户角度,看任何用户定义的功能在 CPU、内存、带宽或其他任何测量单位上的消耗。

(3)可以同时运行的功能数可以在代码这一微量尺度上,通过测试 CPU 达到某一利用率可以同时运行的功能总数或者多数用户可以同时执行某种动作进行度量。

1. 制定基于性能的测试计划

性能是所有用户对任何软件产品感到满意与否的一个至关重要的方面。性能调整是进行折中的一种尝试。为折中做出的决定越好，系统的性能也就越好。但决策再好也不能完全弥补糟糕的架构或软件底层的其他一些问题对性能造成的影响。性能测试的目标是找出问题并纠正需要纠正的问题。

对软件进行测试没有成功的一个最常见原因是测试了错误的场景。在每个构建版本上，并不是需要把每一行代码或可能的交互作为基准。找出至关重要的部分、最经常通过的代码路径、开销最大的地方、对用户最重要的部分，然后把前面的测试时间都放在这里就行了。如果还剩下很多时间，可以把它花在从上次发行以后增加的代码路径。对不适当的部分进行测试不是好传统，如果这样，就不得不从底层开始才能找出问题的所在。使用规格说明书或者找出存在性能问题的系统或应用的实际部分是制定能测试计划的两种方法，有助于避免测试错误的地方。

(1)使用规格说明书指导性能测试。在软件开发设计阶段，需要定义性能和稳定性。如果没有明确的定义作为目标来决定通过和失败，那么测试只能找出故障点、哪里的负载使服务器瘫痪或者性能如此之差，以至于客户端连接超时。规格说明书精确地列出系统期望的行为是关键的，否则，测试是不能做出客观的声明的，从而不得不对软件满足顾客需求的能力做出一些主观判断。

规格说明书还需要根据应用的设计提出一些可能会引起注意的部分。指出这样的区域可以使测试甚至在编码开始之前就关注这些地方并使整个开发组都意识到他们面临的风险。如果他们忽略这些用户需求，公司就会有损失。如果没有详细列出标准的规格说明书，可收集数据并且可以保证数据绝对正确，但不能确定数据是否是可以接受的，因为没有可以用来判断数据的标准。如果没有定义可以接受的、理想的或不可接受的范围，那么测试就不能识别通过或者失败的比例，而只能看出服务器何时停止响应或者变得不可用。

(2)找出性能问题。你的整个应用可能看起来非常复杂，所以很难看出从哪里开始。经历一些基本的客户/服务器交互是比较合适的第一步。

1)客户端向服务器发送请求。

2)服务器必须处理这个请求并形成响应。

3)必须把响应送给客户端。

4)随后，客户端必须对响应进行分析，然后显示或执行。

看完这些交互后，你将会发现客户端请求几乎不可能是性能瓶颈。可能会从客户端请求中发现的唯一瓶颈现象是当用户发送大量数据，比如很大的表单或文件给服务器时。此时，很值得调查一下客户端是否应该发送这么多数据。服务端用来构造输出时间可能会是瓶颈，这里需要考虑一下服务器硬件。将响应发送给客户端机器可能是造成瓶颈现象的另一点。在另一方面，更可能是服务器 CPU 或带宽是限制因素。

通过初步调查以找出性能限制因素是很必要的。否则，改善性能的各种措施可能已经就位了，但如果用的地方不对，它们也不能减轻瓶颈现象。在某些情况下，性能有多好是有理论限制的。如果所有服务器的响应都是瞬间完成的、带宽也是无限的并且响应时间可以忽略，那就太好了,但事实并非如此。到了一定程度后,你回去重新调查,会发现继续优化软件可能是不值得的,并且不会有明显的改善。此时,就应该把你的测试资源用到其他地方。

2. 性能测试综述

基本上可以通过 3 种方法进行性能测试。这 3 种方法分别是:

• 随机(Ad hoc)性能测试:这是每个测试人员对应用进行测试时应该做的。测试人员与应用交互的过程中,他需要知道应用的响应是否缓慢。应该将 Bug 以用户可以看懂的方式记录,并附上开发者调查结果。这些 Bug 是基于常识性知识的,在本质上是非常普通的。Ad hoc 测试不指出问题所在,而只是警告问题所在。

• 观察(observational)测试:这种方法使用某些工具给出确切的数字。甚至简单地使用秒表并记录用户在可以与网页交互之前花费的时间,以便给出应用性能的更为清晰的概念。

• 测量(measured)测试:这种方法的目标是找出客观的测量法。这可能意味着让开发者插入一些性能标记,查看网络包和通信,或者用客观的方法监控性能。在 Web 应用中,线路和网络通信中的字节流很可能是性能限制因素。性能监控器、网络监控器或其他一些工具可以用来测试应用的性能以及用户与它的交互。这样可以给出特定功能的性能的绝对数值,从而有助于找出开销大的功能。

即使有了以上 3 种方法,在性能测试中还可以把测试时间和工作放在很多方面上。一些团队考察整个版本的细节,以便使它们的努力有所回报。然而,对于大多数测试组来说,每个区域只有很少一部分检测是有效利用可用的时间和金钱,也只有很少一部分能有助于涵盖 80%的用户场景——这已经大大超出很多公司所做的了。

应该把时间用到理解各个时间段的构建版本的性能上,并以此作为基本的起点。然而,并不是每个版本都需要剖析,或者完整的剖析。同样,还是要把时间用到对你公司来说最重要的地方。最后还需要提到的一点是不应该只是对调试版本进行性能测试。调试版本的速度比发行版本更慢,因为它们需要断言,并且如果有的话,可能还需要处理编译时留下来的代码。在即将发布时做压力测试或平均失效时间测试,可能会发现非常罕见的断言或其他问题,因此如果测试小组有时间在这方面做测试是很值得的。

(1)选择用于性能测试的机器。在选择用来测试性能的机器时要仔细考虑。有几种不同方法可以将设备列出来。排在首位的是能够完全匹配应用需要的硬件。该方法的缺点是太贵了,需要为测试购买很多更昂贵的设备。构造测试环境的第二种方法是购买专用于性能测试的高端工作站。只要坚持从机器的同一种配置收集测量,那么机器的实际模型就没有太大关系。在发布之前,应该买一台实际机器,它具有应用运行所需的配置,并在上面做一些测试以确保对应用性能的假设是成立的。

当软件进入能够运行全部场景阶段时,机器的实际配置可能需要调整。这一过程可能需要很长时间,但从长远来看,这是值得的。如果调整了正确的注册键和其他配置,可能就只需要更少的机器或者每个服务器能够支持更多用户。

(2)在性能测试之前检查配置。在测试服务端的开始阶段,采用下面的配置步骤:

1)需要对服务器的配置进行调整,以确保它的性能处于巅峰状态。记下遇到的所有资源死锁。

2)在进行任何测试之间,需要多次对硬件进行配置,以找出最优配置。尝试的次数要多于两次,同时将各种尝试和数据以及最成功的解决方案编入文档。

3)当确认内存或网络是瓶颈所在时,这立即告诉需要为服务器安装更多内存,同时网络速度也需要升级。CPU 应该是你看到的唯一瓶颈,除非找到的瓶颈大大超出了预期的用户负载,从而使风险减小了。

4)在进一步测试拓扑之前,把一台机器配置成性能拓扑机器,并在上面运行脚本和测试。这个过程可以提供一个可供参考的基线,从而可以断定当这些单个机器组合到拓扑中时,应用能不能像期望那样缩放。

探究性能问题的第一步是证实代码的确是产生性能瓶颈的根本所在。如果不关心拓扑配置、注册键、服务和其他对服务器产生影响的设置,那么在解决性能问题时就找错地方了。在继续性能测试之前,应该排除系统和拓扑配置成为性能问题的潜在根源。

(3)开始性能测试。万事开头难。你在刚开始进行性能测试工作之前,这些工作看上去如此繁重以至于似乎永远不能控制它们,而且投入其中的努力从来不会得到回报。这些没有必要成为项目的命运。如果对测试工作做了极好的计划并在适当的时间开始,那么所做的努力是很值得的。

1)构思应用的轮廓。这里的第一件工作是要找出哪些需要给出轮廓。肯定希望建立健康应用的轮廓。对于轮廓,需要决定两件事:所关心的是哪些动作,这些动作应该具有哪些度量。既然应用还没有成熟,因此很多感兴趣的行为还不能执行。从一开始就找出感兴趣的所有行为,同时要知道它们并不是都能运行的,而且在趋于成熟的后期,可能会有 Bug 阻塞代码路径。

2)获取测量。对于应用轮廓中确认的每一个动作,都应该测量,了解这些动作要多少开销。一些常见的性能测量可能有:

①兆周(Megacycle,MC):兆周用来度量完成动作消耗的兆周数。这个数在动作只被请求 1 次和请求 1 000 次是不同的。设计这一消耗的基本公式为

CPU 消耗=CPU 利用率×CPU 个数×CPU 速度(MHz)/每秒的事物请求次数

②内存足印(Memory footprint):内存足印是应用在运行时消耗的内存峰值。

③BoW(Bytes over the Wire,线路上的字节):BoW 是在服务器和客户端之间传输的字节数。主要有两种方法测量该值:首次动作和缓存场景。

首次动作说明因为对服务器请求是一个新请求,用户在他们的机器上没有缓存图像、脚本或网页。因而,这个请求很可能更加昂贵。

缓存模式指图像和网页已经缓存到客户端,只需要为随后的动作传输动态信息即可。因而,该请求就比首次动作所需的开销更少,这取决于你的应用。

④TTLB(Time to Last Byte,收到最后字节的时间):TTLB 度量的是请求离开客户端机

器与服务器发出响应的最后一个字节之间的时间。这个时间不考虑浏览器中必须运行的脚本引擎、绘制和可能造成用户感觉性能低下的其他功能。

⑤用户感觉到的响应时间：用户感觉到的响应时间指的是页面完全显示并准备进行交互所花费的时间。这个时间包括所有图像加载和脚本执行时间。

所有这些测量的目的是改善用户的体验并节省运行应用所需要的开销。所有这些测试都可以通过编写正确的自动化代码并协调客户端和服务端同时完成，以便使服务端在客户端执行相关动作并记下收到的字节数以及最后字节到达的时间时，记录这些测量。强烈建议测试小组手动执行所有这些测试，以便熟悉这些工具以及测试这个领域的基础知识。

(4)继续性能测试。到现在为止，你的机器已经配置好了，有了展示软件行为的一些基准数字；你有了自己的用户场景和一些自动化测试软件。测试开始了！现在你需要收集数据——大量的数据。随着你不断优化代码并预测对性能产生的影响，你需要采集数据，看一下真正的效果。

1)不仅仅是性能问题。服务器的性能测试与其他领域紧密联系在一起。单纯考虑性能是没有意义的。你可能会想创建若干个场景，需要分析的典型性度量有：

①性能与用户数量的关系。

②性能与时间的关系。

③每秒的点击数(每秒的事物或请求)。

④每个用户交互中的错误数目。

⑤单位时间中发生的错误数目。

⑥每秒的千字节数目。

⑦每个用户下载的平均数据量。

测量这些数据中的任何一个都会让人感到沮丧，但这些测量可以按照组织希望进行检查的任意方式被分开测试。你应该从规格说明中看出服务器上期望的负载，对于期望的负载，最小的性能要求是什么以及最大的错误率。性能从来不会存在于真空状态下——它依赖于很多因素。这些因素最终可能确定为非常重要，但不是你能控制的，从而没有包括在测试中。可能会选择调整其他因素以便隔离出适当的变量。当给出相应的数字后，需要对这些因素做一下规定以便正确表示应用的状态。

2)优化带宽。到目前为止，工作还只是集中于找出并纠正服务器上的问题。然而，你还需要关心数据是如何达到服务器以及如何返回给客户端的，因为这可能是另一个主要的瓶颈。虽然不可能，但用户还是希望应用能够接近于瞬间响应。同时，你仍然需要尽可能地使你的应用接近理想状态。

①优化图片的使用。在对带宽的使用进行优化时，第一个应该检查的就是图片的尺寸和使用图片的数目。有很多工具可以用来压缩图片。你可以用 Photoshop 把图片保存为适合 Web 应用的文件。这里的压缩可能高达 90%，取决于颜色深度。把你的应用中使用的所有图片放到一个网页上，看是否有重复。

②优化代码。查看所有 HTML 文件、脚本和控件存在服务器上的目录并找出其中最大的文件。现在有一些工具不仅仅可以去除空格，而且可以删除重复的或不需要的标记符。有时，能够纠正的唯一好办法是花时间手工删除。这里，应该将可读性、可维护性以及正确的编码实践与可能获得的潜在性能收益进行权衡。

③通过压缩进行优化。作为一种附加方式，IIS 和其他工具允许将需要通过线路发送的内容在离开服务器时进行压缩。与下载臃肿的文件所需的开销相比，客户端的解压开销是很少的。我们在这种压缩和有损传输上的时间投资可能是很值得的。在有些应用中，每月操作的开销大部分都包装在带宽中，并且可能的 78%的压缩率是很吸引人的，足够令我们进行优化。

④优化用户场景。当你想要对带宽进行优化时，处理用户场景是非常方便的。用户场景勾勒出最常见的用户动作。对这些动作作网络跟踪，然后对它们进行仔细的分析。

3)阅读度量。度量可能是骗人的。它们可以为你骗人或者骗你。如果你从一开始就正确处理它们，那么它们应该是对的，但只要有一处假设错误，那么所有的测量结果都无效。

一旦确定了硬件配置，测试活动的第一个阶段就可以开始了。在硬件配置期间，小组的一部分成员可能对硬件进行操作，而另一部分则编写自动化脚本并把它们调试正确。如果这些脚本过于复杂或编写不好，它们就有可能使数据失真。这时，需要对服务器端的一些主要数据进行观察。

在跟踪性能参数时，当作用到应用上的压力增强时，这个参数应该是线性增长的。你还需要观察网络通信量，以找出线路传输的 BoW、响应时间和允许的并发连接数。到这里为止，性能测试已经很全面、很详细了。既然很多因素不是你能控制的，因此你还必须使用一些常识性知识。

8.3.2 其他测试

现在对 Web 进行的性能测试已经很全面了，还可以考虑以下一些测试：

1. 负载测试和压力测试

负载测试有时也被称为压力测试，与稳定性测试类似。但持续时间不是负载测试的一个因素。相反，负载测试会使用越来越重的负载，以使应用失败。负载测试可能包括平衡 测试床(test bed)几个服务器之间的负载。施加负载测试的最有效方法是通过使用客户端工具。

2. 可靠性和稳定性测试

可靠性和稳定性标志的通常是同一个东西——系统在某种条件下能够正常工作多长时间？这类测试回答的一类问题是：

(1)在实践的负载作用下，系统的正常运行时间是多少？

(2)应用能在 1 s 时间内处理 1 000 个用户请求吗？

(3)正常情况下，它能处理多少用户？

3. 可伸缩性测试

可伸缩性测试实际上展开了本章的另一个主题，它是发生在整个系统上的，而不是只针对单个服务器。系统有两种缩放形式——扩大和扩充。

(1)如果系统可以扩大，则说明对当前机器作改动以生成更大的机器会缓解问题。这样的变化可以是把 CPU 换成更好的、增加更多处理器或其他一些配置。与扩大有关的问题是它没有为系统增加任何冗余。

(2)扩充的意思是向拓扑中添加更多机器，以减轻处理的负载，这样的增加可能会使问题复杂，因为在多个机器之间共享状态是很难管理的，再现和解决 Bug 会更加困难。

8.3.3 关键的性能测试技巧

(1)从一开始就定义期望的结果。

(2)在进度安排上要实现。

(3)不要在服务器上安装浏览器并在服务器上运行性能测试、负载测试或压力测试。

(4)在早期建立一个独立的性能实验室。

(5)在部署之前需要找出的稳定性问题。

(6)创建大量从最常见、最密集的用户动作派生出来的用户场景。

(7)虽然安全性一直都是需要考虑的问题并且也需要如此，但尽量减少 SSL 和任何加密的使用可以节省成本。

(8)在性能测试完成后，分析性能数字。

8.4 改善应用性能

测试的整个目标就是找出问题并予以解决。你的软件遇到的大部分问题可能都是针对你的软件所特有的。然而，本节给出几种常见问题，你可能很快会发现自己的应用中也存在这种潜在问题。能从别人那儿学到教训可以节省测试小组的时间和金钱。这样的问题有：

(1)尽量减少往返通信和数据流数量。

(2)使用分布式和冗余架构。

(3)考虑使用冗余的电源供应和发电机。

(4)部署之后监控软件。

(5)保持简单的软件设计。

做这些测量的唯一目的就是要指出代码中的问题并找出需要改善的地方。它们只是用来给出软件最终执行的大概印象以及对于预期的用户量，需要多少台服务器。这里的测试工作越好，测量的结果就越可能反映出真实用户的部署场景。性能测试是很值得嘉奖的。当问题修复后，其结果是很直接、很显然并且是可以测量的，只要关键的反馈表明做了正确的决定。

第 9 章 其他类型测试

9.1 面向对象系统的测试

9.1.1 面向对象软件入门

本节讨论与软件测试有关的面向对象系统的一些基本概念。本节不打算全面介绍所有的面向对象概念，而是突出一些对目前介绍过的软件测试方法进行修改和补充的主要概念。

较早的语言，例如 C 语言，叫做面向过程的语言，这可以通过 20 世纪 70 年代出版的一本书的书名很好地表现出来：《算法＋数据结构＝程序》。

这些程序设计语言都是以算法为核心的，把程序看做是由算法驱动的，跟踪算法的执行从开始到结束，如图 9.1 所示。数据是一种由算法操作的外部实体。从本质上看，这类程序设计语言可以刻画为：

(1)数据被认为是与操作或程序独立的。

(2)算法是驱动者，数据是算法的补充。

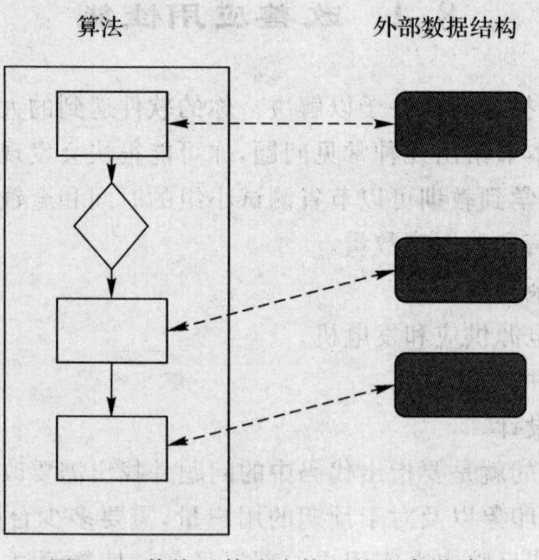

图 9.1 传统以算法为核心的程序设计

从测试的角度看，测试传统面向过程的系统可归结为测试算法，把数据看做是测试算法流程的附属。

面向对象语言和程序设计中有两个基本的范例转换:第一,语言是以数据,即以对象为核心的;第二,如图 9.2 所示,在数据和操作数据的方法之间没有分离。数据和操作数据的方法一起构成一个不可见的单元。

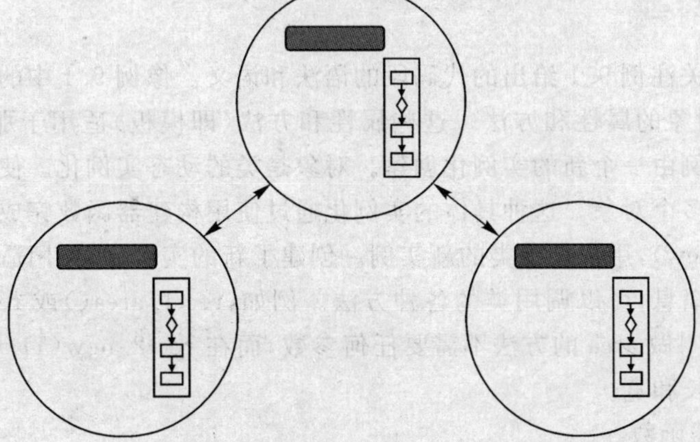

图 9.2　以面向对象为核心的语言——算法和数据结构

类形成面向对象系统的基本构建块。类代表现实世界的对象。每个类(也就是类所代表的现实世界对象)由属性,也就是变量和操作变量的方法组成。例如,叫做矩形的现实世界对象可用两个属性,即长和宽。面积和周长是可以对矩形对象运算的两个操作,也就是方法。变量和方法结合在一起定义一个 rectangle 类。

例 9.1　简单的类定义。

```
Class rectangle
{
private:
    int length, breadth;
public:
    new(float length, float breadth)
    {
        this-> length = length;
        this->breadth = breadth;
    }
    float area()
    {
        Return (length * breadth);
```

```
        }
        float perimeter()
        {
            Return (2 * (length + breadth));
        }
    };
```

现在不要过于关注例 9.1 给出的代码段的语法和语义。像例 9.1 中的类定义只是给出一个模板,指出一个对象的属性和方法。这些属性和方法(即模板)适用于那个类的所有对象。对象的一个具体实例由一个新的实例化创建。对象是类的动态实例化。使用一个给定(静态)类定义可以实例化多个对象。这种具体的实例化通过使用构建器函数完成。大多数类都有一个方法(例如叫做 new),用来创建类的新实例。创建了新的实例后,使用适当的参数通过向已实例化的对象传递消息,可以调用类的各种方法。例如:rect1. area()或 rect2. new(11, b1)。对于 rect1. area(),叫做 area 的方法不需要任何参数,而在 rect2. new(11. b1)中,创建一个新的矩形需要描述其长和宽。

例 9.2 构建器函数。

在上面的例子中,new 是一个构建器函数。每个类都可以有多个构建器函数,取决于所传递的参数,也就是函数的标志,要调用正确的构建器。

因此,在程序中可以有很多 rectangle 类的实例,因为有不同的 rectangle,这意味着实例 rect1 的 length,breadth,area 和 perimeter 与实例 rect2 对应的变量和方法不同。因此,引用的方式是(例如)rect1. length,rect2. area 等。

有人可能会问,"面向对象"有什么好处,为什么不能用传统的程序设计语言定义两个叫做 area 和 perimeter 的函数(或子进程),并从代码的任何其他地方调用这些函数呢?基本的差别是,对于面向对象的语言,函数 area 和 perimeter(以及变量 length 和 breadth)如果没有类 rectangle 的实例 rect1 是不能生存的。而对传统程序设计语言,如果把 area 和 perimeter 定义为两个函数(把变量 length 和 breadth 定义为某个全局数据结构的部件),那么这两个函数的存在不依赖于对象 rectangle 的实例。这可能导致不可预料的结果。例如,变量 length 和 breadth 可能会以未料到的(并且是不正确的)方式操作,函数 area 和 perimeter 也有可能被不恰当的对象调用。对于面向对象的语言,由于变量和方法是对象的特定实例专属的,因此可以获得对变量和方法的更好保护。

并不是所有的数据,也不是所有方法都在类之外公开可见的。有些数据、方法封装在类的内部。这保证对方法的实现是私用的数据和方法不能被外部世界访问。这样就提高了数据项转换的可预测性。此外,公共方法只提供能够用于对象内容的操作,这进一步降低了意外或者恶意修改对象内容的机会。

方法是贴在对象上的,并不独立存在。因此,方法只提供可以对该对象进行的操作。换句话说,类的用户只知道面积或者周长计算的外部接口,不知道有关方法实现的细节。也就是说，方法对用户是隐藏的。这使得编写方法的人可以优化实现而不改变外部行为。这叫做封装性。

面向对象系统的一个主要的优点就是能够通过已有的类定义新的类，新类的有些属性与已有的类类似，有些属性不同。这种能力叫做继承性。原来的类叫做父类(或者超类)，新类叫做子类(或导出类)。

9.1.2　面向对象测试的差别

上一节介绍了面向对象程序设计的各种突出特点，下面讨论这些特点如何对测试产生影响。

从测试角度来看，这意味着测试面向对象系统应该将数据和算法紧密联系起来，推动面向过程语言测试类型的数据和算法的分离。

面向对象系统测试大概有以下内容：类的单元测试、把类放在一起运行(类的集成测试)、系统测试、回归测试、面向对象系统的测试。

1. 一组类的单元测试

这个类是在“发布”给其他程序使用之前构建的，因此要对类进行测试，检查是否已经可以使用。类是整个面向对象系统的构建块。就像面向过程系统的构建要在组装之前进行行单独的单元测试一样，类也要进行单元测试。本节要介绍对这些面向对象构建块甚至更彻底的单元测试的特殊因素，然后介绍适用于面向对象系统的传统测试方法，最后介绍针对面向对象系统的独特测试技术和方法。

(1)类必须首先进行单独测试的原因。对于面向对象系统，对构建块(类)进行彻底的单元测试甚至更重要(与面向过程系统相比)的原因是：

1)类通常要大量重用。因此，类的残留缺会影响重用的所有实例。

2)在定义类(即属性和方法)时会引入很多缺陷。延迟发现这些缺陷会使其进入这些类的客户中。因此，对缺陷的修改会在多处反映出来，产生不一致性。

3)类可能有不同的特性，类的不同客户可能使用类的不同片段。没有一个客户能够独自使用类的所有部分。因此，除非先把类作为一个测试单元，否则会有类的一些片段永远也得不到测试。

4)类是数据和算法的一种组合。如果方法和数据不能在单元测试级同步工作，就有可能产生以后很难查找的缺陷。

5)与过程语言构建块不同，面向对象系统具有像继承这样的特性，这些特性把更多的“背景”放入构建块中。因此，除非单独彻底地测试构建块，否则缺陷会在生命周期的后期从这些背景中露出来，并放大很多倍。

(2)适用于类测试的传统方法。前面讨论的有些单元测试方法可以直接用于类测试。例如：

1)每个类都包含变量。在讨论黑盒测试时介绍的边界值分析和等价类划分都可以使用，以保证使用最有效的测试数据发现尽可能多的缺陷。

2)前面已经介绍过,并不是所有方法都要由所有客户执行。可以使用在讨论白盒测试时介绍过的功能覆盖方法,以保证每个方法(功能)都能执行。

3)每个类都拥有具有过程逻辑的方法。在讨论白盒测试时介绍的条件覆盖技术、分支覆盖技术、代码复杂性分析等都可以使用,以保证尽可能多的分支和条件,增加代码的可维护性。

4)由于类要由不同的客户实例化很多次,前面讨论的各种压力测试都是可以使用的,以尽早发现与压力有关的问题,例如内存泄露,进行系统测试和验收测试。

基于状态的测试尤其适合测试类。由于类是数据和对数据进行操作的方法的组合,有些情况下可以把类可视化为不同状态的对象。传递到类的信息是触发状态转移的输入。在设计阶段获得这种视图是很重要的,因为测试可以更自然。可以用于测试的一些准则包括:

- 每个状态是否至少到达一次?
- 是否生成和测试了每个消息(即引起状态转移的输入)?
- 每个状态转移是否至少出现过一次?
- 是否测试过非法的状态转移?

(3)类测试的特殊考虑。以上方法是来自面向过程系统的通用方法。针对被类实例化的对象性质(这些对象必须通过消息传递测试),如何在单元级测试这些实例?

为了测试这些经过实例化的对象,必须将消息传递给各种方法。以什么顺序把消息传递给对象?一种达到这个目的的有效方法就是α-ω方法。这种方法遵循以下原则:

1)"从生到死"全面测试对象的生存周期(即从实例化到销毁)。实例通过构建器方法进行实例化,然后变量被赋值。在执行过程中,可能会修改这些值并执行各种方法。最后,该实例将被销毁器方法销毁。

2)首先测试简单方法,然后测试更复杂的方法。由于构建面向对象系统的原理是构建一些可重用的对象,因此更复杂的方法很可能是在简单方法的基础上构建的。因此,测试复杂方法之前首先测试简单的方法是很明智的。

3)先测试私有方法,后测试公共方法。私有方法是不能被对象/类的外部看到的方法。因此,私有方法是面向实现的方法,负责处理方法的逻辑,是整个系统的构建块。另外,私有方法与调用方(即客户)是隔离的,这会降低测试的依赖性,使构建块在客户使用前更具健壮性。

4)给每个方法发送消息至少一次。这样保证每个方法至少被测试一次。

α-ω方法通过以下步骤可以达到以上目标:

1)首先测试构建器方法。每个类都可能被多个构建器消息根据标志构建。这些是创建类的实例的不同途径。如果有多个构建器,则需要单独测试所有的构建器方法。

2)测试 get 方法或 accessor 方法。accessor 方法检索对象中的变量值供发出调用的程序使用。这个方法可以保证类定义中的变量可以被合适的方法调用。

3)测试修改对象变量的方法。有些方法测试变量的内容,有些方法设置/更新变量的内容,有些方法循环处理各种变量。可以推测,这些方法越来越复杂,请记住前面说过的原则。

4)最后,对象必然被销毁。当销毁对象后,不能对该对象进行意外访问。另外,被这个对象实例使用过的资源都应该释放。这些测试结束了被实例化对象的生命。

还有一些问题是类测试独有的。下面讨论这些问题。

前面已经介绍过,封装是对类的用户隐藏类细节的手段。从实现和使用的角度看这是很好的,但是从测试的角度看却会增加难度,因为被封装的部分的内部行为对测试人员的可视性降低。对于面向对象的语言,人们可以进入实现的内部,能够更清楚地看到程序的行为。没有了这种便利,带有封装的类的白盒测试会变得很困难。

前面已经介绍过,类实际上可以是类层次的一部分。类可以:从父类继承一部分变量和方法;对父类的一部分变量和方法进行重新定义;定义自己专用、父类不能使用的变量和方法。

由于类由所有以上 3 类变量和方法组成,因此严格地说,每个新类都必须测试所有的变量和方法。在第一次引入类的时候,必须使用已经讨论过的传统单元测试手段全面测试所有的变量和方法。以后,每次类被从父类导出时都需要测试一下内容,因为它们是第一次出现:对基类变量、方法和属性的修改必须再次测试,因为已经发生变化;引入到继承类的新变量和方法需要再次测试。

对于第一种情况,也就是经过修改的属性,用于父类的现有的测试用例可能可以重用,也可能不能重用。在前面讨论的平面图形的例子中,即使圆的面积和周长已经测试过,但是对于针对矩形的同一个方法却不能说明任何问题,尽管两者都是从同一父类中导出的。

很显然,在子类中对类属性的所有修改和补充都必须进行单独测试,但问题是,如何处理从父类继承且没有子类修改的属性?严格来说,不需要再次测试,因为理论上内容没有改变。但是这些没有改变的变量和方法在与一些变更混合后,可能有一些不期望的副作用,因此(没有修改过的)父类元素要和导出类一起有选择地进行重新测试。那么如何确定应该重新测试的为改变元素呢?以下给出一些可能的选择:

1)只要未改变的变量在新的类或已变更的方法中引用,则针对该变量的测试用例就是重新测试时候的候选测试用例。这可以发现任何未改变变量的非有意使用。

2)只要未修改方法在新的或修改过的方法中调用,则可以考虑对这个未修改方法进行重新测试。如果新的或修改过的方法没有得到正确的结果,则可能说明未修改方法也许要在包含该方法的新方法的子类中重新定义。也可能要生成原来的方法,以便适应新子类的需要。

在创建时彻底测试所有变量或者更新内容,有选择性地重新测试其他未改变的属性,这种方法叫做增量式类测试。这种方法既考虑了穷尽测试,也考虑了与风险相关的不测试(表面)没有改变的内容。

虽然继承使通过已有对象定义新对象更容易一些,但是继承也是一种潜在的缺陷源。请考虑一个多层嵌套的类,最内层的类只可能有少量代码,但是可能继承类层次结构内上层类的大量变量和方法。这意味着由大量背景内容构成了这个子类,而这种背景内容不能通过孤立地检查这个类来确定。这与在面向过程语言中使用全局变量的情况相似。由于被嵌套的类可以随意访问其父类的方法和变量,因此测试嵌套类就需要访问其父类的信息。

还有其他两种形式的类和继承对测试带来特殊挑战——抽象类和多重继承。

到目前为止讨论过的例子都假设子类可以只由紧邻的父类导出。有些语言支持所谓的多重继承,即子类通过两个或者更多个父类导出,很像人可以从双亲那里得到遗传。这种多重继承性质为测试带来很有意思的东西。例如,如果子类 A 有两个父类 P1 和 P2,很可能 P1 和 P2 都有名字相同但是功能完全不同的变量和方法。假设 P1 和 P2 都有一个叫做 X 的方法(完成不同的功能),当子类 A 从这两个父类继承的时候,子类可能使用 P1 或者 P2 中的 X,或自己修改 X,使用修改后的 X 作为 X 的默认含义,取代来自 P1 和 P2 的 X。

第二种情况类似在单继承中经过变更的类,因此可能需要测试。对于第一种情况,X 没有改变,但是可以考虑重新测试。由于多重继承,所以产生副作用的可能性倍增,缺陷范围更大。因此从测试角度看,多重继承需要更彻底的测试。

有时候必须存在特定的带有公共接口的方法,以重新定义类,但是这个方法的具体实现则完全留给实现者。例如,考虑对数组进行排序,并在另一个数组中返回已经排序好的列表的方法。对排序例程的接口明确定义:一个输入整数数组和一个输出整数数组。这种方法叫做虚方法。具有虚方法的类叫做抽象类。对父类继承每个新子类都要实现虚方法。

抽象类和虚拟函数给测试带来了什么意义呢?抽象类不能直接实例化,因为抽象类不完整,只有虚拟函数的位置。必须通过抽象类定义没有虚函数的具体类,要测试这些具体类的实例。由于对不同的具体类同一个虚函数可以不同地实现,因此针对抽象类不同实现的测试用例一般不能重用。但是,虚函数和抽象类为测试带来的好处是,提供了函数应该满足的接口定义。这种接口对于不同的实现应该是不变的。因此,这种接口提供了测试具体类的一个很好的切入点。

2. 将类组合在一起——集成测试

以上所有讨论都是在类的层次上进行测试。面向对象系统不是分离对象或者类的集合,这些对象或类应该共存、集成并相互通信。由于面向对象系统在设计上有较小的只对重用(经过必要的重新定义)的组件或类构成,因此一旦基本类本身已经彻底测试,类是否能一起运行就成为了下一步测试的内容。更多的情况是,不是一个单独的类作为一个单元进行测试,而是一组永远都能在一起运行的有关的类。这与面向过程语言没有多大区别,对于面向过程语言,单元可能不总是一个源文件,而是完成相关功能的一组相关文件作为一个单元测试。对于面向对象系统,由于测试的重点是重用和类,因此测试这种集成单元是至关紧要的。

对于面向过程的系统,测试是通过给出不同的数据检验控制流路径完成的。这些控制流路径自始至终是由程序调用的函数决定的。如前所述,在面向对象系统中,类相互之间通信的各种方式都通过消息。消息具有以下格式:

<实例名>.<方法名>.<变量>

对于有名称的实例调用具有指定名称的方法,或通过合适的变量调用(合适类的)对象。因此,不能通过列出执行要经过的函数名来描述要测试的流程。事实上,在测试面向对象系统时,方法名没有唯一地确定控制流。前面已经介绍过,这种函数或者操作符的含义随背景的不

同而变化，同一个操作在不同的条件下行为各异的属性叫做多态性。从测试的观点看，多态性是一个很大的挑战，因为多态性推翻了代码覆盖和代码静态审查的传统定义。例如，如果有两个分别叫做 square 和 circle 的类都有一个叫做 area 的方法，即使函数在两个类中都叫做 area，即使两个函数都只接受一个参数，但是取决于调用方法的背景，参数的含义是不同的（对于圆是半径，对于正方形是边长）。方法的行为对于这两个类也是完全不同的。因此，如果针对正方形测试了方法 area，并不意味着 area 方法对于圆也是完全正确的，需要单独测试。

多态性的一种叫做动态绑定的变种也为测试带来了很大的挑战。在程序代码中，如何显式的引用 square. area 和 circle. area，那么测试人员显然知道这是两个不同的函数，因此只需要根据所使用的背景条件进行测试。对于动态绑定，要接受消息的类在运行时描述。这对于允许使用指针（例如 C＋＋）的语言来说，是对测试的一个很大挑战。假设指向一个特定对象的指针存在叫做 ptr 的指针变量里，那么 ptr－＞area(i)要在运行时解析由 ptr 指向的合适对象的 area 方法。如果 ptr 指向一个 square 的对象，那么调用的就是 square. area(i)（i 就是正方形的边长）。如果 ptr 指向一个 circle 的对象，那么调用的就是 circle. area(i)（i 就是圆的半径）。这意味着像代码覆盖这样的白盒测试策略在这种情况下就没有什么用了。在上面的例子中，通过用指向一个 square 对象的 ptr 指针就可以达到对 ptr－＞area(i)的代码覆盖。但是，如果 ptr 没有测试过指向 circle 对象的情况，那么计算圆面积的那部分代码就完全没有测试，尽管调用程序中的代码已经被测试用例覆盖过了。

除了分装和多态性，另一个问题就是以什么顺序将类放到一起测试？这个问题与在面向过程系统集成测试中遇到的问题相似。像自顶向下、自底向上、大爆炸等集成测试方法对于面向对象系统都是用。在面向对象系统集成测试需要额外注意的几点是：

(1)面向对象系统本质是要通过小的、可重用的组件构成。因此，集成测试对于面向对象系统来说更重要。

(2)面向对象系统下层组件的开发一般更具并行性，因此对频繁集成的要求更高。

(3)由于并行性提高，集成测试时要考虑类的完成顺序。也需要设置桩模块和驱动器来模拟还没有完成的类的功能。

3. 面向对象系统的系统测试与互操作

面向对象系统从设计上要通过较小的可重用组件（也就是类）构建。这种对现有构建块重用的强调使系统测试对于面向对象系统比传统系统变的更重要。这是因为：

(1)类可能有不同的部分，不是所有的部分都同时使用。当不同的用户开始使用某个类时，他们可能使用类的不同的部分，这可能在以后的阶段（系统测试）引入缺陷。

(2)不同的类可以由客户组合在一起，这种组合可能导致还未发现的新缺陷。

(3)实例化后的对象可能没有释放所分配的所有资源，导致内存泄漏的问题，这些问题只能在测试阶段显露出来。

由于类之间交互的复杂性可能是很微妙的，重要的是保证在进行系统测试之前完成合适的单元测试和组件测试。因此，要在系统测试之前确定各种测试阶段合适的进入和退出规则，以最大限度的提高系统测试的有效性。

4. 面向对象系统的回归测试

将集成测试的讨论再进一步推进，回归测试对面向对象系统非常的重要。作为面向对象系统强调依赖可重用组件的结果，对任何组件的变更可能对使用该组件的用户引入潜在的副作用。因此，对于面向对象系统测试来说，频繁运用集成和回归测试用例是十分必要的。此外，由于继承等特性导致的变更级联效应，对于尽可能早地捕获缺陷是很有意义的。

5. 面向对象系统的测试工具

有一些工具可以帮助面向对象系统的测试，包括：用例、类图、序列图、活动图、状态图。

(1)用例。用例表示用户在与系统进行交互时完成的各种任务。用例给出用户完成每个任务的具体步骤细节，以及系统对每个步骤的响应。这符合面向对象范例，因为任务和响应都是通过消息传递给各种对象的。

(2)类图。类图表示不同的实体和实体之间的关系。由于类是面向对象系统的基本构建块，因此类图是以系统的类为基础的。类图有几个部件，这里从测试的角度介绍几个重要的部件。

1)方块。每个矩形方块代表一个类。类的各种要素在类矩形内的间隔处表示。

2)关联。通过连线表示两个类之间的关系。关系可以使一对一，也可以是一对多、多对一等。任何一般的都显示在关联连线上。

3)通用化。表示从父类导出的子类。

(3)序列图。序列图主要用于按照交互发生的一系列顺序，显示对象之间的这些交互。很象类图，开发者一般认为序列图只对他们有意义。然而，一个组织的业务人员会发现，序列图显示不同的业务对象如何交互，对于交流当前业务如何进行很有用。除记录组织的当前事件外，一个业务级的序列图能被当作一个需求文件使用，为实现一个未来系统传递需求。在项目的需求阶段，分析师能通过提供一个更加正式的层次表达，把用例带入下一层次。那种情况下，用例常常被细化为一个或者更多的序列图。

组织的技术人员能发现，序列图在记录一个未来系统的行为应该如何表现中，非常有用。在设计阶段，架构师和开发者能使用图，挖掘出系统对象间的交互，这样充实整个系统设计。

序列图的主要用途之一，是把用例表达的需求，转化为进一步、更加正式层次的精细表达。用例常常被细化为一个或者更多的序列图。序列图除了在设计新系统方面的用途外，它们还能用来记录一个存在系统(称它为“遗产”)的对象现在如何交互。当把这个系统移交给另一个人或组织时，这个文档很有用。

序列图的主要目的是定义事件序列，产生一些希望的输出。重点不是消息本身，而是消息产生的顺序；不过，大多数序列图会表示一个系统的对象之间传递的什么消息，以及它们发生的顺序。图按照水平和垂直的维度传递信息：垂直维度从上而下表示消息/调用发生的时间序列，而且水平维度从左到右表示消息发送到的对象实例。

在序列图中，时间流逝方向为自顶向下。

序列图在以下方面对测试有帮助：

1)确定个点的端到端信息。

2)跟踪端到端事务中的中间点，因此能够更容易地缩小问题的范围。

3)提供多种典型的消息调用序列，包括模块化调用和非模块化调用等。

序列图对测试也是有局限性的：即使可能，描述复杂交互也会很乱，很难表示动态绑定。

(4)活动图。序列图主要表示消息序列，而活动图主要表示所发生的活动序列。活动图主要对应用程序中的典型工作流建模，描述手工和自动过程之间的交互要素。由于活动图表示活动序列，因此，它与流程图相似，与传统的流程图的大多数要素对应。

由于活动图表示控制流，因此在以下方面有助于测试：

1)通过执行导出各种通路的能力。与流程图相似，活动图也可以确定程序代码的代码复杂程度和独立路径。

2)确定活动和对象之间的可能的消息流的能力，因此使前面介绍的基于消息的测试更加健壮、有效。

(5)状态图。本章前面已经介绍了状态转移图对测试的帮助。如果对象可以建模为一个状态机，那么白盒测试以及有关状态的测试技术就可以直接使用。

9.2　可使用性和易获得性测试

9.2.1　可使用性测试的定义

“可用性”一词最早出现在 1382 年，而第一次以近似于现在的含义被应用则是在 1842 年左右出版的《布莱克威尔杂志》(Blackwell’s Magazine)上。在 20 世纪 80 到 90 年代大约 20 年的时间里，产品设计的专业术语经历了从“功能性”到“可用性“，再到“可用性工程”，再到“以用户为中心的设计”的转变。到了 21 世纪，“用户体验工程”这样的词语开始在招聘广告中出现。传统的可用性包含易学习性和效率等方面，而 Patrick Jordan 和 Don Norman 等杰出的同行开始鼓励可用性从业者跳出传统的可用性关注点，用更加宽阔的视角关注与用户相关的各个方面，例如审美、协作、可达性、可信性、说服力和愉悦等。

可用性是用来衡量产品质量的重要指标，从用户角度来判断产品的有效性、学习性、记忆性、使用效率、容错程度和令人满意的程度。可用性概念从 20 世纪 80 年代随着计算机技术发展由人因工程(Human Factors Engineering 或 Ergonomics)领域提出，人因工程主要研究人在某种工作环境中的解剖学、生理学和心理学等方面的各种因素；研究人和机器及环境的相互作用；研究在工作中、家庭生活中和闲暇时怎样统一考虑工作效率、人的健康、安全和舒适等问题。

关于可用性的定义和概念也在不断发展。1983 年的国际标准 ISO 9241 第 11 部分中对可用性的定义是指特定用户在特定的使用情景下，使用某个产品达到特定目标的有效性、效率和满意度的大小。有效性(Effectiveness):用户达到某特定目标的正确度和完成度;效率(Efficiency):当用户在一定的正确度和完成下达到特定目标时所消耗的与之相关的资源量;满意度(Satisfaction):使用产品的舒适度和可接受程度,该定义强调特定用户在特定目标和特定情境下的产品使用过程。

随着可用性在实践过程中的不断应用和发展,可用性概念转向更具操作性和更为具体的参数指标以及设计原则。Shneiderman 在 20 世纪 80 年代,凭借开发经验和可用性的优秀案例,提出的普遍适用用户界面设计的八条交互设计原则,至今仍被开发人员看作是可用性设计的最高原则而广泛运用;同时代由 Card 等人提出的 GOMS(Goals Operations Methods Selection rules)模型提供了可以量化可用性的方式,并且将可用性研究从实验心理学引入了认知心理学;Lund 在 90 年代提出了更加细致的可用性原则,这 20 条原则始终强调用户在可用性概念中的重要地位,要求开发人员对用户的需求、背景和评价有深入的了解;同时代的苹果公司,将可用性概念融入人机界面设计指南,用以指导设计开发图形界面系统。在这之后,可用性研究主要关注于影响可用性的众多因素,包括用户背景、任务设置、环境条件、用户情绪、可用性的测试方法等。

对可用性进行总结,其包含着 4 方面特点:

(1)可用性既是用来评估用户界面和产品是否易用(ease - of - use)的质量参数,也是在设计过程中提升产品综合质量的方法。用户对不同产品的易用性要求并不相同,可用性也需要根据不同产品有所改变,而作为提升质量的方法是指可用性包含的一些研究手段,如用户测试和专家评估等。

(2)可用性与用户使用产品的功能紧密联系,用户使用产品功能的目的是不同的,这时可用性成为是否符合用户目的,满足用户行为需要、认知需要的评判指标。

(3)可用性关注特定用户在特定情景下满足特定目的这一个过程,这反映可用性不是固定不变的,而是需要根据具体的产品、用户、环境情况灵活变化的。

(4)可用性贯穿于整个产品周期之中,为了保证产品的可用性,在产品设计之初就应考虑并投入到可用性工作中,针对已有产品、相似产品的测试评估,或采用原型方式进行测试评估,完善新的设计。

可用性测试是指,让一群有代表性的用户尝试对产品进行典型操作,同时观察员和开发人员在一旁观察,聆听,做记录。该产品可能是一个软件系统,软件,或者其他任何产品,它可能尚未成型。测试可以是早期的纸上原型测试,也可以是后期成品的测试。

9.2.2 可使用性测试的时机

确保可使用性的最佳时机是实施两个阶段的可使用性测试。第一阶段进行设计确认,第二阶段作为测试周期中的组件和集成测试的一部分进行可使用性测试。

早在开发周期策划测试时,就应该并行地策划可使用性需求,这与其他类型的测试相似。但是一般来说,可使用性测试往往被忽略(或者分配很低的优先级),并没有从项目的开始就进行策划和执行。如果有两个缺陷，一个是功能缺陷，一个是可使用性缺陷，通常功能缺陷会有处理规程。这种方法是不对的，因为可使用性缺陷可能导致用户失去对软件的兴趣(即使完成了所需的功能)，如果用户失去兴趣，换句话说用户放弃了当前产品，那意味着给产品公司造成了巨大的经济损失。事实证明，在产品测试周期中退后可使用性测试会有很高的代价，因为大量的可使用性缺陷最终需要修改设计，需要修改多个屏幕，会影响不同的代码路径。如果尽早进行可使用性测试则可以避免这些情况的出现。图 9.3 给出可使用性测试的阶段和活动。

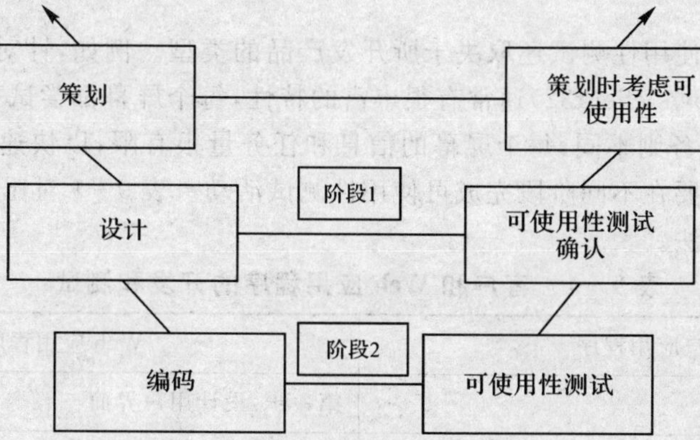

图 9.3　可使用性测试的阶段和活动

产品的可使用性要通过设计实现。只考虑功能的产品设计不能得到用户的认可。针对功能的产品设计还需要大量的培训，如果设计时既考虑功能又考虑可使用性就会最大限度地降低培训要求。在可使用测试的第一阶段，要确认可使用性设计的这个方面。

可使用性设计可以通过多种手段验证，包括：

(1)风格单。风格单列出用户界面设计要素。使用风格单可以保证多个屏幕设计要素的一致性，测试风格单可保证测试基本的可使用性。风格单还包括帧，每个帧都被用户认为是一个单独的屏幕。要对风格单进行审评，检查其是否规定了字体大小、颜色模式等，这些都会影响可使用性。

(2)屏幕原型。屏幕原型是可使用性的另一个测试方法。屏幕设计成与提交客户的一样，但是没有与产品的其他模块集成。因此这种用户界面不与其他功能模块集成，需要单独测试。原型是用户对产品发布后的屏幕的确切外观和功能有直观印象。测试团队和一些真实用户测试这种原型，并把改进意见吸收到用户界面中。当这种用户界面彻底测试后再与其他的功能模块进行集成。

(3)书面设计。书面设计利用确认可使用性设计的最早机会，早在产品的实际设计和编码还有完成前就可以实施。屏幕、布局和菜单的设计被画在纸上，提交给用户等待反馈意见。使用风格单需要进一步编码，原型需要二进制代码和资源来验证，但是书面设计却不需要任何其他资源。书面设计可以通过电子邮件发送或者打印，并采集反馈信息。

(4)布局设计。风格单保证一套用户界面要素被组织起来,并一起反复使用。布局有助于动态地在屏幕上安排不同的要素,保证要素、空白、字体尺寸、图片、排列风格等在屏幕上的安排。这是可使用性设计的一部分,也需要进行测试。

在第二阶段,要运行产品,测试可使用性。在执行测试前,要挑选一部分用户(第一次接触产品和特性)使用产品,收集他们的反馈意见,并解决所提出的问题。有时很难请到产品的实际用户进行测试。在这种情况下,可以从产品开发团队外挑选一些用户代表,例如支持、市场开发以及销售人员。

什么时候实施可使用性测试还取决于所开发产品的类型。例如,针对局域网环境设计的客户应用程序(Windows client32)通常有很丰富的特性,每个屏幕都尝试完成各种任务,并提供大量信息。Web 服务则不同,每个屏幕的信息和任务量很有限,以快速装载 web 页面。对这些类型的应用程序要在不同阶段完成可使用性测试活动。表 9-1 对比了客户和 Web 服务的一般开发和测试方法。

表 9-1　客户和 Web 应用程序的开发和测试

客户应用程序	Web 应用程序
第一步:设计功能	第一步:设计用户界面
第二步:编写功能代码	第二步:编写用户界面代码(原型)
第三步:设计用户界面	第三步:测试用户界面(第 1 阶段)
第四步:编写用户界面代码	第四步:设计功能
第五步:将用户界面与功能集成	第五步:编写功能代码
第六步:结合功能测试用户界面(第 1、2 阶段)	第六步:将用户界面与功能集成
	第七步:结合功能测试用户界面(第 2 阶段)

如表 9-1 所示,Web 界面要在设计功能前设计。这为实施两个阶段(第 1 阶段、第 2 阶段)的可使用性测试留下了充足的时间。而在客户应用程序中,用户界面只能在确定了功能以后确定,因为用户界面编码是最后一项活动,设计确认没有多少工作要作为一个单独阶段完成。因此,将第 1、2 阶段合并。同时,没有硬性和严格规定客户应用程序不能在功能设计之前设计用户界面。随着越来越多的关注可使用性,这是唯一可以改变的公共实践。

9.2.3　可使用性的质量因素

在实施可使用性测试时有些质量因素是非常重要的。前面介绍可使用性是主观的,并不是可使用性的所有需求都可以清楚的写入文档。但是关注以下质量因素可以提高可使用性测试的客观性。

(1)可理解性。产品应该有简单和有逻辑的特性和文档结构,应该以用户场景和使用为基础。在场景中执行的最常使用的操作应该通过用户界面首先给出。当把特性和组件集成进产品时，应该按用户的术语，而不是按技术或者实现术语。

(2)一致性。产品需要与适用标准、平台外观感觉、基本设施和同一产品的早期版本一致。此外，如果同一公司有多个产品，那么这些产品在界面和感觉上最好有一定的一致性。在不同的底层操作系统上的不同用户界面会使用户不满，因为用户在使用这些操作系统上的产品时，需要对不同的模板和规程感觉到舒服。除非产品在用户界面上有严重的问题，否则当前的界面和用法要与相同产品的较早版本一致。遵循一些可使用性标准有助于满足可使用性的一致性要素要求。

(3)导航。这有助于确定选择产品的不同操作有多容易。隐藏很深的选项需要用户经过多个屏幕或者菜单选项才能执行该操作。执行一个操作所需的鼠标点击或者菜单选择次数应该尽可能减少，以提高可使用性。在用户受阻或者感到困惑的时候，应该有容易的选项取消当前菜单或者回到上一级菜单，以便用户选择不同的操作路径。

(4)响应。产品对用户的响应有多快是可使用性的另一个重要方面。不要把可使用性的响应与系统性能测试混淆起来。屏幕导航和直观显现应该在用户操作后立即给出，否则将给用户没有任何进展的印象，使他们不断地重复尝试。只要在产品中进行信息处理，显示出当前操作进行的程度或者剩余时间，让用户耐心等待，这样便可以提高系统的可使用性，当然弹出的窗口不能过多，这会降低可使用性，同时这事实上也会降低系统的响应时间。

在可使用性检查单上加上以上的质量因素，保证在设计和测试中考虑到这些因素，有助于得到好的可使用性产品。

9.2.4　可使用性测试的方法

提升可用性最主要的方式就是采用迭代式设计(iterative design)，通过产品前期开发阶段的反复评估，不断的获得用户反馈，进而修改优化产品设计，直到达到可以接受的可用性水平。这其中的评估过程就是进行可用性测试的过程，可用性测试就是选择不同方法测试产品使用质量的过程。它的目的是建立评价标准，尽可能多的发现可用性问题，并指导产品界面的设计和改进。

一般来说，最适合实施可使用性测试的人是：

(1)将使用该产品的实际用户群的典型代表，以便获取典型的用户模式。

(2)第一次接触该产品的人，从一开始就没有任何偏见，能够找出可使用性的问题。多次使用过该产品的人可能会看不到产品可使用性方面的问题，因为他们对产品已经“习惯”了产品的(潜在的不合适的)可使用性。

因此，可以从测试团队之外的客户代表中选择一部分人进行可使用性测试。邀请了解用户想要什么和客户预期的面对客户的团队(例如客户支持、产品市场开发人员)，可提高可使用测试的有效性。表 9-2 归纳了可使用性测试的不同角色的技能和预期。

表 9-2 可使用性测试的角色和责任

角色	责任
可使用性架构师/顾问	在公司范围内制度化和改进可使用性
	培训、推动和获得可使用性所需的管理层承诺，作为公司的启动活动
	帮助解决整个公司在可使用性实现测试过程中出现的矛盾
	在客户和公司之间建立沟通渠道，以获得可使用性问题的反馈意见
可使用性专家	提供执行可使用性测试所需的技术指导
	确定产品可使用性测试的策略
	对执行可使用性测试的所有人员提供技术指导
	建立可使用性标准，并认证产品团队
人员因素专家	针对可使用性评审屏幕和其他产品
	保证多个产品之间的一致性
	对改进用户产品的使用体验提出建议
	从产品的一致性、易使用性和使用效率方面提出意见
图形设计者	创建用户界面所需的图标、图形图像等
	交叉检查图标和图形信息与其所使用的背景，检查这些图像是否传递正确的含义
可使用性管理者/领导	评估、策划和跟踪所有可使用性测试活动
	与可使用性专家密切合作，确定可使用性策略，并在项目中落实
	与客户协作，在发布之前获得对产品当前版本的反馈意见
可使用性测试工程师	根据脚本、场景和测试用例执行可使用性测试
	如果可能，不仅要从执行可使用性测试角度，还要从客户角度提出意见

在研发过程中，常见的可用性测试方法包括以用户为主的测试和以专家为主的测试方式。以用户为主的测试包括用户测试(User Testing)和有声思维(Think Aloud)，以专家为主的测试有认知预演(Cognitive Walkthrough)和探索式评估(Heuristic Evaluation)。

1. 用户测试

用户测试方法是测试人员要求用户完成一系列设定的任务，用户在操作使用过程中出现的问题和失误将被测试人员记录，在任务结束时对问题和失误点进行追问，从而快速地发现及判断产品中的不足，进而进行修改。测试采用的产品可以是最终完成的，也可以是基于不同保真度原型的非完成产品。该方法的目的是通过在产品设计阶段用户参与设计测试，预测最终产品可能出现的问题，进行修正规避风险。采用用户测试的优点在于可以在特定任务条件下，获得特定用户的客观反馈结果，满足可用性测试的要求。

2. 有声思维

有声思维运用于可用性测试过程和心理学、社会学领域研究中，是获取用户数据反馈的有效方法。最初由 Lewis 在 IBM 公司提出，之后被 Ericsson 和 Simon 进一步修正。该方法要求用户在完成一系列由测试人员设定的任务过程中，口述出自己所看到的、所想的、所感受的，以帮助观察测试人员可以获得第一手反馈，从最终发现问题。观察测试人员在整个测试过程中被要求，客观全面的记录用户所说的每一句话，不能打断用户的行动和表达。该方法的目的是明确“谁”在完成特定的任务时出现了什么样的“问题”，强调特定的用户和特定的问题。

3. 认知预演

认知预演方法，最初在 90 年代初由 Wharton 等人提出，在 2000 年由 Spencer 优化了该方法，使其更加有效的适应软件开发的要求。该方法将用户行动过程(目的、计划、实施、评价)及系统反馈，按照任务流程进行步骤划分，之后由专家(设计人员和开发人员)对每一个步骤进行一系列检查评估，从而判断可能出现的可用性问题。

该方法因为可以低成本高效率地发掘可用性问题，而被广泛使用于早期开发阶段。但是由于是从专家角度来判断用户的行为，而专家和用户有着本质差别，这导致专家和真实用户所认为的可用性问题存在差异；而且不同专家之间的差异也较大，一般所发现的可用性问题只有 20%～30%是一致的，这也使得认知预演方法所得到的结果应用存在一定局限性。

4. 探索式评估

Nielsen 和 Molich 在 1990 年项目合作的过程中提出了探索式评估方法，该方法是非结构化的可用性研究方法，通过研发人员和行业专家，依照可用性原则来评估用户界面中的问题，不需要设定任务和情景，专家根据经验和可用性原则完成评估。

尽管探索式评估可以在很短的时间内发现大部分可用性问题，但是该方法也因为受到专家的背景知识、观点经验等方面的影响而被质疑，这种由专家评估所得到的结果与用户测试相比得到的结果差异性大，可信度不高。

可用性测试中你该注意什么？必须牢记以下 4 点：

(1)你测试的是产品，而不是使用者。

(2)更多地依靠用户的表现，而不是他们的偏好。

(3)把你掌握的测试结果应用起来。

(4)基于真实的用户体验，找出问题的最佳解决方法。

你测试的是产品，而不是使用者。对一些用户而言，"测试"有负面的涵义。我们要努力确保他们不认为测试是针对他们。我们要让他们明白，他们正在帮助我们测试原型。事实上，我们可以不使用“测试”这个术语。相反，我们是邀请参加者为我们提供帮助，"勇于尝试原型"

。当用户难以完成任务时，我们应该改变系统，而不是改变用户。同时我们还应该思考该系统能在多大程度上符合那些典型用户的的目标，而不是关注用户在这个任务做的多好。

更多地依靠用户的表现，而不是他们的偏好。通过测试我们可以测量到用户的表现，以及他们的偏好。用户的表现包括是否成功完成，所用时间，产生的错误等等。偏好包括用户自我报告的满意度和舒适度 。一些设计人员认为，如果他们的设计能迎合用户的喜好，用户在该软件系统上就会有良好的表现。但证据并不支持这一点。事实上，用户的表现以及他们对产品的偏好并非一一对应。一项研究发现，约有百分之七十的用户同意表现和喜好有联系。也就是说，他们在喜爱的软件系统上表现良好，在不喜欢的软件系统上表现欠佳。然而，还有相对比较大比例的人(30 %)认为 ，用户的表现以及他们对产品的偏好并非一一对应。他们在不喜爱的软件系统上可能表现良好，在喜欢的软件系统上也可能表现不佳。关于人们为什么会对自己表现欠佳的软件系统给出较高的评价有多种解释。他们可能会把表现不佳归结到自己，而不是软件系统。或者说，他们可能担心给一个较低的评价会伤害软件系统设计者，也就是我们的感情。或者说，他们可能并没有完成任务，却自认为成功完成了，他们并没有意识到问题所在。基于所有这些理由，建议你：更多地依靠用户的表现，而不是他们的偏好。

把你掌握的测试结果应用起来。可用性测试不仅仅是用于核对项目进度的一个里程碑，要知道，当最后一个参与者完成任务的时候，可用性测试还没有结束。整个团队必须仔细研究结果，设定优先次序，基于结果对软件系统原型进行修改。

基于真实的用户体验，找出问题的最佳解决方法。制造任何产品，包括大部分软件系统和软件，需要考虑许多不同的用户的工作方式、体验、问题以及需要。大多数项目，包括设计或修改软件系统，都要处理时间、预算和资源等方面的限制。平衡各个方面对大部分项目来说都是一个重大的挑战。在你权衡利弊时，最好优先开发那些能使最多用户完成任务的软件系统或软件。有研究表明，产品推出后，用于支持失败客户的花费远远高于开发时对产品修正所付出的花费。你需要认真考虑假定用户、使用场景以及可用性测试的结果，试图找出针对不同客户需求的理想解决方法。找不到最好的解决方法，用户就不能够顺畅地完成任务。有证据表明，即使用户延长在一个不太完美的产品界面完成任务的使用时间，也远不及在一个更好的产品界面带来的成功感。

9.2.5 可使用性工具

在可使用性方面没有多少工具，因为评价可使用性具有很高的主观性。表 9-3 出了一些可使用性工具。

表 9-3 可使用性样本工具

工具名称	用 途
HTML 确认器	根据可使用性标准确认 HTML 源文件
风格单确认器	根据 W3C 建立的可使用性标准确认风格单(模板)

9.2.6　可使用性实验室的建立

前面已经讨论过，期望用户对可使用性提出意见是不大可能的。产品的开发人员常常忽视可使用性缺陷。当用户面对类似的缺陷并逐渐习惯后，他们也会忽略可使用性缺陷。因此，单凭用户提出意见不会使产品具有可使用性。观察用户的“肢体语言”可以指出产品的可使用性缺陷，否则这些缺陷可能永远也不会被指出。

不仅仅是肢体语言，背景，即用户受阻的屏幕和使用户感到困惑的事件等，也需要与用户的反馈关联起来，以提取缺陷。

以上这些足以成为建立可使用性实验室的充分理由，以便记录、观察有关可使用性的所有信息，并修改缺陷。图 9.4 给出了可使用性实验室的一些关键元素。

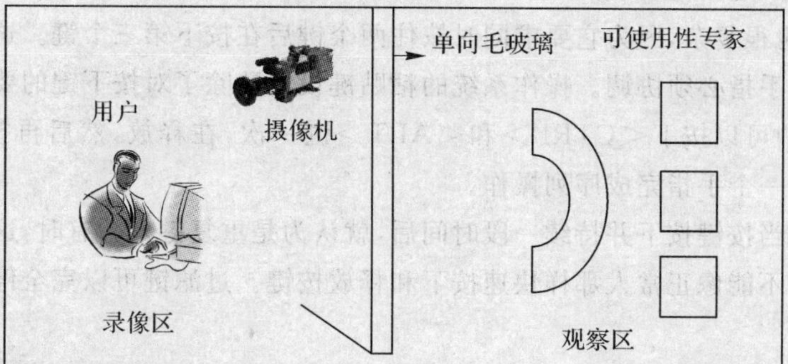

图 9.4　可使用性实验室的关键元素

9.2.7　易获得性测试

很多人的听力、视力和移动存在部分或者完全障碍。不考虑他们的需求，产品的可使用性会不被接受。对于这些用户，要提供使用产品的替代方法。有一些工具可以帮助提供替代方法。这些工具通常叫做易获得性工具或者辅助技术。易获得性测试要测试这些使用产品的替代方法，结合易获得性工具测试产品。易获得性是可使用性的一个子集，应该包含到可使用测试策划中。

产品的易获得性可以通过两种手段提供：

(1)利用基本架构(例如操作系统)提供易获得性特性，叫做基本易获得性。

(2)通过标准和指南在产品中提供的易获得性，叫做产品易获得性。

1. 基本易获得性

基本易获得性是硬件和操作系统提供的。计算机的所有输入和输出设备和其易获得性选项都属于基本的易获得性。

(1)键盘易获得性。键盘对于视力和移动有障碍的用户来说是最复杂的设备。因此,在易获得性上要特别助于键盘。有些易获得性改进是在硬件上完成的,有些是在操作系统上完成的。硬件易获得性改进的一个例子就是在F键和J键上加了一个小突起。这种小突起有助于视力有障碍的用户通过触觉调整敲键的手指。键盘上的键有不同的大小,以及提供快捷键,都是通过硬件改进易获得性的例子。

类似的,操作系统提供商也在键盘上做了一些改进,包括使用粘贴键、开关键和箭头键控制鼠标。

1)粘贴键。为了说明粘贴键,以＜CTRL＞＜ALT＞＜DEL＞为例。对视力和移动有障碍的用户来说,最困难的序列之一就是＜CTRL＞＜ALT＞＜DEL＞。这种键盘序列有很多的用途,例如登陆、退出,加锁和开锁计算机,关机,调出任务管理器。有时对没有障碍的用户来说,键盘序列也很复杂,因为它要求同时按住两个键后在按下第三个键。这种特殊序列要求两只手上的三个手指必须协调。操作系统的粘贴键设置消除了对按下键的要求。如果启用了粘贴键特性,用户可以按下＜CTRL＞和＜ALT＞键一次,在释放,然后再按下＜DEL＞键。这样就可以使用一个手指完成序列操作。

2)过滤键。当按键按下并持续一段时间后,就认为是重复键入。有时,这对残疾人是个挑战。有些残疾人不能像正常人那样快速按下和释放按键。过滤键可以完全停止重复或者降低重复速度。

3)开关键声响。启用了开关键后,键入信息可能与用户想要的不同。例如,在典型的字处理包中,＜INS＞键是一个开关。如果＜INS＞键的正常设置是插入字符,那么当键被按下一次然后释放,就会进入"替换"模式,这时键入的字符会替换已在的字符。有视力障碍的用户很难看到这些开关键的状态。为了解决这个问题,可以启用声响,启用和关闭开关键时会发出不同的音调。

4)声响键。为了帮助视力有障碍的用户,还有一种机制在用户敲击键盘时会放出朗读所键入的字符。在有些操作系统中,这种特性作为朗读器实用程序的一部分,但是很多易获得性工具都具有这种特性。

5)用于控制鼠标的箭头键。移动有障碍的用户很难移动鼠标。通过启用这种特性,这类用户就能够使用键盘上的方向键移动鼠标。鼠标上有两个按钮及其操作也可以通过键盘完成。

6)朗读器。朗读器是一种实用程序,提供声音的反馈。由于提供的声音对应键盘和系统事件,因此这个特性被认为是对易获得性很重要的实用程序,可以提高产品的易获得性。

(2)屏幕易获得性。很多键盘易获得性特性帮助了视力有障碍或移动有障碍的用户。这些特性对有听力有特性的用户没有帮助,他们需要屏幕上的额外视觉反馈。下面这些易获得性的特性使用屏幕提高了可使用性。

1)可视声响。可是声响是声音的“波纹形式”或者“图形形式”。这些可视效果通过屏幕告诉我们系统发生的事件。

2)针对多媒体的字幕特性。所有多媒体语音和声音都可以以文字进行描述，在播放语音和声音的同时，在屏幕上显示文字。

3)软键盘。有些有移动障碍和视力障碍的用户认为使用点击设备比键盘更容易一些。软键盘在屏幕上显示键盘来帮助这样的用户。可以通过点击设备，例如鼠标点击屏幕上的软键盘键入字符。

4)采用高对比度的易读特性。有视力障碍的用户在识别菜单项中的一些色彩和字号上存在困难。操作系统一般会提供一个开关选项，切换到高对比模式。这种模式在屏幕上的所有菜单使用舒适的色彩和字号。

(3)其他易获得性特性。操作系统层还提供了很多其他的易获得性，有视力或者移动障碍的用户可能认为键盘和鼠标都很难使用。在这种情况下，应该还提供其他的设备选项。例如，操纵杆可以作为点击设备的替换设备，这种点击设备可以结合软键盘使用，以满足客户的要求。

以上介绍的一些特性试图满足多种有障碍的用户需求。例如，粘贴键在消除按住键要求的同时，还在屏幕上的计算机工具条上显示所有粘贴键的状态。

2. 产品易获得性

在为产品提供易获得性特性，需要很好理解基本的易获得性特性，产品应该尽可能实现这些基本易获得性特性。例如，提供多媒体文件对应的详细文本可保证产品具有字幕特性。

对基本易获得性和具有特殊需要的不同类型用户需求的很好理解，有助于编写一些关于产品用户界面设计方面的指南。在为产品提供易获得性的整个过程中，应牢记这些不同类别用户的不同需求，以及他们的能力和面临的挑战。

在各种网站上有很多关于易获得性标准和需求的信息，可以用于收集易获得性需求。可以参考易获得性标准，例如 508 和 W3C，获得较完整的需求。本节将通过几个需求为读者建立背景环境，并解释概念。

需求举例 1：必须为视频、音频和图片影像提供对应的文字字幕。

这种需求说明提供图像影像对应文字、为音频部分提供字幕是很重要。在播放音频文件时，提供字幕可以为有听力障碍的用户提供易获得性。增加音频片段可为不能理解视频和图片有视力障碍的用户提高可使用性。在尽力满足这类需求的时候，要了解已有的易获得性工具。例如，不了解易获得性工具的人可能认为为视频提供对应的字幕没有什么意义，因为视力障碍的用户既看不到视频也看不到字幕。但是，如果用户使用像朗读器这样的工具，相关文字就可以朗读出来，产生语音，从而使视力有障碍的用户受益。图 9.5 是从某网站上截取的带有文字的图片。

图 9.5　带有文字的图片

在上面的例子中，即使有视力障碍的用户不能看到图片，左侧给出相关图片标签也会对使用朗读器的用户有帮助。因此音频对应的文字（字幕）、图片和直观表示的音频描述，对于提高易获得性是很重要的。

需求举例 2：文档和字段的组织要使得不需要特定的屏幕分辨率和模板（叫做风格单）也能阅读。

视力低的用户在使用产品时希望看到大号字体。因此，期望用特定的分辨率和字号在屏幕上显示所有字段的产品会面临易获得性问题。字段和文本之间应该有足够的空白，使得增大字体时出现在屏幕上的消息不会聚在一起。

通常 Web 页面上的信息采用叫做风格单的模板显示在屏幕上。有两种类型的风格单：内部风格单和外部风格单。内部风格单采用的硬编码形式，指示字段、尺寸以及在屏幕上的位置。当用户希望调整窗口和字号大小时，这会带来问题。最安全的办法是使用外部风格单，产品的程序不应该影响用户定义的外部风格单。

需求举例 3：所设计的界面应该使采用色彩的全部信息在不采用色彩时也能全部传达给用户。

不仅仅是视力不好的用户，即使是视力好的但是有色盲症的用户可能在识别色彩上存在问题。因此，产品不应仅仅依靠色彩传递全部的信息。正确的方法应该保留除色彩以外的必要的描述信息，提高易获得性。

需求举例 4：降低文字的移动速度，避免使用闪烁文字。

不同人的阅读速度是不同的。阅读速度慢的用户会对一闪而过的文字感到不满，因为这会进一步影响阅读速度。即使视力很好的用户在浏览快速移动的文字的时候也会感觉到不舒服。一些易获得性标准规定，文字闪烁的频率应该在 2Hz 和 55Hz 之间。

有些移动有障碍的用户和有神经方面问题的用户移动眼球的速度没有其他人快，还有其他一些健康问题使人不能像其他人一样地快速阅读。移动和滚动文本时，文本移动速度应该与最低的产品用户的阅读能力有关，否则产品应该调整文本移动速度的特性。

需求举例 5：在设计用户界面的时候，应降低对用户身体移动的要求，并为用户留出足够的时间。

在设计用户界面的时候，应该特别注意保证降低对使用产品所要求的身体移动，以帮助有移动障碍的用户。应该避免将界面元素散布到屏幕的角落，因为这要求用户把点击设备移动到屏幕的角落，比较费力。例如，在 Web 页面上如果将仅有的四个字段散布到屏幕的角落并且中间有足够的空白，那么同样的用户界面如果设计成纵向排列会更好。

不仅仅是单个屏幕，整个屏幕集在设计上也要考虑整体最小移动的要求。当使用多个屏幕完成一组操作（比如说确定多个屏幕的用户信息的时候），需要提供相应的位置序列响应，例如“退出”等功能按钮在不同屏幕的同一位置上，当屏幕改变的时候，点击设备不必再进行移动。

用户界面的设计要尽可能预期用户使用较少的设备完成常规的操作。例如使用＜TAB＞键进行字段间的切换，则可以避免使用鼠标点击来进行输入信息。混合使用多种设备，会增加用户界面的复杂性。

如果要求快速响应，则应该通知用户并用足够的时间告知需要更多的时间，有些用户需要更长的考虑和响应时间，因为可能有某些障碍。如果在页面上显示“在 5 秒内点击确定”会给用户带来压力，应该避免。

以上给出的样本需要都是提高易获得性的例子。类似这样的需求还有很多，在定义易获得性的流行标准（例如 508 指南）中，这些需求一般按照提供用户界面所采用的技术分类。针对界面设计所使用的技术选择合适的标准会长远地提高产品的易获得性。

3. 易获得性工具

表 9 - 4 给出一些易获得性的样本工具。

表 9 - 4　易获得性样本工具

工具名称	用　途
JAWS	用于测试软件的易获得性，提供一些辅助技术
放大器	针对有视力障碍用户的易获得性工具（使他们能够放大显示屏幕上的内容）
朗读器	朗读显示在屏幕上的信息，并针对有视力障碍的用户创建音频描述的工具
软键盘	通过在屏幕上显示键盘模板，是用户能够采用点击设备使用键盘

第三篇 提 高 篇

第 10 章 自动化测试

随着计算机硬件与软件技术的快速发展，计算机网络互联、多媒体信息处理、全球互联网以及移动计算等新技术的应用，今天的软件系统已经变得越加庞大与复杂；显然以前落后的软件测试方法，已经无法起到保障软件质量的作用。解决软件新技术带来的测试技术问题，软件测试的自动化、系统化、工程化等将是当务之急。

10.1 自动化测试概述

1. 测试自动化

所谓自动化测试，就是执行自动化测试工具或者某种程序设计语言编制的自动测试程序，控制被测软件中的各种类和对象，模拟手工测试步骤，从而验证是否满足需求。自动化测试引入就是为了让软件测试人员从枯燥乏味的机械性、重复的手工测试中解放出来，以自动化测试工具取而代之，使测试人员的精力真正花在提高软件产品质量本身。

软件质量工程协会关于自动化测试的定义是，自动化测试就是利用策略、工具等，减少人工介入非技术性(Unskilled)、重复性(Repetitive)、冗长的(Redundant)的测试活动。

作为软件质量保证的一个重要手段，软件测试自动化是一个必然趋势。自动化测试和手工测试的结合，能大大提高软件测试的效率，减少开发的费用。所以，在开发中的产品达到一定程度的时候，就应该开发进行测试的自动化。这样做法能使软件的开发周期大大缩短，减少软件开发的费用，提高软件的质量。

测试技术与自动测试技术之间存在一定差别与联系。测试技术主要研究如何进行测试以检验软件是否符合需要，研究测试步骤、方法和策略，如黑盒测试、白盒测试等等。自动化测试技术是测试技术一个分支,它的研究重点是如何最大可能地进行自动化测试、在哪方面可以进行自动化以及自动测试工具的开发和使用。

2.认识测试自动化的好处

当正确地实施自动化测试并遵循严格的过程时,自动化测试可提供若干好处。对于给定测试需求,测试工程师必须评估潜在的好处是否符合所要求的改进标准,在项目中实施自动化测试是否仍然是合适的。

自动测试与手工测试相比,有以下优点:

(1)执行手工测试不可能或很难完成的测试。例如,对于1000个用户的联机帮助,用户手工进行并发操作是几乎不可能的,但自动化测试可以模拟来自上千用户的输入。

(2)需要多次执行同一测试的情况下,自动化测试不需要测试人员每次都重复相同的过程。自动化测试建立后,可以多次重复执行,大大提高了测试效率。测试人员从繁重的测试执行中解脱出来,他们可以投入更多的精力来设计更多更好的测试用例。

(3)提高测试的准确性,降低对测试人员的技术要求。收工测试需要测试人员理解测试步骤和被测软件,并按照测试步骤一步一步地执行。在执行过程中,测试人员难免会犯这样那样的错误,这些都会影响测试的准确性。而自动化测试建立起来后,测试人员只需要执行自动化测试用例,并在必要的时候对输出结果进行一定的检查即可。大大提高了测试的准确性,同时也降低了对测试人员的技术要求。

(4)可实现无人照料。测试自动化充分利用休息时间进行测试,这样可以更合理地利用测试资源,进行更多的测试。

(5)具有一致性和可重复性。利用自动化测试重复多次相同的测试,可以保持测试一致性,这在手工测试中是很难得到保证的。

(6)有利于进行回归测试。往往需要重复以前进行过的测试,自动化测试具有良好的可重复性,使得回归测试比较容易进行。

(7)缩短测试时间。一旦实现了自动化,可以比手工测试更快地执行测试,缩短测试的时间,更快地将软件推向市场。

3.自动化测试的局限性

在进行自动化测试前,首先要建立一个对软件测试自动化的认识观。软件测试工具能提高测试效率、覆盖率和可靠性等,自动化测试工具虽然具有很多优点,但它只是测试工作的一部分,是对手工测试的一种补充。软件测试自动化不能解决测试中的所有问题,也不意味着软件测试都可以自动化。

以下是自动化测试的不足:

(1)并不能完全取代手工测试。自动化测试没必要,也不可能取代手工测试来完成所有的测试任务。因为有些测试使用手工测试比自动化测试要简单,这是将测试自动化的开销就比较大了。例如，该项测试很少运行，软件不稳定或者设计物理交互的测试等。

(2)手工测试比自动化测试发现的缺陷更多。自动化测试的最大特点在于适合重复测试。一般情况下，以前运行过的测试再次用来检查软件的新版本往往暴露的缺陷要少得多。据统计，自动化测试只能发现 15%的缺陷，而手工测试可以发现 85%的缺陷。

(3)对测试质量的依赖性极大。通过自动化测试实际上仅仅意味着测试的结果与期望值相同，因此测试的有效性很大程度是依赖于自动化测试本身的质量。确保测试的质量往往比自动化测试更为重要，所以要投入精力对测试软件进行必要的检测。

(4)自动化测试可能会制约软件开发。应用软件的变化对自动化测试的影响要比手工测试更大一些，软件的部分改变有可能使自动化测试崩溃。而设计和实施自动化测试要比手工测试开销大，并需要维护，所以，对自动化测试影响较大的软件修改可能受到限制。

最初，因为要完成一些建立的任务，可能会感到测试工作量增加，但当自动化测试工具实施第一次重复之后，测试工具投资回报将显现出来。因为自动化测试在制定计划时会比较复杂，但在以后的测试程序开发、执行、结果分析、错误状态/纠正监视、报告生成阶段都将节省大量时间。

要成功地实施软件测试的自动化，需要周密的计划和大量艰苦的工作，软件测试自动化的开发人员应该根据实际情况，弄清楚自动化的对象和目的，然后做出相应的选择。多数情况下，手工测试和自动化测试应该结合，以最有效的方法来完成测试任务。

10.2　自动化测试的对象与范围

在软件工程中，一些企业在尝试低耗高效工作时打算在短的进度内充分的测试其软件。为了达到这个目标，这些企业转向自动化测试。有很多的情况下使用自动化测试可以降低测试成本。表 10-1 所示是 Peer 对在不同的测试类型下引入自动化测试的参考。

表 10-1　不同测试类型下引入自动化测试的参考

技术	描　述	备　注
单元测试/组件测试	这个测试工作通常是开发人员的职责，很多不同的方法能够被使用，比如“测试先行”。它是一个测试框架，开发人员在编写代码前编写不同的单元测试。当测试通过时，代码也被完成了	通过使用正式的单元测试，不仅能够帮助开发人员产出更加稳定的代码而且能够使软件的整体质量变得更好
冒烟测试	冒烟测试一般是验证个别测试系统的功能性测试用例的集合。冒烟测试背后的思想是确保基础是可以工作的，以便“大的”测试工作能够开始	在构建过程能够确保构建已经为测试准备好时，冒烟测试通常是自动化的运行

续表

技术	描述	备注
功能/集成测试	这里测试的工作关注点落在验证在不同的组件之间的集成上	这些类型的测试通常是被测试系统的更加复杂测试的基础,大量的边缘测试被合并以制造出不同的错误处理测试
系统测试—用例测试	这种测试是通过执行用户场景模拟真实用户使用系统以证明系统具有被期望的功能的测试	这里不需要进行自动化的测试。安装测试、安全性测试通常是由手工完成的,因为系统的环境是恒定不变的
回归测试	回归测试实际上是重复已经存在的测试。通常如果是手工完成的话,这种测试只在项的结尾执行一到两次	这里完全有潜力应用自动化的测试。你能够在每次构建完成后执行自动化的回归测试,以验证被测试系统的改变是否影响了系统的其他功能

应该对测试用例进行区分,有些测试用例可以被自动化,有些测试用例根本不能被自动化,另外有一些虽然可以但完全没有必要被自动化。然后再选取当前最适合自动化的测试用例,分阶段实施,不要试图一口气自动化太多测试用例。通常来说,下面测试用例最适合被首先自动化:

(1) 重要的测试用例。

(2) 针对主要功能的测试用例。

(3) 容易自动化的测试用例。

(4) 很快有回报的测试用例。

(5) 运行最频繁的测试用例。

10.3 自动化测试的方法

软件测试自动化实现的基础是可以通过设计的特殊程序模拟测试人员对计算机的操作过程、操作行为,或者类似于编译系统那样对计算机程序进行检查。软件测试自动化实现的原理和方法主要有:直接进行静态和动态分析、测试过程的捕获和回放、测试脚本技术、虚拟用户技术和测试管理技术。

10.3.1 静态分析

静态代码分析是一种白盒测试的自动化方法,类似于高级编译系统,一般针对不同的高级语言去构造分析工具,在工具中定义类、对象、函数、变量等定义规则、语法规则;在分析时对代码进行语法扫描，找出不符合编码规范的地方；根据某种质量模型评价代码质量，生成系统的调用关系图等。

静态分析主要集中在需求文档、设计文档以及程序结构上，可以进行类型分析、接口分析、输入输出规格说明分析等。

静态分析工具通常对源代码中的变量进行检查，此目的是检查该变量是否在使用前已定义，是否在定义后未被使用过。简单的实现方法是对变量的定义进行记录，对使用次数进行计数。

静态分析工具还检查模块接口的一致性，主要是检查子程序调用形式参数与实际参数的个数、类型是否一致，输入/输出参数的定义和使用是否匹配。这通过把所有模块名存在一张表内并且为每个模块设置一个借口调用表来实现。该表中记录了模块借口的形式参数的类型、排列顺序以及形式参数的缺省值，还记录了输出参数的类型。检查时只需依次匹配即可，若实参未定义则将此错误信息存入数据库中用于存放错误信息的表中。

静态分析工具还检查在逻辑上可能有错误的结构以及多余的不可达的程序段，如交叉转入转出的循环语句、为控制循环变量赋值、存取其他模块的局部数据等。还要找出变量错误可能会影响到哪些语句，影响到哪些其他变量等。

静态分析工具一般由 4 部分组成：语言程序的预处理器、数据库、错误分析器和报告生成器。预处理器把词法分析和语法分析结合在一起以识别各种类型的语句。它把源程序划分成若干程序模块单元（如主程序和子程序），同时生成包含变量使用、变量类型、标号与控制流等信息的许多表格。不少测试工具具有专门设计用来存放各种信息的数据库，通常以命令语言的形式来作为查询语言。错误分析器在用户指导下利用命令语言或查询语言与系统通信进行查错，并把检查结果通过表格的形式输出。

静态分析工具动作流程如图 10.1 所示。

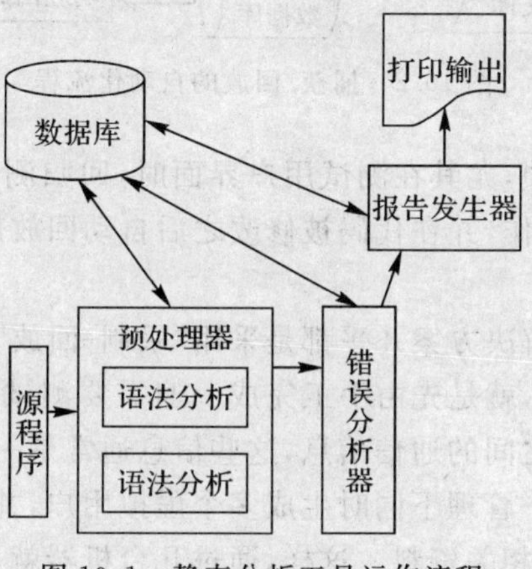

图 10.1　静态分析工具运作流程

常用的静态分析工具有：McCabe & Associates 公司开发的 McCabe Visual Quality Tool-

Set 分析工具；ViewLog 公司开发的 LogiScope 分析工具；SoftwareResearch 公司开发的 TestWork/Advisor 分析工具及 Software Emancipation 公司开发的 Discover 分析工具等。

10.3.2 捕获/回放

捕获/回放是一种黑盒测试的自动化方法。捕获(Capture)是将用户每一步操作都记录下来。这种记录的方式有两种：程序用户界面的像素坐标或程序显示对象(窗口、按钮、滚动条等)的位置，以及相应的操作、状态变化或是属性变化。所有的记录转换为一种脚本语言所描述的过程，以模拟用户的操作。

回放(Play - back)时，将脚本语言所描述的过程转换为屏幕上的操作，然后，将被测试系统的输出记录下来与预先给定的标准结果比较。这可以大大减轻黑盒测试的工作量，在迭代开发过程中，能够很好地进行回归测试。

捕获/回放功能可以把用户在进行测试时的键盘和鼠标等输入操作记录下来，同时也把软件的响应记录下来，当对软件做了修改并重新运行这个测试时，就可以利用测试回放功能把这个测试以前所作的输入操作重新应用到本次测试中，并自动比较软件对本次测试和以前的测试的响应是否相同，如果不同，就表明对软件的修改产生了新的错误。捕获/回放的自动化流程如图 10.2 所示。

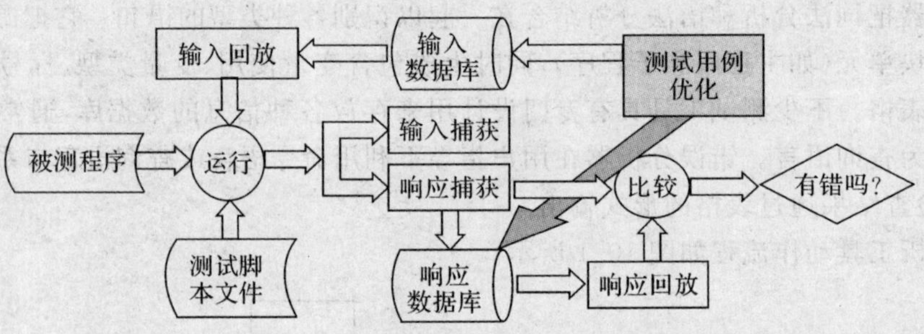

图 10.2 捕获/回放的自动化流程

回归测试通常费时而烦琐，尤其在测试用户界面时，回归测试变得很复杂，操作员也非常容易出错。因此，捕获用户操作，并在代码被修改之后自动回放用户操作就成了界面测试自动化的必要支持。

目前的自动化负载测试解决方案几乎都是采用“录制-回放”的技术。

所谓的“录制-回放”技术，就是先由手工完成一遍需要测试的流程，同时计算机记录下这个流程期间客户端和服务器之间的通信信息，这些信息通常是一些协议和数据，并形成特定的脚本程序。然后在系统的统一管理下同时生成多个虚拟用户，并运行该脚本，监控硬件和软件平台的性能，提供分析报告或相关资料。这样，通过几台机器就可以模拟出成百上千的用户对应用系统进行负载能力的测试。

10.3.3　脚本技术

脚本是一组测试工具执行的指令集合，也是计算机程序的一种形式。脚本可以通过录制测试的操作产生，然后再做修改，这样可以减少脚本编程的工作量。当然，也可以直接录制脚本语言编写脚本。一般脚本包括操作指令和数据，也包括以下内容：同步、比较信息、屏幕捕捉数据和存储位置、从何处数据源读取数据及其程序控制信息等。

脚本技术可分为线性脚本、结构脚本、共享脚本、数据驱动脚本和关键字驱动脚本。这些技术并不是相互排斥的，事实恰好相反，它们是相辅相成的。每种脚本技术在支持脚本完成测试实例的时间和开销上都有各自的长处和短处。

不同用户对脚本形式、框架以及内容有不同的要求及喜好，但编写良好的脚本一般应遵循以下几个原则：

(1)注释：为用户和管理者提供帮助。

(2)功能：执行单个任务且可以重用。

(3)结构：应该易读、易理解和易维护。

(4)文档：有助于用户复用和维护。

1. 线性脚本

线性脚本是录制手工执行的测试用例得到的脚本。这种脚本包含所有的击键、功能键、控制键以及输入数据的数字键等。使用线性脚本技术，每个测试用例都可以记录，并通过脚本完整地被回放。如果用户只使用线性脚本技术，即录制每个测试事例的全部内容，则每个测试事例可以通过脚本完整地被回放，如图 10.3 所示。

线性脚本中也可能包括“比较”，比如检查某个窗口是否弹出。录制测试事例时，可以添加比较指令(如果工具支持)或在回放脚本录制的输入时增加比较指令。

线性脚本还可用于转换。如果系统的某一部分发生变化，但从用户的角度不能影响系统的工作，可以录制有用数据、替换软件或硬件，然后回放录制过程可以使新系统的工作恢复到初始状态。

线性脚本的优点在于，简单，通过录制就可以得到，作为被测程序或者应用程序操作的演示很不错。其缺点是，不具有逻辑判断能力，可维护性差，效率低下，代码量大，兼容性差。

2. 结构化脚本

类似于结构化程序设计，结构化脚本具有各种逻辑结构(顺序、分支、循环)，和结构化程序设计中的概念相同，而且具有函数调用功能。

结构化脚本中一般有 3 种基本控制结构。

(1) 顺序结构。即本文前面讨论的线性脚本。

(2) 选择控制结构。选择控制结构使脚本具有判断功能，通过判断某些条件的真伪，来使脚本执行特定的操作。最普通的形式是“if”语句判断条件为真或为假。例如脚本检查特定消息是否显示在屏幕上。如果显示消息则继续进行，否则停止。在该例中，是否显示特定消息为条件。

```
Sub Main
    Dim Result As Integer

    Window SetContext, "Class=Shell_TrayWnd", ""
    PushButton Click, "Text=开始"

    Window SetContext, "Caption=「开始」菜单", ""
    ListView Click, "ObjectIndex=2;\;ItemText=控制面板(C)", "Coords=57,17"

    Window SetContext, "Caption=控制面板", ""
    ListView DblClick, "Text=FolderView;\;ItemText=显示", "Coords=37,30"

    Window SetContext, "Caption=显示 属性", ""
    TabControl Click, "ObjectIndex=1;\;ItemText=桌面", ""
    PushButton Click, "ObjectIndex=2"

    Window SetContext, "Class=#32770", ""
    GenericObject Click, "Class=Static;ClassIndex=1", "Coords=77,58"

    Window SetContext, "Caption=显示 属性", ""
    TabControl Click, "ObjectIndex=1;\;ItemText=屏幕保护程序", ""
    EditBox Click, "Label=等待(W):", "Coords=23,9"
    EditBox Left_Drag, "Label=等待(W):", "Coords=22,9,31,9"
    InputKeys "6"
    ComboBox Click, "ObjectIndex=1", "Coords=160,11"
    ComboListBox Click, "ObjectIndex=1", "Text=贝塞尔曲线"
    PushButton Click, "Text=设置(T)"

    Window SetContext, "Caption=贝塞尔曲线屏幕保护程序设置", ""
    SpinControl Click, "ObjectIndex=1", "Coords=8,5"
    SpinControl DblClick, "ObjectIndex=2", "Coords=9,7"
    ScrollBar HScrollTo, "ObjectIndex=1", "Position=13"
    PushButton Click, "Text=确定"

End Sub
```

图 10.3 线性脚本

循环结构也是选择控制结构的一种。循环控制结构可以根据需要重复一个或多个指令序列。有时也称为“迭代”。在这种结构中指令序列被重复指定的次数或直到条件满足。例如，如果脚本从一个文本中读取数据记录，可以设计指令序列以某种方式读取和处理信息，然后重复这个指令序列直到文件中的所有记录被读取和处理完。

(3) 调用结构。即脚本之间的调用，一个脚本将控制点转到另一个子脚本的开始处，当这个子脚本执行完毕后再将控制点返回到第一个脚本开始调用的位置。这种机制可以将较大的脚本分为几个较小的易于管理的脚本。

引入其他指令使脚本变得结构化，不仅可以提高脚本的可复用性，而且可以增加脚本的功能和灵活性。充分利用不同的结构控制语句，可以开发出易于维护的合理脚本，以更好的支持自动化测试集的实现。

结构化脚本技术的主要优点是健壮性较好；可以执行许多其他类似的功能。如需要重复的指令可以试用循环结构；还可以作为模块被其他脚本调用。其缺点是使用脚本变得更加复杂，而且测试数据仍然“捆绑”在脚本中。

图 10.4 所示为检查用户点击窗口中的哪个按钮的结构化脚本。

```
;Include 常量
#include <GUIConstants.au3>

;初始化全局变量
Global $GUIWidth
Global $GUIHeight

$GUIWidth = 300
$GUIHeight = 250

;创建窗口
GUICreate("New GUI", $GUIWidth, $GUIHeight)
......
While 1
   ;检查用户点击窗口中哪个按钮
   $msg = GUIGetMsg()

   Select
     Case $msg = $GUI_EVENT_CLOSE
         GUIDelete()
         Exit
     Case $msg = $OK_Btn
         MsgBox(64, "New GUI", "You clicked on the OK button!")
     Case $msg = $Cancel_Btn
         MsgBox(64, "New GUI", "You clicked on the Cancel button!")

   EndSelect

WEnd
```

图 10.4　结构化脚本

3. 共享脚本

共享脚本是指某个脚本可被多个测试用例使用，即脚本语言允许一个脚本调用另一个脚本。共享脚本技术出现的出发点是，当某个功能被一段测试脚本实现以后，其他的测试用例会需要反复地调用这个功能。例如，一个系统的登录功能。而共享脚本技术即当其他的脚本需要实现这一功能的地方，通过调用这个已实现好的脚本来达到完成某些操作的目的。这样做的好处主要有：

(1) 节省脚本开发成本。

(2) 使脚本的易读性变得更好。

(3) 脚本的维护费用大大降低。当需要改变某些重复任务，仅仅需要改变一处。

有两种实现共享脚本的技术，即功能共享和界面共享。一般来说，在一个成熟的自动化测试集中两种共享方式均会存在。

共享脚本需要注意的是脚本文档。这些脚本需要文档化，是测试者清楚每个脚本的功能以及如何使用它们。软件文档通常是很糟糕的，文档经常不及时更新或有错误。如果这些问题带到脚本的文档中，那么自动化的实现过程和维护开销更大。解决这个问题的方法就是针对脚本指定规则或者标准，这将成为软件测试自动化体系中的一部分。不仅是文档具有参考价值，而且有助于指导新手建立脚本。

共享脚本的优点：以较少的开销实现类似的测试，删除明显的重复，可以在脚本中增加更智能的功能。其缺点：需要跟踪更多的脚本，给配置管理带来一定的困难，对于每个测试，仍然需要特定的测试脚本，因此维护费用较高，共享脚本通常针对被测程序的某部分，存在部分脚本不能直接运行。

4.数据驱动脚本

数据驱动脚本将测试数据存储在独立的数据文件中，执行时是从数据文件中而不是脚本中读入。这样的脚本可以针对不同的数据实现多个测试用例的测试。

测试脚本中仅仅包含了一些与软件界面交互的操作信息。执行测试时，测试脚本从外部的数据文件而不是直接从脚本中获取测试数据。这样做的好处是，可以用同一个测试脚本运行许多不同的测试。

例如，保险系统的一个测试是输入新保险策略的详情并验证数据库是否被正确修改。第二个测试除使用不同的保险策略外，进行相同的操作。因此需要相同的指令，但输入和期望输出不同(即描述不同的保险策略的值)。这两个测试可以使用一个测试脚本和数据文件。

5.关键字驱动脚本

关键字驱动脚本，又称指令驱动脚本，是指用一系列的关键字来制定要执行的任务，实际上是数据驱动脚本的逻辑扩展。关键字驱动将测试的逻辑再次从脚本中剥离开来，存放在单独的指令驱动文件中。这个单独的指令驱动文件可以是一个与测试数据文件结合的测试描述文件。指令驱动技术和数据驱动技术相结合可以使自动测试用例不用关注所有令人厌烦的细节。将数据文件变为对测试用例的描述，用一系列指令指定要执行的任务。

通过将数据和关键字集成在不同的数据表格中来决定如何进行软件测试的流程。包含关键字的数据表格中关联了测试的业务逻辑流程以及测试的数据和对象，在导航脚本的控制下，导航脚本读数据文件，遇到关键字的时候则调用对应的支持脚本，同时传递对象和数据，通过关键字支持脚本的执行，将实际输出与表格中的预期输出比较，并将测试输出结果写入测试报告。如果数据文件内包含测试的逻辑内容用来指定需要执行的测试用例，执行测试的步骤，而支持脚本内包含对被测软件的认识，脚本、数据和业务就真正分离了。关键字驱动结构示意图如图 10.5 所示。

测试脚本是交互式应用或非交互式应用的测试自动化中必要的组成部分。脚本中的信息十分广泛，信息越多，越容易出错，因而更需要修改、管理和维护。

一些脚本需要精心构造，而一些脚本技术相对简单些。使用的脚本技术越精巧，难度越大，调试脚本也越困难。但由于高度复用脚本可以极大地提高生产效率，减少维护成本。脚本开发与脚本维护成本的关系如图 10.6 所示。

应该注意到，对于软件测试来说，使用哪种脚本并不是最主要的，脚本所支持的实现测试事例体系的整体考虑才是最主要的。

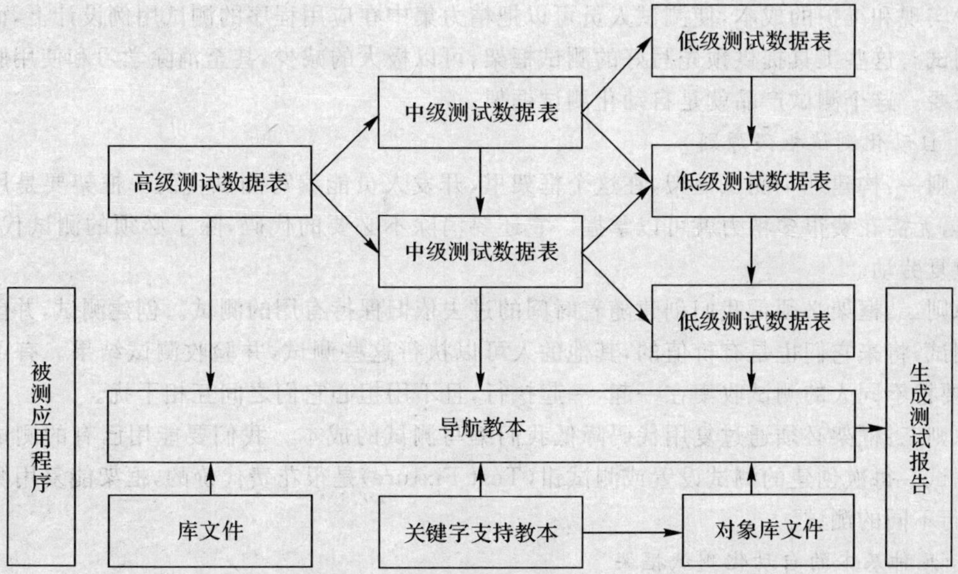

图 10.5　关键字驱动结构示意图

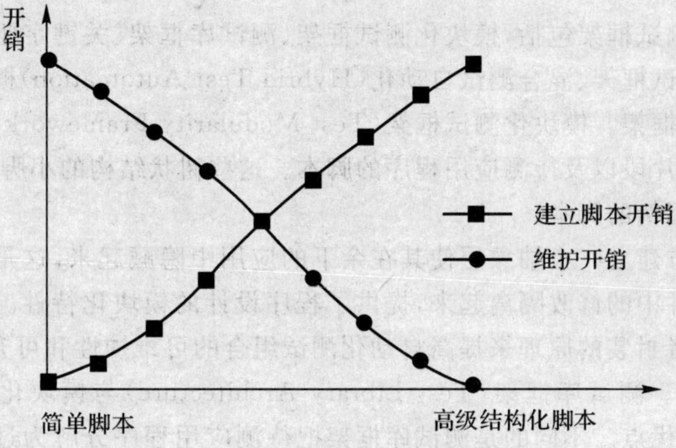

图 10.6　脚本开发与维护成本的关系

10.4 自动化测试工具与框架

10.4.1 基本的自动化测试框架

自动化测试框架,是由一些假设、概念和为自动化测试提供支持的实践组成的集合。它可以减少实现和维护的成本,使测试人员可以把精力集中在应用程序的测试用例设计上,而不是开发测试。这些工具提供预先写好的测试框架,可以极大的减少,甚至消除学习和使用脚本语言的需要。这个测试产品就是自动化测试框架。

1. 自动化测试框架原则

原则一:构建一个测试框架,在这个框架里,开发人员能编写测试代码。框架要是用熟悉的工具,无需花费很多精力就可以掌握。它还要消除不必要的代码,除了必须的测试代码外,消除重复劳动。

原则二:框架必须帮我们创建随着时间的过去依旧保持有用的测试。创建测试,并能保留这些测试,将来它们也是有价值的,其他的人可以执行这些测试,并验收测试结果。有可能的话,还要把不同人的测试收集在一起,一起执行,且不用担心它们之间互相干扰。

原则三:框架必须通过复用代码降低我们编写测试的成本。我们要能用已有的测试创建新的测试。每次创建的测试设置或测试钳(Test Fixture)是很花费代价的,框架能复用测试设置,执行不同的测试。

2. 几种基本的自动化测试框架

测试小组可以根据实际需要去考虑采用其中的一种测试框架而不是仅仅依赖于简单的捕获工具。同时,这些框架是了解自动测试框架以及根据自己的需要和经验来设计自己的自动测试框架的基础。

常见的自动化测试框架包括,模块化测试框架、测试库框架、关键字驱动或者表驱动的测试框架、数据驱动测试框架、混合测试自动化(Hybrid Test Automation)框架。

(1)模块化测试框架。模块化测试框架(Test Modularity Framework)需要创建小而独立的可以描述的模块、片段以及待测应用程序的脚本。这些树状结构的小脚本结合起来,就能组成用于特定的测试用例的脚本。

在一个组件上方建立一个抽象层使其在余下的应用中隐藏起来,这是众所周知的编程技巧。这把应用同组件中的修改隔离起来,提供了程序设计的模块化特性。模块化测试脚本框架使用这一抽象或者封装的原理来提高自动化测试组合的可维护性和可升级性。

(2)测试库框架。测试库框架(Test Library Architecture)与模块化测试脚本框架很类似,并且具有同样的优点。不同的是测试库框架把待测应用程序分解为过程和函数而不是脚本。这个框架需要创建描述模块、片段以及待测应用程序的功能库文件(例如 SQABasic libraries, APIs,DLLs 等)。

(3)关键字驱动或者表驱动测试框架。对于一个独立于应用的自动化框架,关键字驱动(Keyword-driven)测试和表驱动(Table-driven)测试是可以互换的术语。这个框架需要开发数据表和关键字。这个数据表和关键字独立于执行它们的测试自动化工具并可以用来"驱动"待测应用程序和数据的测试脚本代码。关键字驱动测试看上去与手工测试很类似。在一个关键字驱动测试中,把待测应用程序的功能和每个测试的执行步骤一起写到一个表中。这个测试框架可以通过很少的代码来产生大量的测试用例。同样的代码在用数据表来产生各个测试用例的同时被复用。

GUI 测试中,基本的捕捉、回放过程在实际应用中存在很多问题,最常见的一个问题是对程序界面进行测试时,一旦界面有任何改动,都需要我们去手工修改已录制好的相应测试脚本,或者重新进行一次录制。尤其对于程序中各模块都要使用的公共程序部分(如用户登录界面),它的改动会引起大量测试工作的返工,造成测试脚本的日常维护工作量急剧增大。另一个问题是移植困难。被测软件转换测试平台,或转换自动化测试工具都可能造成测试用例被破坏,很可能要重写所有的测试脚本。因此,转换自动化测试工具、移植平台或对被测应用的调整或升级都可能成为测试自动化工程师的恶梦。

以上问题的解决方法,正是关键字驱动自动化测试的核心思想。互相独立,才能最大程度地减少相互之间的影响,彻底解决使用 GUI 自动化测试工具产生的问题。下面分别予以阐述。

1) 界面元素名与测试内部对象名的分离。我们可以在被测应用程序和录制生成的测试脚本之间增加一个抽象层,它可以将界面上的所有元素映射成相对应的一个逻辑对象,测试针对这些逻辑对象进行,界面元素的改变只会影响映射表,而不会影响测试。

2) 测试描述与具体实现细节的分离。我们应该把测试描述和测试的具体实现细节分离开来,测试描述只说明软件测试要做什么以及期待什么样的结果,而不管怎样执行测试或怎样证实结果。这样做是因为测试的实现细节通常和特定的平台,以及特定的测试执行工具有着密切的联系。这种分离使得测试描述对于应用实现细节是不敏感的,而且有利于测试在工具和平台间的移植。

3) 脚本与数据的分离。最后,可以把测试执行过程中所需的测试数据从脚本中提取出来,在运行时测试脚本再从数据存放处读取预先定制好的数据,这样脚本和数据可以独立维护。

图 10.7 是由 SAS Institute 的 Carl Nagle 开发的,它是一个关键字驱动的自动化测试框架。

这个模型主要由核心数据驱动引擎、成员函数、支持库和映射表组成。映射表是我们的自动化模型中最关键的组件之一。在进行功能测试设计之前,测试人员首先对应用中的每一个对象定义一套命名规范,并利用映射表把这些名字和自动化工具识别的对象名联系起来,使工具能准确地定位和操纵对象，我们的脚本只需进行单点维护。

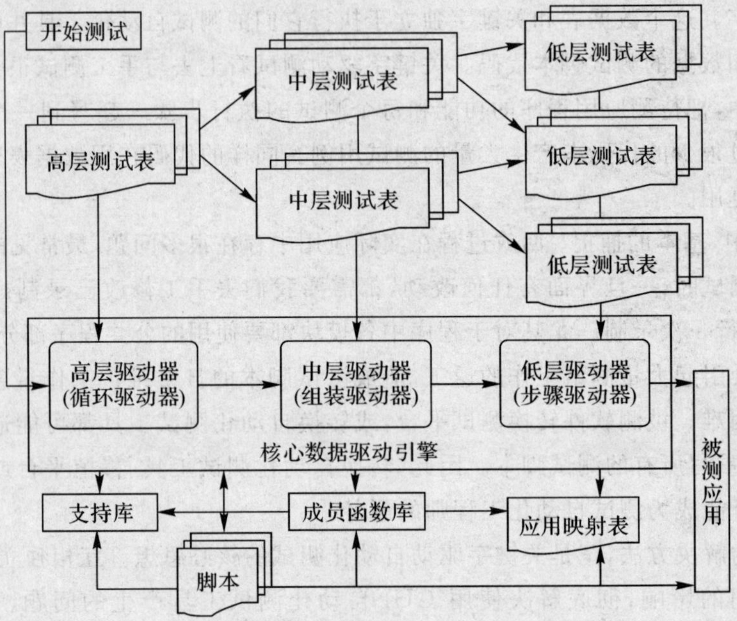

图 10.7　关键字驱动自动化模型的结构

关键字驱动自动化模型的开发和实现与传统的测试流程比起来可能是困难的，而且是耗时的。但是这样的投资是一次性的，一旦开发结束，它给我们带来的效益是巨大的，不仅维护简单，而且可以反复应用于各种应用。

(4)数据驱动测试框架。数据驱动自动化测试是一种数据被包含在输入测试数据文件中，并且以数据来控制自动化测试脚本的流程和动作的测试。其中，输入测试数据记录是从外部数据文件读取(数据池，ODBC 源，cvs 文件，excel 文件，DAO 对象，ADO 对象等)，独立于测试脚本程序开发的，并且通过捕获工具生成或者手工生成的代码脚本被载入到变量中。

在这个框架中，变量不仅被用来存放输入值还被用来存放输出的验证值。整个程序中，测试脚本来读取数值文件，记载测试状态和信息。这类似于表驱动测试。在表驱动测试中，它的测试用例是包含在数据文件而不是在脚本中，对于数据而言，脚本仅仅是一个“驱动器”，或者是一个传送机构。然而，数据驱动测试不同于表驱动测试，尽管导航数据并不包含在表结构中。在数据驱动测试中，数据文件只包含测试数据。

这个框架意图减少你需要执行所有测试用例所需要的总的测试脚本数。数据驱动需要很少的代码来产生大量的测试用例，这与表驱动极其类似。

(5)混和测试自动化(Hybrid Test Automation)框架。最普遍的执行框架是上面介绍的所有技术的一个结合，取其长处，弥补其不足。这个混合测试框架是由大部分框架随着时间并经过若干项目演化而来的。

10.4.2　自动化测试工具介绍

1. 自动化测试工具分类

为了支持自动化测试框架，需要很多不同类型的自动化测试工具和手工测试工具。Marick 根据在测试过程中何时以及如何使用，将它们分类如下：

(1)测试设计工具。测试设计工具用于为设计测试活动做计划，可用在产生测试产物以驱动后续的测试活动。

(2)静态分析工具。用这些工具来分析程序，而不用执行程序。审查(Inspection)和遍历(Walk Through)就是静态测试工具的例子。

(3)动态分析工具。通过执行软件来对其进行测试。

(4)GUI 测试驱动和捕获/回放工具。这类工具运用大规模记录功能来自动化测试使用 GUI 的应用程序。

(5)负载和性能测试工具。这类工具为自动化的压力和容量测试模拟不同的用户负载条件。

(6)非 GUI 测试驱动和测试管理器。这类工具实现了对不允许测试者通过 GUI 进行交互的应用的测试自动化。

(7)其他的测试实现工具。各种各样的工具都有助于测试实现。这也包括字处理软件。

(8)测试评价工具。用来对测试质量进行评价。

2. 自动化测试工具的特征

(1)支持脚本化语言。这是最基本的一条要求，包括支持数组、列表、结构等多种常用的变量和数据类型、各种条件逻辑和循环、函数的创建和调用。如果此工具使用如 VB 和 C 等通用语言，测试就更方便。脚本语言的功能越强大，就能为测试者提供更灵活的使用空间，或者用它写出比被测软件还要复杂得多的测试系统。

(2)对程序界面中的对象的识别能力。工具必须能够将程序界面中的所有对象都区分并标识出来，录制的测试脚本才具有更好的可读性、灵活性和更大的修改空间。另外，对开发语言的支持也是很重要的一项。对于程序中存在的一些比较难于标识的对象，如位图对象，那么在软件设计阶段就应考虑，是一定要实现这样的功能，还是要保证软件的可测试性，或采取一些折衷处理方法。

(3)支持函数调用的可重用。用它可以建立一套比较通用的函数库，一旦程序做了修改，只需把原脚本中的相应函数进行更改，而不用把所有可能的脚本都改动，可以大大节省工作量。

(4)支持外部函数库。一些外部函数同样能够为测试提供更强大功能,如 Windows 程序中对 DLL 文件的访问,Client/Server 程序中对数据库编程接口的调用等。

(5)抽象层。可以将程序界面中存在的所有对象实体一一映射成逻辑对象,测试就针对逻辑对象进行,这样当程序界面改变时,就可大大减少测试维护工作量。

(6)分布式测试的支持。一个测试项目,通常需要多名测试人员协同工作,因此如果测试工具不支持分布式测试,将很难保障这种协同测试工作的开展。分布式测试最大的好处是我们可以事先定制任务执行的时间表,如在指定时间、指定设备上执行指定测试任务。

(7)支持数据驱动测试。在数据驱动测试中,只需编制少量的脚本,而准备大量的测试数据,测试工具可以自动重复完成大量的测试工作。比如在 Windows 系统中,如果测试工具支持对 INI 文件的处理,被测软件通过读.INI 文件知道要在哪一台服务器上运行,那么我们只要把需要运行程序的服务器名写进.INI 文件中,而不需要修改测试脚本,就可以让程序在指定设备上运行。

(8)错误处理。利用它可以避免测试程序因一些异常错误而异常终止。这样就可将测试任务提前定制好,下班后启动任务执行,第二天上班再检查测试执行结果。如此一来就可充分利用时间。

(9)调试器。调试器在自动测试系统中的作用与软件开发集成环境中的作用类似,可以帮助我们更有效地对测试脚本的执行进行跟踪核对,迅速定位问题。通常调试器与测试脚本的开发环境是集成在一起的,支持脚本单步运行、设置断点、核对变量返回结果等。也有一些功能更强的调试器,可以跟踪进入可执行程序、外部调用的库函数等等。

(10)源代码管理。可以帮助进行测试脚本库的导入/导出、回退到以前版本、比较不同版本间差别,以及同时对几个项目进行跟踪等,尤其在团队开发中很有必要,可以对测试数据文件、测试脚本、对象抽象层进行统一管理。如果测试环境与开发环境使用同一套版本管理工具,能够给项目管理带来更大的便利。

(11) 支持脚本的命令行方式。如果能够通过命令行方式运行测试脚本,可以为测试的执行带来更大的灵活性。如机器启动时、程序 Bulid 后都可以自动启动测试脚本的执行。

3. 目前成熟的自动化测试工具

对自动化测试而言,对工具的前期评估是相当重要的,必须考虑被测试软件、用户、团队、公司等因素,因为不同的工具适应于不同的环境。表 10－2 列出了国际上流行的自动化软件测试工具。

表 10－2　国际上流行的软件测试工具生产厂商及一些主要 IDE 产品

生产厂商	工具名称	测试功能	官方站点
Mercury Interactive Corporation	WinRunner/QuickTest Pro	功能测试	http://www.mercury.com
	Loadrunner/ Astra LoadTest	性能测试	
	Test director	测试管理	
IBM Rational	Rational robot	功能测试 性能测试	http://www.rational.com
	RationalTest Manager	测试管理	
	Rational purify plus	白盒测试	
Compuware Corp.	QARun	功能测试	http://www.compuware.com
	QALoad	性能测试	
	QADirecto	测试管理	
	DevPartner Studio Professional	白盒测试	
Empirix	e－Tester	功能测试	http://www.empirix.com
	e－Load	性能测试	
	e－Monitor	测试管理	
Parasoft	Jtest	Java 白盒测试	http://www.parasoft.com
	c＋＋test	c/c＋＋白盒测试	
	.nettest	.net 白盒测试	
RadView	WebLOAD	性能测试	http://www.radview.com
	WebFT	功能测试	
Microsoft	We Application Stress Tool	性能测试	http://www.microsoft.com
Quest Software	Benchmark Factory	性能测试	http://www.quest.com

10.5　企业引入自动化测试的挑战

10.5.1　软件企业自动化测试的误区

自动化测试作为一项新技术，一开始往往会被一些人认为是“无所不能”的。以为一旦有了它就可以解决软件所有的质量问题。但事实上，自动化测试并不是传说中所谓的“银弹”。假如在实施前没有好好的调查、做好预期准备工作就盲目开展，一旦进入推广实施阶段，往往最终会弄得无法收场。因此，尽管自动化测试能为开发企业带来许多好处，但仍然有一些局

限,应当尽量避免以下误区:

1. 期望自动化测试能取代手工测试

自动化测试工具的确能用于完成部分重复、枯燥的手工作业,但毕竟自动化测试不比人工更智能,某些测试(如界面的美观、易用性等)仍然需要进行人工测试。因此,我们永远不能期望自动化测试能够完全取代手工测试。

2. 期望自动化测试发现大量新缺陷

同样,不能期望自动化测试去发现更多新的缺陷。因为,自动化测试与手工测试最大的区别之一就是它的目的在于发现老缺陷。实践也证明:新缺陷越多,自动化测试失败的几率就越大。

3. 技术、组织和脚本维护自动化

自动化测试的推行,存在很多阻力,比如是否受到重视,是否成立一个专门的自动化测试团队,是否有这样的技术水平,对于测试脚本的维护工作量很大,是否值得维护等等问题都必须考虑,并得出妥善的解决方案。

10.5.2 使自动化测试项目陷入困境的原因

(1)自动化测试时间不充足:根据项目计划的安排,测试人员往往被安排利用自己的个人时间或者项目后期介入自动化测试。这使得自动化测试无法得到充分的时间,无法得到真正的关注。

(2)缺乏清晰的目标:有很多好的理由去开展自动化测试工作,诸如自动化测试可以节省时间,使测试更加简单,提高测试的覆盖率,可以让测试人员保持更好的测试主动性。但是,自动化测试不可能同时满足上述的目标。不同的人员对自动化测试有不同的希望,这些希望应该提出来,否则很可能面对的是失望。

(3)缺乏经验:尝试测试自己的程序的初级的程序员经常采用自动化测试。由于缺乏经验,很难保证自动化测试的顺利开展。

(4)更新换代频繁:测试自动化往往需要花费很多时间学习,当自动化测试更新换代频繁的时候,也就丧失了刚刚学习到的自动化测试经验。

(5)对于绝望的反应:在测试还远没有开始的时候,问题就已经潜伏在软件中了。软件测试不过是发现了这些潜伏的问题而已。就测试本身而言,测试是一件很困难的工作。当在修改过的软件上一遍接一遍的测试时,测试人员很容易会变得疲劳起来。当按照测试计划的安排,软件应该交付的时候,测试人员的绝望变得尤其强烈。在这种环境中,自动化测试可能是个可以选择的解决方法。但是,自动化测试却未必是最好的选择,它不是一个现实的解决方法,更像是测试工程师的一个希望。

(6)不愿思考软件测试:很多人发现实现产品的自动化测试比测试本身更有趣。在很多软件项目发生这样的情况,自动化工程师不参与到软件测试的具体活动中。由于测试的自动化与测试的人为割裂,导致很多自动化对软件测试并没有太大的帮助。

(7)过度关注于技术:如何实现软件的自动化测试是一个很吸引人的技术问题。不过,过多的关注如何实现自动化测试,导致忽略了自动化测试方案是否符合测试需要。

10.5.3 软件企业推行自动化测试的风险分析

既然我们已经意识到在软件测试中引入自动化测试技术并不是“银弹”,因此在企业作出自动化决定的之前,必须要做好以下的风险分析和评估:

其一是资金风险。虽然具备实施自动化测试的条件,但如果企业效益不好,还是先扭亏为盈吧。一款正版的测试工具价格昂贵,企业要首先考虑资金是否允许购买正版的测试工具软件,所以进行测试工具的成本估算,以及引入自动化测试后组织结构调整等方面的成本估算是很必要的。如果公司处在如同前面所言的自动化测试试验阶段,可以使用试用版测试工具。当然具有实力的公司可以组织人力按照自身的工作流程自主开发测试工具,因为并不是所有商用的自动化测试工具都适合本公司的测试需求,因此,对于一些特殊的测试,可以结合现有的工具进行二次开发或者从新开发一种新的测试工具,都是可行的,当然,还是需要考虑到成本问题。

其二是自动化测试对软件功能类型的切入点的风险。软件企业开发的产品业务和功能是否需要自动化测试,包括白盒自动化测试、功能自动化测试和性能自动化测试。比如一些公司开发单机版软件,只需要做功能测试,那便不必考虑性能自动化测试;有的公司开发简单界面之类的软件,例如搜索引擎,也可不必考虑第二种;而大多数国内公司开发的软件,由于各种原因,一般都不考虑第一种。也有可能公司开发的软件特殊性很强,市场上根本没有支持它的自动化测试工具,此时要另辟蹊径。这种评估相当重要,要根据自身的产品功能特征来综合评估,据此来确定是否需要自主开发测试工具或者直接采用手工测试。

其三是软件自动化测试切入方式的风险。正如前面所言,一定要记住将自动化测试与手工测试结合起来使用,不合理的规划会造成工作事倍功半。首先,对于自动化测试率的目标是10/90(10%的自动化测试和90%的手工测试)。当这些目标都实现了,可以将自动化测试的使用率提高。

其四是软件的开发语言风险。当前业界流行的测试工具有几十种,相同功能的测试工具所支持的环境和语言各不相同,选择的工具是否支持测试团队成员所熟悉的开发语言,也是评估的一个重要标准。

其五还要做时间估算。在评估完前面几项指标后,需要估算实施测试自动化的时间周期,以防止浪费不必要的时间,减少在人员、资金、资源投入上的无端消耗。虽然到测试自动化步入正轨以后,会起到事半功倍的效果,但前期的投入巨大,要全面考虑各种因素,明确实施计划并按计划严格执行,才能最大限度降低风险。

其六是工作流程变更风险。测试团队乃至整个开发组织实施测试自动化,或多或少会因为适应测试工具的工作流程,带来团队的测试流程、开发流程的相应变更,而且,如果变更不善,会引起团队成员的诸多抱怨情绪;所以应该尽量减少这种变更,并克服变更中可能存在的困难。

其七是人员培训与变更风险。简单而言，就是测试团队人员的培训具有风险性，例如每个角色的定位是否准确，各角色人员对培训技能的掌握程度是否满意，尤其实施途中如果发生人员变更等风险，都要事先做出预测和相应的处理方案。

10.5.4 合适的自动化测试项目

自动化测试之所以能在很多大公司实施起来，主要是它具有适合自动化的特点和高的投资回报率。一般这样的测试条件下使用自动化测试：

(1)项目在短期内没有严格的时间压力。

(2)具有良好定义的测试策略和测试计划(明确知道要测试什么，知道什么时候测试)。

(3)拥有一个能够被认可的测试框架。

(4)能够确保多个测试运行的构建策略。

(5)多平台环境需要被测试。

(6)拥有运行测试的硬件。

(7)拥有关注在自动化过程上的人力、财力和物力资源，比如专门的自动化测试团队等。

适合使用自动化测试的典型项目。

(8)产品型项目。每个项目只改进少量的功能，但每个项目必须对那些没有改动过的功能进行反反复复的测试。这样的测试完全可以自动化，同时可以把新加入的功能的测试也慢慢地加入到自动化测试当中。

(9)增量式开发、持续集成项目。由于这种开发模式是频繁的发布新版本进行测试，也需要利用自动化测试来频繁的测试。

(10)能够自动编译、自动发布的系统。要能够完全实现自动化测试，必须能够具有自动化编译、自动化发布系统进行测试的功能。当然，不能达到这个要求也可以在手工干预下进行半自动化测试。

(11)回归测试。回归测试属于自动化测试的强项，它能够确保新版本中是否引入了新的缺陷，老的缺陷是否已经修改。在某种程度上可以把自动化测试工具叫做回归测试工具。

(12)多次重复、机械性动作。自动化测试的优势更好的体现在那些包含有多次重复、机械性动作的测试。

(13)需要频繁运行测试。在一个项目中需要频繁的运行测试，测试周期按天算，就能最大限度的利用测试脚本，提高工作效率。

自动化测试，或者说自动化测试策略及工具的实现，只是测试人员工具箱里的一件利器，它也无法取代测试人员的地位。尽管如此，自动化测试仍然毫无疑问地具有强大功能，它能在测试效率和彻底性方面使我们获益匪浅。关键在于确定发挥其功效的最佳时机及方式。

首先，企业实施测试自动化，需要符合企业的实际需求，量体裁衣，绝对不是拍脑袋说干就能干好的。若企业已经确定其最近的测试是无效的，企业的需求分析已经进行，结果表明目前的测试过程需要改进，企业正在寻求可重复高效率且不易出错的测试方法，则表明应该引入自动测试。考虑将软件程序开发和测试自动化进行结合，将测试脚本的开发纳入整个软件开发体系，它不仅涉及测试工作本身流程上、组织结构上的调整与改进，甚至也包括需求、设计、开发、维护及配置管理等其他方面的配合。

其次，尽管自动化测试可以降低人工测试的工作量，但并不能完全取代手工测试。100%的自动化测试只是一个理想目标，真正自动化的价值在于，把软件测试人员从机械的繁杂劳动中解放出来，集中精力进行测试方法的改进以及测试用例的设计。另外，设计和实施自动化测试要比手工测试开销大，并需要维护，所以，对自动化测试影响较大的软件修改可能受到限制。所以一味追求测试自动化只会给企业带来运作成本的急剧上升。

再次，比较测试自动化需要企业有相对规模的投入，对企业运作来说，投入回报率将是决定是否实施软件测试自动化的最终指挥棒，因此，企业在决定实施软件测试自动化之前，最好要求量化的投资回报分析。

大部分情况下的原则可以是：自动化 20%的测试用例，用于覆盖 80%的用户操作密集的功能和核心商业逻辑（如工资计算准确度要求高，虽然每月才执行一次）。实现功能测试自动化来完成重复、枯燥的回归测试任务，引入性能测试自动化工具来改善测试的广度和深度。同时带来一点好处是，毕竟机器和脚本是客观的，它总是会完成你所分配的所有任务，而没有半点遗漏，从而自动化有助于真正掌握和控制回归测试覆盖率。

第11章 基于模型的测试

对于提高软件质量这一软件工程致力解决的关键问题之一，工业界使用的主流技术——软件测试和验证——是保证软件正确性和提高软件可靠性的最基本和最重要的手段。软件测试有不同的方法，基本可以划分为基于程序的测试和基于规范的测试两大部分。基于程序的测试根据程序代码特征（如语句、分支、路径）产生测试用例，而基于规范的测试要求根据功能规范和设计规范产生测试用例。前者以相应程序代码特征是否得到了充分测试作为测试终止的判定标准，如果测试充分性准则确定的程序特征在测试过程中都得到完全的执行，则认为对代码的测试是充分的。后者针对相应的功能属性和设计属性进行测试，并以相关属性是否得到了充分测试作为测试充分性准则，如果测试充分性准则确定的相关属性在测试过程中都得到完全的执行，则认为测试是充分的。随着面向对象软件开发技术的广泛应用和软件测试自动化的要求，基于模型的软件测试（Model - Based Software Testing）逐渐得到重视。基于模型的软件测试属于基于规范的软件测试范畴，其特点是：在产生测试用例和进行测试结果评价时，都是根据被测试应用程序的模型及其派生模型（一般称作测试模型）进行的。基于模型的测试最初应用于硬件测试，广泛应用于电信交换系统测试，目前在软件测试中得到了一定应用，并在学术界和工业界得到了越来越多的重视。

关于模型，初接触时会有些混淆，正是由于模型给测试带来的诸多优点，软件测试在过程上有前人总结的用于管理的模型（V 模型，W 模型和 H 模型），在实际测试中，更有着作为驱动的模型（有限状态机、UML 模型和马尔可夫链等模型）。

11.1 软件测试过程模型

软件测试本身是一个复杂的过程，整个测试流程何时开始，何时结束都需要明确的说明。而针对这一过程，人们总结了 3 种经典的模型：V 模型、W 模型和 H 模型。

11.1.1 V 模型

V 模型最早由已故的 Paul Rook 在 20 世纪 80 年代后期提出，V 模型被包含在英国国家计算中心文献中发布，旨在改进软件开发的效率和效果。V 模型在欧洲尤其是英国被接受，并被认为是瀑布模型的替代品，而在美国则被误解为是又一种瀑布模型。在传统开发过程中，仅仅把测试过程作为在需求分析、概要设计、详细设计及编码之后的一个阶段，事实上，V 模型的推出也是对此所进行的改进。V 模型描述了一些不同的测试级别，并说明了这些级别所对应的生命周期中不同的阶段。如模型图 11.1 中所示，左边下降的是开发过程各阶段，与此相对应的是右边上升的部分，即各测试过程的各个阶段。在模型图中的开发阶段一侧，先从定义业务需求开始，然后要把这些需求不断地转换到概要设计和详细设计中去，最后开发为程序代码。在测试执行阶段一侧，执行先从单元测试开始，然后是集成测试、系统测试和验收测试。

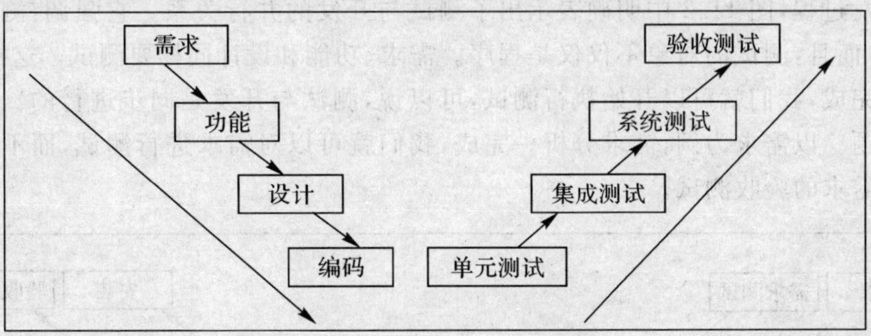

图 11.1　软件测试过程的 V 模型

V 模型向人们展示了在软件生产过程中何时开始测试，确切地说，何时开始执行测试。图 11.1 展示了一个有着四个活动阶段的简单 V 模型。这些阶段的名称并不重要，重要的是，左边每个开发活动都有右边的测试活动相对应，图中的箭头代表了时间方向。因此，V 模型主要向我们传递了如下信息：需求、功能、设计和编码的开发活动随时间而进行，而相应的测试活动，即针对需求、功能、设计和编码的测试，其开展的次序则正好相反。换而言之，代码最后被开发，而相应的单元测试首先被执行；需求则最早开发，但相应的验收测试到最后进行。V 模型揭示了软件测试活动分层和分阶段的本质特性。单元测试的主要目的是针对编码过程中可能存在的各种错误。集成测试主要目的是针对详细设计中可能存在的问题，尤其是检查各单元与其他程序部分之间的接口上可能存在的错误。系统测试主要针对概要设计，检查了系统作为一个整体是否有效地得到运行。验收测试通常由业务专家或用户进行，以确认产品能真正符合用户业务上的需要。

但 V 模型也存在一些问题，V 模型割裂了软件测试和软件开发两个过程之间的关系，Brian Marickarick(《The Craft of Software Testing (Prentice Hall, 1995)》一书的作者)在“测试过程新模型”一文中提到，“V 模型的问题在于一定要将系统开发过程分为具有严格边界的阶段，这使人们无法在这些边界之间交接和交换测试信息。”这样，软件测试的对象便只有程序本身，需求阶段产生的错误会一直遗留到系统测试结束后才被发现。V 模型适用于所有类型的开发过程，但并不一定适用于开发和测试过程的所有方面。不管是 GUI 还是批处理、大型机还是 Web，Java 还是 Cobol，都需要单元测试、集成测试、系统测试和验收测试。但是，V 模型本身并不会告诉你如何定义单元测试或集成测试的内容、以如何顺利工作、如何进行具体的测试设计以及该输入怎样的数据、输出怎样的输出结果才是正确的。

11.1.2 W模型

W模型可以说是V模型自然而然的发展，相对于V模型，W模型增加了软件各开发阶段中应同步进行的验证和确认活动。如图11.2所示，W模型由两个V字型模型组成，分别代表测试与开发过程，图11.2中明确表示出了测试与开发的并行关系。它强调：测试伴随着整个开发周期，而且，测试的对象不仅仅是程序。需求、功能和设计同样要测试。这样，只要相应的开发活动完成，我们就可以开始执行测试，可以说，测试与开发是同步进行的。从而有利于尽早发现问题。以需求为例，需求分析一完成，我们就可以对需求进行测试，而不必等到最后才进行针对需求的验收测试。

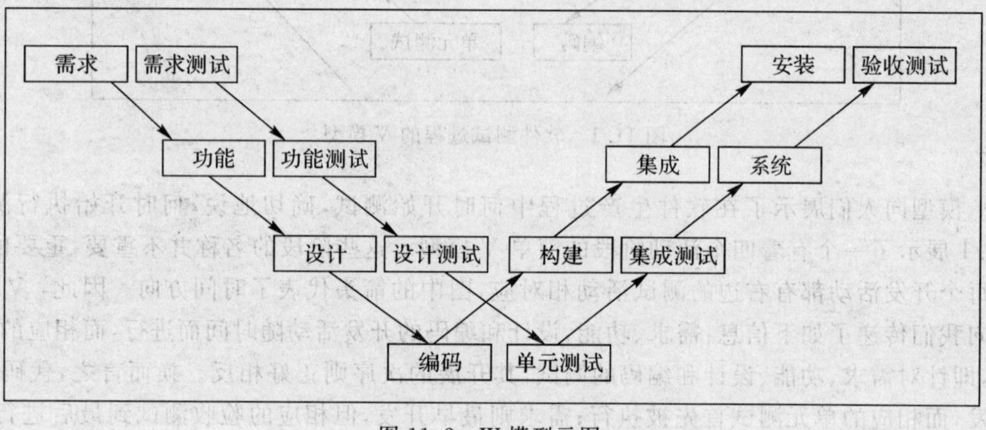

图11.2 W模型示图

11.1.3 H模型

但是，无论是V模型，还是W模型，都存在不妥之处。首先，它们都把软件的开发视为需求、设计、编码等等一系列的串行活动。而事实上，虽然这些活动之间存在着互相牵制的关系，但在大部分时间，它们是互相独立的，是可以并发进行的。虽然软件开发有清晰的需求、设计和编码等等阶段，但实践告诉我们，严格的阶段之分只是一种理想状况。所以相应的测试也不存在严格的先后次序，只要测试条件满足，就可以进行测试。各个不同层次之间的测试(比如单元、集成和系统测试)除了简单的时间上的先后关系之外，还存在着触发、反复、迭代和增量关系。其次，V模型和W模型都没能很好地表示测试流程的完整性。测试流程可以大致分为两类活动，一类是测试准备活动，包括测试需求分析、测试计划、测试分析、测试编码、测试验证等等，另一类是测试执行活动，包括测试运行、测试报告、测试分析等等。虽然，W模型将测试从开发中分离出来，但仍旧将测试视为一个个游离的活动，而不是一个系统化的流程。H模型就是为改进这些缺陷而产生的。

H模型的简单示意图如图11.3所示。

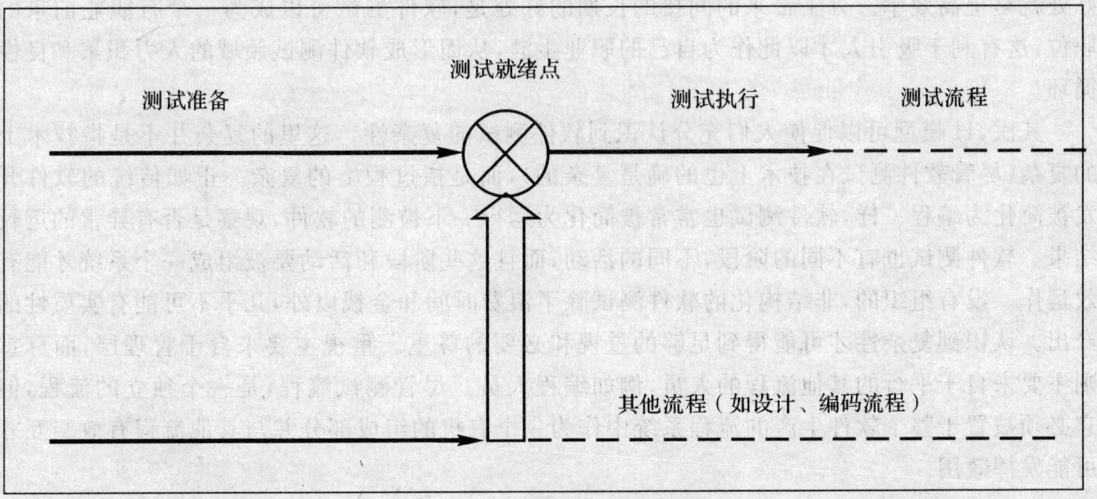

图 11.3　H 模型的简单示意图

这个示意图仅仅演示了在整个生产周期中，某个(测试)层次上的一次测试“微循环”(“微循环”是 PMT 软件流程框架中的一个概念，简单地说，可以看作是一个流程在时间上的最小构成单位)。图中的“其他流程”可以是任意开发流程，例如设计流程和编码流程，也可以是其他非开发的流程，例如 SQA 流程，甚至是测试流程自身。向上的双线箭头表示，在某个时间点，由于“其他流程”的进展而(由于先后关系)引发或者(由于因果关系)触发了测试就绪点，这个时候，只要测试准备活动完成，测试执行活动就可以进行了。

概括地说，H 模型揭示了：

(1)软件测试不仅仅指测试的执行，还包括很多其他的活动。

(2)软件测试是一个独立的流程，贯穿产品整个周期，与其他流程并发进行。

(3)软件测试要尽早准备，尽早执行。

(4)软件测试根据被测物的不同是分层次的。不同层次的测试活动可以是按照某个次序先后进行的，但也可能是反复的。

H 模型兼顾效率和灵活性，可以被应用到各种规模、各种类型的软件项目上。那么，为什么要采用 H 模型呢？

首先，H 模型强调软件测试准备和测试执行分离。准备阶段和执行阶段有不同的测试活动，例如，测试准备活动，包括测试需求分析、测试计划、测试分析、测试编码、测试验证等等，而测试执行活动，则包括测试运行、测试报告、测试分析等等。准备阶段和执行阶段有不同的工作侧重点，不同的测试活动也需要不同的知识和技能。这样的分离有利于进一步的分工。显而易见，测试的设计人员比执行人员有更高的能力要求，不同的岗位可以聘用不同的人员。如果一个测试设计人员同时被指派去执行测试，那既是人力资源的浪费，也可能挫伤设计人员的创造性和积极性。所以，软件测试分工带来的第一个直接好处就是降低人力成本，第二个直接好处就是提高效率。分工带来的间接的长期的好处是，软件测试可以成为一个有职业前景的职位，这有利于吸引人才以此作为自己的职业生涯，从而形成软件测试领域的人力积累和良性循环。

其次，H 模型可以促使人们充分认识到软件测试的复杂性。这里的复杂并不是指技术上的复杂（尽管软件测试在技术上也的确是复杂的），而是指过程上的复杂。正如传统的软件开发被简化为编程一样，软件测试也常常被简化为运行一下被测的软件，观察是否有异常的运行结果。软件测试也有不同的阶段，不同的活动，而且这些阶段和活动要被组成一个系统才能有效运作。没有组织的，非结构化的软件测试除了浪费时间和金钱以外，几乎不可能有实质性的产出。认识到复杂性才可能得到足够的重视和必要的尊重。重视主要来自于管理层，而尊重则主要来自于平行的其他流程的人员，例如编程人员。尽管测试流程，是一个独立的流程，但它必须被置于整个软件生产的流程系统中作为一个有机的组成部分并与其他流程有效交互才可能发挥效用。

11.2 软件测试驱动模型

软件模型是对软件行为和软件结构的抽象描述。软件行为可以用系统输入序列、活动、条件、输出逻辑或者数据流进行描述，软件结构则使用组件图、部署图等进行描述。针对测试任务，通过对软件功能和结构进行抽象并用易于理解的方式进行描述，获得的模型就是对被测试软件系统精确的描述，可以用于软件测试。一般对软件不同行为要用不同模型进行描述。例如：控制流图、数据流图和程序依赖图表达了程序和代码结构间的行为关系，决策表和状态机则可以描述软件外部行为。基于模型的软件测试可以根据软件行为模型和结构模型生成测试用例。当前软件规模庞大也使基于程序的测试十分困难，而基于模型的软件测试方法不仅可以有效地提高测试效率，提高测试用例生成的自动化程度，进行测试失效辨识，也有利于评价测试结果。

基于模型的测试是一种突破性的黑盒测试技术，它以明确描述系统预期行为的抽象模型为依据，自动生成可执行的测试用例，产生测试脚本，执行测试并自动评价测试结果，实现测试过程的自动化。这种方法可以使得软件测试和软件设计以及实现同时进行，改变了软件工程中“现在编程，以后测试”的工作方式，使得在整个软件生命期中可以并行地进行测试工作。

基于模型的测试是一个轻量级的，形式化的验证软件系统的方法。为什么这么说呢，因为首先，基于模型的测试对待测软件系统（通常被称为 System Under Test，简称 SUT）进行形式化的建模，设计出机器可读的模型；其次，和其他形式化方法比，基于模型的测试并不致力于让待测软件系统与规格说明在所有可能情况下都保持一致，而是系统化的从模型生成一组测试用例，使用这组测试用例测试待测软件系统，得到充分的证据说明待测系统的行为与模型期望是一致的。轻量级和重量级的方法的根本区别在于一个是充分证明，一个是完全证明。目前完全验证一致性的代价非常高，重量级的形式化方法往往难以被应用到实际工程中，而基于模型的测试在这方面体现了优势，并已被运用到很多大型项目中。

基于模型的测试从一组需求开始，这组需求可以是文字，草图或者仅仅是团队成员的一些想法。图 11.4 所示为某模型测试的简单过程。

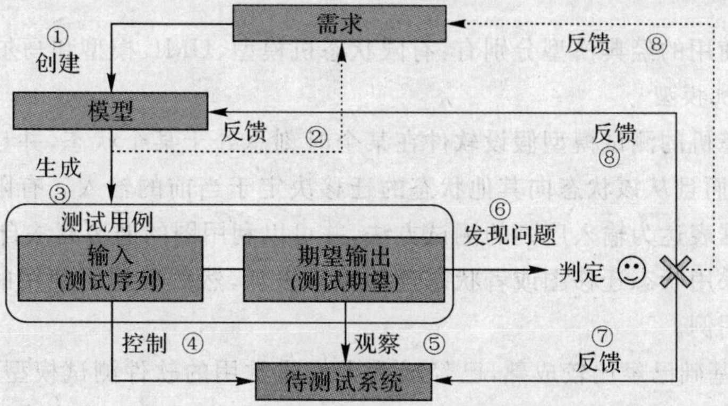

图 11.4　图基于模型测试的简单图解

首先，我们需要创建一个机器可读的模型(图 11.4 中的①)，该模型表述了需求所表述的所有可能行为。这一步是由人工完成，并且是整个流程中工作量最大的一步。模型设计工作的关键点在于正确的抽象，一个建模者应该专注于系统的待测试的某一方面，而不需要关心系统的其余部分。不同部分可以被不同模型覆盖，但是每一个模型都确保自己在清晰的抽象层面上。

虽然创建模型的工作量很大，但是回报也是巨大的。通过把非形式化的需求转化为形式化的模型，你将很容易发现需求中遗漏的部分。图 11.4 中的②表明仅仅通过分析模型，就可以得到关于需求的反馈。

当模型成型以后，就到了软件测试工具如 Spec Explorer 发挥作用的时候了。它能够通过分析模型自动生成测试用例(图 11.4 中的③)，包括提供给待测试系统的输入以及期望的输出，我们称之为测试预期。自动生成的测试用例一旦生成，就可以在一个标准的单元测试框架中(例如 Visual Studio 的测试框架或者 NUnit)独立于模型运行。这些测试用例提供了测试序列(图 11.4 中的④)去控制待测试系统，同时观察(图 11.4 中的⑤)待测试系统的返回值，并与生成预期值进行比较，然后做出判定(图 11.4 中的⑥)测试是通过还是失败。测试用例可以被反复执行以重现 bug，最后找到问题所在。

对测试结果的判定是对待测试系统的一个重要反馈(图 11.4 中的⑦)，但是找到待测试系统的 bug 并不是我们的唯一目标。一个失败的测试用例也有可能表明待测试系统的行为是正确的，但是模型的预期行为是错的！或者更进一步，模型本身是正确的反映了需求，但是需求本身从一开始就错了！如果真的如此，你也不用特别悲观，基于模型的测试与传统人工测试相比的最大优势就在于维护方便，你需要的仅仅是让失败的结果作为有效的反馈给模型或者需求（图 11.4 中的⑧），修改模型使其能反映系统的预期行为，然后重新生成测试用例（图 11.4 中的③）。

11.2.1 测试中常用的模型

软件测试中使用的经典模型分别有：有限状态机模型、UML 模型和马尔可夫链等模型。

1. 有限状态机模型

基于有限状态机的测试模型假设软件在某个时刻总处于某个状态，并且当前状态决定了软件可能的输入，而且从该状态向其他状态的迁移决定于当前的输入。有限状态机模型特别适用于把测试数据表达为输入序列的测试方法，并可以利用图的遍历算法自动产生输入序列。有限状态机可以采用状态迁移图或者状态迁移矩阵表示，然后根据所使用的状态覆盖或者迁移覆盖产生测试用例。

FSM 的理论基础已经比较成熟，已经成为人们最常用的软件测试模型之一。然而，复杂的软件会使由软件导出的状态机变得很复杂，所以能够根据系统自动构造软件的有限状态机变得非常关键。

2. UML 模型

统一建模语言（UML，Unified Modeling Language）是描述、构造和文档化系统制品的可视化语言。UML 用图形化的表示法来绘制和展示与软件相关的图形和文字。UML 模型可以包含其他模型，比如有限状态机可以成为 UML 框架中的一个组件。现今，UML 已经获得了广泛的关注，从商用工具 Rational Rose 到因特网上许多开放的领域工具都支持着 UML 用于软件系统的建模。

UML 语言最早出现于 20 世纪 70 年代中期，作为一种分析、说明和设计软件系统的主流建模语言，UML 模型已经得到了广泛的应用和认可。由于 UML 模型具有通用性、可形式化、描述能力强、可迭代性的特点，使得其在指导软件测试方面也有很大的研究使用价值。目前基于 UML 模型的测试也得到了广泛的关注，很多文献中也提出了基于 UML 模型的测试方法。利用 UML 活动图实现测试用例自动生成的思想是张楣等人在文献《基于 UML 活动图模型的测试用例生成技术研究》中提出的，它采用把 UML 活动图模型转换为测试大纲模型，在转换为测试用例模型的方式进行，经过一系列的模型转换，避免了活动图的非结构化特性和并发特性给测试场景的设计和描述带来的问题。江曼等在文献《基于 UML 状态图的面向对象软件测试用例生成》中提出了一种基于 UML 自动生成测试用例的方法，这种方法不仅实现了测试的自动化，更将测试用例的数量控制在保证有效的较小范围。

基于 UML 模型的测试技术有利于测试代码的重用，提高测试失效辨识能力，同时把测试工作提前到软件开发周期的早期进行，由此可以尽早地解决问题，加快软件开发的速度。但其缺点在于，测试模型与测试用例生成在自动化程度上不够高，模型往往需要改动并加以改动，并需要借助其他工具才能实现测试的自动执行，同时测试人员也需要具备一定的理论基础以及相关工具的使用方法。

3. 马尔可夫链模型

马尔科夫链(Markov Chains)在结构上类似于有限状态机，是一个典型的随机过程，并满足以下条件：对于给定的过程，当系统在某个时刻 T 所处的状态为已知时，那么在 T 时刻之后系统所处的状态只和 T 时刻时系统的状态有关，而与 T 时刻之前系统所处的状态无关，这个特性称为无后效性。在软件测试的过程中，为了系统的所有功能都已经满足规格说明书，那么对于基于逻辑覆盖和路径覆盖的所产生的测试用例必须保证系统的所有功能都至少执行一次，从而构成了对被测系统的一个完整的测试。每个测试用例以相同的概率发生，并且一定发生，因此可以把测试用例的生成及其发生的概率和马尔科夫链模型联系起来。主要实现方法为：把被测系统已经实现的功能所对应的状态集作为 T 时刻的状态集，把待测的功能所对应的状态集看作是下一时刻的状态集，其中每一个状态都对应一个测试用例，由此可以构成一个完整的满足马尔科夫链模型的测试用例集。

马尔可夫链(Markov)是一种已统计理论为基础的统计模型，被业内人士用于描述对软件的使用情况。Markov 模型是一种具有前一概率特征的有限状态机，因此，不仅可以根据它的这一特性自动生成测试用例，还能够对产生的测试结果加以分析，对被测试软件的可靠性指标和性能指标给出度量。马春燕等人在文献《基于 Markov 链使用模型的组件复用的统计测试》提出了基于马尔可夫链的使用模型来模拟具体环境中组件的使用方式，对组件的复用进行统计测试，同时对那些使用频繁的操作补充了更多的测试，以实现有效的发现组件中那些对所装配的软件系统的可靠性影响较大的错误。另外，马尔可夫链模型可以通过对被测试软件进行的仿真获取被测试软件的状态和迁移覆盖所用时间的平均期望值，这对测试工程师在软件开发的早期阶段进行时间和费用的规划提供了很好的帮助。

11.2.2　基于模型的一般测试过程

基于模型的测试过程(见图 11.5)主要分为以下几个步骤：

(1)分析待测软件系统特性。认真阅读开发前期的需求分析资料和设计文档，辨识待测试系统的潜在用户，对引发输入和系统响应的条件进行分析和统计，了解系统内部的数据处理和计算过程等。分析开发方式，比如所采用的开发技术，是面向对象的开发技术还是面向过程的开发技术，软件所采用的开发语言，软件开发的系统环境等。

(2)选择适当的测试模型。分析可用的测试模型，结合模型和待测系统的特点，综合人员、组织和工具的影响，选择与待测系统适合的测试模型作为测试用例生成的模型。

(3)建立测试模型。根据所选择的模型对软件进行建模，然后进一步分析该模型是否适合待测软件。模型选择和模型建立可能是个反复的过程，只有充分的了解软件系统的特点和各个模型的特点才能找到最适合待测系统的模型。

(4)生成测试用例。测试用例的自动生成依赖于所使用的测试模型。采用 FSM 模型生成测试用例，被遍历路径中弧的序列就是测试用例；采用 UML 状态图时，根据一定的覆盖准则遍历状态间的迁移所获得的转换路径就是测试路径。而且在使用 UML 状态图模型时选择不同的测试覆盖准则所产生的测试用例是不同的。执行测试用例执行测试时执行所有的或选定的一些测试用例，并观察其结果的一种过程。

(5)收集并分析测试结果。基于模型的软件测试方法并没有解决实效辨识问题，所以，仍然需要人工检查输出是否正确。但是，由于状态时内部数据的抽象，比较容易验证，因此通过状态验证解决部分测试实效辨识问题。

(6)测试缺陷管理。这个极端主要是针对测试结果的管理和分析，根据测试用例执行得出的实际输出与期望输出相比较得出测试结果，再根据测试目标与停止测试标准决定是否需要修改模型、产生更多的测试用例或停止测试，最后对软件系统的可靠性给予评价。

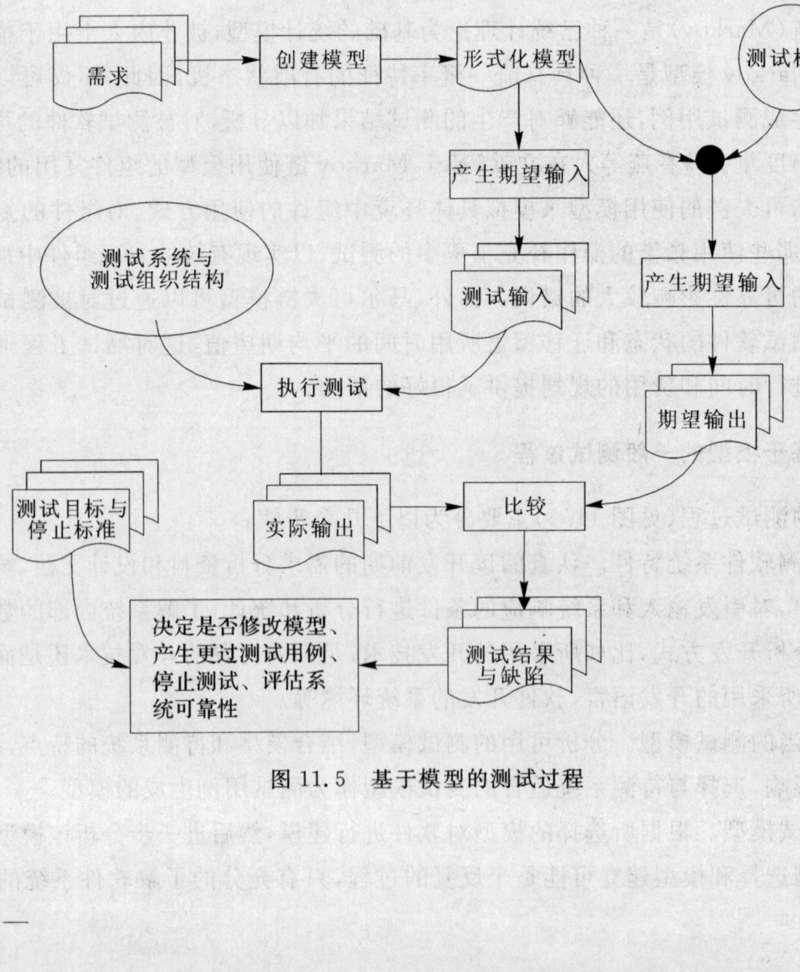

图 11.5　基于模型的测试过程

11.2.3　基于模型的测试举例

1. 有限状态机定义

用有限状态机来表示一个软件系统可如下定义：

$$FSM=(I,S,T,F,L)$$

其中：

I:系统输入的集合，有限状态机只能从一个状态转换到另一个状态，而这种转换的发生完全取决于输入；

S:系统状态的集合；

T:用来判定当输入应用到系统的某个特定状态时，状态是否转换；

F:最终状态的集合，当达到最终状态，表示系统终止；

L:系统启动时的初始状态。

对于这个定义中的最终状态和初始状态存在着不同的意见，有的认为模型严格上讲只能有一个初始状态和一个最终状态，而有的则认为模型可以有多个初始状态和最终状态。

2. 建立有限状态机模型

在理解了系统要实现的功能之后，就要建立被测系统的模型，以了解被测系统在不同状态下的运行情况，因此基于模型的测试技术主要关注的是行为模型，例如状态机和活动图。只有当搞清被测系统中的每种操作之后，才能帮助设计模型和创建测试规则。以一个简单的例子来说明如何建立一个状态模型，如果有一个窗体如图 11.6 所示，它有如下的功能：

(1)当“Disable”复选框选中时，编辑框变成不可用状态；

(2)当“Disable”复选框未选中时，编辑框变成可用状态；

(3)当点击“Hello，world”按钮时，编辑框中显示“Hello，world”；

(4)当点击“Reset”按钮时，编辑框清空，并且成为可用状态，同时复选框成为未选中状态。

图 11.6　一个简单的窗体

要测试这个窗体，首先要做的事就是通过操作为这个窗体写出简单的序列化的测试用例，如图 11.7 所示。

这个窗体上的操作很简单，只有 5 种：

(1)点击复选框(选中/取消选中)。

(2)点击按钮“Hello，world”。

(3)点击按钮“Reset”。

(4)开始:运行窗体。

(5)结束:关闭窗体。

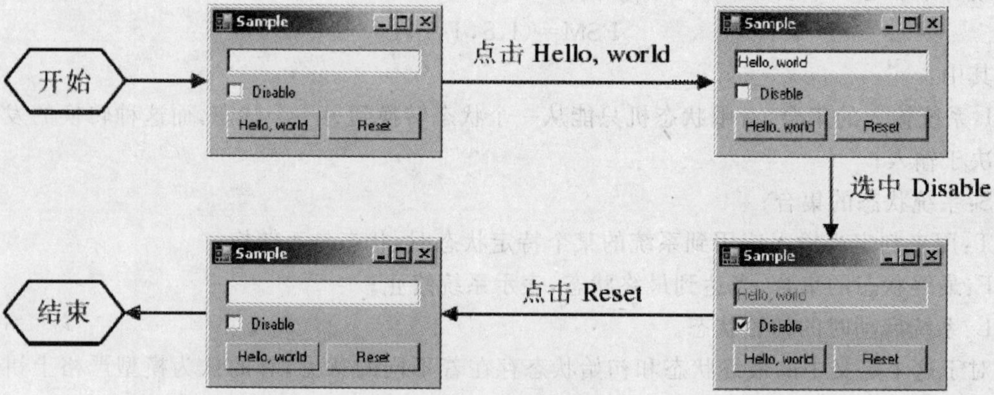

图 11.7 序列化的测试用例

对这个窗体的测试可以如表 11-1 所列的那样进行。

表 11-1 用于简单窗体的测试用例

编号	测试步骤
测试 1	开始－＞Hello，world－＞Reset－＞Hello，world－＞Hello，world－＞结束
测试 2	开始－＞Hello，world－＞Disable－＞Reset－＞Hello，world－＞Disable－＞结束
测试 3	开始－＞Disable－＞Hello，world－＞Disable－＞Disable－＞结束

对于这样一个简单的窗体，这些测试用例也许足够了。但是，这样的测试有一些缺点。首先，这些测试用例需要手动的维护，如果需要增加一个测试用例，如增加一个测试用例不做任何操作就关闭窗体，那么这些测试脚本就需要更新。更重要的是，这些测试用例是静态的，它们总是在测试同样的东西。尽管通常这种情况是预期的，因为可以发现在功能上的回归错误，但是往往在创建和执行很多脚本化的测试用例之后什么缺陷都没发现。从某种意义上说，这样的测试像是在训练软件如何成功地通过测试用例。

这个时候，建立一个状态模型可以加深对软件如何工作和不同测试组合的基于模型的测试技术的核心就在于使用一种能够被用来生成测试的方法来描述行为，针对每个将要测试的操作，必须要了解以下两个问题：

(1)什么时候可以执行这个操作？

(2)这个操作执行后的状态应该是怎么样的?

表 11－2 所示为状态信息。

表 11－2　状态信息表

记号	程序是否运行	文字	状态
S0	否	无	无
S1	是	空	可用
S2	是	Hello，world	可用
S3	是	空	不可用
S4	是	Hello，world	不可用

图 11.8 包含了这个窗体的状态模型。五个圆框代表窗体 5 种可能的状态，连线代表了基于各个状态可以进行的操作。

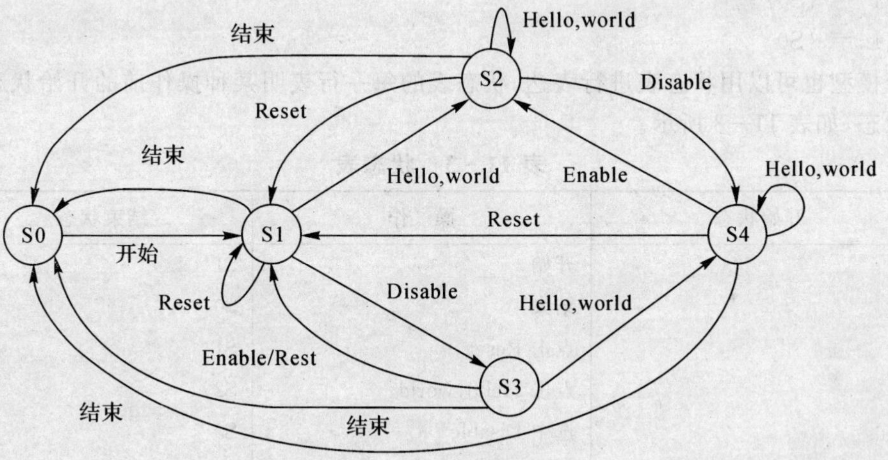

图 11.8　有限状态机模型

那么这样一个有限状态机模型可以如下定义：

"Sample Form" ＝ (I,S,T,F,L)，where：

I ＝ {<Disable>，<Hello，world >，<Reset>}

S ＝ {[S0]，[S1]，[S2]，[S3]，[S4]}

T ＝ {

[S0]－>[S1] ＝ <开始>

[S1]－>[S0] ＝ <结束>

[S1]－>[S1] ＝ <Reset>

[S1]－>[S2] ＝ <Hello，world>

[S1]－>[S3] ＝ <Disable>

[S2]－＞[S0] = ＜结束＞
[S2]－＞[S1] = ＜Reset＞
[S2]－＞[S2] = ＜Hello，world＞
[S2]－＞[S4] = ＜Disable＞
[S3]－＞[S0] = ＜结束＞
[S3]－＞[S1] = ＜Disable/Reset＞
[S3]－＞[S4] = ＜Hello，world＞
[S4]－＞[S0] = ＜结束＞
[S4]－＞[S1] = ＜Reset＞
[S4]－＞[S2] = ＜Disable＞
[S4]－＞[S4] = ＜Hello，world＞
}
F = {S0}
L = {S0}

这个模型也可以用状态表进行表达，状态表的每一行表明某种操作前的开始状态，操作之后结束状态，如表 11－3 所示。

表 11－3　状态表

开始状态	操　作	结束状态
S0	开始	S1
S0	结束	S0
S1	点击 Reset	S1
S1	点击 Hello，world	S2
S1	选中 Disable	S3
S2	结束	S0
S2	点击 Reset	S1
S2	点击 Hello，world	S2
S2	选中 Disable	S4
S3	结束	S0
S3	取消选中 Disable 或点击 Reset	S1
S3	点击 Hello，world	S4
S4	结束	S0
S4	点击 Reset	S1
S4	取消选中 Disable	S2
S4	点击 Hello，world	S4

一旦将模型转换成计算机能理解的形式，计算机就能够用来生成测试序列。通过穷举大量不同路径来找到所有的状态变化，就可以根据这些测试序列的有效性和全面性来进行选择。这种测试的生成可以强有力地理解系统，这也就是基于模型的测试技术的核心内容。

生成测试用例的一个简单方法就是从当前的状态任意选择一个可执行的操作，例如应用程序当前处于状态 S1，那么可以选择以下几个操作：

(1)点击 Reset。

(2)点击 Hello，world。

(3)选中 Disable。

按照这种方式随机选取操作，可以生成很多非常规的操作序列，最终就能执行模型中的所有操作，图 11.9 显示了一个典型的随机路线。

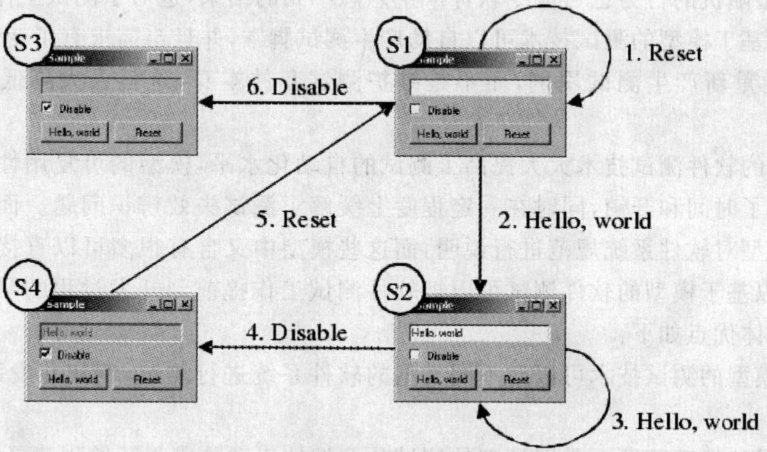

图 11.9　随机路线

按照这样的方法，一旦模型建立好之后，所期望的是通过这个模型根据大量的不同路径来列举所有的转换和状态，并自动生成一系列的测试用例，基于模型的测试技术的主要功效就体现在这个路径遍历的算法中。要解决这个问题，可以把模型看作一个图形。在数学上，图形是一系列的边和节点，而在有限状态机模型中，边和节点分别代表操作和状态。

一般有以下几种遍历方法：

(1)随机行走遍历：随机选择一个可用的路径转换，它没有特定的指导或计划，只是尽可能地走遍各个状态。随机行走(也称为"聪明猴子测试"，Smart Monkey Test)通常能够发现缺陷，但可能会花特别长的时间来遍历比较大的模型。

(2)加权遍历：有指导性的随机行走。选择哪个转换仍然是随机的，但最有可能的选择都进行了加权，以便加大它们发生的概率。

(3)最短路径遍历：使用最少量的转换走过两个节点间的路径。

(4)操作遍历：遍历所有的状态转换路径，也包括所有节点。

(5)状态遍历:不保证遍历所有路径,但保证遍历所有状态。而具体采用哪种遍历算法一般由测试的目标决定。

11.2.4 基于模型的测试优缺点

模型是软件行为的抽象描述。在软件开发的过程中,模型已经成为面向对象方法和设计的一部分,它可以用来提高对系统的理解,并且在系统扩展时可以得到重用。在软件测试的过程中,模型同样可以用来帮助提高测试效率、简化测试过程。用建模的方法来定义系统的行为,测试场景可以描述为系统的一个动作序列,同时也预先定义系统正确的回应。

然而,开发人员使用的模型通常不能直接重用于测试,因此要将这些模型用于测试往往需要修改或重新构建。从模型生成的测试用例可以做一些测试人员遗漏或没有耐心去做的工作,而同时模型随机的行为也可能令软件产生意想不到的结果,这对于测试工作来说通常都是非常有益的。基于模型的测试技术可以自动产生测试脚本,并且当需求有了变化,简单地通过修改模型就能重新产生测试用例,而不是维护测试套件本身,这就大大降低了测试维护的成本。

基于模型的软件测试技术大大提高了测试的自动化水平,模型的可复用性为测试用例的设计大大节约了时间和开销,同时在一定程度上缓解了测试失效辨识问题。面向对象开发方法通常使用模型对软件系统规范进行说明,而这些模型中又含有很多可以直接被软件测试使用的信息,所以基于模型的软件测试可以把软件测试工作提前到开发过程的早期进行。基于模型的测试具体优点如下:

(1)基于模型的测试技术可以对不同类型的软件系统进行测试,例如并发系统、实时嵌入式系统等。

(2)能更早地发现问题。基于模型的测试从开发的启动阶段就开始创建灵活有用的测试,很多问题在建模阶段就可以发现,而无需执行测试用例。

(3)由于模型是对系统的高度抽象,它突出了待测试系统的关键因素,忽略非关键因素,主次分明。模型本身也是一种文档,可以作为开发人员、测试人员、项目经理之间的沟通工具。

(4)模型可重用性高,共享性好。更易于维护和扩展。模型的修改很简单,一旦有新的功能加入到系统中,可以直接通过修改模型从而批量地更新测试用例,而不需要维护大量现存的测试用例,这样就提高了在项目生命周期内进行维护的效率。

(5)很多模型都具备较为完善和成熟的理论基础和基本技术,便于基于模型的测试顺利开展。模型是根据需求创建的,可以根据需要生成非常多的测试序列,而让测试变得更加系统化,也获得了更高的测试覆盖率。

(6)根据模型还可能获得和输入相应的预期输出。

虽然基于模型的测试具备以上一些显著的优点,但它的一些局限性也是不容忽视的:

(1)对测试人员的要求较高,需要测试人员具备一定的理论基础,他们必须熟悉所使用的模型及相关原理，同时，还要熟悉相关建模工具的使用、脚本语言，以及具备一定的编程基础。

(2)需要一定的前期投入，例如模型的选择、软件功能的划分以及模型构造等。

(3)模型的某些固定缺陷有时无法克服，比如状态爆炸问题。

(4)制定模型的测试覆盖标准是基于模型测试的一个重要问题。

(5)对于大型系统，创建、维护和管理模型也是需要考虑的问题。

(6)现有的基于马尔可夫链的统计侧试多数应用于通用商业软件开发，很少用于超高可靠性软件测试.

11.2.5　基于模型的测试工具 Spec Explorer 简介

Spec Explorer 最初来自于微软研究院的科研项目，现已发展成为基于模型测试的工具族中最新和最强大的工具。Spec Explorer 由属于微软中国研发集团服务器与开发工具事业部的团队和微软总部团队共同进行研发和技术支持。Spec Explorer 可以自动探索规格说明(即 Specification，简称 Spec)的所有潜在行为，并将其行为模型表示为状态机。由于状态机工具常常会引起状态信息爆炸的问题，所以 Spec Explorer 附带了一个名为 Cord 的语言对这些信息进行过滤整理，以得到最需要的部分。之前它已经作为内部工具在微软内部大量使用，现在 Spec Explorer 团队公开发布了 Spec Explorer 2010——一个可以和 Visual Studio 紧密集成的工具：用户可以通过 Spec Explorer 对一个软件系统的期望行为进行建模，并自动生成能够在 Visual Studio 的测试框架下运行的测试代码。Spec Explorer 分别提供了 Visual Studio 2008 和 Visual Studio 2010 的版本，同时也提供了详细的文档供大家学习使用。模型可以用程序设计语言 C# 开发，然后通过 Cord 语言脚本对模型进行配置和裁剪。

在 Spec Explorer 里，Cord 脚本是建模的核心，Cord 是一种脚本语言。可以用作配置模型检索与测试、描述模型组成、编写简单的测试场景。Cord 脚本使用一个模型程序为待测系统的构建了可测模型，作用如下：

(1)把模型映射为带有 Action 声明的方法，这些方法与待测系统相关 SUT。

(2)为控制模型增加配置。

(3)为模型增加状态机，可以检查待测系统的行为覆盖率的广度和深度。

(4)钩住模型程序，把 rule 方法安插在模型里。

(5)提供从模型生成包含测试用例的测试套件的方法。

Spec Explorer 支持两种测试模式：Test Code Generation (TCG)：测试代码生成。TCG 模式下使用的最小有意义的测试单元是 test suite。On-The-Fly (OTF) testing：实时测试，即时测试。OTF 模式下，是与待测系统的交互的单一记录。在这里将对 Spec Explorer 的基本操作做简要介绍，其中将进行 TCG 的测试模式来举例。

1. 安装 VS2010 和 Spec Explorer 并创建项目

可在此连接 http://msdn.microsoft.com/en-us/library/ee691952.aspx 下载 Spec Explorer 并安装。安装好环境后，运行 VS2010，按如下顺序点击选择“文件”→“新建”→“项目”，

在图 11.10 项目对话框左边的"已安装的模板"中选择 visual c# 中的 test 选项，就此创建新项目。

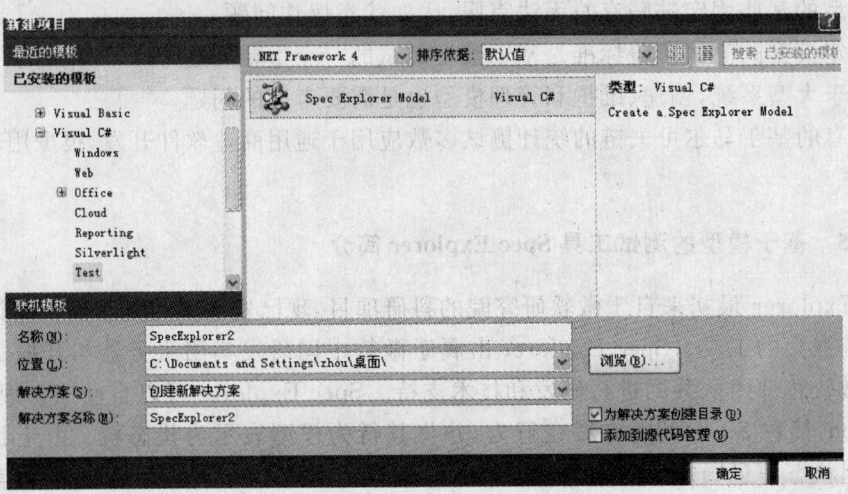

图 11.10　项目对话框

由于本节只对该工具做简要介绍，所以在创建项目确定后，会弹出图 11.11 所示的对话框，在此选择 Static Spec Explorer Model 选项，并点击"Next"。

Instance - based Spec Explorer Model 选项的模型是基于实例的模型，该模型中包含内容都是能相互影响或者与第三方有联系的。

Guided Spec Explorer Model 选项模型是能给予帮助向导的最小解决方案模型。

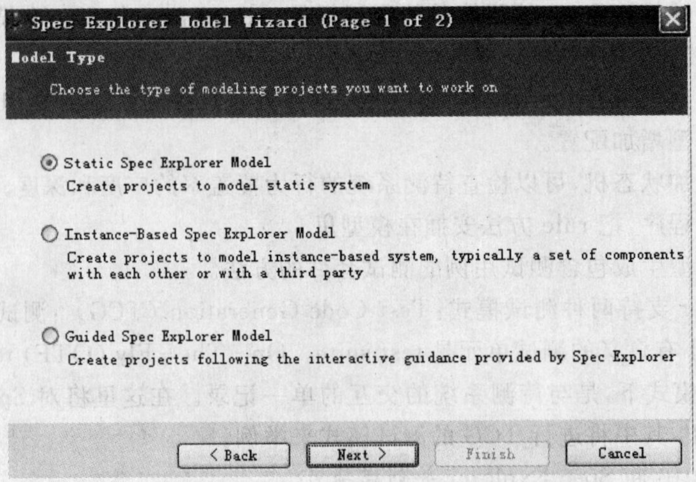

图 11.11　模型类型选择对话框 1

在接下来图 11.12 所示的对话框中选择所有选项,并点击“Finish”按钮完成项目创建。

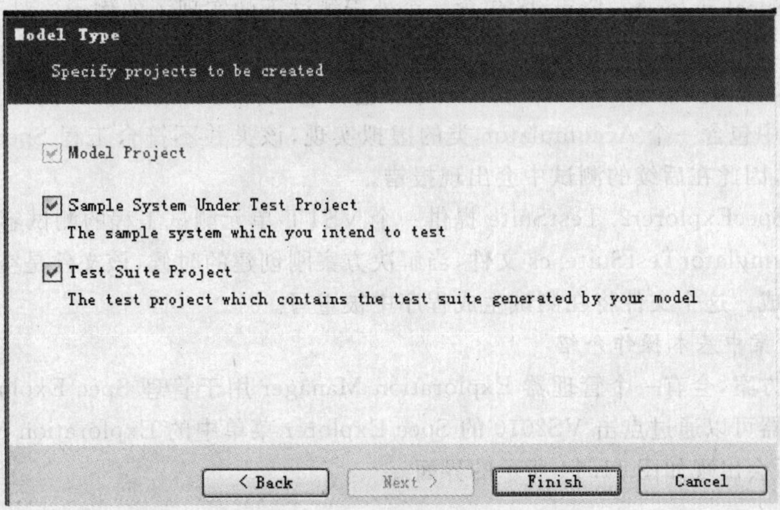

图 11.12 模型类型选择对话框 2

2. 生成的解决方案内容介绍

生成的解决方案中包含 3 个工程,分别为 SpecExplorer2,SpecExplorer2. Sample,SpecExplorer2. TestSuite,如图 11.13 所示。下面分别介绍下这 3 个工程的意义。

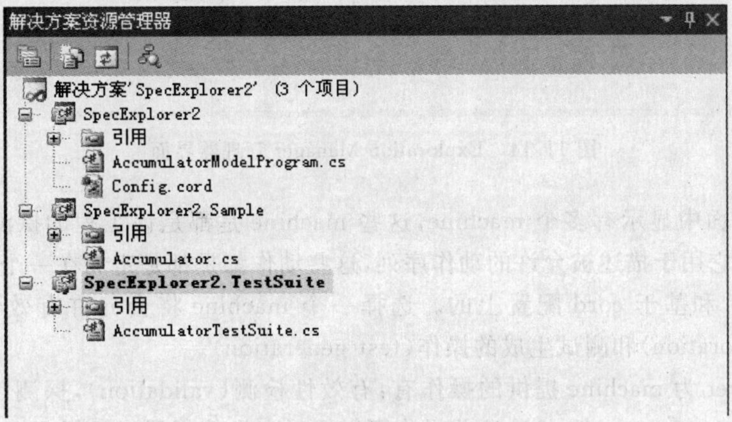

图 11.13 生成的解决方案

(1)工程 SpecExplorer2 包含测试所需的模型。这个模型包含两个文件:一个 C# 文件 AccumulatorModelProgram. cs,它里面包含的是模型的程序;另一个是配置文件 Config. cord,它协同模型的程序一起为了扫描和测试模型来配置和控制 Spec Explorer 的操作。对于你个人的解决方案,这个模型工程可以有不止一个用于定义模型程序的 C# 文件 。同样的，你也可以包含多个 Cord 配置文件。

(2)工程 SpecExplorer2. Sample 包含一个处于测试下的实现了的例子。对于你个人的解决方案，这个工程可以包含真正的实现了的代码，也可以是用于连接实际代码的测试连接器。在这个解决方案实例中 SpecExplorer2. Sample 包含的是一些已经实现的代码。在文件 Accumulator. cs 中包含一个 Accumulator 类的虚拟实现，该类并不符合工程 SpecExplorer2 中所表述的模型，因此在后续的测试中会出现报错。

(3)工程 SpecExplorer2. TestSuite 提供一个 VSTT 单元测试工程的测试容器，该工程包含了一个 AccumulatorTestSuite. cs 文件，当解决方案刚创建的时候，该文件是空的，因为测试代码还没有生成。这个文件将在测试生成程序中被重写。

3. 解决方案中基本操作介绍

对于解决方案，会有一个管理器 Exploration Manager 用于管理 Spec Explorer 中的多数功能。该管理器可以通过点击 VS2010 的 Spec Explorer 菜单中的 Exploration Manager 选项来启动，点击后会出现如图 11.14 所示的界面。

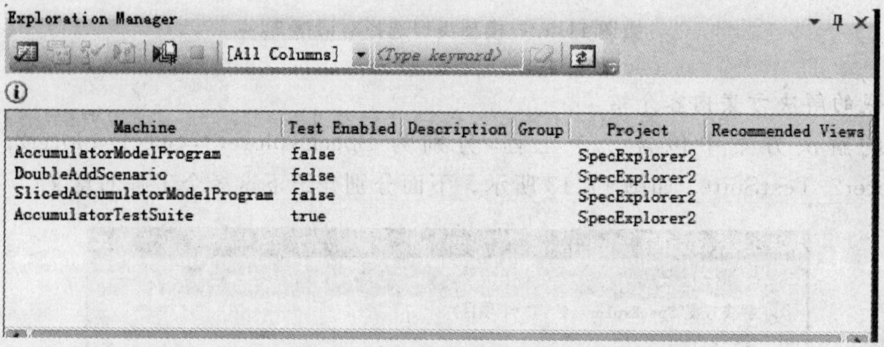

图 11.14　Exploration Manager 管理器界面

在管理器界面中显示有多个 machine，这些 machine 是都是该工程的探测单元(the unit of exploration)，它用于描述被允许的动作序列，这些动作都是都是定义在一个行为表(behavioral expression) 和基于 cord 配置上的。选择一个 machine 将会允许有效性检测(validation)，探测(exploration)和测试生成的操作(test generation)。

Spec Explorer 为 machine 提供的操作有：有效性检测(validation)，探测(exploration)和测试生成的操作(test generation)。这些操作可以通过点击管理器工具栏里面的按钮来触发。首先选中一个 machine，然后点击按钮，在工具栏按钮中，第一个是有效性检测(validation)，第二个是探测(exploration)，第四个是测试生成的操作(test generation)。

(1)有效性检测。有效性检测不是针对于某个选定的 machine。这个操作首先执行这个解决方案的可视化工作室的构造，然后检查模型程序和所有 Cord 配置脚本的一致性。这个操作只有在你只试图进行有效性检查时运用，因为余下的两个操作都暗含有有效性检查。

(2)探测。这个操作探测 machine 的行为并且通过当前的视图设置来显示结果(通常是以一个状态图的形式来显示)。探测和显示 machine 受到很多该 machine 依赖的配置选项的影响。只有在 Cord 配置文件中被标记为可被探测(ForExploration)的 machine 才能被探测。

(3)测试生成。这个操作将会对 machine 进行探测并从中生成独立的测试用例。此时的探测结果将不会通过视图显示出来,一个 machine 只有在同时被标记为可测试(TestEnabled)和可探测(ForExploration)的时候才能完成该操作。并不是所有的 machine 都适合测试生成,只有 machine 的行为拥有确定的标准形式时才合适。

图 11.15 是对 SlicedAccumulatorModelProgram machine 的探测结果显示,该操作只需选中 machine,然后点击探测按钮触发操作就能实现。

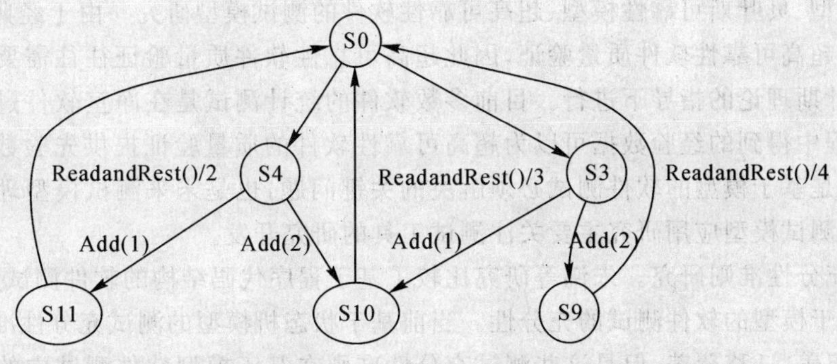

图 11.15　SlicedAccumulatorModelProgram machine 的探测

对于生成和运行测试实例,需要在管理器中选中测试容器,这里选中 AccumulatorTest-Suite machine,然后出发测试生成操作(管理器工具栏中的第四个按钮),这时 Spec Explorer 将探测这个 machine,不过此时的结果不会通过视图显示,其生成的测试实例将会存贮在配置文件中。一旦测试实例生成完毕,就可通过 VS2010 的工具栏中的“测试”选项,选择“运行”→“解决方案中的所有测试”来运行测试用例。其运行结果如图 11.16 所示。

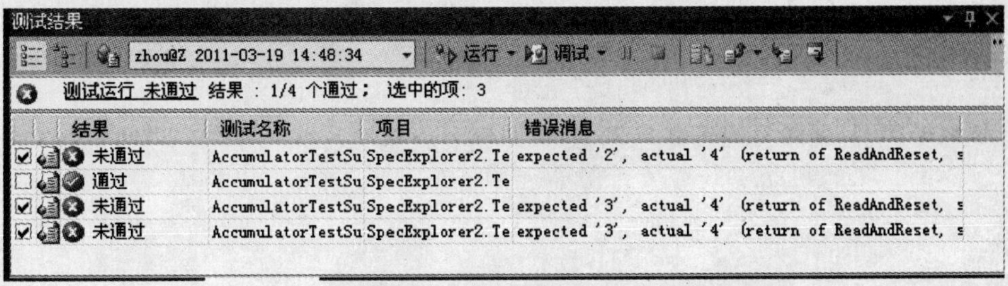

图 11.16　测试结果显示

由于在 Accumulator. cs 中的类 Accumulator 存在故意设置的错误,所以输出结果中会有测试失败的实例,这是符合预期结果的。

至此 Spec Explorer 的基本操作已经介绍完毕，关于 Spec Explorer 的更多内容可以到 Spec Explorer 的主页查询。

11.3 基于模型测试需要加深研究的方向

基于模型的测试技术在软件测试领域得到了越来越广泛的应用，并在学术界和工业界都得到重视。基于模型的软件测试还要在以下几个方面进行深入研究：

(1)对软件测试模型本身的研究一方面要研究针对不同类型软件开发专用模型，另一方面也要对专用模型进行抽象获取通用模型。模型研究包括理论和应用两方面，理论研究包括稀少事件统计模型、贝叶斯可靠性模型、超高可靠性软件的测试模型研究。由于经典统计理论难以直接应用于超高可靠性软件质量验证，因此超高可靠性软件质量验证往往需要根据先验数据，在基于贝叶斯理论的指导下进行。目前多数软件的统计测试是在净室软件过程指导下完成的，开发过程中得到的经验数据可以为超高可靠性软件的质量验证提供先验数据。超高可靠性软件测试是基于模型的软件测试必须解决的关键问题，也是未来测试模型理论研究的主要方向。软件测试模型应用研究主要关注测试工具的研究开发。

(2)测试充分性准则研究。朱鸿等研究比较了基于程序代码结构的软件测试充分性准则，但没有涉及基于模型的软件测试的充分性。当前基于状态机模型的测试充分性准则一般有输入覆盖、状态覆盖、迁移覆盖，但是这些测试充分性准则在基于模型软件测试中的有效性和效率还有待于进一步深入研究。

(3)测试失效辨识和测试自动化。测试失效辨识和测试自动化密不可分。一方面，失效辨识是测试自动化不可缺少的内容，另一方面，自动化又使得测试失效辨识更加困难。目前对测试失效辨识的研究比较少，实践中常通过对比不同软件版本的输出结果进行测试失效辨识。

第12章 测试管理

12.1 软件测试文档简介

软件测试是有计划和有组织的保证软件质量的活动，测试文档有助于规范软件测试的内容、方法和过程。本章介绍软件测试的流程，介绍测试文档的目的、种类、标准、模板和主要内容，介绍如何有效的编写符合测试工作要求的测试文档。

1. 测试流程

有效的软件测试能够提高软件的可靠性，能够满足预先定义的需求，因此可以使最终用户满意。软件测试工作一般要通过制定测试计划、设计测试、实施测试、执行测试、评估测试几个阶段来完成。软件测试流程如图 12.1 所示。

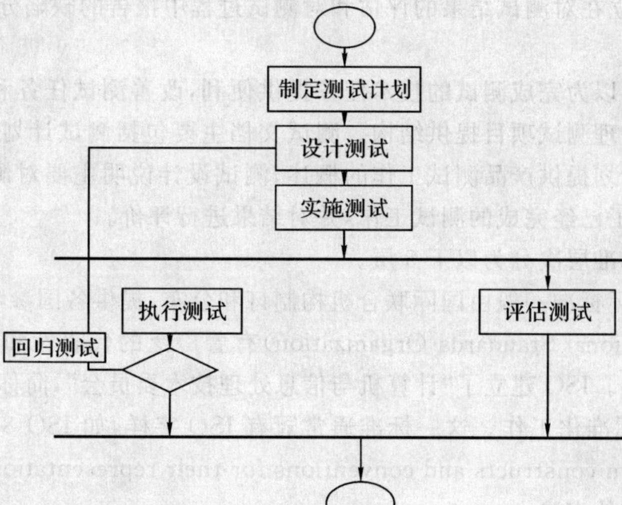

图 12.1

在制定测试计划阶段，需要项目管理员参与，在项目整个开发组计划的指导下，编写有效的测试计划。测试计划是指导测试过程的纲领性文件，用来识别测试任务、分析风险、规划资源和确定进度。

在设计测试阶段，需要测试人员依据软件的相关文档，分析软件的测试需求，并使用一些测试用例设计方法设计测试用例和设计测试场景，尽可能使所设计的测试用例覆盖所有的测试需求，并编写完整的测试设计文档。

在实施测试阶段，测试人员需要构建测试环境。测试环境是完成软件测试工作所必需的软/硬件系统、网络设备、历史数据和支持条件，应尽可能模拟被测系统的实际应用环境。不同软件产品对测试环境有着不同的要求，例如 C/S 及 B/S 架构相关的软件产品，对不同操作系统，如 Windows 系统，UNIX，Linux 甚至苹果的 OS 等都有要求，这些测试环境都是必须的。而对于一些嵌入式软件，如果想测试有关功能模块的耗电情况，手机待机时间等，那么可能就需要搭建相应的电流测试环境了。测试环境很重要，符合要求的测试环境能够帮助人员准确地测试出软件的问题，并且做出正确的判断。

在执行测试阶段，测试人员需要执行所有的或选定的一些测试用例，并观察其测试结果，记录测试执行的过程，报告测试没有通过时有可能出现的软件缺陷。测试执行过程有可以分为以下阶段：单元测试、集成测试、系统测试、出场测试，其中每个阶段还有回归测试等。

在评估测试阶段，测试人员需要评估整个测试活动，评估被测试软件经过一轮又一轮测试后，该软件是否能够发行给客户或投放市场，并编写完整的测试评估报告。软件测试的主要测评方法包括测试覆盖和质量评测。测试覆盖是对测试完全程度的评测，它是由测试需求和测试用例的覆盖或已执行代码的覆盖表示的；质量评测是对被测试的应用程序的可靠性、稳定性以及性能的评测，它建立在对测试结果的评估和对测试过程中报告的缺陷分析的基础上。

2. 测试文档概述

良好的测试文档可以为完成测试的技术任务提供便利，改善测试任务和测试过程之间的联系，为组织、规划与管理测试项目提供结构。测试文档主要包括测试计划，测试设计说明和测试报告，其中，测试计划提供产品测试工作的概述，测试设计说明主要对测试用例的信息进行说明，测试报告描述了已经完成的测试工作，并对结果进行评价。

软件测试文档的标准层次分为以下 5 层。

(1)国际标准。国际标准一般由国际联合机构制订和公布，提供各国参考的标准。国际标准化组织 ISO(International Standards Organization)有着广泛的代表性和权威性，它所公布的标准也有较大的影响。ISO 建立了“计算机与信息处理技术委员会”，简称 ISO/TC 97，专门负责与计算机有关的标准化工作。这一标准通常冠有 ISO 字样，如 ISO 8631－86 Information processing-program constructs and conventions for their representation (《信息处理——程序构造及其表示法的约定》)。

(2)国家标准。国家标准是指有政府或国家级的机构制订或批准，适用于全国范围的标准，例如，GB－中华人民共和国国家技术监督局公布实施的标准，简称“国标”。我国于 1988 年首次发布 GB/T 9386－1988《计算机软件测试文件编制规范》，并在 2008 年发布这个标准的第一次修订版 GB/T 9386－2008，本标准规定了一组基本的计算机软件测试文档的格式和内容要求。

(3)行业标准。行业标准是指有行业机构、学术团体或国防机构制订，适用于某个业务领域的标准。例如，IEEE(Institute of Electrical and Electronics Engineers)——美国电气与电子工程师学会。该学会有一个软件标准分技术委员会(SESS)，负责软件标准化活动。IEEE 829－1998《计算机软件测试文件编制规范》就是IEEE在1988年发布的软件测试文档标准。

在我国，中华人民共和国国家军用标准(GJB)就是由中国国防科学技术工业委员会批准，适合于国防部门和军队使用的标准。GJB 438A－97就是国防科学技术工业委员会在1997年发布的《计算机软件测试文件编制规范》。

(4)企业规划。企业规范是指由一些大型企业或公司，由于软件测试工作的需要，制订适用于本公司的规范。

(5)项目规范。项目规范是由某一科研生产项目组织制订，为该项任务专用的软件测试文档规范。

一般来说，编写测试文档是，测试文档的模板使用国际或者国内标准比较好。测试人员可以根据测试项目的具体需要，对标准模板进行适当的修改和剪裁，从而建立针对具体项目的测试文档格式。下面是国家标准、ISO/IEC标准和IEEE标准概况。

(1)软件测试的国家标准。

GB/T 9386－2008《计算机软件测试文档编制规范》是在1988年版本上进行的修订，2008版标准的名称和核心内容都没有改变，主要增加对测试文档作为术语的定义，调整了部分章节编排方式，扩充了部分内容，并增加了两个作为资料性附录的文档编写示例。

GB/T 15532－2008《计算机软件测试规范》是对GB/T 15532－1995《计算机软件单元测试》的全面扩充。两个版本所描述的范围差异很大，2008版对典型的软件测试过程提出了全面的规范要求，从章节编排到规范内容与1995版相比有很大的发展。

GB/T 8567－2006《计算机软件文档编制规范》是对GB 8567－1988《计算机软件产品开发文件编制指南》的升级，增加了文档编写过程，调整了文档的编写要求，包括“软件测试计划”、“软件测试说明”和“软件测试报告”3个文档。

GB/T 8566－2007《信息技术软件生存周期过程》是对软件生存周期的诸过程进行定义的标准，是软件工程的一个基础标准。修订也比较频繁，自GB 8566－88《计算机软件开发规范》推出以来，已经历了1995和2001两个版本，2007版是第三次修订，即第四个版本，与上一版本相比，增加了4个支持过程。其中的一些过程涉及软件测试，而另一些过程则可直接用于软件测试。该标准依据ISO/IEC 12207:1995和其两个更改单编制，但在结构上有调整，在内容上有修改和补充。

GB/T 18905－2002《软件工程产品评价》共由6个部分组成，包括“概述”、“策划和管理”、“开发者用的过程”、“需方用的过程”、“评价者用的过程”和“评价模块文档编写”。该标准等同采用ISO/IEC 14598《Information technology — Software product evaluation》系列标准；在使用中，该标准往往与GB/T 16260－2006《软件工程 产品质量》系列标准联合使用。GB/T 16260－2006也是系列标准，分为“质量模型”、“外部度量”、“内部度量”和“使用质量度量”4个部分,等同 ISO/IEC 9126 系列标准与技术报告。

(2)软件测试 IEEE 标准和 ISO/IEC 标准。严格地说,IEEE 标准不算国际标准,而是国外先进标准,但 IEEE 对电子工程和信息工程的影响巨大,且很多标准规定具体,可实施性强,例如现在几乎无法离开的局域网的标准就是 IEEE Std 802 系列标准。IEEE 发布的直接涉及软件测试的标准有两个,IEEE Std 829－2008《Standard for Software and System Test Documentation》和 IEEE std 1008－1997(R2002)《Standard For Software Unit Testing》。可以说 IEEE Std 829－2008 是软件测试中最重要、最明确、应用最广泛的标准,与 1998 版相比,2008 版标准不仅将应用范围扩大到系统,而且在很多方面进行了重要扩充。从内容上看,该标准是编制 GB/T 9386 的基础。在 IEEE Std 1008 标准中,所谓单元的概念,与一般软件工程教材所描述的单元或模块的概念有所差异,更加接近组件或者子系统的概念。该标准规定单元测试的基本测试过程,按照 IEEE 网站对该标准的说明,该标准的内容将纳入新版本的 IEEE Std 829 中,而不再更新。从内容上看,1995 年版的 GB/T 15532 是根据该标准编制的。

从 ISO/IEC 的标准来看,ISO/IEC 14598(上述 GB/T 18905)和 ISO/IEC 9126(上述 GB/T 16260)还不能算作软件测试的标准,而是有关软件质量和质量检测的标准。从因特网的多个搜索引擎可以查出,目前 ISO/IEC 有关软件测试的标准 ISO/IEC 29119《Software Testing》正在制订中,由 ISO/IEC JTC1/SC7/WG26 负责,该标准将包括上述 IEEE Std 829 和 IEEE Std 1008 以及 BS 7925－1《Vocabulary of Terms in Software Testing》与 BS 7925－2《Software Component Testing Standard》的内容,由如下 4 部分构成。

第一部分:概念和词汇。

目前计划该部分将包括对软件测试的介绍,在组织环境下的软件测试,测试过程,测试和开发的关系,对应的软件开发生命周期模型(例如瀑布、螺旋、敏捷),测试类型、测试技术和测试阶段/级别,基于风险的测试,测试术语,测试需求验证,测试需求确认等内容。该部分主要对应 BS 7925－1。

第二部分:测试过程。

目前计划该部分包括一个能用于任何软件开发和测试生命周期的通用测试过程模型。该过程模型由组织级的测试方针过程、组织级的测试策略过程、项目测试管理过程、基本测试过程四层组成。该部分对应 BS 7925－2 和 IEEE Std 1008。

第三部分:测试文档。

目前计划该部分描述在软件测试全生命周期中的测试文档,包括覆盖上述四层过程模型的所有模板。该部分将以 IEEE Std 829 为基础编制。

第四部分:测试技术。

目前计划该部分描述覆盖所有测试类型的软件测试技术,包括静态(评审、审查、走查),功能(黑盒、白盒),非功能(性能、安全、可用性)和基于经验的(错误猜测、探测)测试。该部分将以 BS 7925－2 为基础编制。

12.2 编写测试文档

测试文档主要包括测试计划、测试设计说明和测试报告，其中，测试计划提供产品测试工作的概述，测试设计说明主要对测试用例的信息进行说明，测试报告描述了已经完成的测试工作，并对结果进行评价。下面分别介绍测试计划、测试设计说明和测试报告的模板。

12.2.1 测试计划的内容

软件测试计划是指导测试过程的纲领性文件，有助于明确测试活动的意图，尽早地创建测试计划是非常关键的一项任务。通常，测试计划包含了产品概述、测试策略、测试方法、测试范围、测试配置、测试周期、测试资源、测试交流、风险分析等内容，借助软件测试计划，参与测试的项目成员，尤其是测试管理人员，可以明确测试任务和测试方法，保持测试实施过程的顺畅，跟踪和控制测试进度，应对测试过程中的各种变更。

1. IEEE 829－1988 测试计划的模板

美国电气与电子工程师学会 IEEE 在 1988 年发布的软件测试文档标准 IEEE 829－1988《计算机软件测试文件编制规范》中规定了测试计划的主要内容，具体如下：

1 简介
2 测试条目(项目)
3 已测试的特征
4 未测试的特征(每一轮循环中)
5 测试策略和方法
  5.1 语法
  5.2 功能描述
  5.3 测试的各种参数
  5.4 期望输出结果
  5.5 特殊的排除项
  5.6 依赖
  5.7 测试用例生成/失败标准
6 通过或者未通过完整的测试计划循环的标准
7 入口标准/出口标准
8 测试中断原则与需求恢复
9 可交付测试/状态通信手段
10 测试任务
11 硬件和软件需求
12 问题诊断与纠正责任

13　人员和培训需要/分配

14　测试时间安排

15　风险和意外

在 IEEE 829－1988 测试计划中，有一些说明如下：

(1)未经测试特征——包括已经经过测试并且不需要重新测试的特征，以及直到后续迭代或者后续增量开发时才需要做安排的特征。

(2)测试中断标准和需求恢复——当测试的效果到了一个不可接受的程度时，测试就应临时终止。换句话说，当每小时发现的错误的数量下降到规定的基本标准时，就不应该再安排进一步的测试工作，这样做对于使用迭代开发的项目来说显得十分重要。通常在早期的迭代中定义了一系列的标准，同时也要针对后续的迭代再定义另外一些标准。对于一个迭代开发的项目来说，原则上只有开发的进度循环到测试点时并且满足了标准才恢复测试。

(3)风险和意外——在特定的条件下，风险是指与测试管理相关的潜在问题。这些问题包括大型数据集的正确结果相对应的错误，以及在不同的操作平台下可能产生不同的结果，只不过在其中一部分问题需要测试。

2. 中国军标 GJB 438A－97 测试计划模板

中国国防科学技术工业委员会在 1997 年发布的 GJB 438A－97《计算机软件测试文件编制规范》中规定了测试计划的主要内容，如下所示：

1　范围

　1.1　标识

　1.2　系统概述

　1.3　文档概述

　1.4　与其他计划的关系

2　引用文档

3　软件测试环境

　3.1　软件项

　3.2　硬件和固件项

　3.3　权限

　3.4　安装、测试与控制

4　正式合格性测试

　4.1　总体测试要求

　4.2　测试类

　4.3　测试级

　4.4　测试定义

　4.4　(测试名称和项目唯一标识号)

　4.5　测试进度

5 数据记录、整理和分析

在 GJB 438A－97 测试计划中，有一些项说明如下：

测试类：测试的类型，例如，功能测试、压力测试。

测试级：测试的级别，例如，模块级、系统级。

测试定义：描述测试的具体要求。

3. RTCADO－178B 测试计划模板

RTCADO－178B 测试计划模板作出四个测试阶段：单元测试、集成测试、系统测试、静态测试的模板。

1)单元测试计划模板。

1 范围

1.1 标识

1.2 系统概述

1.3 文档概述

1.4 与其他计划的关系

2 引用文档

3 软件测试环境

3.1 软件项

3.2 硬件和固件项

3.3 安装、测试与控制

4 正式合格性测试

4.1 模块划分

4.2 单元测试方法

4.2.1 基于需求的低级测试

4.2.2 目标码验证

4.3 单元测试用例设计原则

4.3.1 正常范围测试用例

4.3.2 鲁棒测试用例

4.4 单元测试定义

4.5 单元测试检查内容

4.6 单元测试进度

4.6.1 测试进度

4.6.2 测试人员任务分配

5 数据记录、整理和分析

5.1 数据记录

5.2 数据整理

5.3 数据分析

5.4 单元测试阶段生成文档

2)集成测试计划模板。

1 范围

1.1 标识

1.2 系统概述

1.3 文档概述

1.4 与其他计划的关系

2 引用文档

3 软件测试环境

3.1 软件项

3.2 硬件和固件项

3.3 安装、测试与控制

4 正式合格性测试

4.1 集成测试定义

4.2 集成测试方法

4.2.1 集成测试目标

4.2.2 集成测试方法及工具

4.3 集成测试用例设计原则

4.4 集成测试检查内容

4.5 模块划分

4.6 集成测试进度

4.6.1 测试进度

4.6.2 测试人员任务分配

5 数据记录、整理和分析

5.1 数据记录

5.2 数据整理

5.3 数据分析

5.4 集成测试阶段生成文档

3)系统测试计划模板。

1 范围

1.1 标识

1.2 系统概述

1.3 文档概述

1.4 与其他计划的关系

2 引用文档

3 软件测试环境

3.1 软件项

3.2 硬件项

3.3 安装、测试与控制

3.4 全物理测试环境

3.4.1 全物理测试环境图示

3.4.2 全物理测试环境说明

3.5 全物理配合 CODETEST 测试环境

3.5.1 全物理配合 CodeTEST 测试环境

3.5.2 全物理配合 CodeTEST 测试环境说明

3.6 CODETEST 资质认证说明(详细见附件1)

4 正式合格性测试

4.1 总体测试要求

4.2 测试类型

4.2.1 功能测试

4.2.2 性能的测试

4.2.3 接口测试

4.2.4 安全性测试

4.2.5 余量测试

4.2.6 强度测试

4.2.7 恢复测试

4.3 系统软件总体工程需求

4.3.1 系统主工程需求

4.3.2 主计算机软件工程需求

4.3.3 预处理计算机软件工程需求

4.4 测试进度计划

4.4.1 测试进度流程图

4.4.2 测试进度计划表

4.5 测试人员安排

5 数据记录、整理和分析

5.1 数据记录

5.2 数据整理

5.3 数据分析

5.4　系统测试阶段生成文档

6　测试风险及采取措施

4)静态测试计划模板。

1　范围

1.1　标识

1.2　系统概述

1.3　文档概述

1.4　与其他计划的关系

2　引用文档

3　软件测试环境

3.1　软件项

3.2　硬件和固件项

3.3　安装、测试与控制

4　正式合格性测试

4.1　模块划分

4.2　静态测试定义

4.3　静态测试内容

4.3.1　静态分析

4.3.2　代码走查

4.3.3　任务分配

4.4　静态测试工作步骤

4.5　静态测试进度

5　数据记录、整理和分析

5.1　数据记录

5.2　数据整理

5.3　数据分析

5.4　静态测试阶段生成文档

12.2.2　测试说明的内容

测试说明文档主要包括测试用例的说明，测试用例是为特定的目的而设计的一组测试输入、执行条件和预期结果，是测试执行的最小实体。良好的测试用例可以最大程度地找到软件隐藏的缺陷；可以很高效率地找出软件缺陷；可以最大程度地满足测试覆盖要求；并使软件缺陷的表现可以清楚的被判定(测试用例包含的正确结果、待查的输出结果或文件必须尽量简单明了)。

1. 中国军标 GJB 438A—97 测试说明文档模板

中国国防科学技术工业委员会在 1997 年发布的 GJB 438A—97《计算机软件测试文件编制规范》中规定了测试说明的主要内容,如下所示:

1 范围

1.1 标识

1.2 系统概述

1.3 文档概述

2 引用文档

3 正式合格性测试准备

3.X (测试名称和项目唯一标识号)

3.X.1 (测试名称)计划

3.X.2 (测试名称)测试准备过程

3.X.2.1 硬件要求

3.X.2.2 软件准备

3.X.2.3 其他测试准备

4 正式合格性测试说明

4.X (测试名称和项目唯一标识号)

4.X.Y (测试用例名称和项目唯一标识号)

4.X.Y.1 (测试用例的名称)需求可追踪性

4.X.Y.2 (测试用例的名称)初始化

4.X.Y.3 (测试用例的名称)测试输入

4.X.Y.4 (测试用例的名称)期望测试结果

4.X.Y.5 (测试用例的名称)评估测试结果的标准

4.X.Y.6 (测试用例的名称)测试过程

4.X.Y.7 (测试用例的名称)前提和约束

2. RTCADO—178B 测试说明文档模板

1 范围

1.1 标识

1.2 系统概述

1.3 文档概述

2 引用文档

3 正式合格性测试准备

3.1 测试进度

3.2 测试准备过程

3.2.1 硬件要求

3.2.2 软件准备

4 正式合格性测试说明

4.1 (测试用例的名称)测试目的

4.2 (测试用例的名称)测试方法

4.3 (测试用例的名称)测试过程

12.2.3 测试报告的内容

测试报告文档记录测试用例的运行过程和运行结果。

1. 中国军标 GJB 438A—97 测试报告文档模板

中国国防科学技术工业委员会在 1997 年发布的 GJB 438A—97《计算机软件测试文件编制规范》中规定了测试报告的主要内容,如下所示:

1 范围

1.1 标识

1.2 系统概述

1.3 文档概述

2 引用文档

3 测试概述

3.1 (正式合格性测试的名称和项目的唯一标识号)

3.1.1 (正式合格性测试的名称)小结

3.1.2 (正式合格性测试的名称)测试记录

4 测试结果

4.X (正式合格性测试的名称和项目的唯一标识号)测试结果

4.X.Y (测试用例的名称和项目的唯一标识号)

4.X.Y.1 (测试用例名称)测试结果

4.X.Y.2 (测试用例名称)测试过程中的差异情况

4.X.4.Y (测试名称和项目唯一标识号)

5 CSCI 评估和建议

5.1 CSCI 评估

5.2 改进建议

2. RTCADO－178B 测试报告模板

1 范围

1.1 标识

1.2 系统概述

1.3 文档概述

2 引用文档

3 测试概述

3.1 单元测试

3.2 目标码验证

4 测试结果

（单元测试、集成测试、系统测试、静态测试的测试结果有所差异）

5 回归测试

5.1 回归测试生成的报告

5.2 回归测试记录表

5.2.1 第一次回归报告记录表

5.2.2 第二次回归测试

6 CSCI 评估和建议

6.1 CSCI 评估

6.2 改进建议

7 DO－178B 标准符合性说明（集成测试和系统测试无此项）

7.1 可执行目标码符合低级需求

7.2 可执行目标码加强了低级需求

7.3 测试规程的正确性

7.4 测试结果的正确性及解释不合理值

7.5 低级需求的测试覆盖范围的实现

7.6 软件结构的测试覆盖范围的实现

12.3 测试文档举例

以下将以 RTCADO－178B 标准用某一主机软件的单元测试文档来进行举例，在实例介绍中，介於篇幅的约束只是介绍文档中较为重要的部分。

12.3.1 测试计划文档

1. 标识

本文档的标识为 C311X1/RF1－2；

本文标题：C311X1 主机软件测试计划第二分册单元测试；

缩略语

LDRATestbed	软件静态测试工具
Tbrun	软件单元/集成测试工具
C301Y1	光纤捷联航向姿态基准系统
MC/DC	修正的条件判定覆盖

2. 引用文档

C311X1/RYJ	C311X1 软件验证计划
RTCO－17B	系统和设备合格审定中的软件考虑
A－1－02	系统和设备合格审定中的软件审查方法
C311X1/RSW1	C311X1 系统软件设计文档(一)总述
C311X1/RSW2－1	C311X1 系统主计算机软件设计文档(一)软件主体结构设计
C311X1/RSW2－2	C311X1 系统主计算机软件设计文档(二)初始化和状态控制
C311X1/RSW2－3	C311X1 系统主机算机软件设计文档(三)对准、航姿
C311X1/RSW2－4	C311X1 系统主机算机软件设计文档(四)主计算机与预处理计算机
C311X1/RSW2－5	C311X1 系统主机算机软件设计文档(五)传感器
C311X1/RSW2－6	C311X1 系统主机算机软件设计文档(六)滤波器软件设计
C311X1/RSW2－7	C311X1 光纤捷联航向姿态基准系统主机算机软件设计文档(七)rs232 部分
C311X1/RSW2－8	C311X1 系统主机算机软件设计文档(八)对外协议
C311X1/RSW2－9	C311X1 系统主机算机软件设计文档(九)磁传感器数据采集、标定
C311X1/RSW2－10	C311X1 系统主机算机软件设计文档(十)托架标定设计
C311X1/RSW2－11	C311X1 系统主机算机软件设计文档(十一)故障检测,处理软件设计
C311X1/RBB	C311X1 系统软件编码标准
C311X1/RSB	C311X1 系统软件设计标准

3. C301Y1 系统主机软件模块划分(见表 12－1)。

表 12－1　软件模块

模块编号	模块名称
1	软件系统上电初始化模块
2	陀螺组件初始化过程模块
3	故障检测、记录、报告功能模块
4	主计算机与预处理计算机交联功能模块
5	采集加速度计,陀螺传感器数据模块
6	正常对准功能模块
7	航姿功能模块
8	应用层对外信息交联功能模块
9	可调试、监控功能模块
10	工作状态控制功能模块
11	接收磁航向数据功能模块
12	磁航向传感器标定功能模块
13	托架自动标定功能模块
14	线程模块
15	滤波器模块
16	底层驱动模块
17	公共模块

4. 单元测试用例设计原则

设计文档中的每一个软件需求都要设计测试用例,选择基于需求的测试,因为这种测试类型对暴露错误是最有效的:

(1)为了实现软件测试目标,测试用例要包括的两种类型是正常范围测试用例和鲁棒(异常范围)测试用例。

(2)具体的测试用例要从软件需求和软件开发过程中内在的错误源来开发。

5.单元测试定义(见表12-2)

表12-2 单元测试定义

测试对象	所有源代码
测试级	单元级
测试类型	动态测试
进入条件	1.代码无错误的通过编译或汇编; 2.静态分析阶段测试工作完成,该阶段提交的所有问题报告单都已被处理,软件版本明确,过程受控; 3.获得最新版本的待测模块代码,及相关文档,如:软件需求规格说明、软件设计文档、代码清单和功能模块清单等; 4.明确了单元测试策略和单元测试方法; 5.单元测试分工和进度安排合理。
特殊要求	1.测试过程中发现的问题应该以问题报告单的形式提交给设计人员,由设计人员确认修改; 2.测试人员得到问题反馈,进行回归测试。
合格性方法	1.满足软件设计文档的要求; 2.回归测试完成,确认问题归零。

6.单元测试检查内容

(1)检查代码实现是否与需求一致;

(2)检查代码实现是否与设计一致;

(3)检查代码实现是否与接口设计一致;

(4)检查代码实现的正确性。

7.单元测试进度安排(见表12-3)

表12-3 进度安排

编号	任务	开始时间	结束时间	工作日
1	编写单元测试计划	2008.12.01	2008.12.03	3
2	编写单元测试说明	2008.12.04	2008.12.10	5
3	执行单元测试	2008.12.11	2008.12.28	12
4	编写单元测试报告	2008.12.29	2009.01.05	6

8. 单元测试任务分配(见表 12－4)

表 12－4　任务分配情况

模块编号	模块名称	对应源文件	代码行数	负责人
01	软件系统上电初始化模块	S8EMAIN. C	569	张三
		S8HWINIT. C	563	
		s8sdbd. c	384	
		seepara. c	1478	
02	陀螺组件初始化过程模块	S8syssta. c	606	李四
03	故障检测、记录、报告功能模块	fttask. c	2100	王二
04	主计算机与预处理计算机交联功能模块	SPreCPUK. c	534	张三
05	采集加速度计，陀螺传感器数据模块	s8dbac. c	1310	李四
		s8dbgy. c	2282	李四
06	正常对准功能模块	S8inposi. c	1408	李四
		S8INPOST. C	209	
		S8cors. c	741	
		S8fine. c	1134	
07	航姿功能模块	S8earth. c	656	李四
		S8iposi. c	1481	
		S8ipost. c	2882	
		S8OPOSI. C	771	
		S8OPOST. C	669	

续表

模块编号	模块名称	对应源文件	代码行数	负责人
08	应用层对外信息交联功能模块	Schnltop. c	129	张三
		s491task. c	835	
		s8429xy. c	1438	
		SCADC. C	891	
		Slictrl1. c	296	
		Simuout. c	292	
		S531task. c	205	
09	可调试、监控功能模块	s232io. c	763	张三
		cmos. c	939	
10	工作状态控制功能模块	S8stcvii. c	597	张三
		S8COREST. C	1299	

12.3.2 测试说明文档

1. 标识

本文档的标识为 C311X1/RF1－2；

本文标题：C311X1 主机软件测试计划第二分册单元测试；

缩略语

LDRATestbed	软件静态测试工具
Tbrun	软件单元/集成测试工具
C301Y1	光纤捷联航向姿态基准系统
MC/DC	修正的条件判定覆盖

2. 引用文档

C311X1/RYJ	C311X1 软件验证计划
RTCO－17B	系统和设备合格审定中的软件考虑
A－1－02	系统和设备合格审定中的软件审查方法
C311X1/RSW1	C311X1 系统软件设计文档(一)总述

C311X1/RSW2—1	C311X1 系统主计算机软件设计文档(一)软件主体结构设计
C311X1/RSW2—2	C311X1 系统主计算机软件设计文档(二)初始化和状态控制
C311X1/RSW2—3	C311X1 系统主机算机软件设计文档(三)对准、航姿
C311X1/RSW2—4	C311X1 系统主机算机软件设计文档(四)主计算机与预处理计算机
C311X1/RSW2—5	C311X1 系统主机算机软件设计文档(五)传感器
C311X1/RSW2—6	C311X1 系统主机算机软件设计文档(六)滤波器软件设计
C311X1/RSW2—7	C311X1 光纤捷联航向姿态基准系统主机算机软件设计文档(七)rs232 部分
C311X1/RSW2—8	C311X1 系统主机算机软件设计文档(八)对外协议
C311X1/RSW2—9	C311X1 系统主机算机软件设计文档(九)磁传感器数据采集、标定
C311X1/RSW2—10	C311X1 系统主机算机软件设计文档(十)托架标定设计
C311X1/RSW2—11	C311X1 系统主机算机软件设计文档(十一)故障检测,处理软件设计
C311X1/RBB	C311X1 系统软件编码标准
C311X1/RSB	C311X1 系统软件设计标准

3. 正式合格性测试准备

(1)硬件要求。PC 机 6 台,配置为 CPU:P4 2.4GHz,内存:1GB。其中 1 台为 Testbed 测试工具服务器。

(2)软件准备。单元测试所需要的软件项请参见 C301Y1/RCJ1—2。

1)安装 MATLAB 或 VC,用于编写测试程序,并产生测试数据;

2)安装字处理软件,用于测试数据整理分析,测试报告的编制;

3)安装编译器:CodeComposer,用于编译、连接、运行被测软件;

4)安装测试工具 Testbed,测试服务器还需要在打印机口安装软件狗,以提供 Testbed 本地局域网的网络服务。

4.正式合格性测试说明

(1)单元测试目的。

1)验证软件是否满足 C301Y1 软件设计文档中描述的需求;

2)通过对文档中描述的需求对代码进行测试,从而发现 C301Y1 软件中的错误或缺陷;

3)为 C301Y1 软件产品质量的评价提供依据。

(2)单元测试方法。单元测试属于基于需求的低级测试,测试过程采用动态测试方法,通过 LDRATBrun 工具对单一函数进行白盒测试。该方法着重对函数的功能、接口、局部数据结构、独立路径、错误处理、边界条件和内存使用情况进行测试，依据 RTCADO－178B 软件 A 级标准，测试结果要求语句覆盖率、分支覆盖率、MC/DC 覆盖率均达到 100％。

在白盒测试结束，各项指标达到要求之后，要进行目标码验证，以确定产生的代码顺序的正确性。验证步骤如下：

1)将 TBrun 切换到目标码验证模式 UnitTesting－IsolateProcedures；

2)选择执行脚本；

3)回归当前序列下的所有用例；

4)测试完成后，查看并且另存汇编代码覆盖报告，要求汇编代码的语句覆盖率和分支覆盖率也要达到 100％。报告命名为：asm_文件名_函数名. html，报告默认保存在 TBrun 的相应序列的工作目录下，同时在源代码的目录下有报告的备份。

(3)测试用例统计。按照软件设计文档的需求说明，针对不同的测试类共设计了 1561 个测试用例：

1)正常功能测试：1070 个，占总测试用例百分比为：68. 55％；

2)异常功能测试：491 个，占总测试用例百分比为：31. 45％；

5. 测试用例列表(见表 12－5)

表 12－5　用例列表

模块编号	模块名称	文件编号	文件名称	用例编号
01	软件系统上电初始化模块	01	S8EMAIN. C	C311X1－DRC－ZU－01－001 ～ C311X1－DRC－ZU－01－010
		02	S8HWINIT. C	C311X1－DRC－ZU－02－001 ～ C311X1－DRC－ZU－02－006
		03	s8sdbd. c	C311X1－DRC－ZU－03－001 ～ C311X1－DRC－ZU－03－002
		04	seepara. c	C311X1－DRC－ZU－04－001 ～ C311X1－DRC－ZU－04－022

续 表

模块编号	模块名称	文件编号	文件名称	用例编号
02	陀螺组件初始化过程模块	05	S8syssta. c	C311X1－DRC－ZU－05－001 ～ C311X1－DRC－ZU－05－003
03	故障检测、记录、报告功能模块	06	Sftlogic. c	C311X1－DRC－ZU－06－001 ～ C311X1－DRC－ZU－06－107

6. 分析测试结果

当期望结果与实际结果是一致的，或在误差允许范围内，表示测试通过，否则测试不通过。测试结果要求语句覆盖率、分支覆盖率、MC/DC 覆盖率均达到 100%，测试用例覆盖范围分析是两步过程，基于需求的覆盖范围分析和结构覆盖范围分析。

(1)基于需求的测试覆盖范围分析。第一步分析测试用例与软件需求的关系，以确认选择的测试用例满足规定的准则。这种分析的目标是确定基于需求的测试怎样很好地检查软件需求的实施，可揭示对额外基于需求的测试用例的要求，最终达到以下目的：

1)每一个软件需求都有测试用例。

2)测试用例满足 C311X1/RCJ1－2 中定义的正常和鲁棒测试的准则。

(2)结构覆盖范围分析。第二步结构覆盖范围分析的目标是确定未通过基于需求的测试规程实施的编码结构。基于需求的测试用例可能没有完全实现编码结构，所以完成结构覆盖范围分析并进行附加验证，以提供结构覆盖范围，包括：

1)分析将证实与软件等级相应的结构覆盖范围的程度。

2)除非编译器产生不能直接追踪到源代码语句的目标码，否则要在源代码上完成结构覆盖范围分析。然后，要在目标马上完成附加验证以确定产生的代码顺序的正确性。在目标码中，编译器产生的数组边界检查是目标码不能直接追踪到源代码的一个例子。

3)分析将证实在代码部件之间的数据耦合和控制耦合。

结构覆盖范围分析可表明在测试期间没有用到的编码结构，这个未执行的代码结构可能是由于下列因素造成的：

1)基于需求的测试用例或规程的不足。这些测试用例要加以补充或更改测试规程，以提供丢失的覆盖范围。

2)软件需求的缺陷。要修改软件需求，开发额外的测试用例，执行测试规程。

3)死码。要消除这种代码，完成分析以评定这种影响及是否需要重新验证。

4)无效码。对于在软件中所用的任何配置中不打算执行的无效码，分析和测试的组合要表明防止、隔离或消除无意中执行这种码的方法。对仅在目标机环境的某些配置中执行的无效码，要确定正常执行这种代码要求的操作配置，并且要设计一些附加测试用例以满足要求的覆盖范围的目标。

软件所有用例最终需要满足的结构覆盖范围见 C311X1/RCJ1－2 中描述的测试方法。

12.3.3 测试报告文档

1. 标识

本文档的标识为 C311X1/RF1－2；

本文标题：C311X1 主机软件测试计划第二分册单元测试；

缩略语

LDRATestbed	软件静态测试工具
Tbrun	软件单元/集成测试工具
C301Y1	光纤捷联航向姿态基准系统
MC/DC	修正的条件判定覆盖

2. 引用文档

C311X1/RYJ	C311X1 软件验证计划
RTCO－17B	系统和设备合格审定中的软件考虑
A－1－02	系统和设备合格审定中的软件审查方法
C311X1/RSW1	C311X1 系统软件设计文档(一)总述
C311X1/RSW2－1	C311X1 系统主计算机软件设计文档(一)软件主体结构设计
C311X1/RSW2－2	C311X1 系统主计算机软件设计文档(二)初始化和状态控制
C311X1/RSW2－3	C311X1 系统主机算机软件设计文档(三)对准、航姿
C311X1/RSW2－4	C311X1 系统主机算机软件设计文档(四)主计算机与预处理计算机
C311X1/RSW2－5	C311X1 系统主机算机软件设计文档(五)传感器
C311X1/RSW2－6	C311X1 系统主机算机软件设计文档(六)滤波器软件设计
C311X1/RSW2－7	C311X1 光纤捷联航向姿态基准系统主机算机软件设计文档(七)rs232 部分
C311X1/RSW2－8	C311X1 系统主机算机软件设计文档(八)对外协议
C311X1/RSW2－9	C311X1 系统主机算机软件设计文档(九)磁传感器数据采集、标定
C311X1/RSW2－10	C311X1 系统主机算机软件设计文档(十)托架标定设计

C311X1/RSW2－11　　C311X1 系统主机算机软件设计文档(十一)故障检测,处理软件设计

C311X1/RBB　　C311X1 系统软件编码标准

C311X1/RSB　　C311X1 系统软件设计标准

3. 单元测试概述

单元测试采用白盒测试方法,测试对象是单一函数,着重对函数的功能、接口、局部数据结构、独立路径、错误处理、边界条件和内存使用情况进行测试,测试类型主要包括正常测试、异常测试和边界测试。所谓正常测试就是正常条件或正常数据的情况下,对函数功能进行的测试;异常测试是指函数自身处理异常数据或异常操作的能力;边界测试是指函数处于边界条件或端点下的测试。测试者在执行输入操作时,对于涉及到的数组、结构体、联合体、指针等变量,考虑边界测试和异常测试。

单元测试的编译审核器是 LDRATestbed,动态路径分析器和测试驱动器是 LDRATBrun。测试的主要步骤如下:

(1)用 LDRATestbed 将所要测试函数的文件包含进来;

(2)LDRATBrun 自动生成测试驱动程序;

(3)运行 LDRATBrun 创建测试用例,将设计好的用例数据加到输入/输出窗口中;

(4)输入测试数据、期望输出结果/初始化代码/桩函数代码等;

(5)执行 LDRATBrun 查看测试结果。若测试结果与期望的结果一致,表示此测试用例通过;若测试结果与期望的结果不一致,先检查源代码设计的是否有误,若有误则提交问题报告单,若无误,要检查测试用例的设计是否有误,若有,则重新设计用例,若无误,则检查是否输入测试数据或测试操作有误。

4. 测试用例统计(见表 12－6)

表 12－6　测试用例统计情况

模块编号	模块名称	文件编号	文件名称	用例编号
01	软件系统上电初始化模块	01	S8EMAIN. C	C311X1－DRC－ZU－01－001 ～ C311X1－DRC－ZU－01－010
		02	S8HWINIT. C	C311X1－DRC－ZU－02－001 ～ C311X1－DRC－ZU－02－006

续 表

模块编号	模块名称	文件编号	文件名称	用例编号
01	软件系统上电初始化模块	03	s8sdbd. c	C311X1－DRC－ZU－03－001 ～ C311X1－DRC－ZU－03－002
		04	seepara. c	C311X1－DRC－ZU－04－001 ～ C311X1－DRC－ZU－04－022
02	陀螺组件初始化过程模块	05	S8syssta. c	C311X1－DRC－ZU－05－001 ～ C311X1－DRC－ZU－05－003
03	故障检测、记录、报告功能模块	06	Sftlogic. c	C311X1－DRC－ZU－06－001 ～ C311X1－DRC－ZU－06－107

5. 单元测试用例执行情况(见表 12－7)

表 12－7　单元测试用例执行情况

测试类型	用例使用数	通过数	通过率	执行率
正常测试	1070	975	91.12%	100%
异常测试	491	472	96.13%	100%
总计	1561	1447	92.70%	100%

6. 动态覆盖率情况分析表(见表 12－8)

表 12－8　动态覆盖率情况

文件编号	文件名	函数名	动态覆盖率			备注
			语句覆盖	分支覆盖	MC/DC覆盖	
01	S8EMAIN. c	Application_Initialize	100%	100%	N/A	
		S_MAIN_HISR_routine_entry	100%	100%	N/A	
		S_MNHISR_init_at_poweron	100%	N/A	N/A	

续表

文件编号	文件名	函数名	动态覆盖率			备注
			语句覆盖	分支覆盖	MC/DC覆盖	
02	S8HWINIT. c	S_EMBM_INIT_INTERUPT	100%	N/A	N/A	
		S_INIT_82521_DISP_PORT	100%	N/A	N/A	
		SHENV_init	100%	N/A	N/A	
		SHWINIT _ CPU _ ARINC429 _ INT3_Entry	100%	N/A	N/A	
		SHWINIT_CPU_BootLoad_INT1 _Entry	100%	N/A	N/A	
		SHWINIT _ CPU _ RS422 _ INT0 _Entry	100%	N/A	N/A	
03	s8sdbd. c	S_SDB_Disp_SDB	100%	100%	N/A	
04	seepara. c	SEEPROM_Read_POSI_Fr_EE	100%	100%	N/A	
		SEEPROM_Check_If_POSI_Valid	100%	100%	N/A	
		SEEPROM_If_Data_Head_Is_De-stroy	100%	100%	N/A	
		SEEPROM_ Acc_ DATA_ Secuity _Check	100%	100%	N/A	
		SEEPROM_Gyro_DATA_Secuity _Check	100%	100%	N/A	
		SEEPROM_Write_CHECK_Data	100%	100%	N/A	
		SEEPROM_1thWrite_Curr_Posi	100%	N/A	N/A	
		SEEPROM_Clear_Messg_Area	100%	N/A	N/A	
		SEEPROM_Para_301Y1_to_583B	100%	N/A	N/A	

7. 目标码验证情况统计表(见表 12-9)

表 12-9 目标码验证情况

文件编号	文件名	函数名	目标码验证		备注
			语句覆盖	分支覆盖	
01	S8EMAIN. c	Application_Initialize	100%	100%	
		S_MAIN_HISR_routine_entry	100%	100%	
		S_MNHISR_init_at_poweron	100%	N/A	
02	S8HWINIT. c	S_EMBM_INIT_INTERUPT	100%	N/A	
		S_INIT_82521_DISP_PORT	100%	N/A	
		SHENV_init	100%	N/A	
		SHWINIT_CPU_ARINC429_INT3_Entry	100%	N/A	
		SHWINIT_CPU_BootLoad_INT1_Entry	100%	N/A	
		SHWINIT_CPU_RS422_INT0_Entry	100%	N/A	
03	s8sdbd. c	S_SDB_Disp_SDB	100%	100%	
04	seepara. c	SEEPROM_Read_POSI_Fr_EE	100%	75.00%	
		SEEPROM_Check_If_POSI_Valid	100%	100%	
		SEEPROM_If_Data_Head_Is_Destroy	100%	100%	
		SEEPROM_Acc_DATA_Secuity_Check	100%	100%	
		SEEPROM_Gyro_DATA_Secuity_Check	100%	100%	
		SEEPROM_Write_CHECK_Data	100%	75.00%	
		SEEPROM_1thWrite_Curr_Posi	100%	N/A	

8. 目标码没有达到 100%的统计表(见表 12-10)

表 12-10 目标码没有达到 100%的统计表

文件编号	文件名	函数名	目标码验证		备注
			语句覆盖	分支覆盖	
04	seepara. c	SEEPROM_Read_POSI_Fr_EE	100%	75.00%	原因 1
		SEEPROM_Write_CHECK_Data	100%	75.00%	原因 1

续表

文件编号	文件名	函数名	目标码验证		备注
			语句覆盖	分支覆盖	
06	sftlogic.c	S_init_check_FT_1553_rs232	100%	62.50%	原因 1
		S_faultM_init	100%	90.00%	原因 1
		S_FTTASK_FToccur_routine	100%	81.25%	原因 1
		S_FTTASK_FTdisapp_routine	100%	83.33%	原因 1
		S_FTTASK_DISAPP_REPORT_429	96.07%	94.44%	原因 2
		S_faultM_process_add	100%	94.44%	原因 1
		S_faultM_process_mov	100%	75.00%	原因 1
		S_232TASK_Disp_FT	100%	90.00%	原因 1
		S_FTINTF_rs232_QUERY_total	100%	90.91%	原因 3
		S_FTINTF_rs232_QUERY_curr	100%	90.91%	原因 3
		S_FTINTF_rs232_QUERY_last	100%	90.91%	原因 3
		S_FTINTF_rs232_QUERY_fault_list	100%	87.50%	原因 1
		S_FTINTF_rs232_QUERY_fault_status	100%	93.75%	原因 1
		S_FTTASK_RS232_COMMAND	97.05%	95.24%	原因 2
		S_FTINTF_rs232_QUERY_fault_exit	100%	87.50%	原因 1
07	SPreCPUK.c	SPreCPU_Recieve_Control_Process	100%	95.45%	原因 1
		SPreCPU_RS422_interrupt_recieve	100%	80.00%	原因 1
		SPreCPU_Transfer_FromTrFm_To_InFm	100%	81.25%	原因 1
08	s8dbac.c	SDBAC_read_AC_attrib	100%	75.00%	原因 1
		SDBAC_compensate_err	100%	75.00%	原因 1
		SDBAC_check_limit	100%	95.00%	原因 1
		SDBAC_0Drft_Correct	100%	75.00%	原因 1
		SDBAC_Digit_Correct	100%	75.00%	原因 1
		SDBAC_Get_Temp	100%	91.67%	原因 1
		SDBAC_Get_SUM_Ac_Pulse	100%	75.00%	原因 1

9. 第一次回归测试记录表(见表 12－11)

表 12－11　第一次回归测试记录表

修改前软件版本号	修改后软件版本号	问题报告单编号	回归测试选用测试用例	回归测试新增用例
VS2.01. C311X11. ZJ.20081210	VS2.02. C C311X1. ZJ.20081228	C311X1－ZU－CRB－001	C311X1－DRC－ZU－12－007	
VS2.01. C311X11. ZJ. 20081210	VS2.02. C C311X1. ZJ. 20081228	C311X1－ZU－CRB－002	C311X1－DRC－ZU－12－009 C311X1－DRC－ZU－12－010	
VS2.01. C311X1. ZJ. 20081210	VS2.02. C C311X1. ZJ. 20081228	C311X1－ZU－CRB－003	C311X1－DRC－ZU－09－046	
VS2.01. C311X1. ZJ. 20081210	VS2.02. C C311X1. ZJ. 20081228	C311X1－ZU－CRB－004 C311X1－ZU－CRB－005	C311X1－DRC－ZU－30－049 ～ C311X1－DRC－ZU－30－063	

10. 二次回归测试记录表(针对问题报告单)(表 12－12)

表 12－12　二次回归测试记录表

修改前软件版本号	修改后软件版本号	问题报告单编号	回归测试选用测试用例
VS2.01. C311X1. ZJ.20081210	VS2.02. C311X1. ZJ.20081228	C311X1－ZU－CRB－033	C311X1－DRC－ZU－27－006 ～ C311X1－DRC－ZU－27－012

续表

修改前软件版本号	修改后软件版本号	问题报告单编号	回归测试选用测试用例
VS2.01.C311X1.ZJ.20081210	VS2.02.C311X1.ZJ.20081228	C311X1－ZU－CRB－034	C311X1－DRC－ZU－27－023～C311X1－DRC－ZU－27－026
VS2.01.C311X1.ZJ.20081210	VS2.02.C311X1.ZJ.20081228	C311X1－ZU－CRB－035	C311X1－DRC－ZU－26－022～C311X1－DRC－ZU－26－025

11. 第二次回归测试用例执行情况表(见表12－13)

表12－13　第二次回归测试用例执行情况表

测试类型	用例使用数	通过数	通过率	执行率
正常测试	30	30	100%	100%
异常测试	6	6	100%	100%
总计	36	36	100%	100%

12. CSCI评估

测试项目组对C311X1系统软件进行了正式合格性测试，测试内容为单元测试。程序模块按功能划分，采用了结构化设计方法，模块设计合理，源程序的函数规模适度，提交测试的软件需求规格说明、软件设计文档符合DO－178B的编制要求；软件实现了软件需求规格说明、软件设计文档所要求的功能和性能。

第 13 章　成熟软件测试

13.1　Visual Studio 2010

Visual Studio 是一套完整的开发工具，用于生成各种应用程序。同时，Visual Basic、Visual C# 和 Visual C++都使用相同的集成开发环境，以便进行工具共享，并能够轻松地创建混合语言解决方案。同时，Visual Studio 中还提供了一套与开发工具紧密集成的测试工具，这些工具不仅能在自身的测试框架中工作，还可以在软件生命周期工具的更大框架中发挥作用。

2010 年 4 月，微软发布了 Visual Studio 2010，它包括三个版本：专业版、高级版和旗舰版。其中，Visual Studio 2010 旗舰版包含了为 Visual Studio 2010 提供的所有测试功能，比如单元测试、UI 自动化测试、负载测试和 Web 性能测试、一般测试和顺序测试等。它还包括 Microsoft 测试管理器，从而提供规划、创建和运行测试用例的功能。

本部分内容以旗舰版为例，以 C#语言为基础介绍 Visual Studio 2010 提供的部分测试功能。可以到微软官方网站下载 Visual Studio 2010 旗舰版的试用版（http://download.microsoft.com/download/E/0/4/E0427BB8－8490－4C7F－A05B－AFEA0FC3EA80/X16－60997VS2010UltimTrialCHS.iso）。

13.2　单元测试

13.2.1　Visual Studio 2010 单元测试概述

单元测试是一种编程测试，通过直接调用某个类的方法来执行源代码，如果包括 Assert 语句，它们可以根据所期望的值来测试实际生成的值。对于测试人员（尤其是开发人员）来说，单元测试是非常重要的工具。尽管要测试的“单元”的大小各异，但 Visual Studio 2010 测试工具会生成专门针对方法（包括私有方法）的单元测试。

在 Visual Studio 2010 中，可以使用代码生成功能来创建单元测试代码，也可以完全手动编写测试。无论使用何种方式，测试类和所有测试方法都用编程属性加以标识。使用“[TestClass()]”属性标记每个测试类，使用“[TestMethod()]”属性标记每个测试方法。这些属性是在生成单元测试时自动分配的，如果是手动编写单元测试代码，则必须自己添加类和方法的属性。

本节要测试的是一个简单的包含四则运算的 Calculator 类，代码如下：

```
public class Calculator
{
    public int Add(int summand, int addend)
    {
        return (summand + addend);
    }
    public int Subtract(int minuend, int subtrahend)
    {
        return (minuend - subtrahend);
    }
    public int Multiply(int multiplicand, int multiplier)
    {
        return (multiplicand * multiplier);
    }
    public int Divide(int dividend, int divisor)
    {
        return (dividend / divisor);
    }
}
```

如果要测试 Add 方法，则对应的测试代码如下：

```
[TestClass()]
public class CalculatorTest
{
    [TestMethod()]
    public void AddTest()
    {
        Calculator target = new Calculator();
        int summand = 3;
        int addend = 2;
        int expected = 5;
```

```
            int actual;
            actual = target.Add(summand, addend);
            Assert.AreEqual(expected, actual);
        }
    }
```

13.2.2　Visual Studio 2010 单元测试步骤

1. 创建被测试项目

(1)打开 Visual Studio 2010,在“文件”菜单上指向“新建”,然后单击“项目”,随即出现“新建项目”对话框(见图 13.1)。

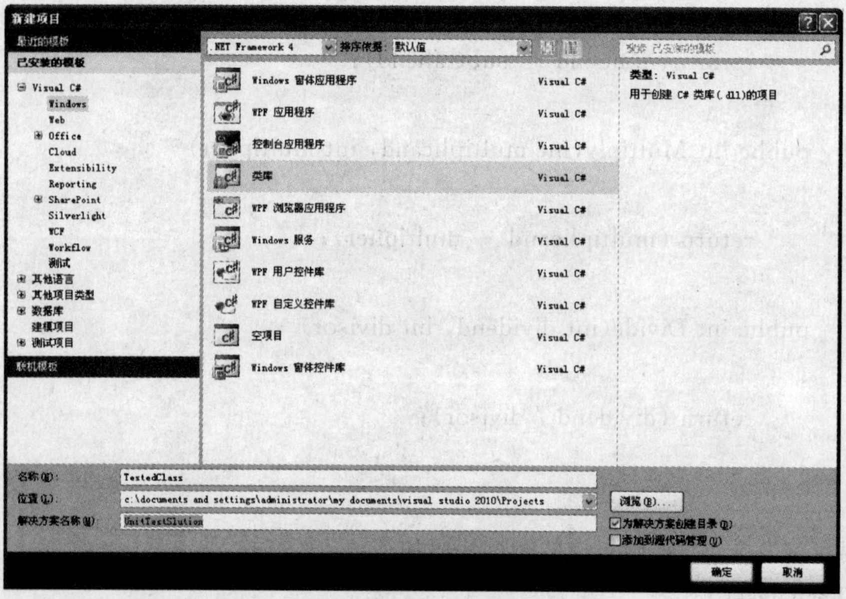

图 13.1　“新建项目”对话框

(2)在“已安装的模板”下选择“Visual C#”,然后选择“类库”,在“名称”行中键入“TestedClass”,在“解决方案名称”行中键入“UnitTestSlution”,然后单击“确定”。新的 TestedClass 项目即被创建,并显示在解决方案资源管理器中(见图 13.2)。

(3)在 Visual Studio 2010 代码编辑器中,用以下代码代替 Class1 的定义:

```
public class Calculator
{
    public int Add(int summand, int addend)
    {
```

```
        return (summand + addend);
    }
    public int Subtract(int minuend, int subtrahend)
    {
        return (minuend - subtrahend);
    }
    public int Multiply(int multiplicand, int multiplier)
    {
        return (multiplicand * multiplier);
    }
    public int Divide(int dividend, int divisor)
    {
        return (dividend / divisor);
    }
}
```

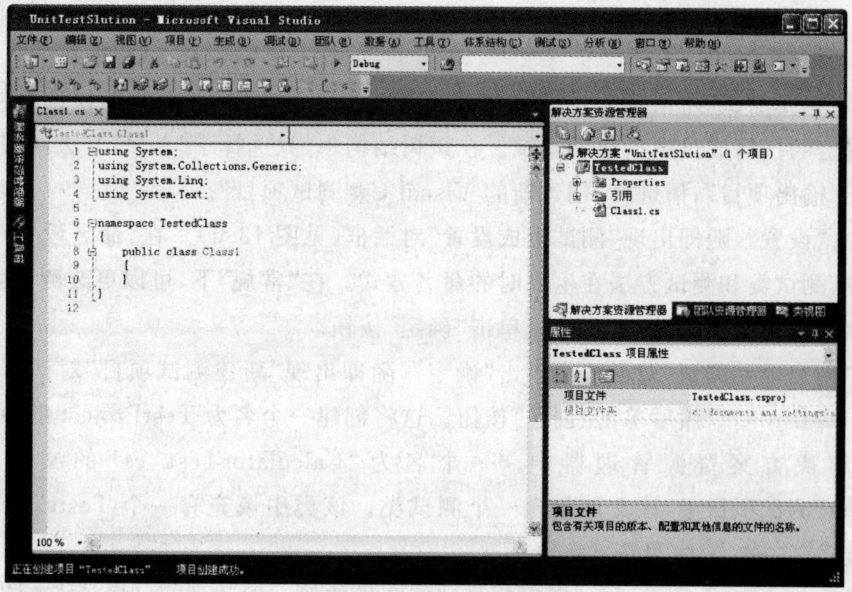

图 13.2　新创建的项目

(4)在“生成”菜单上,单击“生成解决方案”。

2. 创建单元测试

(1)在 Visual Studio 2010 代码编辑器中找到“Calculator”类,鼠标滚动到“Add”方法。右

击“Add”方法，然后选择“创建单元测试”，随即出现“创建单元测试”对话框（见图 13.3）。

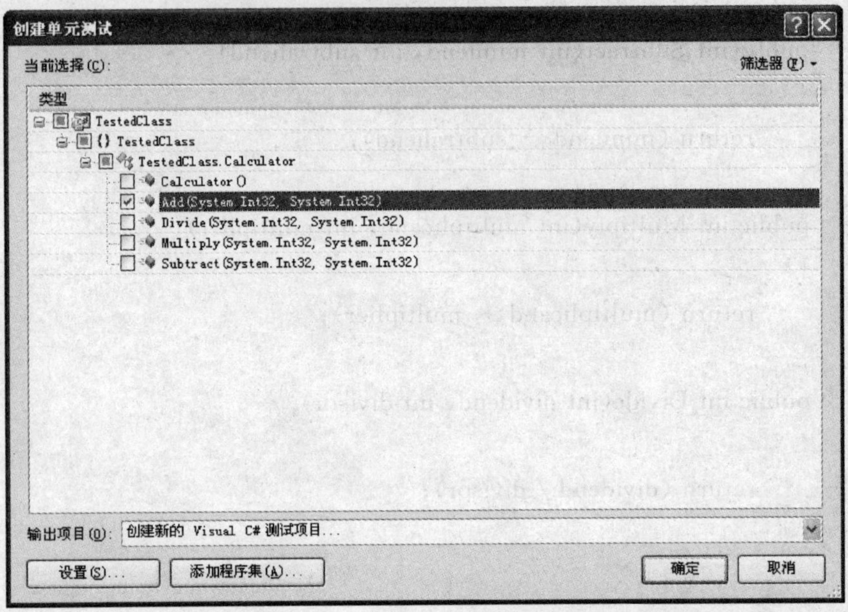

图 13.3 “创建单元测试”对话框

在“创建单元测试”对话框上，树结构将显示“Calculator”类的程序集的层次结构。使用此页可以为选定的任何成员生成单元测试。在该树结构中，只选择了“Add”方法，将其保留选定状态。对于“输出项目”，请选择“创建新的 Visual C＃测试项目”。

(2)单击“设置”，随即出现“测试生成设置”对话框（见图 13.4）。在“命名设置”下，可以更改测试文件、测试类和测试方法在生成时的命名方式。在“常规”下，可以更改测试生成的其他方面。将这些设置保留为默认值，然后单击“确定”按钮。

(3)在“创建单元测试”对话框中单击“确定”，随即出现“新建测试项目”对话框，输入新项目的名称“TestProject”然后单击“创建”按钮。这将创建一个名为 TestProject 的项目，该项目将显示在解决方案资源管理器中。一个名为“CalculatorTest. cs”的文件被添加到“TestProject”测试项目中，该文件包含一个测试类。该类中填充有一个 TestContext 属性以及测试“Add”方法的方法（见图 13.5）。

(4)在“CalculatorTest. cs”中，指定要测试的变量的值。滚动到“AddTest”方法，在此可以看到“// TODO”行，它们指示要设置的变量。为变量设置下列值：

```
int summand = 3;
int addend = 2;
int expected = 5;
```

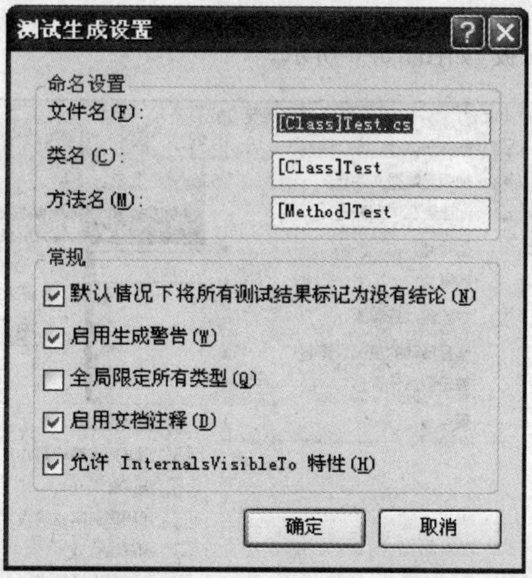

图 13.4　测试生成设置对话框

保存“CalculatorTest.cs”文件。

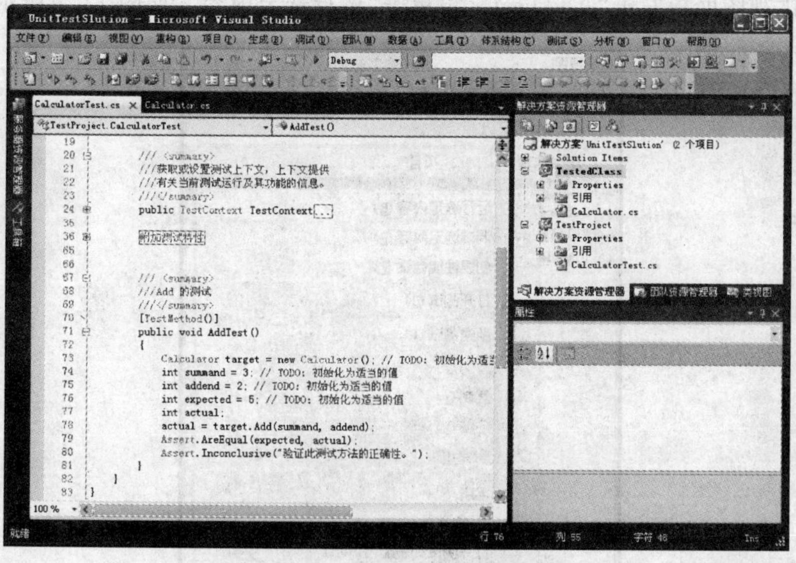

图 13.5　新创建的单元测试

(5)以同样的方式为 Subtract，Multiply，Divide 三个方法创建测试类，并设置测试变量的相应值。

3. 运行单元测试

(1)打开“测试视图”面板,如图 13.6 所示。

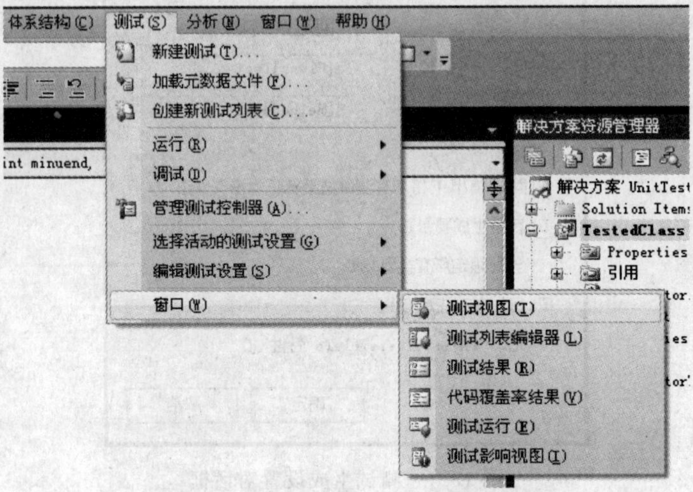

图 13.6　打开“测试视图”面板

(2)在测试视图面板右击“AddTest”,再单击“运行选定内容”,如图 13.7 所示。

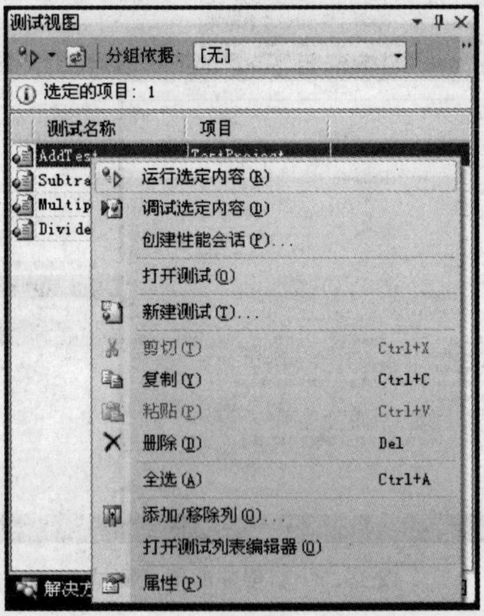

图 13.7　通过测试视图运行测试

如果“测试结果”面板尚未打开,则它现在打开。“AddTest”测试运行。在“测试结果”面板的“结果”列中,当测试运行时,测试状态将显示为“正在进行”,如图 13.8 所示。测试运行完成后，测试的结果将更改为“无结论”，如图 13.9 所示。

图 13.8　测试正在进行

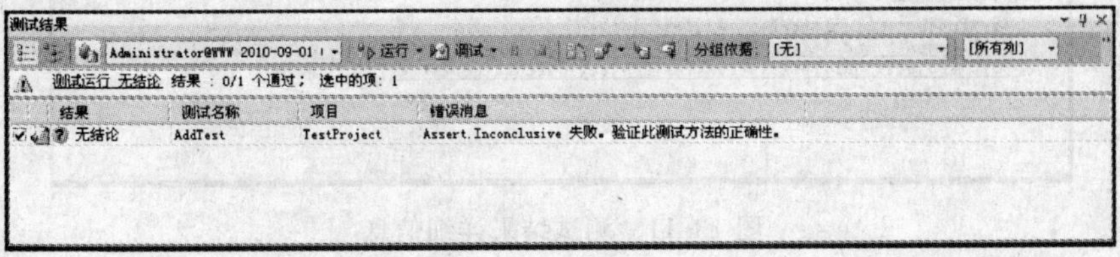

图 13.9　测试结果

（3）在“测试结果”面板单击“测试运行 无结论”链接，这将打开“结果摘要”页，其中包含有关测试结果的信息，如图 13.10 所示。

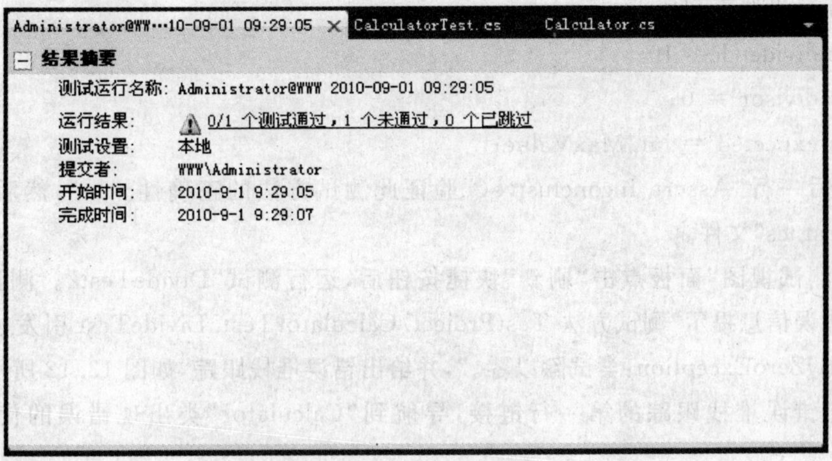

图 13.10　测试结果摘要

或者在“测试结果”窗口右键单击表示测试的行，然后选择“查看测试结果详细信息”，这将打开“通用结果”页，其中包含有关测试结果的详细信息，如图 13.11 所示。

（4）请注意，“测试结果详细信息”页显示以下错误信息：“Assert. Inconclusive 失败。验证此测试方法的正确性。”打开“TestExampleTest. cs”文件并滚动到“AddTest”方法。注释掉最后一条语句“Assert. Inconclusive("验证此测试方法的正确性。");”，再次运行测试，则会得出

"通过"结果(请读者自行验证)。

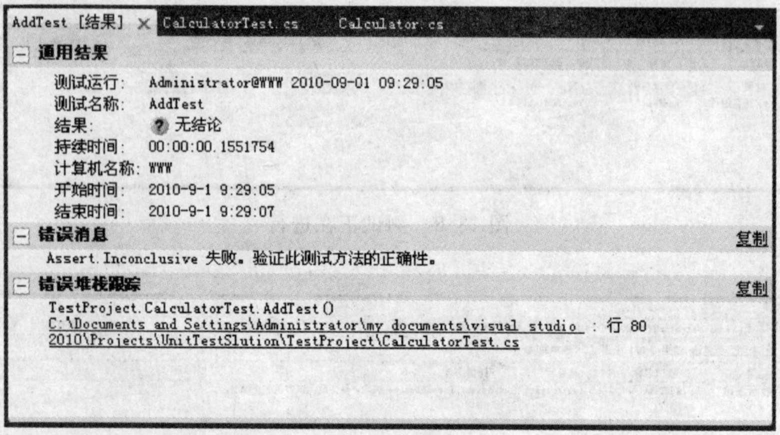

图 13.11　测试结果详细信息

4. 运行单元测试并修复代码

(1)打开"TestExampleTest.cs"文件,滚动到"DivideTest"方法,找到"// TODO"行,它们指示要设置的变量。

(2)为变量设置下列值:

```
int dividend = 10;
int divisor = 0;
int expected = int.MaxValue;
```

并注释掉最后一行"Assert.Inconclusive("验证此测试方法的正确性。");",然后保存"TestExampleTest.cs"文件。

(3)在"测试视图"面板点击"刷新"快捷按钮后,运行测试"DivideTest"。测试结果显示"未通过",错误信息提示"测试方法 TestProject.CalculatorTest.DivideTest 引发了异常:System.DivideByZeroException:尝试除以零。",并给出错误堆栈跟踪,如图 13.12 所示。

(4)单击错误堆栈跟踪的第一行链接,导航到"Calculator"类出现错误的代码行,如图 13.13所示。

这是因为在被测试方法中未考虑除数为 0 时的情况。将以下方法

```
public int Divide(int dividend, int divisor)
{
    return (dividend / divisor);
}
```

修改为:

```
public int Divide(int dividend, int divisor)
{
    if (divisor.Equals(0))
        return int.MaxValue;
    else
        return (dividend / divisor);
}
```

(5)再次运行测试，测试结果显示“通过”。很显然，被测试项目只能进行整数的运算，如果想计算 10÷3 的精确值，则无法进行，为此，需要在被测试项目中添加其他类型值的四则运算方法。

如果用相关测试理论来指导编程，那么，要写出一个健壮的程序，比如简单的四则运算程序，也会有些麻烦，这就是单元测试给程序员带来的好处，它将指导你来编写健壮的程序。请读者根据测试理论，自行完善源代码并完成测试。

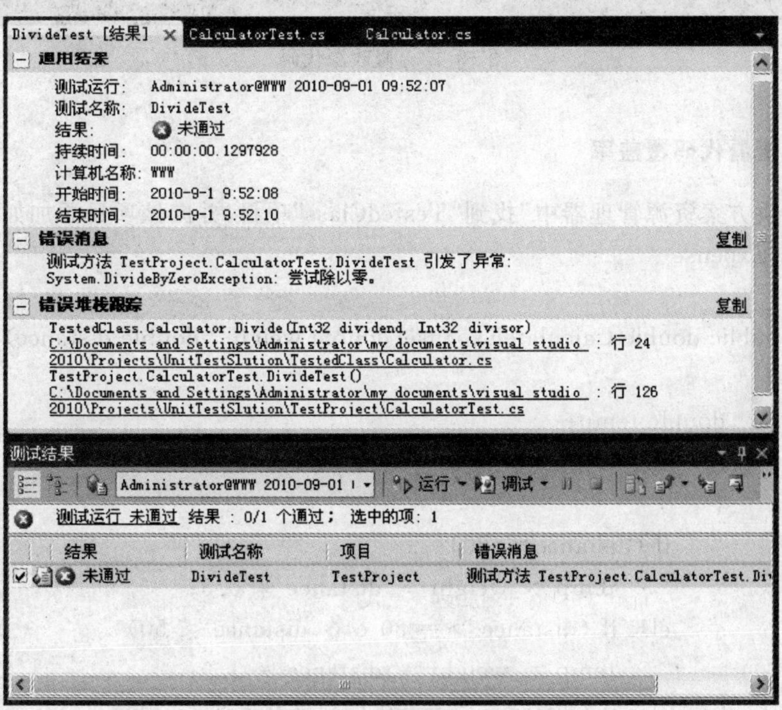

图 13.12　Divide Test 测试结果

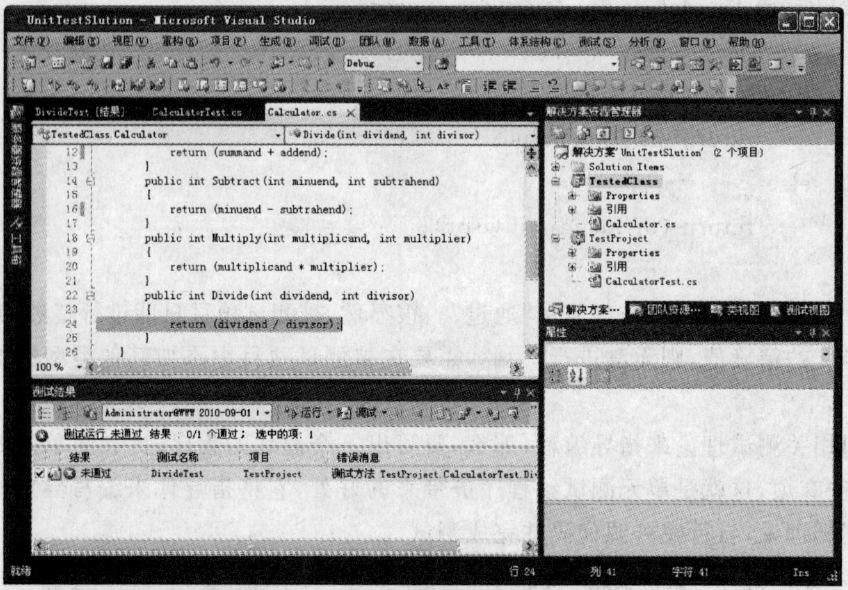

图 13.13　修改源代码

13.2.3　查看代码覆盖率

(1)在“解决方案资源管理器中”找到“TestedClass”项目，并向该项目添加如下类：

```
class Expense
{
    public double CalculateExpense(double weight, double distance)
    {
        double temp;
        if (weight < 1)
        {
            if (distance < 30)
                temp = weight * distance * 0.5;
            else if (distance >= 30 && distance < 50)
                temp = weight * distance * 1.0;
            else if (distance >= 50 && distance < 300)
                temp = weight * distance * 1.5;
            else
                temp = weight * distance * 2.0;
        }
```

```
          else if (weight >= 1 && weight < 15)
          {
              if (distance < 30)
                  temp = weight * distance * 1.0;
              else if (distance >= 30 && distance < 50)
                  temp = weight * distance * 1.5;
              else if (distance >= 50 && distance < 300)
                  temp = weight * distance * 2.0;
              else
                  temp = weight * distance * 2.5;
          }
          else if (weight >= 15 && weight < 100)
          {
              if (distance < 30)
                  temp = weight * distance * 1.5;
              else if (distance >= 30 && distance < 50)
                  temp = weight * distance * 2.0;
              else if (distance >= 50 && distance < 300)
                  temp = weight * distance * 2.5;
              else
                  temp = weight * distance * 3.0;
          }
          else
          {
              if (distance < 30)
                  temp = weight * distance * 3.5;
              else if (distance >= 30 && distance < 50)
                  temp = weight * distance * 4.0;
              else if (distance >= 50 && distance < 300)
                  temp = weight * distance * 4.5;
              else
                  temp = weight * distance * 5.0;
          }
      return temp;
  }
```

```
}
```

(2)为该类创建单元测试,并用以下代码代替测试类的定义:

```
public void CalculateExpenseTest()
{
    Expense target = new Expense();
    Assert.AreEqual(target.CalculateExpense(0.5, 20), 5);
}
```

(3)在“解决方案资源管理器”的“Solution Items”文件夹下,双击运行配置文件“Local.testsettings”,打开“测试设置”对话框。

(4)在“测试设置”对话框上,选择“数据和诊断”,确保启用了“代码覆盖率”,如图 13.14 所示。

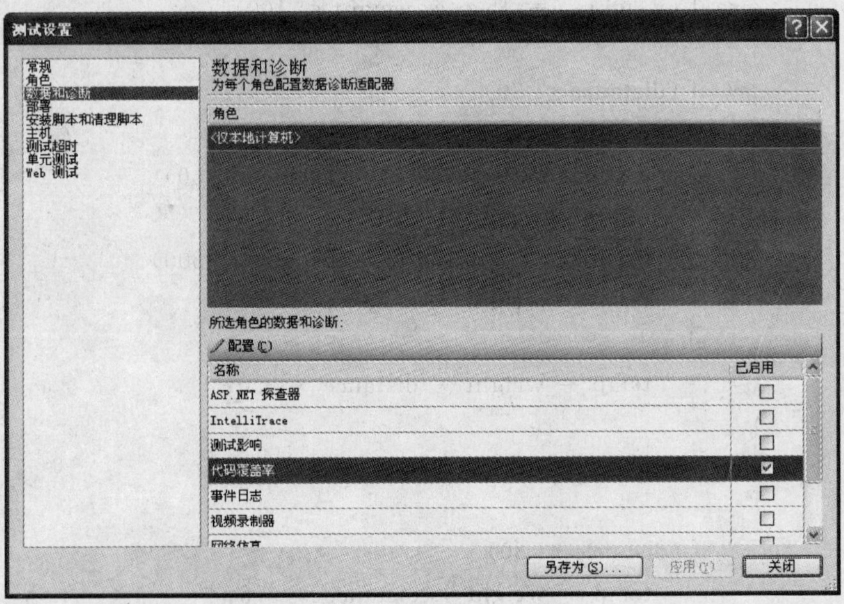

图 13.14 “测试设置”对话框

(5)在“测试设置”对话框上单击“配置”,打开“代码覆盖率详细信息”对话框,确保选中“TestedClass.dll”,单击“确定”。现在已为测试设置配置并保存了代码覆盖率设置,如图 13.15 所示。

(6)在“测试设置”对话框上单击“另存为”,再单击“保存”。将出现一个消息框,询问是否要替换现有文件,在消息框中单击“是”替换现有文件,然后关闭“测试设置”对话框上。

(7)在“测试”菜单上指向“选择活动测试运行配置”,确保选择“本地(Local.testsettings)”,如图 13.16 所示。

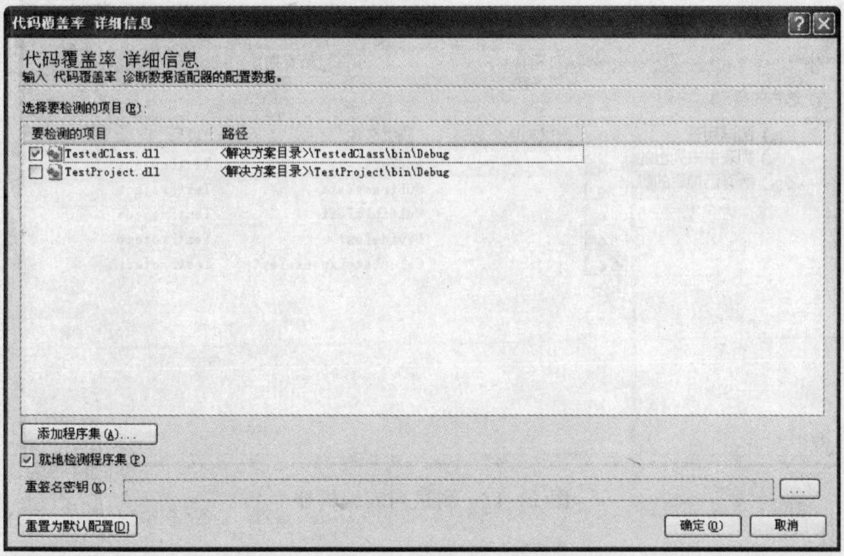

图 13.15　代码覆盖率 详细信息

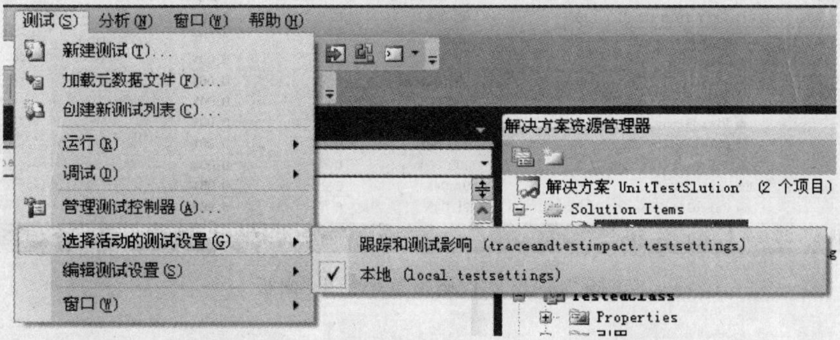

图 13.16　选择活动的测试

(8)在“测试”菜单上指向“窗口”，单击“测试列表编辑器”，打开测试列表编辑器，如图 13.17 所示。

(9)确保选中“CalculateExpenseTest”旁边的复选框，右键单击该行并选择“运行选中的测试”，运行这个测试，测试结果显示为“通过”。

(10)在“测试”菜单上指向“窗口”，单击“代码覆盖率结果”，打开“代码覆盖率结果”面板，如图 13.18 所示。“代码覆盖率结果”窗口中的“层次结构”列将显示一个节点，该节点包含最新测试运行中得到的所有代码覆盖率数据。测试运行节点的命名格式为＜user name＞@＜computer name＞ ＜date＞ ＜time＞，展开此节点。

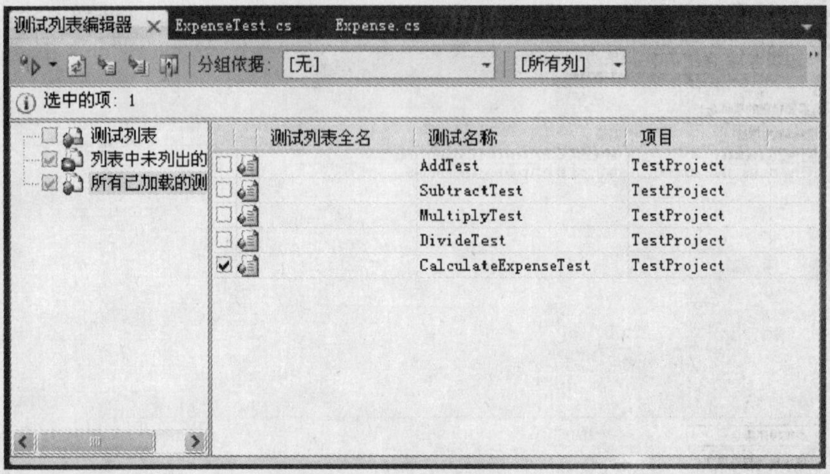

图 13.17 测试列表编辑器

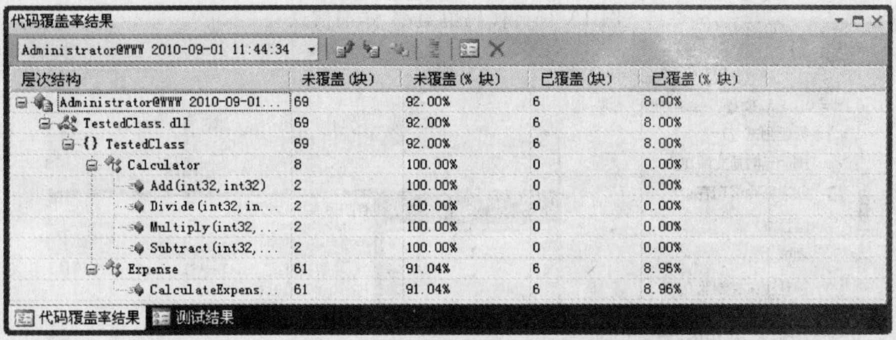

图 13.18 “代码覆盖率结果”面板

(11)在“代码覆盖率结果”面板上选择最后一行，单击右键，选择“转到源代码”，如图 13.19 所示。

(12)在源代码窗口，可以看到代码的突出显示效果。用浅蓝色突出显示的代码行已在测试运行中执行过，用浅褐色突出显示的代码行已部分执行过，而用红褐色突出显示的代码行则还没有执行过。如图 13.20 所示。

(13)打开“ExpenseTest.cs”文件，在“CalculateExpenseTest”方法中添加如下测试用例，观察代码覆盖率的变化。

```
Assert.AreEqual(target.CalculateExpense(20, 50), 2500);
```

继续在“CalculateExpenseTest”方法中添加适当的测试用例，观察代码覆盖率变化。请读者分析代码覆盖率在单元测试中的作用。

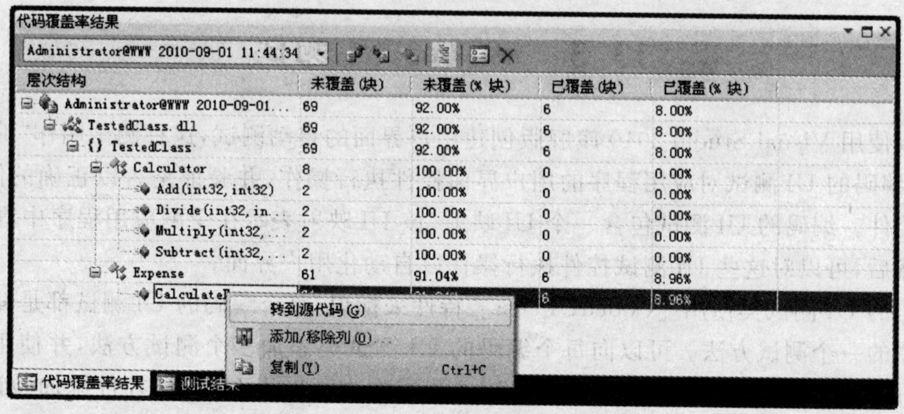

图 13.19　查看源代码

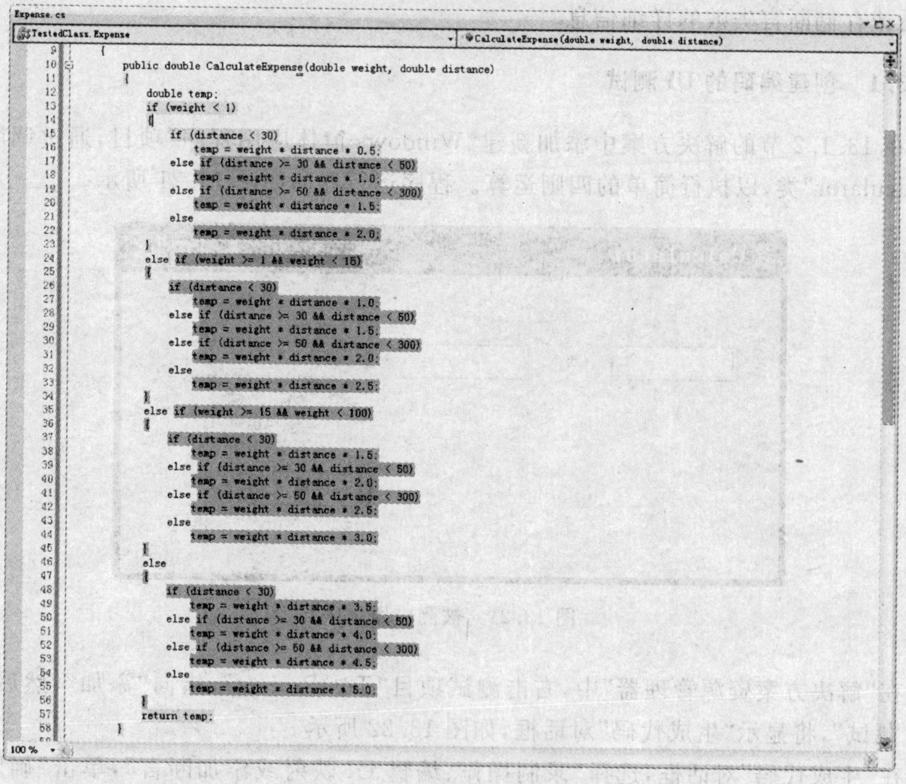

图 13.20　代码突出显示效果

13.3 编码的 UI 测试

可以使用 Visual Studio 2010 旗舰版创建用户界面的自动测试,这种测试叫作“编码的 UI 测试”。编码的 UI 测试对应用程序的用户界面控件执行操作,并验证是否以正确的值显示了正确的控件。编码的 UI 测试包含一个 UI 映射,该 UI 映射表示在受测应用程序中看到的 UI 控件。然后,可以对这些 UI 测试控件执行操作以自动化用户界面。

编码的 UI 测试类使用“[CodedUITest]”特性来标识,每个编码的 UI 测试都是编码的 UI 测试类中的一个测试方法。可以向每个编码的 UI 测试类添加多个测试方法,并使用“[TestMethod]”特性标识每个编码的 UI 测试方法。测试方法可以为 UI 测试控件添加验证代码以获取 UI 测试控件的属性值,还可以使用 Assert 语句将属性的实际值与预期值进行比较,用比较的结果确定测试的结果。每次运行编码的 UI 测试时,都可以分析测试结果并在测试未通过时查看或存储断言失败的详细信息。

13.3.1 创建编码的 UI 测试

(1)在 13.1.2 节的解决方案中添加新建“Windows 窗体应用程序”项目,通过调用上节创建的“Calculator”类,以执行简单的四则运算。程序运行界面如图 13.21 所示。

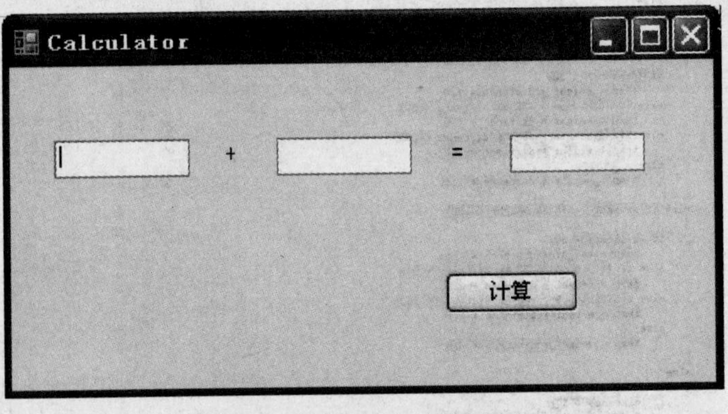

图 13.21 被测应用程序

(2)在“解决方案资源管理器”中,右击测试项目“TestProject”,指向“添加”,然后单击“编码的 UI 测试”,将显示“生成代码”对话框,如图 13.22 所示。

(3)在“生成代码”对话框,选择“录制操作、编辑 UI 映射或添加断言”,单击“确定”按钮,在屏幕右下角将出现“编码的 UI 测试生成器”对话框,如图 13.23 所示。

(4)单击“录制”图标,则开始录制操作。此时执行要在应用程序中录制的操作,必要时还包括启动应用程序,这些操作便被录制成测试程序。例如,运行刚创建的应用程序,通过在前两个文本框中输入 3 和 2,然后单击“计算”按钮,则在第三个文本框中显示 5,如图 13.24 所示。

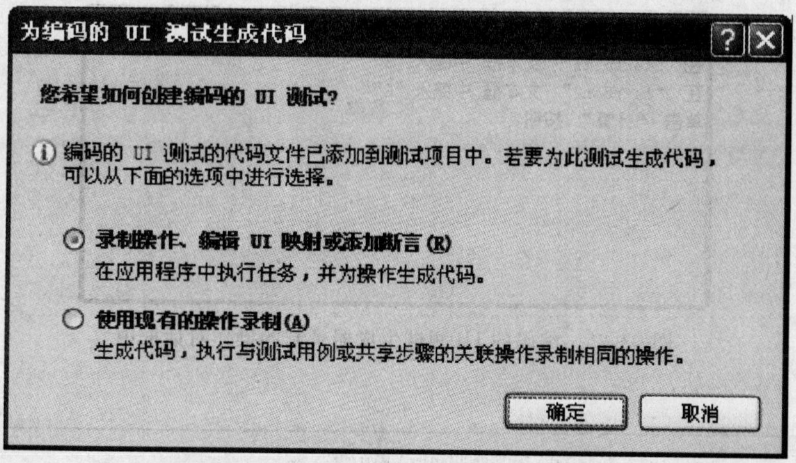

图 13.22　生成代码对话框

图 13.23　编码的 UI 测试生成器对话框

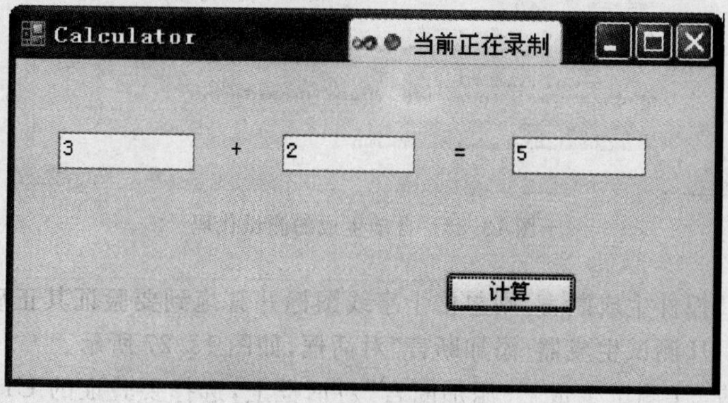

图 13.24　正在录制操作

(5)单击“显示录制的步骤”图标，查看刚录制的操作，则这些操作显示在“编码的 UI 测试生成器-录制的操作”对话框中，如图 13.25 所示。

如果不希望保留录制的操作，则可以选择不希望保留的操作，然后单击“删除”图标。

(6)请单击“生成代码”图标。在“方法名”中键入编码的 UI 测试方法的名称，然后单击“添加并生成”，则生成测试代码，如图 13.26 所示。

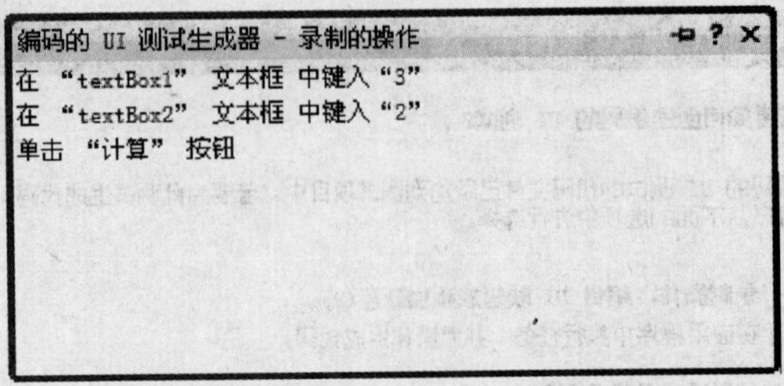

图 13.25 编码的 UI 测试生成器录制的操作对话框中

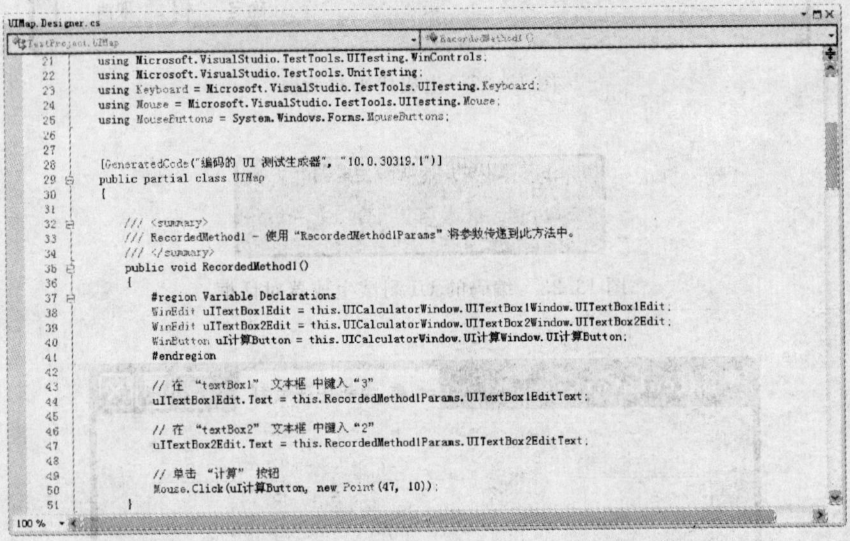

图 13.26 自动生成的测试代码

(7)若要为 UI 控件生成断言,则单击十字线图标并其拖到要验证其正确性的控件中。此时将显示“编码的 UI 测试生成器-添加断言”对话框,如图 13.27 所示。

(8)在“编码的 UI 测试生成器-添加断言”对话框上,选择要验证的 UI 控件的属性,然后指向“添加断言”图标,将显示“添加断言”对话框,如图 13.28 所示。

(9)为断言选择“比较运算符”,并在“比较值”中为断言键入比较值,然后单击“确定”。为测试添加所有断言后,请关闭“编码的 UI 测试生成器-添加断言”对话框。

(10)若要生成断言代码,单击“生成代码”图标,将显示“编码的 UI 测试生成器-生成代码”对话框。在“方法名”中键入编码的 UI 测试方法的名称,然后单击“添加并生成”。生成的代码如下:

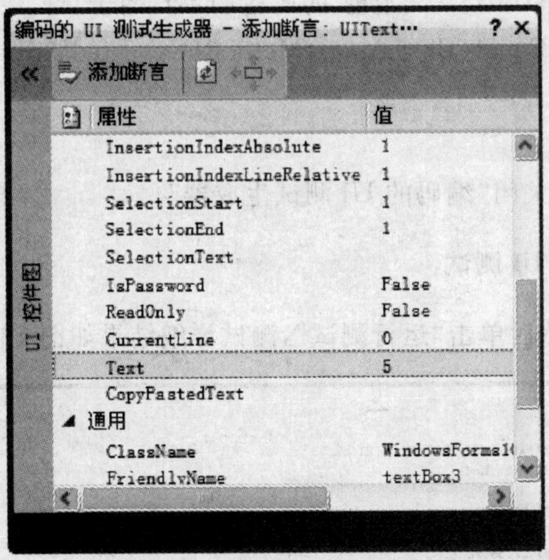

图 13.27　编码的 UI 测试生成器-添加断言对话框

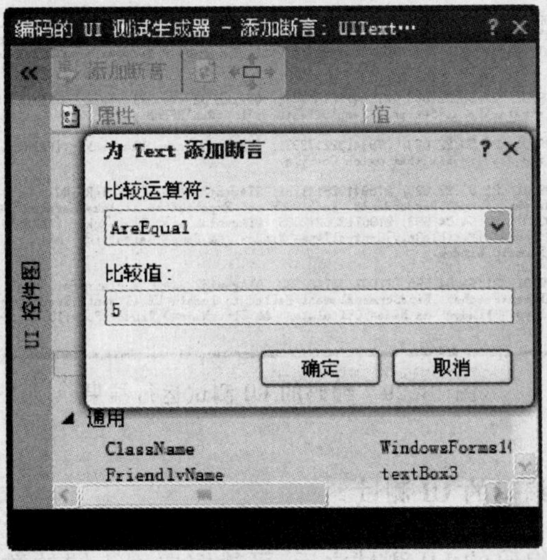

图 13.28　添加断言对话框

```
public void AssertMethod1()
{
    #region Variable Declarations
    WinEdit uITextBox3Edit = this.UICalculatorWindow.UITextBox3Window.
UITextBox3Edit;
    #endregion
```

```
// 确认 "textBox3" 文本框 的属性"Text"等于"5"
    Assert. AreEqual(this. AssertMethod1ExpectedValues. UITextBox3EditText,
uITextBox3Edit. Text);
}
```

(11)单击“关闭”图标关闭“编码的 UI 测试生成器”。

13.3.2 运行编码的 UI 测试

右键单击测试方法,然后单击“运行测试”,测试详细结果如图 13.29 所示。

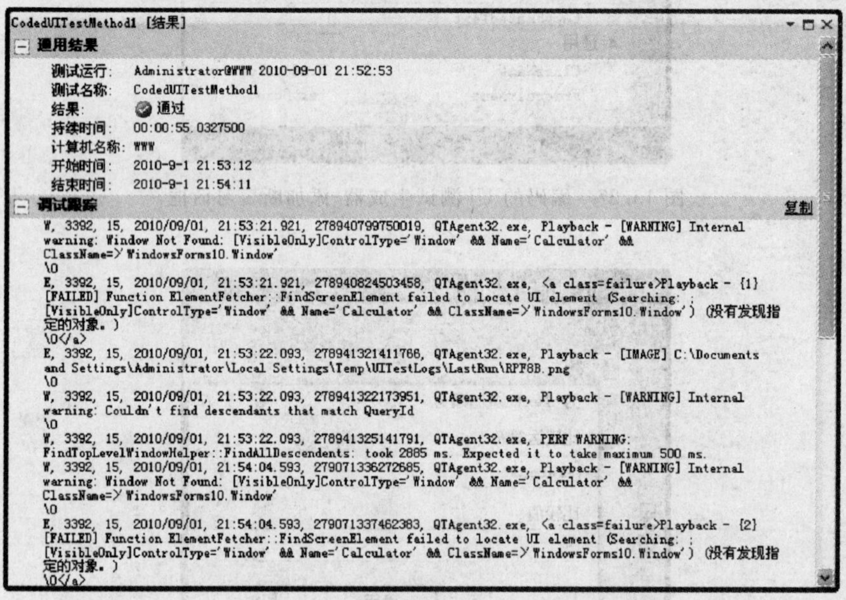

图 13.29 编码的 UI 测试运行结果

13.3.3 数据驱动的编码的 UI 测试

在使用特定数据创建编码的 UI 测试之后,可能需要用不同的数据集多次运行编码的 UI 测试以测试不同条件。为此,可以从数据源中向编码的 UI 测试添加参数,以创建数据驱动的编码的 UI 测试。数据源中的每一行都是编码的 UI 测试的迭代,测试的总体结果将基于所有迭代的结果。例如,如果一个迭代失败,则总体测试结果为失败。

本节使用 13.2.1 节所创建的测试。

(1)打开包含编码的 UI 测试源文件的解决方案,在测试项目中添加数据文件“Data.csv”,内容如下:

```
Input1,Input2,ExpectedResult
```

3,4,7

5,6,11

1200,24000,25200

(2)单击“测试”,指向“窗口”,再指向“测试视图”。此时将显示“测试视图”窗口,其中显示了编码的 UI 测试。在“测试视图”窗口中,右击编码的 UI 测试方法,并指向“属性”,将显示“属性”窗口,如图 13.30 所示。

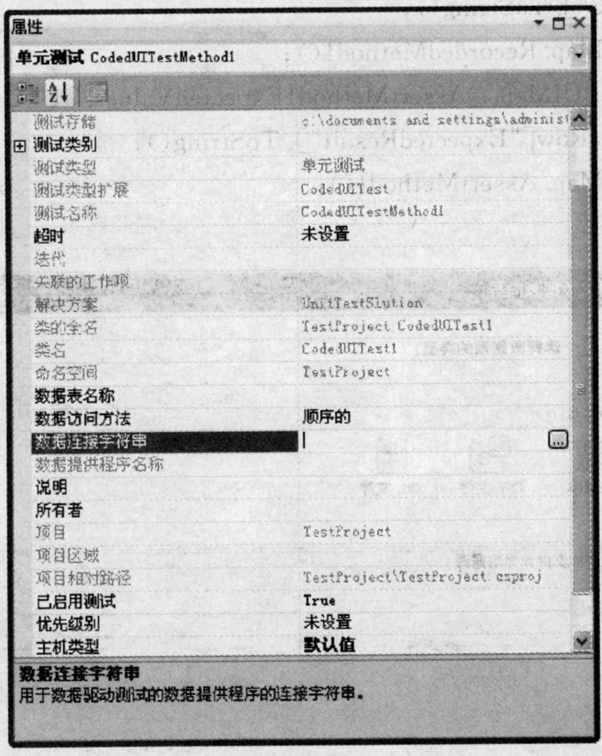

图 13.30 编码的 UI 测试属性

(3)在“属性”窗口中单击“数据连接字符串”右边的省略号,将显示“新建测试数据源向导”,如图 13.31 所示。

(4)选择要使用的数据源的类型。对于本示例,选择 csv 文件作为数据源,单击“下一步”并为 csv 文件输入路径和文件名,然后单击“完成”。

(5)在“解决方案资源管理器”中打开“CodedUITest1.cs”文件。对“CodedUITest1”类的方法“CodedUITestMethod1”作如下更改:

```
[DataSource("Microsoft.VisualStudio.TestTools.DataSource.CSV",
"|DataDirectory|\Data.csv", "Data#csv", DataAccessMethod.Sequential),
```

```
DeploymentItem("TestProject\Data.csv"), TestMethod]
public void CodedUITestMethod1()
{
    this.UIMap.RecordedMethod1Params.UITextBox1EditText = TestContext.DataRow["Input1"].ToString();
    this.UIMap.RecordedMethod1Params.UITextBox2EditText = TestContext.DataRow["Input2"].ToString();
    this.UIMap.RecordedMethod1();
    this.UIMap.AssertMethod1ExpectedValues.UITextBox3EditText = TestContext.DataRow["ExpectedResult"].ToString();
    this.UIMap.AssertMethod1();
}
```

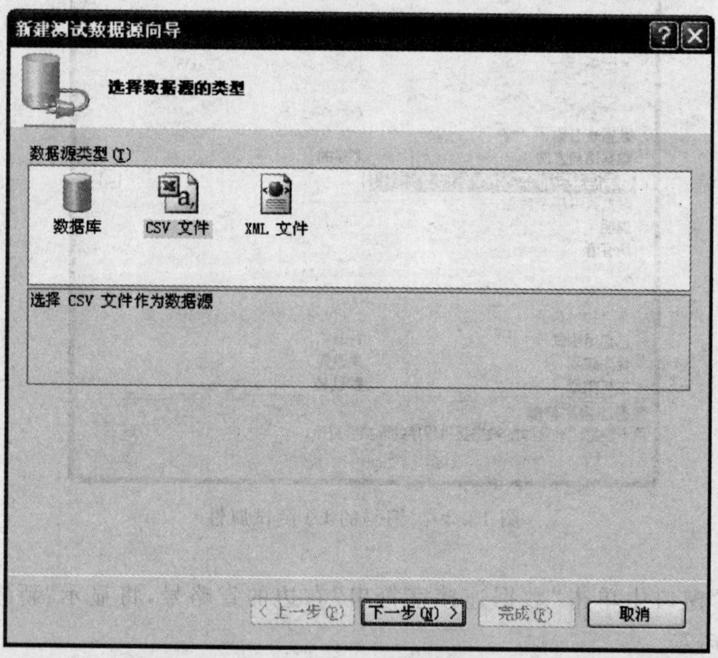

图 13.31 编码的 UI 测试属性

(6)保存对“CodedUITest1.cs”源代码文件所做的更改。在“测试视图”窗口中右击编码的 UI 测试,并指向“运行选定内容”。“测试结果”如图 13.32 所示。

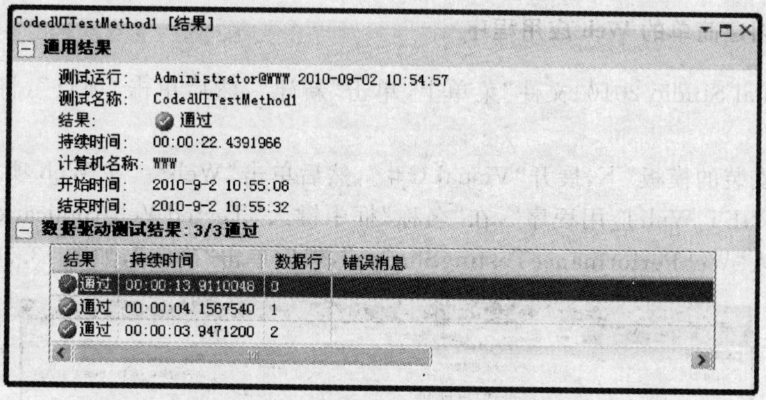

图 13.32　编码的 UI 测试结果

13.4　负载测试

若要确定软件响应各种使用级别的程度，可以执行负载测试。负载测试通过模拟同时访问软件程序的多个用户，对该软件程序的预计使用情况进行建模。负载测试由一系列 Web 测试或单元测试组成，这些测试在存在多个模拟用户的情况下运行一段时间。向负载测试添加 Web 测试时，会模拟多个用户同时连接到一台服务器并发出多个 HTTP 请求的过程。向负载测试添加单元测试时，会测试非基于 Web 的服务器组件的性能。

使用 Visual Studio 2010 旗舰版，可以为生成模拟繁重测试负载设置一组计算机。这组计算机由一个或多个测试控制器和一个或多个测试代理组成。测试代理运行测试，可以生成模拟负载。测试代理控制器协调测试代理，并收集测试结果。负载测试可用于以下几种不同的测试类型：

(1)冒烟测试：确定在短时间内负载较小时应用程序如何执行。

(2)压力测试：确定在较长时间内负载较大时应用程序是否能成功运行。

(3)性能测试：确定应用程序的响应能力。

(4)容量计划测试：确定在各种容量下应用程序如何执行。

本节主要介绍如何使用 Visual Studio 2010 进行 Web 性能测试。Web 性能测试也称为声明性 Web 测试，用于测试 Web 应用程序的功能以及在负载下测试 Web 应用程序。Web 性能测试由一系列 HTTP 请求组成，通过发出 HTTP 请求在协议层工作。Web 性能测试不运行 JavaScript，但是，可以在运行时通过使用 Web 性能测试插件、Web 性能测试请求插件、提取规则或编码的 Web 性能测试来模拟 JavaScript 操作。

在 Visual Studio 2010 中，可以通过在浏览器会话中使用 Web 测试记录器记录 HTTP 请求来创建 Web 性能测试，也可以使用 Web 测试编辑器手动构建 Web 性能测试。

13.4.1 创建简单的 Web 应用程序

(1)在 Visual Studio 2010“文件”菜单上，单击“新建”，然后单击“项目”，将出现“新建项目”对话框。

(2)在“已安装的模板”下，展开“Visual C#”，然后单击“Web”。在 Web 项目类型的列表中，选择“ASP. NET Web 应用程序”，在“名称”框中键入“TestedWebApplication”，在解决方案名称框中键入“WebPerformanceTestingSlution”，然后单击“确定”，如图 13.33 所示。

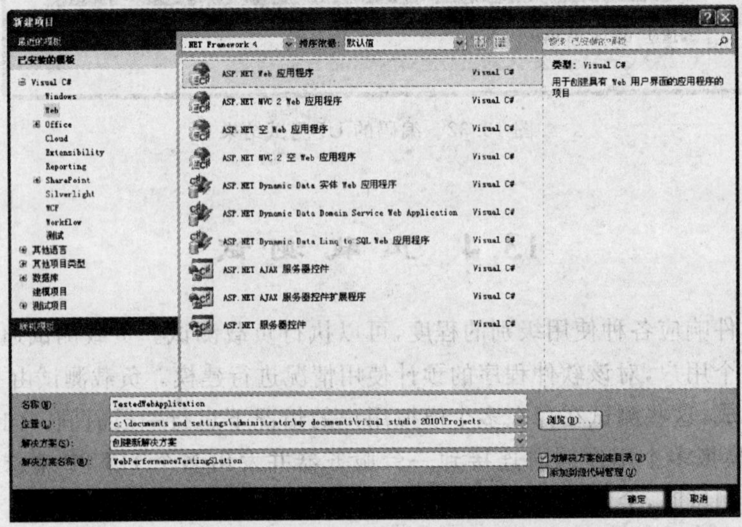

图 13.33　新建 Web 应用程序

(3)系统将创建“TestedWebApplication”项目，该项目会自动生成一个默认的 Web 应用程序。

(4)按“Ctrl＋F5”在浏览器中运行该 Web 应用程序，将看到第一页，如图 13.34 所示。

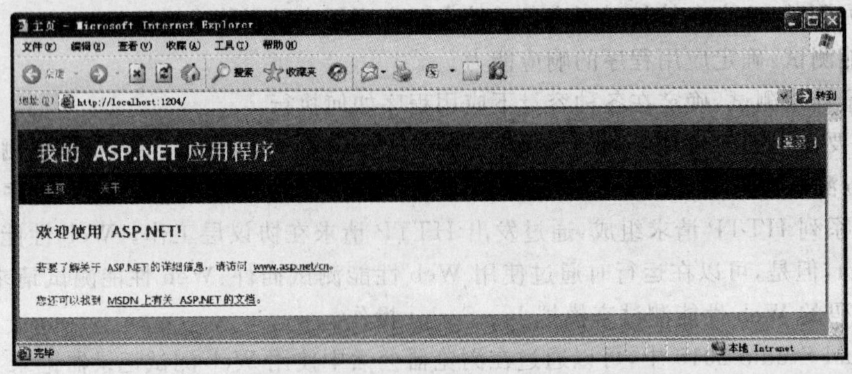

图 13.34　运行 Web 应用程序

(5)将此 Web 应用程序的地址复制到剪贴板或记事本文件中待用。该地址可能如下所示：http://localhost:＜端口号＞/。关闭浏览器，但使 Web 应用程序保持打开。

13.4.2　记录和运行 Web 性能测试

1. 创建测试项目

(1)继续使用以上创建的解决方案，在“解决方案资源管理器”面板右击，选择“添加”，再选择“新建项目”，打开“添加新项目”对话框。

(2)在“已安装的模板”下，展开“Visual C＃”，然后选择“测试”。

(3)在模板列表中，选择“测试项目”。

(4)在“名称”框中键入“TestProject”。

(5)单击“确定”。

默认情况下，Visual Studio 将添加一个单元测试文件，其中包含有关创作测试的信息，这里我们不需要改文件，可以删除该文件。

2. 记录 Web 性能测试

(1)在“测试”菜单上，单击“新建测试”，将出现“添加新测试”对话框，如图 13.35 所示。

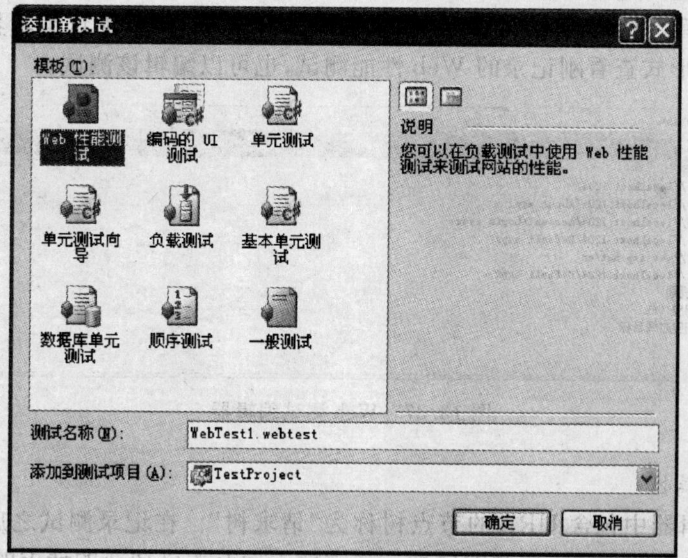

图 13.35　添加新测试对话框

(2)在“添加新测试”对话框中，选择“Web 性能测试”，然后单击“确定”。名为“WebTest1.webtest”的新 Web 性能测试文件即添加到项目“TestProject”中，并且“Web 测试记录器”在 Internet Explorer 的一个新实例中打开，如图 13.36 所示。

(3)在浏览器的地址栏中，键入 13.4.1 节保存的 Web 应用程序的地址，然后按回车。

(4)在 Web 应用程序上点击一些链接，最后返回到首页。

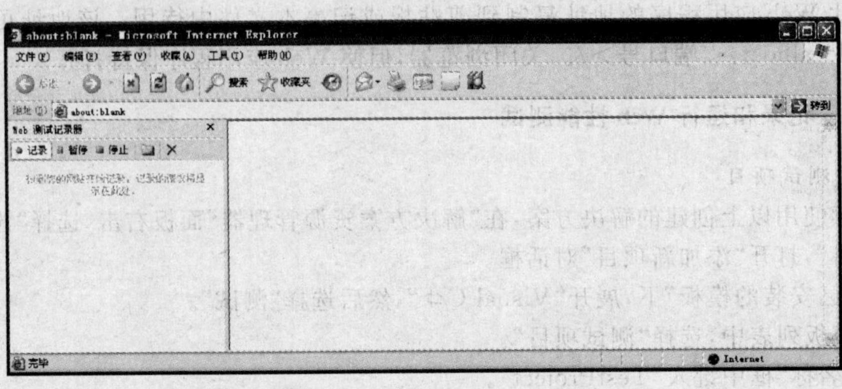

图 13.36 Web 测试记录器

(5)在“Web 测试记录器”上单击“停止”以停止记录。对话框显示消息“正在检测动态参数”。还显示一个进度栏,该进度栏说明了在接收到的 HTTP 响应中的参数检测状态。如果未检测到任何动态参数,对话框将显示消息“未检测到任何要提升的动态参数”,然后关闭该对话框。如果检测到动态参数,将显示“将动态参数提升为 Web 测试参数”对话框。

(6)记录结束后,保存新记录的 Web 性能测试。可以在“Web 测试编辑器”(见图 13.37)中以 URL 列表的形式查看刚记录的 Web 性能测试,也可以编辑该测试。

图 13.37 Web 测试编辑器

3. 查看请求属性

Web 测试编辑器中包含 URL 的节点树称为“请求树”。在记录测试之后,可以选择请求树中的节点以查看与每个请求关联的属性。请注意下面有关已捕获的请求的相关事项:

(1)查询字符串参数和窗体发送参数已被检测出来并会自动生成到测试中。可以针对 Web 测试的每个请求,在 Visual Studio 的“属性”窗口中查看传输方法属性 GET 或 POST,如图 13.38 所示。

(2)完成记录后,Web 测试记录器会自动检测是否使用了隐藏的窗体字段。可以向包含隐藏字段的请求添加 ExtractHiddenFields 提取规则。提取规则将在 Web 测试的上下文中捕获隐藏字段值。发送回 Web 服务器的隐藏字段值可以用与那些上下文参数的内容绑定来替换。这将允许测试在运行时使用正确的隐藏字段值,这对于包含带有 VIEWSTATE 的唯一标识符的隐藏字段是必需的。

(3) 不记录图像。因为请求的 Parse Dependent Links 属性设置为 True，所以将对页面进行分析，确定页面上的依赖性请求集，例如图像、CSS 和 JavaScript。

(4) 不记录重定向。在测试运行时会自动跟踪重定向。

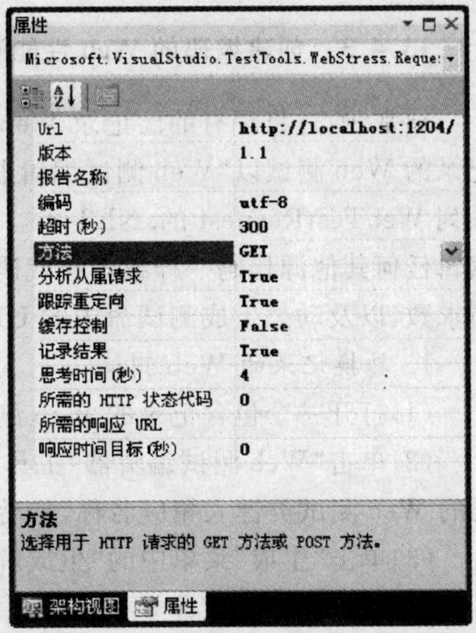

图 13.38　Web 测试请求属性面板

4. 运行 Web 性能测试

(1) 在“Web 测试编辑器”中，单击工具栏上的“运行测试”。测试开始运行，并且该测试中的每个请求将显示在“Web 测试查看器”中，整个测试的结果显示在“测试结果”窗口中。

(2) 在“Web 测试查看器”中，选择列表中的第一个请求。在该请求的左侧看到一个绿色复选标记，绿色复选标记表示请求成功，同时会在下窗格中看到 Web 应用程序的第一页，如图 13.39 所示。

(3) 在“Web 测试查看器”中，选择对 http://www.asp.net/cn 的请求。在该请求的左侧看到一个红色的 X。红色的 X 表示请求失败，这将导致在测试完成之后，整个测试的结果将失败。默认情况下，如果一个请求失败，测试的余下部分不会中止，而是会继续。例如，对 http://www.asp.net/cn 的外部 Web 请求可能是因为未连接互联网而失败。但是，在此之后对 Default.aspx 的请求仍将进行，而且能够成功，如图 13.39 所示。

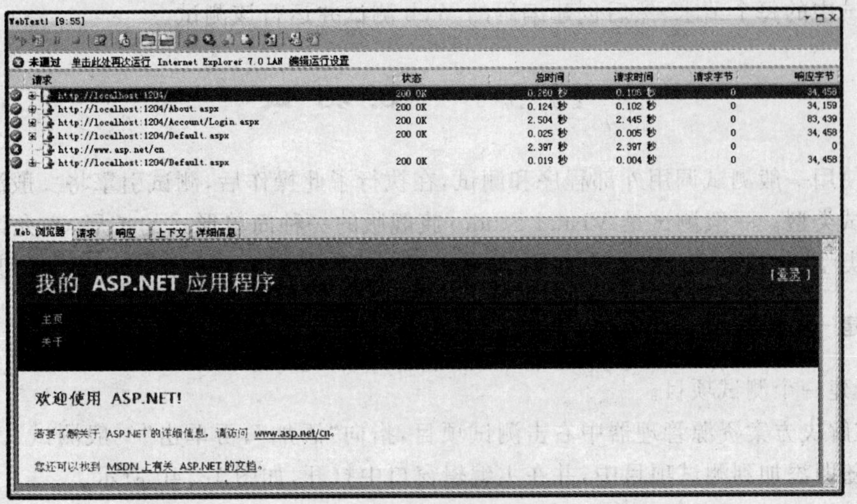

图 13.39　Web 测试查看器

13.4.3 创建编码的 Web 性能测试

通常,通过将现有的已记录 Web 测试转换为编码的 Web 测试来创建编码的 Web 测试。记录的 Web 测试以"Web 测试编辑器"中可见的请求树开头,编码的 Web 测试是一个生成一系列 WebTestRequest 的. NET 类。将记录的 Web 测试转换为编码的 Web 测试之后,可以像编辑任何其他源代码一样编辑该代码。此外,还可以添加循环和分支结构,动态更改测试中的请求数,以及动态生成测试命中的 URL 集。

1. 转换记录的 Web 测试

(1)打开一个包含记录的 Web 测试的解决方案,打开 Web 测试文件。

(2)单击"Web 测试编辑器"工具栏上的"生成代码"按钮。在弹出的对话框中为生成的编码的 Web 测试类键入相应名称,然后单击"确定"。

(3)单击"生成"菜单中的"生成解决方案",编译代码。

2. 运行编码的 Web 测试

(1)在"测试"菜单上,单击"窗口",再单击"测试视图"。

(2)右击编码的 Web 测试并选择"运行选定内容"。

在测试运行完成之前,测试结果在"测试结果"窗口中将显示为"正在进行中"。测试运行完成时将显示"已通过"或"未通过"。如果测试引发异常或验证/提取规则失败,则显示"未通过"。

(3)在"测试结果"窗口中双击编码的 Web 测试将显示"测试查看器"。

请读者在该解决方案中自己创建一个需要登录和注销的 Web 性能测试,并在测试查看器中查看测试中的每个请求,然后创建编码的 Web 测试并运行该测试。

13.5 一般测试

可以使用一般测试调用外部程序和测试,在执行了此操作后,测试引擎将一般测试视为任何其他测试类型。一般测试是 Visual Studio 旗舰版的一种简单形式的扩展,它允许运行除预定义测试类型(包括 Web 测试、负载测试、单元测试、手动测试和顺序测试)以外的其他测试。

1. 创建一般测试

(1)新建一个测试项目。

(2)在解决方案资源管理器中右击测试项目,指向"添加",再单击"一般测试"。一般测试的模板将随即添加到测试项目中,并在主编辑窗口中打开,如图 13.40 所示。

(3)在"指定要包装为一般测试的现有程序(测试、测试工具或测试适配器)"下指示要包装为一般测试的测试、程序或第三方工具的路径和文件名。

(4)在"传递给一般测试的命令行参数"下键入一个或多个要传递的参数,请用空格分隔多个参数。

(5)在“要与一般测试一起部署的其他文件”下指定测试正确运行所必需的所有文件。

(6)在“工作目录”下指定可执行文件运行时作为要工作目录使用的目录。

(7)指定结果文件的名称。

(8)保存一般测试。

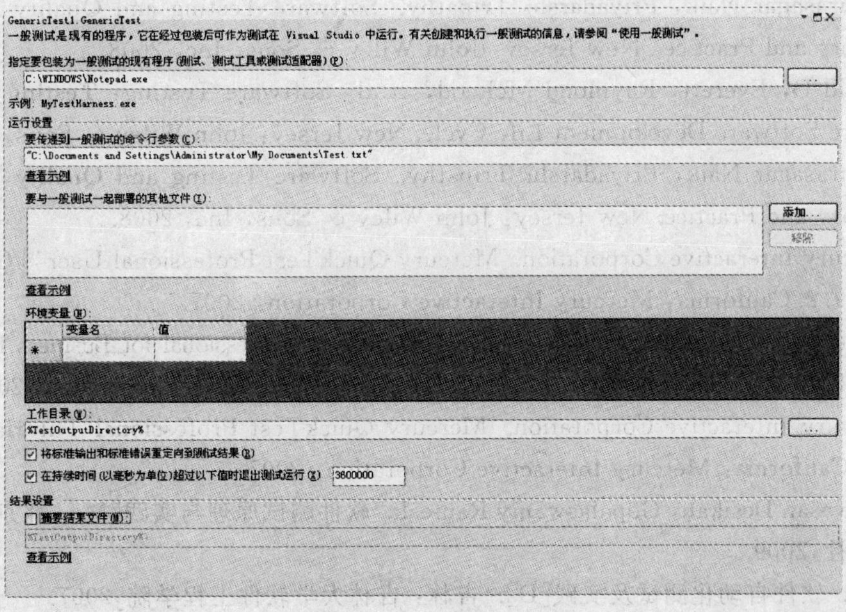

图 13.40　一般测试模板

2. 运行一般测试

(1)打开“测试视图”窗口。

(2)右击该一般测试,选择“运行选定内容”。

参考文献

[1] Petar Tahchiev, Felipe Leme, Vincent Massol, et al. JUnit in Action. 2nd Edition. Greenwich: Manning Publications Co, 2010.

[2] Kshirasagar Naik, Priyadarshi Tripathy. Software Testing and Quality Assurance: Theory and Practice . New Jersey: John Wiley & Sons, Inc, 2008.

[3] Gerald D, Everett, Raymond McLeod, et al. Software Testing: Testing Across the Entire Software Development Life Cycle. New Jersey: John Wiley & Sons, Inc, 2007.

[4] Kshirasagar Naik, Priyadarshi Tripathy. Software Testing and Quality Assurance: Theory and Practice. New Jersey: John Wiley & Sons, Inc, 2008.

[5] Mercury Interactive Corporation. Mercury QuickTest Professional User's Guide, Version 9. 2. California: Mercury Interactive Corporation, 2007.

[6] Mercury Interactive Corporation. Mercury QuickTest Professional for Business Process Testing User's Guide, Version 9. 2. California: Mercury Interactive Corporation, 2007.

[7] Mercury Interactive Corporation. Mercury QuickTest Professional Tutorial, Version 9. 2. California: Mercury Interactive Corporation, 2007.

[8] Srinivasan Desikan, Gopalaswamy Ramesh. 软件测试原理与实践[M]. 北京:机械工业出版社,2009.

[9] 李阳. 软件自动化测试及实践[D]. 吉林:吉林大学软件工程学院,2007.

[10] 谢文哲. 基于模块化测试框架的单元自动化测试框架的设计与实现[D]. 武汉:华中科技大学软件工程学院,2007.

[11] 郝义鹏. 基于关键字驱动自动化测试平台的设计与实现[D]. 哈尔滨:哈尔滨工业大学软件工程学院,2007.

[12] Jeff McWherter, Ben Hall. Software Testing ASP. NET Web Applications. New Jersey: John Wiley & Sons, Inc, 2010.